网页设计与开发**殿堂之路** *

Home　About　Services　Team　Blog　Contact

# HTML 5
# 网页设计与制作全程揭秘

贾勇 编著

U0343722

清华大学出版社
北京

## 内 容 简 介

经过了 Web 2.0 时代，基于互联网的应用已经越来越丰富，同时也对互联网应用提出了更高的要求。如今，HTML5 俨然已经成为互联网领域热门的词语之一。本书按照循序渐进的思路，系统全面地讲解了 HTML5 语言中的所有功能和特性。

全书共分 21 章，包括从 HTML 到 HTML5、HTML5 页面基本设置、设置文本与段落、插入并设置图像、创建和设置列表、创建和设置超链接、插入多媒体、插入和设置表单元素、表格与 Div、HTML5 文档结构、使用 HTML5 画布绘图、HTML5 的音频和视频、使用 HTML5 的表单元素、文件与拖放处理、HTML5 本地存储、HTML5 离线应用缓存、使用 Web Workers 处理线程、跨源通信和 WebSocket 双向通信、使用 HTML5 获取地理位置、HTML5 网页综合实战、HTML5 手机网页实战。书中所有知识点都结合具体实战练习进行讲解，涉及的程序代码给出了详细的注释说明，可以使读者轻松理解 HTML5 语言的精髓，快速掌握 HTML5 的应用。

本书适合 Web 设计与开发的初学者和爱好者自学，也适合有一定 Web 前端开发基础的网页开发人员阅读，同时也可作为计算机培训班和各院校相关专业的教材。

**图书在版编目 (CIP) 数据**

HTML 5 网页设计与制作全程揭秘 / 贾勇　编著 .— 北京：清华大学出版社，2019
（网页设计与开发殿堂之路）
ISBN 978-7-302-52699-5

Ⅰ . ① H… 　Ⅱ . ①贾… 　Ⅲ . ①超文本标记语言－程序设计 　Ⅳ . ① TP312

中国版本图书馆 CIP 数据核字 (2019) 第 057419 号

责任编辑：李　磊　焦昭君
封面设计：王　晨
版式设计：思创景点
责任校对：牛艳敏
责任印制：李红英

出版发行：清华大学出版社
　　　　网　　　址：http://www.tup.com.cn，http://www.wqbook.com
　　　　地　　　址：北京清华大学学研大厦A座　　　　邮　　编：100084
　　　　社 总 机：010-62770175　　　　　　　　　　邮　　购：010-62786544
　　　　投稿与读者服务：010-62776969，c-service@tup.tsinghua.edu.cn
　　　　质 量 反 馈：010-62772015，zhiliang@tup.tsinghua.edu.cn
印 刷 者：北京富博印刷有限公司
装 订 者：北京市密云县京文制本装订厂
经　　销：全国新华书店
开　　本：185mm×260mm　　印　　张：23.75　　字　　数：686千字
版　　次：2019年8月第1版　　印　　次：2019年8月第1次印刷
定　　价：69.80元

产品编号：077885-01

前言

随着互联网信息技术的发展，特别是移动互联网的迅速崛起，原来的网页描述语言 HTML 已经不能满足日益丰富的网页设计制作需要。HTML5 是下一代 HTML 的标准，与 HTML4 相比，HTML5 的发展有着革命性的进步。在 HTML5 中，不但新增了许多全新的实用功能，而且对涉及的每一个细节都做出了明确的规定。HTML5 以其简洁、高效的特点，在网页中的应用越来越广泛。

本书全面系统地向读者介绍 HTML5 中的各个知识点，每个重要的知识点都配合实战练习进行讲解，将知识点与实战练习紧密结合，避免枯燥无味的基础知识讲解，使读者能够更加轻松地掌握和应用最新的 HTML5 网页开发技术，提高学习效率，并能够学以致用。全书共分 21 章，各章内容介绍如下。

第 1 章　从 HTML 到 HTML5，介绍 HTML、XHTML 和 HTML5 的相关基础知识，使读者能够清晰地了解 HTML 的发展，以及 HTML、XHTML 和 HTML5 之间的联系和区别，认识到 HTML5 的优势。

第 2 章　HTML5 页面基本设置，介绍如何在 HTML 中对网页头部 <head> 标签和网页主体 <body> 标签进行设置，从而达到控制网页整体属性的目的。

第 3 章　设置文本与段落，文本是网页中重要的基本元素之一。本章详细介绍 HTML5 中对文本和段落进行设置的相关标签和属性设置方法，使读者能够轻松地对网页中的文本和段落进行处理。

第 4 章　插入并设置图像，介绍在 HTML5 页面中插入图像的方法，以及在图像标签中添加各种属性对图像进行设置的方法。

第 5 章　创建和设置列表，介绍在 HTML5 中创建项目列表、编号列表和定义列表的方法，以及对各种列表进行设置的相关属性。

第 6 章　创建和设置超链接，超链接是互联网的基础。本章详细介绍网页超链接的创建和设置方法，以及各种特殊链接的创建方法，并且还介绍了链接路径的相关知识。

第 7 章　插入多媒体，介绍如何在 HTML5 页面中应用各种不同类型的多媒体元素，包括 Flash 动画、背景音乐和普通视频文件等。

第 8 章　插入和设置表单元素，表单是网页交互的重要途径。本章主要介绍在 HTML5 页面中插入各种不同类型的表单元素，以及对表单元素属性进行设置的方法和技巧。

第 9 章　表格与 Div，主要介绍在 HTML5 页面中创建表格以及对表格和单元格属性进行设置的方法和技巧，还介绍了在 HTML5 页面中插入 IFrame 框架和应用 Div 的方法。

第 10 章　HTML5 文档结构，主要介绍 HTML5 中新增的文档结构标签的作用和使用方法，以及如何通过使用 HTML5 文档结构标签创建规范的 HTML5 文档。

第 11 章　使用 HTML5 画布绘图，canvas 元素是 HTML5 的亮点之一，通过使用 canvas 元素可以在网页中绘制出各种几何图形。本章详细介绍使用 HTML5 中的 canvas 元素在网页中绘制图形、文字、渐变的方法。

第 12 章　HTML5 的音频和视频，多媒体的应用也是 HTML5 的一大亮点。本章详细介绍

HTML5 中 Video 与 Audio 元素的使用方法和属性设置技巧。

第 13 章　使用 HTML5 的表单元素，在 HTML5 中新增了许多表单属性和表单元素，通过这些新增的表单属性可以方便地对表单元素的有效性进行验证，新的表单元素则能够方便用户创建出更加友好的表单应用。

第 14 章　文件与拖放处理，本章详细介绍 HTML5 中新增的文件 API 和拖放 API 功能，通过文件 API 功能可以同时上传多个文件，通过拖放 API 功能可以实现网页元素拖放处理。

第 15 章　HTML5 本地存储，介绍 HTML5 中的两种本地存储方式，分别是 Web Storage 和 Web SQL 数据库，通过使用 HTML5 的本地存储功能，可以更轻松地开发 Web 应用程序。

第 16 章　HTML5 离线应用缓存，介绍 HTML5 中新增的离线应用缓存功能，包括缓存清单文件的编写方式、离线应用缓存的应用等内容。

第 17 章　使用 Web Workers 处理线程，介绍 Web Workers 的相关知识，重点讲解专属线程和共享线程的作用、创建和使用方法等内容。

第 18 章　跨源通信和 WebSocket 双向通信，介绍 HTML5 中新增的跨源通信和 WebSocket 双向通信的相关知识，实现简单的跨文档信息传输，对跨源通信和 WebSocket 有全新的认识和了解。

第 19 章　使用 HTML5 获取地理位置，介绍获取地理位置信息的原理，以及使用 HTML5 中新增的 Geolocation API 实现获取用户地理位置信息的方法。

第 20 章　HTML5 网页综合实战，通过两个网站页面案例的制作讲解，使读者能够更加轻松地掌握使用 HTML5 中的各种标签制作符合 HTML5 标准的网站页面的方法和技巧。

第 21 章　HTML5 手机网页实战，介绍响应式网页的制作方法和注意事项，并通过响应式网页实例的制作讲解，使读者能够轻松地掌握制作 HTML5 手机网页的方法。

本书由贾勇编著，另外张晓景、李晓斌、高鹏、胡敏敏、张国勇、林秋、胡卫东、姜玉声、周晓丽、郭慧等人也参与了部分编写工作。本书在写作过程中力求严谨，由于作者水平所限，书中难免有疏漏和不足之处，希望广大读者批评、指正，欢迎与我们沟通和交流。QQ 群名称：网页设计与开发交流群；QQ 群号：705894157。

为了方便读者学习，本书为每个实例提供了教学视频，只要扫描一下书中实例名称旁边的二维码，即可直接打开视频进行观看，或者推送到自己的邮箱中下载后进行观看。本书配套的立体化学习资源中提供了书中所有实例的素材源文件、最终文件、教学视频和 PPT 课件，并附赠海量实用资源。读者在学习时可扫描下面的二维码，然后将内容推送到自己的邮箱中，即可下载获取相应的资源（注意：请将这两个二维码下的压缩文件全部下载完毕后，再进行解压，即可得到完整的文件内容）。

编　者

# 第 1 章 从 HTML 到 HTML5

HTML 是 Internet 上制作网页的主要语言。网页中所包含的图像、动画、表单和多媒体等复杂的元素，其基础本质都是 HTML。随着互联网的飞速发展，网页设计语言也在不断地变化和发展，从 HTML 到 XHTML 再到 HTML5，每一次的发展变革都是为了适应互联网发展的需求。本章将向读者介绍有关 HTML、XHTML 和 HTML5 的基础知识，使读者对 HTML 的发展有所了解，并且理解 HTML5 与 HTML 之间有哪些共同点以及有哪些改进。

**本章知识点：**
- 了解 HTML 的基础知识
- 理解 HTML 的基本语法和编写注意事项
- 了解 XHTML 的相关基础知识
- 掌握 HTML5 的文档结构并理解 HTML5 的优势
- 掌握两种 HTML 文件的编写方式
- 认识 HTML5 中的标签
- 了解 HTML5 中的标准属性和事件属性

## 1.1 HTML 基础

HTML 主要运用标签使页面显示出预期的效果，也就是在文本文件的基础上，加上一系列的网页元素展示效果，最后形成扩展名为 .htm 或 .html 的文件。当用户通过浏览器阅读 HTML 文件时，浏览器负责解释插入 HTML 文本中的各种标签，并以此为依据显示文本内容，把 HTML 语言编写的文件称为 HTML 文本，HTML 语言即网页的描述语言。

### 1.1.1 HTML 概述

在介绍 HTML 语言之前，不得不介绍 World Wide Web（万维网）。万维网是一种建立在 Internet 上的全球性的、交互的、动态多平台分布式的图形信息系统。它采用 HTML 语法描述超文本 (Hypertext) 文件。Hypertext 一词有两个含义：一个是链接相关联的文件；另一个是内含多媒体对象的文件。

HTML 的英文全称是 Hyper Text Markup Language，中文通常称为超文本标记语言，HTML 是 Internet 中用于编写网页的主要语言，HTML 提供了精简而有力的文件定义，可以设计出多姿多彩的超媒体文件。通过 HTTP 通信协议，HTML 文件得以在万维网上进行跨平台的文件交换。

### 1.1.2 HTML 特性

HTML 文件制作简单，且功能强大，支持不同数据格式的文件导入，其主要有以下几个特点。
- HTML 文件容易创建，只需要一个文本编辑器就可以完成。
- HTML 文件存储容量小，能够尽可能快速地在网络中进行传输和显示。
- HTML 文件与操作平台无关，HTML 独立于操作系统平台，能够与多种平台兼容，只需要一个浏览器就可以在操作系统中浏览网页文件。
- 简单易学，不需要很深的专业编程知识。

● HTML 具有扩展性，HTML 的广泛应用带来了加强功能、增加标识符等要素，HTML 采取了类元素的方式，为系统扩展提供了保证。

**提示**

HTML 文件可以直接由浏览器解释执行，而无须编译。当用浏览器打开网页时，浏览器读取网页中的 HTML 代码，分析其语法结构，然后根据解释的结果显示网页内容，正因如此，网页显示的速度同网页代码的质量有很大的关系，保持精简和高效的 HTML 源代码是十分重要的。

## 1.1.3 HTML 文档结构

HTML 的所有标签都是由 "<" 和 ">" 括起来，如 <html>。在起始标签的标签名前加上符号 "/" 便是其终止标签，如 </html>。HTML 文档内容要包含在 <html> 与 </html> 标签之间，完整的 HTML 网页文档应该包括头部和主体两大部分。

HTML 文件基本结构如下。

```
<html>              <!--HTML 文件开始 -->
  <head>            <!--HTML 文件的头部开始 -->
  网页头部内容
  </head>           <!--HTML 文件的头部结束 -->
  <body>            <!--HTML 文件的主体开始 -->
  网页主体内容部分
  </body>           <!--HTML 文件的主体结束 -->
</html>             <!--HTML 文件结束 -->
```

### 1. <html>...</html>

告诉浏览器 HTML 文件开始和结束，<html> 标签出现在 HTML 文档的第一行，用来表示 HTML 文档的开始。</html> 标签出现在 HTML 文档的最后一行，用来表示 HTML 文档的结束。两个标签一定要一起使用，网页中的所有内容都要放在 <html> 与 </html> 之间。

### 2. <head>...</head>

网页的头标签，用来定义 HTML 文档的头部信息，该标签也是成对使用的。

### 3. <body>...</body>

在 <head> 标签之后就是 <body> 与 </body> 标签，该标签也是成对出现的。<body> 与 </body> 标签之间为网页主体内容和其他用于控制内容显示的标签。

## 1.1.4 HTML 的基本语法

绝大多数元素都有起始标签和结束标签，在起始标签和结束标签之间的部分是元素体。例如，<body>...</body>。第一个元素都有名称和可选择的属性，元素的名称和属性都在起始标签内标明。HTML 中的标签主要分为普通标签和空标签两种类型。

### 1. 普通标签

普通标签是由一个起始标签和一个结束标签所组成的，其语法格式如下。

```
<x> 控制文字 </x>
```

其中，x 代表标签名称。<x> 和 </x> 就如同一组开关：起始标签 <x> 为开启某种功能，而结束标签 </x>（通常为起始标签加上一个斜杠/）为关闭功能，受控制的内容便放在两个标签之间。例如下面的代码。

```
<b> 加粗文字 </b>
```

标签之中还可以附加一些属性，用来实现或完成某些特殊效果或功能。例如下面的代码。

```
<x a1="v1" a2="v2"...an="vn"> 控制文字 </x>
```

其中，a1，a2，…，an 为属性名称，而 v1，v2，…，vn 则是其所对应的属性值。属性值加不加引号，目前所使用的浏览器都可接受，但根据 W3C 的新标准，属性值是要加引号的，所以最好养成加引号的习惯。

### 2. 空标签

虽然大部分的标签是成对出现的，但也有一些是单独存在的，这些单独存在的标签称为空标签，其语法格式如下。

```
<x>
```

同样，空标签也可以附加一些属性，用来完成某些特殊效果或功能。例如下面的代码。

```
<x al="v1" a2="v2"...an="vn">
```

## 1.1.5　HTML 编写注意事项

HTML 由标签和属性构成，在编写 HTML 文档时，需要注意以下几点。

🔽 "<" 和 ">" 是任何标签的开始和结束。元素的标签需要使用这对尖括号括起来，并且在结束标签的前面加上符号 "/"，如 <p> 和 </p>。

🔽 在 HTML 代码中不区分大小写。

🔽 任何空格和回车在 HTML 代码中均不起作用。为了 HTML 代码的清晰，建议不同的标签之间按回车键进行换行。

🔽 在 HTML 标签中可以添加各种属性设置。例如下面的 HTML 代码。

```
<p align="center"> 这里是段落文本 </p>
```

🔽 需要正确地输入 HTML 标签，输入 HTML 标签时，不要输入多余的空格，否则浏览器可能无法识别这个标签，导致无法正确显示。

🔽 在 HTML 代码中合理地使用注释。<!-- 需要注释的内容 --> 注释语句只会出现在 HTML 代码中，不会在浏览器中显示。

# 1.2　XHTML 基础

XHTML 是当前 HTML 版本的发展和延伸。HTML 语法要求比较松散，这样对网页编写者来说比较方便，但对于机器来说，语言的语法越松散，处理起来就越困难。对于传统的计算机来说，还有能力兼容松散语法，但对于许多移动设备，比如手机，难度就比较大。因此产生了由 DTD 定义规则，语法要求更加严格的 XHTML。

## 1.2.1　XHTML 概述

XHTML 是 HTML 的一种扩展，即 Extensible Hyper Text Markup Language 的缩写，表示 XHTML 是可扩展的超文本标记语言，与 HTML 相比，具有更加规范的书写标准、更好的跨平台能力。

HTML 是一种基本的网页设计语言，XHTML 是一种基于 XML 的标识语言，看起来与 HTML 非常相似，只有一些细节的重要区别，XHTML 就是一个扮演着类似 HTML 角色的 XML，所以本质上说，XHTML 是一个过渡技术，融合了部分 XML 的强大功能及大多数 HTML 的简单特性。

XHTML1.0 是在 HTML4 的基础上进行优化和改进的新语言，它与 HTML 最主要的不同之处在于：XHTML 元素一定要正确地嵌套，XHTML 元素必须要关闭，标签名称必须使用小写字母，XHTML 文档必须拥有根元素。

## 1.2.2 XHTML 文档结构

首先看一个最简单的 XHTML 页面实例，其代码如下。

```
<!DOCTYPE html PUBLIC "-//W3C//DTD XHTML 1.0 Transitional//EN" "http://www.w3.org/
TR/xhtml1/DTD/xhtml1-transitional.dtd">
<html xmlns="http://www.w3.org/1999/xhtml">
<head>
  <meta http-equiv="Content-Type" content="text/html; charset=utf-8" />
  <title> 无标题文档 </title>
</head>
<body>
   文档内容部分
</body>
</html>
```

在这段代码中，包含一个 XHTML 页面必须具有的页面结构，其具体结构包含以下几个部分。

### 1. 文档类型声明部分

文档类型声明部分由 <!DOCTYPE> 元素定义，其对应的页面代码如下。

```
<!DOCTYPE html PUBLIC "-//W3C//DTD XHTML 1.0 Transitional//EN" "http://www.w3.org/
TR/xhtml1/DTD/xhtml1-transitional.dtd">
```

### 2. <html> 元素和名字空间

<html> 元素是 XHTML 文档中必须使用的元素，所有的文档内容 ( 包括文档头部内容和文档主体内容 ) 都要包含在 <html> 元素之中，<html> 元素的语法结构如下。

```
<html> 文档内容部分 </html>
```

起始标签 <html> 和结束标签 </html> 一起构成一个完整的 <html> 元素，其包含的内容要写在起始标签和结束标签之间。

名字空间是 <html> 元素的一个属性，写在 <html> 元素的起始标签里面，其在页面中的相应代码如下。

```
<html xmlns="http://www.w3.org/1999/xhtml">
```

名字空间属性用 xmlns 来表示，用来定义识别页面标签的网址。

### 3. 文档头部内容

网页头部元素 <head> 也是 XHTML 文档中必须使用的元素，其作用是定义页面头部的信息，其中可以包含标题元素、<meta> 元素等，<head> 元素的语法结构如下。

```
<head> 头部内容部分 </head>
```

<head> 元素所包含的内容不会显示在浏览器的窗口中，但是部分内容会显示在浏览器的特定位置，如标题栏等。

### 4. 标题元素

页面标题元素 <title> 用来定义页面的标题，其语法结构如下。

```
<title> 页面标题 </title>
```

在预览和发布页面时，页面标题中包含的文本会显示在浏览器的标题栏中。

### 5. 文档主体元素

主体元素 <body> 用来定义页面所要显示的内容，页面的信息主要通过页面主体来传递，在 <body> 元素中，可以包含所有页面元素，<body> 元素的语法结构如下。

```
<body> 页面主体 </body>
```

定义了以上几个元素后，便构成一个完整的 XHTML 页面。而且以上所有元素都是 XHTML 页面所必须具有的基本元素。

### 1.2.3　XHTML 的文档类型 ⟩

文档类型又可以写为 DOCTYPE，是 Document Type 的简写，在页面中用来说明页面所使用的 XHTML 是什么版本。制作 XHTML 页面，一个必不可少的关键组成部分就是 DOCTYPE 声明，只有确定了一个正确的 DOCTYPE，XHTML 里的标识和级联样式才能正常生效。

在 XHTML1.0 中有 3 种 DTD( 文档类型定义 ) 声明可以选择：过渡的 (transitional)、严格的 (strict)、框架的 (frameset)，分别介绍如下。

#### 1. 过渡的 DTD

这是一种要求不很严格的 DTD，允许用户使用一部分旧的 HTML 标签来编写 XHTML 文档，帮助用户慢慢适应 XHTML 的编写，过渡的 DTD 的写法如下。

```
<!DOCTYPE html PUBLIC "-//W3C//DTD XHTML 1.0 Transitional//EN" "http://www.w3.org/TR/xhtml1/DTD/xhtml1-transitional.dtd">
```

#### 2. 严格的 DTD

这是一种要求严格的 DTD，不允许使用任何表现层的标识和属性，例如 <br/> 等，严格的 DTD 的写法如下。

```
<!DOCTYPE html PUBLIC "-//W3C//DTD XHTML 1.0 Strict//EN" "http://www.w3.org/TR/xhtml1/DTD/xhtml1-strict.dtd">
```

#### 3. 框架的 DTD

这是一种专门针对框架页面所使用的 DTD，当页面中包含框架元素时，就要采用这种 DTD，框架的 DTD 的写法如下。

```
<!DOCTYPE html PUBLIC "-//W3C//DTD XHTML 1.0 Transitional//EN" "http://www.w3.org/TR/xhtml1/DTD/xhtml1-frameset.dtd">
```

使用严格的 DTD 来制作页面当然是最理想的方式，但对于没有深入了解 Web 标准的网页设计者，比较适合使用过渡的 DTD。因为这种 DTD 还允许使用表现层的标识、元素和属性。DOCTYPE 的声明一定要放置在 XHTML 文档的头部。

### 1.2.4　名字空间 ⟩

名字空间的英文是 Namespace，含义就是通过一个网址指向来识别页面上的标签。在 XHTML 中使用的是 xmlns，也就是 XHTML Namespace 的缩写。用来识别 XHTML 页面上的标签的网址指向是 http://www.w3.org/1999/xhtml。关于名字空间定义的完整写法如下。

```
<html xmlns="http://www.w3.org/1999/xhtml">
```

当使用可视化的网页开发工具新建文档时，选择适当格式的文档类型，DOCTYPE 的声明和名字空间的声明都会自动生成。到目前为止，XHTML 的 4 种文档类型的名字空间都是 http://www.w3.org/1999/xhtml。

## 1.3　HTML5 基础 🔍

HTML5 是近十年来 Web 标准巨大的飞跃。和以前的版本不同，HTML5 并非仅仅用来表示 Web 内容，它的使命是将 Web 带入一个成熟的应用平台，在这个平台上，视频、音频、图像、动画，以及与计算机的交互都被标准化。尽管 HTML5 的实现还有很长的路要走，但 HTML5 正在改变 Web。

## 1.3.1 HTML5 概述

W3C 在 2010 年 1 月 22 日发布了最新的 HTML5 工作草案。HTML5 的工作组包括 AOL、Apple、Google、IBM、Microsoft、Mozilla、Nokia、Opera 以及数百个其他的开发商。制定 HTML5 的目的是取代 1999 年 W3C 所制定的 HTML4.01 和 XHTML1.0 标准，希望在网络应用迅速发展的同时，网页语言能够符合网络发展的需求。

HTML5 实际上是指包括 HTML、CSS 样式和 JavaScript 脚本在内的一整套技术的组合，希望通过 HTML5 能够轻松地实现许多丰富的网络应用需求，而减少浏览器对插件的依赖，并且提供更多能有效增强网络应用的标准集。

在 HTML5 中添加了许多新的应用标签，其中包括 <video>、<audio> 和 <canvas> 等标签，添加这些标签是为了设计者能够更轻松地在网页中添加或处理图像和多媒体内容。其他新的标签还有 <section>、<article>、<header> 和 <nav>，这些新添加的标签是为了能够更加丰富网页中的数据内容。除了添加许多功能强大的新标签和属性外，同样还对一些标签进行了修改，以方便适应快速发展的网络应用。同时，也有一些标签和属性在 HTML5 标准中已经被去除。

## 1.3.2 HTML5 的文档结构

HTML5 的文档结构与前面所介绍的 HTML 和 XHTML 的文档结构非常类似，基础的文档结构如下。

```
<!doctype html>
<html>
  <head>
    <meta charset="utf-8">
    <title> 无标题文档 </title>
  </head>
  <body>
    页面主体内容部分
  </body>
</html>
```

与 XHTML 相比，HTML5 的文档结构非常简洁，第一行代码 <!doctype html> 声明文档是一个 HTML 文档，然后使用 <html> 标签包含头部内容 <head> 标签和主体内容 <body> 标签，从而构成 HTML5 文档的基本结构。

## 1.3.3 HTML5 的优势

对于用户和网站开发者而言，HTML5 的出现意义非常重大。因为 HTML5 解决了 Web 页面存在的诸多问题，HTML5 的优势主要表现在以下几个方面。

### 1. 化繁为简

HTML5 为了做到尽可能简化，避免了一些不必要的复杂设计。例如，DOCTYPE 声明的简化处理，在过去的 HTML 版本中，第一行的 DOCTYPE 过于冗长，在实际的 Web 开发中也没有什么意义，而在 HTML5 中 DOCTYPE 声明就非常简洁。

为了让一切变得简单，同时避免造成误解，HTML5 对每一个细节都有着非常明确的规范说明，不允许有任何的歧义和模糊出现。

### 2. 向下兼容

HTML5 有着很强的兼容能力。在这方面，HTML5 没有颠覆性的革新，允许存在不严谨的写法。例如，一些标签的属性值没有使用英文引号括起来；标签属性中包含大写字母；有的标签没有闭合等。

然而这些不严谨的错误处理方案，在 HTML5 的规范中都有明确的规定，也希望未来在浏览器中有一致的支持。当然对于 Web 开发者来说，还是遵循严谨的代码编写规范比较好。

对于 HTML5 的一些新特性，如果旧的浏览器不支持，也不会影响页面的显示。在 HTML 规范中，也考虑了这方面的内容。例如，在 HTML5 中 <input> 标签的 type 属性增加了很多新的类型，当浏览器不支持这些类型时，默认会将其视为 text。

### 3. 支持合理

HTML5 的设计者花费了大量的精力来研究通用的行为。例如，Google 分析了上百万份的网页，从中提取了 <div> 标签的 id 名称，很多网页开发人员都按如下标记导航区域。

```
<div id="nav">
   // 导航区域内容
</div>
```

既然该行为已经大量存在，HTML5 就会想办法去改进，所以就直接增加了一个 <nav> 标签，用于网页导航区域。

### 4. 实用性

对于 HTML 无法实现的一些功能，用户会寻求其他方法来实现。例如，对于绘图、多媒体、地理位置和实时获取信息等的应用，通常会开发一些相应的插件间接地去实现。HTML5 的设计者们研究了这些需求，开发了一系列用于 Web 应用的接口。

HTML5 规范的制定是非常开放的，所有人都可以获取草案的内容，也可以参与进来提出宝贵的意见。因为开放，所以可以得到更加全面的发展。一切以用户需求为最终目的。所以，当用户在使用 HTML5 的新功能时，会发现正是期待已久的功能。

### 5. 用户优先

在遇到无法解决的冲突时，HTML5 规范把最终用户的诉求放在第一位。因此，HTML5 的绝大部分功能都是非常实用的。用户与开发者的重要性远远高于规范和理论。例如，有很多用户都需要实现一个新的功能，HTML5 规范的设计者会研究这种需求，并纳入规范。HTML5 规范了一套错误处理机制，以便当 Web 开发者写了不够严谨的代码时，接纳这种不严谨的写法。所以 HTML5 比以前版本的 HTML 更加友好。

## 1.3.4　HTML5 精简的头部

HTML5 避免了不必要的复杂性，DOCTYPE 和字符集都极大地简化了。

DOCTYPE 声明是 HTML 文件中必不可少的内容，它位于 HTML 文档的第一行，声明了 HTML 文件遵循的规范。HTML4.01 的 DOCTYPE 声明代码如下。

```
<!DOCTYPE HTML PUBLIC "-//W3C//DTD HTML 4.01 Transitional//EN" "http://www.w3.org/TR/html4/loose.dtd">
```

这么长的一串代码恐怕极少有人能够默写出来，通常都是通过复制、粘贴的方法添加这段代码。而在 HTML5 中的 DOCTYPE 代码则非常简单，如下所示。

```
<!DOCTYPE html>
```

这样就简洁了许多，不需要再复制、粘贴代码。同时，这种声明也标志性地让人感觉到这是符合 HTML5 规范的页面。如果使用了 HTML5 的 DOCTYPE 声明，则会触发浏览器以标准兼容的模式来显示页面。

字符集的声明也是非常重要的，它决定了页面文件的编码方式。在过去都是使用如下的方式来指定字符集的。

```
<meta http-equiv="Content-Type" content="text/html; charset=utf-8">
```

HTML5 对字符集的声明也进行了简化处理，简化后的声明代码如下。

```
<meta charset="utf-8">
```

在 HTML5 中，以上两种字符集的声明方式都可以使用，这是由 HTML5 向下兼容的原则决定的。

# 1.4 HTML 文件的编写方式

网页文件即扩展名为 .htm 或 .html 的文件，本质上是文本类型的文件，网页中的图片、动画等资源是通过网页文件的 HTML 代码链接的，与网页文件分开存储。

由于 HTML 语言编写的文件是标准的 ASCII 文本文件，因此可以使用任意一种文本编辑器来打开或编辑 HTML 文件。例如，Windows 操作系统中自带的记事本或者专业的网页制作软件 Dreamweaver。

## 1.4.1 使用记事本编写

HTML 是一个以文字为基础的语言，并不需要什么特殊的开发环境，可以直接在 Windows 操作系统自带的记事本中进行编辑，其优点是方便快捷；缺点是无任何语法提示、无行号提示和格式混乱等，初学者使用困难。

### 实战 使用记事本制作 HTML 页面

最终文件：最终文件\第 1 章\1-4-1.html　　　视频：视频\第 1 章\1-4-1.mp4

**01** 在 Windows 操作系统中执行"开始">"所有程序">"附件">"记事本"命令，打开记事本窗口，如图 1-1 所示。在记事本中按正确的文档结构编写 HTML 页面代码，如图 1-2 所示。

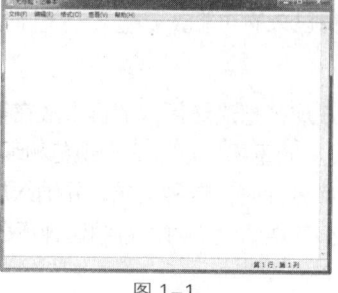
图 1-1

图 1-2

**02** 所编写的完整页面 HTML 代码如下。

```
<!doctype html>
<html>
<head>
<meta charset="utf-8">
<title> 在记事本中编写 HTML 页面 </title>
</head>
<body>
<img src="images/1401.jpg" width="100%" height="auto">
</body>
</html>
```

> **提示**
> 此处所编写的 HTML 页面代码非常简单，主要在头部的 <title> 与 </title> 标签之间输入网页的标题，在页面主体内容 <body> 与 </body> 标签之间使用 <img> 标签插入一张图片，并且添加了图片宽度和高度属性的设置。

**03** 执行"文件">"另存为"命令，弹出"另存为"对话框，将文件保存为"源文件\第 1 章\1-4-1.html"，如图 1-3 所示。单击"保存"按钮，即可将记事本编写的 HTML 代码保存为网页文件，在浏览器中预览该网页文件，可以看到网页的效果，如图 1-4 所示。

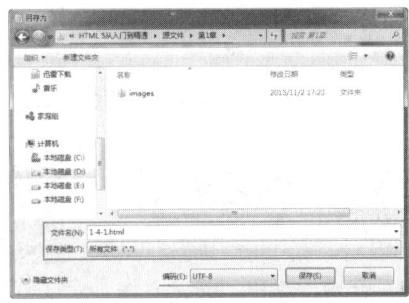

图 1-3

图 1-4

## 1.4.2　使用 Dreamweaver 编写

　　Dreamweaver 是网页制作的主流软件，其优点是有所见即所得的设计视图，能够通过鼠标拖放直接创建并编辑网页文件，自动生成相应的 HTML 代码。Dreamweaver 的代码视图有非常完善的语法自动提示、自动完成和关键词高亮等功能。可以说，Dreamweaver 是一个非常全面的网页制作工具，如图 1-5 所示为最新版本的 Dreamweaver CC 2018 软件的工作界面。

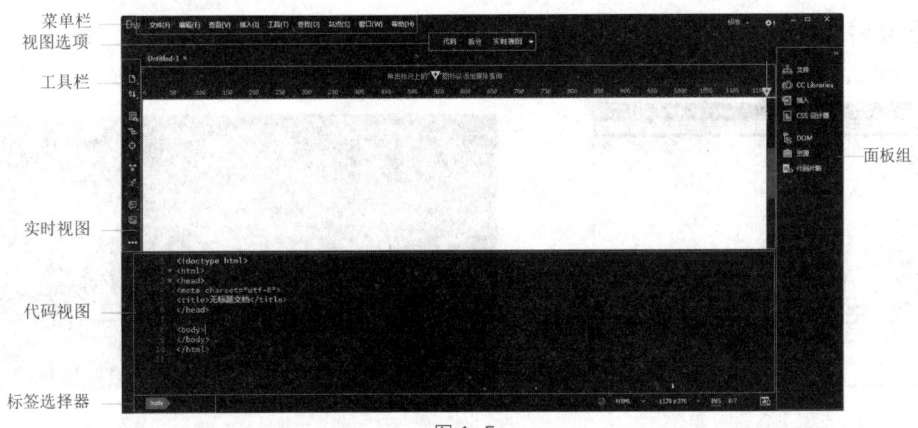

图 1-5

　　🔽 菜单栏：菜单栏中包含所有 Dreamweaver 操作所需要的命令。这些命令按照操作类别分为"文件""编辑""查看""插入""工具""查找""站点""窗口"和"帮助"9 个菜单。

　　🔽 视图选项：在 Dreamweaver 中提供了 3 种视图窗口形式，分别是"代码视图""拆分视图"和"实时视图"，其中"实时视图"中还包含旧版本的"设计视图"选项。默认情况下使用"拆分视图"形式，这样可以在编写 HTML 代码的同时实时地查看页面的效果。

　　🔽 实时视图：在该窗口中显示当前所制作页面的效果，也是可视化操作的窗口，可以使用各种工具，在该窗口中输入文字、插入图像等，是所见即所得的视图。

　　🔽 代码视图：在该窗口中将显示当前所编辑页面的 HTML 代码，可以直接在该窗口中进行 HTML 页面代码的编写操作。在代码视图中，Dreamweaver 会通过不同的颜色对不同的 HTML 代码进行区别，并且在编写过程中会实时地为用户提供相应的提示，非常方便。

　　🔽 工具栏：在 Dreamweaver 工作界面的左侧为用户提供了文档编辑操作的相关工具，可以实现对文档 HTML 代码的快速格式化处理、添加注释等操作，用户也可以自定义工具栏中所显示的工具选项。

● 标签选择器：显示环绕当前选定内容标签的层次结构。单击该层次结构中的任何标签可以选择该标签及其全部内容。

● 面板组：用于帮助用户监控和修改工作，例如，"插入"面板、"CSS 设计器"面板。单击相应的面板名称，可以折叠或展开相应的工具面板。

**实战 使用 Dreamweaver 制作 HTML 页面**

最终文件：最终文件 \ 第 1 章 \1-4-2.html　　视频：视频 \ 第 1 章 \1-4-2.mp4

[01] 打开 Dreamweaver CC，执行"文件">"新建"命令，弹出"新建文档"对话框，选择 HTML 选项，如图 1-6 所示。单击"创建"按钮，新建 HTML5 文档，在代码视图中可以看到文档的 HTML 代码，如图 1-7 所示。

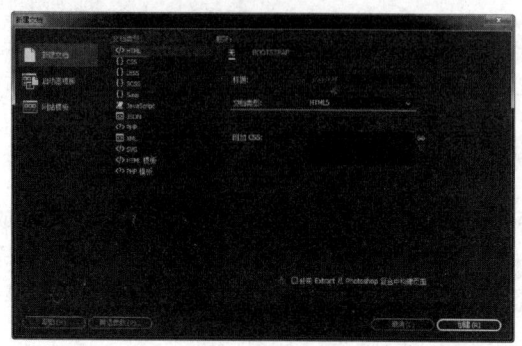

图 1-6

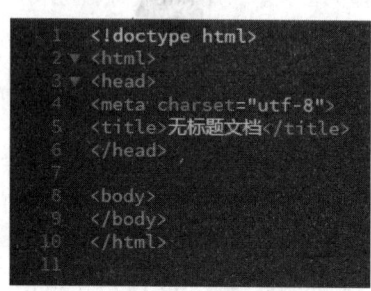

图 1-7

[02] 执行"文件">"保存"命令，弹出"另存为"对话框，将该网页保存为"源文件 \ 第 1 章 \ 1-4-2.html"，如图 1-8 所示。在页面的 <title> 与 </title> 标签之间输入网页的标题，如图 1-9 所示。

图 1-8

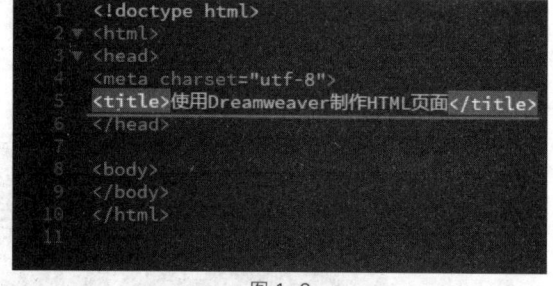

图 1-9

[03] 在 <body> 标签中添加 style 属性设置代码，如图 1-10 所示。在 <body> 与 </body> 标签之间编写相应的网页正文内容代码，如图 1-11 所示。

 提示

在 <body> 标签中添加 style 属性设置，实际上是 CSS 样式的一种使用方式，称为内联 CSS 样式。此处通过内联 CSS 样式设置页面整体的背景颜色、水平对齐方式和文字颜色。

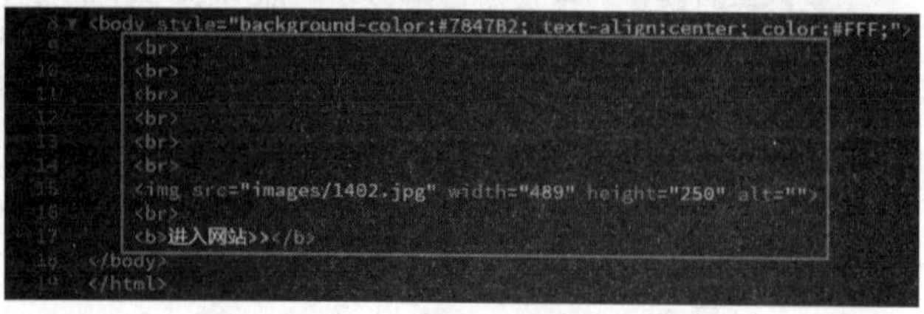

[04] 完成该网页 HTML 代码的编写，执行"文件">"保存"命令，保存网页，

图 1-10

图 1-11

在浏览器中预览该网页，可以看到网页的效果，如图 1-12 所示。

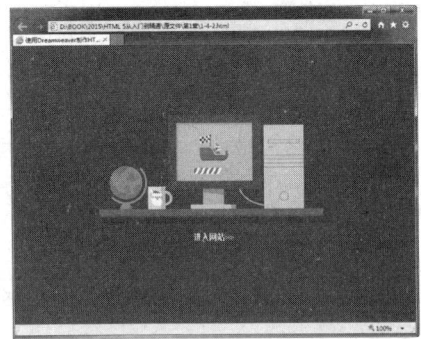

图 1-12

**提示**

　　Dreamweaver 是一款专业的网页制作软件，在 Dreamweaver 中新建 HTML 页面，会自动给出 HTML 文档结构的基础代码，编写 HTML 代码还具有代码提示等功能，非常适合初学者使用。

　　在 Dreamweaver CC 中新建的 HTML 文档默认为符合 HTML5 规范的文档，本书中所有的代码编写都将在 Dreamweaver 的代码视图中进行。

## 1.5　HTML5 中的标签

　　通过制定如何处理所有 HTML 元素及如何从错误中恢复的精确规则，HTML5 改进了互操作性，并减少了开发成本。HTML5 中的标签介绍如表 1-1 所示。

表 1-1　HTML5 中的标签

| 标签 | 描述 | HTML4 | HTML5 |
|---|---|:---:|:---:|
| <!--...--> | 定义注释 | √ | √ |
| <!DOCTYPE> | 定义文件类型 | √ | √ |
| \<a\> | 定义超链接 | √ | √ |
| \<abbr\> | 定义缩写 | √ | √ |
| \<acronvm\> | HTML5 中已不支持，定义首字母缩写 | √ | × |
| \<address\> | 定义地址元素 | √ | √ |
| \<applet\> | HTML5 中已不支持，定义 applet | √ | × |
| \<area\> | 定义图像映射中的区域 | √ | √ |
| \<article\> | HTML5 新增，定义 article | × | √ |
| \<aside\> | HTML5 新增，定义页面内容之外的内容 | × | √ |
| \<audio\> | HTML5 新增，定义声音内容 | × | √ |
| \<b\> | 定义粗体文本 | √ | √ |
| \<base\> | 定义页面中所有链接的基准 URL | √ | √ |
| \<basefont\> | HTML5 中已不支持，可使用 CSS 代替 | √ | × |
| \<bdo\> | 定义文本显示的方向 | √ | √ |
| \<big\> | HTML5 中已不支持，定义大号文本 | √ | × |
| \<blockquote\> | 定义摘自另一个源的块引用 | √ | √ |
| \<body\> | 定义 body 元素 | √ | √ |
| \<br\> | 插入换行符 | √ | √ |
| \<button\> | 定义按钮 | √ | √ |
| \<canvas\> | HTML5 新增，定义图形 | × | √ |
| \<caption\> | 定义表格标题 | √ | √ |
| \<center\> | HTML5 中已不支持，定义居中的文本 | √ | × |
| \<cite\> | 定义引用 | √ | √ |
| \<code\> | 定义计算机代码文本 | √ | √ |
| \<col\> | 定义表格列的属性 | √ | √ |
| \<colgroup\> | 定义表格列的分组 | √ | √ |
| \<command\> | HTML5 新增，定义命令按钮 | × | √ |
| \<datagrid\> | HTML5 新增，定义树列表中的数据 | × | √ |

（续表）

| 标签 | 描述 | HTML4 | HTML5 |
|---|---|:---:|:---:|
| `<datalist>` | HTML5 新增，定义下拉列表 | × | √ |
| `<dataemplate>` | HTML5 新增，定义数据模板 | × | √ |
| `<dd>` | 定义自定义的描述 | √ | √ |
| `<del>` | 定义删除文本 | √ | √ |
| `<details>` | HTML5 新增，定义元素的细节 | × | √ |
| `<dialog>` | HTML5 新增，定义对话 | × | √ |
| `<dir>` | HTML5 中已不支持，定义目录列表 | √ | × |
| `<div>` | 定义文档中的一个部分 | √ | √ |
| `<dfn>` | 定义一个自定义项目 | √ | √ |
| `<dl>` | 定义自定义列表 | √ | √ |
| `<dt>` | 定义自定义列表中的项目 | √ | √ |
| `<em>` | 定义强调文本 | √ | √ |
| `<embed>` | HTML5 新增，定义外部交互内容或插件 | × | √ |
| `<event-source>` | HTML5 新增，为服务器发送的事件定义目标 | × | √ |
| `<fieldset>` | 定义 fieldset | √ | √ |
| `<figure>` | HTML5 新增，定义媒介内容的分组，以及它们的标题 | × | √ |
| `<font>` | HTML5 中已不支持，定义文本的字体、尺寸和颜色 | √ | × |
| `<footer>` | HTML5 新增，定义 section 或 page 的页脚 | × | √ |
| `<form>` | 定义表单 | √ | √ |
| `<frame>` | HTML5 中已不支持，定义子窗口（框架） | √ | × |
| `<frameset>` | HTML5 中已不支持，定义框架的集 | √ | × |
| `<h1> to <h6>` | 定义标题 1 到标题 6 | √ | √ |
| `<head>` | 定义关于文档的信息 | √ | √ |
| `<header>` | HTML5 新增，定义 section 或 page 的页眉 | × | √ |
| `<hr>` | 定义水平线 | √ | √ |
| `<html>` | 定义 HTML 文件 | √ | √ |
| `<i>` | 定义斜体文本 | √ | √ |
| `<iframe>` | 定义行内的子窗口（框架） | √ | √ |
| `<img>` | 定义图像 | √ | √ |
| `<input>` | 定义输入域 | √ | √ |
| `<ins>` | 定义插入文本 | √ | √ |
| `<isindex>` | HTML5 中已不支持，定义单行的输入域 | √ | × |
| `<kbd>` | 定义键盘文本 | √ | √ |
| `<label>` | 定义表单控件的标注 | √ | √ |
| `<legend>` | 用于为 fieldset 元素定义标题 | √ | √ |
| `<li>` | 定义列表的项目 | √ | √ |
| `<link>` | 定义资源引用 | √ | √ |
| `<mark>` | HTML5 新增，定义有记号的文本 | × | √ |
| `<map>` | 定义图像映射 | √ | √ |
| `<menu>` | 定义菜单列表 | √ | √ |
| `<meta>` | 定义元信息 | √ | √ |
| `<meter>` | HTML5 新增，定义预定义范围内的度量 | × | √ |
| `<nav>` | HTML5 新增，定义导航链接 | × | √ |
| `<nest>` | HTML5 新增，定义数据模板中的嵌套点 | × | √ |
| `<noframes>` | HTML5 中已不支持，可为那些不支持框架的浏览器显示文本 | √ | × |
| `<noscript>` | HTML5 中已不支持，定义 noscript 部分 | √ | × |
| `<object>` | 定义嵌入对象 | √ | √ |

（续表）

| 标签 | 描述 | HTML4 | HTML5 |
|---|---|---|---|
| \<ol\> | 定义有序列表 | √ | √ |
| \<optgroup\> | 定义选项组 | √ | √ |
| \<option\> | 定义下拉列表中的选项 | √ | √ |
| \<output\> | HTML5 新增，定义输出的一些类型 | × | √ |
| \<p\> | 定义段落 | √ | √ |
| \<param\> | 为对象定义参数 | √ | √ |
| \<pre\> | 定义预格式化文本 | √ | √ |
| \<progress\> | HTML5 新增，定义任何类型的任务进度 | × | √ |
| \<q\> | 定义短的引用 | √ | √ |
| \<rule\> | HTML5 新增，为升级模板定义规则 | × | √ |
| \<s\> | HTML5 中已不支持，定义加删除线的文本 | √ | × |
| \<samp\> | 定义样本计算机代码 | √ | √ |
| \<script\> | 定义脚本 | √ | √ |
| \<section\> | HTML5 新增，定义 section | × | √ |
| \<select\> | 定义可选列表 | √ | √ |
| \<small\> | HTML5 中已不支持，定义小号文本 | √ | × |
| \<source\> | HTML5 新增，定义媒介源 | × | √ |
| \<span\> | 定义文档中的 section | √ | √ |
| \<strike\> | HTML5 中已不支持，定义加删除线的文本 | √ | × |
| \<strong\> | 定义强调文本 | √ | √ |
| \<style\> | 定义样式定义 | √ | √ |
| \<sub\> | 定义上标文本 | √ | √ |
| \<sup\> | 定义下标文本 | √ | √ |
| \<table\> | 定义表格 | √ | √ |
| \<tbody\> | 定义表格的主体 | √ | √ |
| \<td\> | 定义表格单元 | √ | √ |
| \<textarea\> | 定义文本区域 | √ | √ |
| \<tfoot\> | 定义表格的脚注 | √ | √ |
| \<th\> | 定义表格内的表头单元格 | √ | √ |
| \<thead\> | 定义表格表头 | √ | √ |
| \<time\> | HTML5 新增，定义日期 / 时间 | × | √ |
| \<title\> | 定义文档的标题 | √ | √ |
| \<tr\> | 定义表格行 | √ | √ |
| \<tt\> | HTML5 中已不支持，定义打字机文本 | √ | × |
| \<u\> | HTML5 中已不支持，定义下画线文本 | √ | × |
| \<ul\> | 定义无序列表 | √ | √ |
| \<var\> | 定义变量 | √ | √ |
| \<video\> | HTML5 新增，定义视频 | × | √ |
| \<xmp\> | HTML5 中已不支持，定义预格式文本 | √ | × |

## 1.6　HTML5 的标准属性 🔍

在 HTML 中标签拥有属性，在 HTML5 中新增的属性有 contenteditable、contextmenu、draggable、irrelevant、ref、registrationmark、template。

HTML5 的标准属性如表 1-2 所示。

表 1-2　HTML5 标准属性

| 属性 | 值 | 描述 | HTML4 | HTML5 |
|------|-----|------|-------|-------|
| accesskey | character | 设置访问一个元素的键盘快捷键 | × | √ |
| class | class_rule or style_rule | 元素的类名 | √ | √ |
| contenteditable | true<br>false | 设置是否允许用户编辑元素 | × | √ |
| contextmenu | id of a menu element | 给元素设置一个上下文菜单 | × | √ |
| dir | ltr<br>rtl | 设置文本方向 | √ | √ |
| draggable | true<br>false<br>auto | 设置是否允许用户拖动元素 | × | √ |
| id | id_name | 元素的唯一 id | √ | √ |
| irrelevant | true<br>false | 设置元素是否相关，不显示非相关的元素 | × | √ |
| lang | language_code | 设置语言代码 | √ | √ |
| ref | url of elementID | 引用另一个文档或文档上另一个位置，仅在 template 属性设置时使用 | × | √ |
| registrationmark | registration mark | 为元素设置拍照，可以规定于任何 <rule> 元素的后代元素，除了 <nest> 元素 | × | √ |
| style | style_definition | 行内的样式定义 | √ | √ |
| tabindex | number | 设置元素的 Tab 键控制顺序 | √ | √ |
| template | url or elementID | 引用应该应用到该元素的另一个文档或本文档上另一个位置 | × | √ |
| title | tooltip_text | 显示在工具提示中的文本 | √ | √ |

## 1.7　HTML5 的事件属性

HTML 元素可以拥有事件属性，这些属性在浏览器中触发行为，比如，当用户单击一个 HTML 元素时启动一段 JavaScript 脚本。下面列出了事件属性，可以将它们插入 HTML 中定义事件行为。HTML5 中的新事件有 onabort、onbeforeunload、oncontextmenu、ondrag、ondragend、ondragenter、ondragleave、ondragover、ondragstart、ondrop、onerror、onmessage、onmousewheel、onresize、onscroll、onunload。不再支持的 HTML 4.0.1 属性有 onreset。

HTML5 所支持的事件属性如表 1-3 所示。

表 1-3　HTML5 的事件属性

| 属性 | 值 | 描述 | HTML4 | HTML5 |
|------|-----|------|-------|-------|
| onabort | script | 发生 abort 事件时运行脚本 | × | √ |
| onbeforeunload | script | 在元素加载前运行脚本 | × | √ |
| onblur | script | 当元素失去焦点时运行脚本 | √ | √ |
| onchange | script | 当元素改变时运行脚本 | √ | √ |
| onclick | script | 在鼠标单击时运行脚本 | √ | √ |
| oncontextmenu | script | 当菜单被触发时运行脚本 | × | √ |
| ondblclick | script | 当鼠标双击时运行脚本 | √ | √ |
| ondrag | script | 只要脚本在被拖动就运行脚本 | × | √ |
| ondragend | script | 在拖动操作结束时运行脚本 | × | √ |
| ondragenter | script | 当元素被拖动到一个合法的放置目标时运行脚本 | × | √ |

（续表）

| 属性 | 值 | 描述 | HTML4 | HTML5 |
|---|---|---|---|---|
| ondragleave | script | 当元素离开合法的放置目标时运行脚本 | × | √ |
| ondragover | script | 只要元素正在合法的放置目标上拖动时就运行脚本 | × | √ |
| ondragstart | script | 当拖动操作开始时运行脚本 | × | √ |
| ondrop | script | 当元素正在被拖动时运行脚本 | × | √ |
| onerror | script | 当元素加载的过程中出现错误时运行脚本 | × | √ |
| onfocus | script | 当元素获得焦点时运行脚本 | √ | √ |
| onkeydown | script | 当按下按钮时运行脚本 | √ | √ |
| onkeypress | script | 当按下按键时运行脚本 | √ | √ |
| onkeyup | script | 当松开按钮时运行脚本 | √ | √ |
| onload | script | 当文档加载时运行脚本 | √ | √ |
| onmessage | script | 当 message 事件触发时运行脚本 | × | √ |
| onmousedown | script | 当按下鼠标按键时运行脚本 | √ | √ |
| onmousemove | script | 当鼠标指针移动时运行脚本 | √ | √ |
| onmouseover | script | 当鼠标指针移动到一个元素上时运行脚本 | √ | √ |
| onmouseout | script | 当鼠标指针移出元素时运行脚本 | √ | √ |
| onmouseup | script | 当松开鼠标按键时运行脚本 | √ | √ |
| onmousewheel | script | 当滚动鼠标滚轮时运行脚本 | × | √ |
| onreset | script | 不支持，当表单重置时运行脚本 | √ | × |
| onresize | script | 当元素调整大小时运行脚本 | × | √ |
| onscroll | script | 当元素滚动条被滚动时运行脚本 | × | √ |
| onselect | script | 当元素被选中时运行脚本 | √ | √ |
| onsubmit | script | 当提交表单时运行脚本 | √ | √ |
| onunload | script | 当文档卸载时运行脚本 | × | √ |

# 第 **2** 章　HTML5 页面基本设置

　　本章从 HTML 控制网页整体属性入手，全面开始对 HTML 网页技术的学习，主要介绍 HTML 文档的基本标签，这些都是一个完整的网页必不可少的，通过这些标签可以了解网页的基本结构和工作原理。通过本章的学习，读者将掌握 HTML 网页文件的头部信息设置，及网页主体的基本设置，对 HTML 有基本的了解和掌握，并能够将两者灵活地结合运用。

**本章知识点：**
- ➤ 理解头部 <head> 标签
- ➤ 掌握标题 <title> 标签设置
- ➤ 掌握基底网址 <base> 标签的作用及设置方法
- ➤ 掌握使用 <meta> 标签设置网页头信息的方法
- ➤ 掌握在 <body> 标签中添加属性对网页整体进行设置的方法
- ➤ 了解 HTML 代码中添加注释的方法

## 2.1　网页头部——<head> 标签

　　通过前面章节对 HTML 网页的基础知识的学习，可知道 HTML 网页分为 <head>、</head> 部分和 <body>、</body> 部分。head 中文的意思即头部，因此一般把 <head>、</head> 部分称为网页的头部信息。头部信息部分的内容虽然不会在网页中显示，但它能影响网页的全局设置。

　　网页头部信息的设置属于页面总体设定的范围，包括页面的标题、页面的说明、关键字、作者信息等内容，虽然它们中大多数不能直接在网页上看到效果，但从功能上，很多都是必不可少的。

### 2.1.1　网页标题——<title> 标签

　　HTML 文档的标题显示在浏览器的标题栏中，用于说明文件的用途，每个 HTML 文档都应该有标题。网页标题与文章标题的性质是一样的，它们都表示重要的信息，允许用户快速浏览网页，找到自己需要的信息。在互联网上，这是非常重要的，因为网站访问者并不总是阅读网页上的所有文字。在网页中设置网页的标题，只需在 HTML 文件的头部 <title> 与 </title> 标签之间输入标题信息，就可以在浏览器上显示。

　　<title> 标签的基本语法如下。

```
<head>
<title>...</title>
</head>
```

　　网页的标题只有一个，位于 HTML 文档的头部 <head> 与 </head> 标签之间。

> **提示**
>
> 　　网页标题向浏览者提供了网页的内容信息，方便浏览者对页面的选择。设计者也可以在网页标题中加入一些特殊符号，如★、◆等，以增加网页的个性化。

**实 战** 使用 **<title>** 标签设置网页标题

最终文件：最终文件 \ 第 2 章 \2-1-1.html　　视频：视频 \ 第 2 章 \2-1-1.mp4

`01` 打开页面"源文件 \
第 2 章 \2-1-1.html"，可以
看到页面的 HTML 代码，如
图 2-1 所示。

图 2-1

`02` 在页面头部的 <title>
与 </title> 标签之间输入网页
的标题，如图 2-2 所示。执
行 "文件" > "保存" 命令，
保存该页面，在浏览器中预
览页面，可以看到所设置的
网页标题，如图 2-3 所示。

图 2-2　　　　　　　　　　　　图 2-3

**提示**

在为网页设置标题时，首先要明确网站的定位，哪些关键词能够吸引浏览者的注意，选择几个能够概括网站内容和功能的词语作为网页的标题，这样使浏览者看到网页标题就可以了解网页的大致内容。

## 2.1.2　基底网址——<base> 标签

URL 路径是一种互联网地址的表达方法，在这个地址中包括以何种协议链接、要链接到哪一个地址、链接地址的端口号及服务器里页面的完整路径和页面名称等信息。在 HTML 中，URL 路径分为两种形式：绝对路径和相对路径。绝对路径是将服务器上磁盘驱动器名称和完整的路径都写出来，同时也会体现出磁盘上的目录结构；相对路径是相对于当前 HTML 文档所在目录或站点根目录的路径。

HTML 页面通过基底网址能够把当前 HTML 页面中所有的相对 URL 转换成绝对 URL。一般情况下，通过基底网址标签 <base> 设置 HTML 页面的绝对路径，那么在网页中的链接地址只需要设置成相对地址即可。当浏览器浏览页面时，会通过 <base> 标签将相对地址附在基底网址的后面，从而转化为绝对地址。

例如，在 HTML 页面的头部定义基底网址如下。

`<base href="http://www.xxx.com/web">`

在页面主体中设置的某一个相对路径链接地址如下。

`<a href="about.html">`

当在浏览器中浏览该页面时，因为在页面头部设置了基底网址，所以页面主体中的相对路径链接变成如下的绝对路径链接。

`http://www.xxx.com/web/about.html`

因此，在 HTML 页面中设置基底网址标签 <base> 时不应该多于一个，而且要将其放置在页面头部 <head> 与 </head> 之间，以及页面中任何包含 URL 地址的语句之前。

<base> 标签的基本语法如下。

`<base href=" 文件路径 " target=" 目标窗口 ">`

在该语法中，文件路径就是要设置的页面的基底网址，而目标窗口可以设置为不同效果的打开方式，其属性值及说明如表 2-1 所示。

表 2-1　target 属性值说明

| 属性值 | 说明 |
| --- | --- |
| _parent | 页面中所有的超链接在上一级窗口中打开，一般常用于框架页面中 |
| _blank | 页面中所有的超链接都在新窗口中打开 |
| _self | 页面中所有的超链接都在当前窗口中打开，不会打开新的浏览器窗口，这也是超链接的默认打开方式 |
| _top | 页面中所有的超链接都在浏览器的整个窗口中打开，忽略任何框架 |

**技巧**

如果在 <base> 标签中添加 href 属性设置，则在浏览器中预览网页时，网页中所有相对路径的前方都会自动添加 <base> 标签中 href 属性所设置的路径。

**实战　设置网页基底网址**

最终文件：最终文件 \ 第 2 章 \2-1-2.html　　视频：视频 \ 第 2 章 \2-1-2.mp4

**01** 打开页面"源文件 \ 第 2 章 \2-1-2.html"，可以看到该页面的 HTML 代码，如图 2-4 所示。在浏览器中预览该页面，当单击页面中设置了超链接的文字时，会在当前浏览器窗口中打开所链接的页面，如图 2-5 所示。

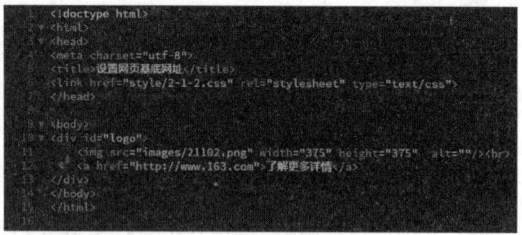

图 2-4　　　　　　　　　　　　　　　　　　　图 2-5

**02** 在页面中的 <head> 与 </head> 标签之间加入 <base> 标签的设置代码，如图 2-6 所示。

执行"文件">"保存"命令，保存该页面，在浏览器中预览页面，单击"了解更多详情"超链接，可以看到所链接的页面会在新的浏览器窗口中打开，如图 2-7 所示。

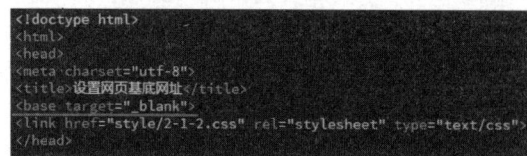

图 2-6　　　　　　　　　　　　　　　　　　　图 2-7

**提示**

在本实例中，<base> 标签中设置超链接的打开方式为新打开窗口，则页面中所有超链接的打开方式都会自动切换为新打开窗口的打开方式。

## 2.2　元信息——<meta> 标签

<meta> 标签提供的信息对于浏览者是不可见的，它不显示在页面中，一般用于定义网页关键字、说明内容、作者信息和编辑工具等。在 HTML 页面中，<meta> 标签不需要设置结束标签，在一个尖括号内就是一个 <meta> 内容，而在一个 HTML 页面的头部中可以有多个 <meta> 标签。<meta>

标签的属性有两种：name 和 http-equiv，其中 name 属性主要用于描述网页，以便于搜索引擎查找和分类。下面根据功能的不同分别介绍元信息标签 <meta> 的使用方法。

## 2.2.1　设置网页关键字

设置网页关键字是为了向搜索引擎说明这一网页的关键字，从而帮助搜索引擎对该网页进行查找和分类，它可以提高被搜索到的概率，一般可设置多个关键字，多个关键字之间使用英文逗号隔开。但是由于很多搜索引擎在检索时会限制关键字数量，因此在设置关键字时不要过多，应该有针对性。

设置网页关键字的基本语法如下。

```
<meta name="keywords" content=" 输入具体的关键字 ">
```

在该语法中，name 为属性名称，这里是 keywords，也就是设置网页的关键字属性，而在content 中则定义具体的关键字。

例如下面的 HTML 网页代码，将页面的关键字设置为"HTML5，网页设计"。

```
<!doctype html>
<html>
<head>
<title> 输入关键字 </title>
<meta name="keywords" content="HTML5, 网页设计 ">
</head>
<body>
</body>
</html>
```

> **提示**
>
> 要选择与网站或网页主题相关的文字。选择具体的词语，别寄希望于行业或笼统的词语。揣摩用户会用什么作为搜索词，把这些词放在页面上或直接作为关键字。关键字可以不止一个，最好根据不同的页面，制作不同的关键字组合，这样页面被搜索到的概率将大大增加。

## 2.2.2　设置网页说明

设置网页说明也是为了便于搜索引擎的查找，可以用它来描述网页的主题等。与关键字一样，设置的页面说明也不会在网页中显示出来。网页说明为搜索引擎提供关于这个网页的总体概括性描述。网页的说明内容由一两个词语或段落组成，内容一定要有相关性，描述不能太短、太长或过分重复。

设置网页说明的基本语法如下。

```
<meta name="description" content=" 网页说明内容 ">
```

在该语法中，name 为属性名称，这里设置为 description，也就是将元信息属性设置为页面说明，在 content 中定义具体的描述语言。

例如下面的 HTML 网页代码，将网页说明设置为"全面介绍 HTML5 相关知识"。

```
<!doctype html>
<html>
<head>
<title> 设置页面说明 </title>
<meta name="description" content=" 全面介绍 HTML5 相关知识 " >
</head>
<body>
</body>
</html>
```

提示

在设置网页说明信息时，需要注意几个误区：①不要将网页中所有内容都复制到网页说明中。②网页说明内容一定要与网页的主题和内容相关。③尽量不要设置一些过于宽泛的描述信息。④在同一个网站中，不同的页面尽量使用不同的网页说明内容，说明当前网页中的主要内容和主题，不要将所有网页都设置相同的说明内容，这样不利于网站的优化。

## 2.2.3 设置网页作者信息

在 <meta> 标签中还可以设置网页制作者的信息，可以显示出页面制作者的姓名和个人信息，这样可以在源代码中保留作者希望保留的信息。

设置作者信息的基本语法如下。

```
<meta name="author" content=" 作者信息内容 ">
```

在该语法中，name 为属性名称，设置为 author，也就是设置作者信息，而在 content 中则定义具体的信息。

例如下面的 HTML 网页代码，将网页作者信息设置为"HTML5 达人"。

```
<!doctype html>
<html>
<head>
<title> 设置作者信息 </title>
<meta name="author" content="HTML5 达人 ">
</head>
<body>
</body>
</html>
```

## 2.2.4 设置网页编辑软件

现在有很多编辑软件都可以制作网页，在源代码头部可以设置网页编辑软件的名称，与其他 <meta> 元素相同，编辑工具也只是在页面的源代码中可以看到，而不会显示在浏览器中。

设置网页编辑软件的基本语法如下。

```
<meta name="generator" content=" 编辑软件的名称 ">
```

在该语法中，name 为属性名称，设置为 generator，也就是设置编辑工具，而在 content 中则定义具体的编辑工具名称。

例如下面的 HTML 网页代码，将网页的编辑软件信息设置为"Dreamweaver"。

```
<!doctype html>
<html>
<head>
<title> 设置编辑工具 </title>
<meta name="generator" content="Dreamweaver">
</head>
<body>
</body>
</html>
```

**实 战** 设置网页基础元信息

最终文件：最终文件 \ 第 2 章 \2-2-4.html　　视频：视频 \ 第 2 章 \2-2-4.mp4

**01** 打开页面"源文件 \ 第 2 章 \2-2-4.html"，可以看到该页面的 HTML 代码，如图 2-8 所示。

**02** 在 <head> 与 </head> 标签之间添加 <meta> 标签，设置网页关键字，如图 2-9 所示。在 <head> 与 </head> 标签之间添加 <meta> 标签，设置网页说明，如图 2-10 所示。

图 2-8

图 2-9

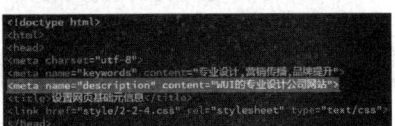

图 2-10

**03** 在 <head> 与 </head> 标签之间添加 <meta> 标签，设置网页作者信息，如图 2-11 所示。在 <head> 与 </head> 标签之间添加 <meta> 标签，设置网页编辑软件，如图 2-12 所示。

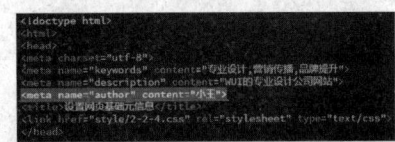

图 2-11

**04** 完成网页基础元信息的设置，可以看到页面 <head> 与 </head> 标签之间的代码。

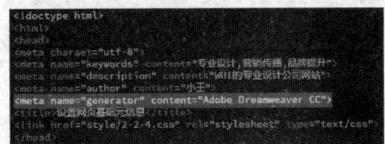

图 2-12

```
<head>
<meta charset="utf-8">
<meta name="keywords" content=" 专业设计，
营销传播，品牌提升 ">
<meta name="description" content="WUI 的专业设计公司网站 ">
<meta name="author" content=" 小王 ">
<meta name="generator" content="Adobe Dreamweaver CC">
<title> 设置网页基础元信息 </title>
<link href="style/2-2-4.css" rel="stylesheet" type="text/css">
</head>
```

**提示**

页面头部 <head> 与 </head> 标签之间的 <meta charset="utf-8"> 是在新建 HTML5 页面时自动添加的，该 meta 元素用于设置该 HTML 文档的编码格式。

**05** 切换到实时视图中，并不会在页面的实时视图中显示所设置的网页头部信息内容，如图 2-13 所示。执行"文件" > "保存"命令，保存该页面，在浏览器中预览页面，效果如图 2-14 所示。

图 2-13

图 2-14

## 2.2.5　设置网页定时跳转

在浏览网页时经常会看到一些欢迎信息的页面，经过一段时间后，这些页面会自动跳转到其他页面，这就是页面的跳转。通过设置 <meta> 标签的 http-equiv 属性值为 refresh，不仅能够完成页面自身的自动刷新，也可以实现页面之间的跳转过程。

设置网页定时刷新的基本语法如下。

```
<meta http-equiv="refresh" content=" 跳转时间；URL= 跳转到的地址 ">
```

在该语法中，refresh 表示网页刷新，而在 content 中设置刷新的时间和刷新后的链接地址，时间和链接地址之间用分号相隔。默认情况下，跳转时间以秒为单位。

例如下面的 HTML 网页代码，表示 5 秒后自动跳转到 main.html 页面。

```
<meta http-equiv="refresh" content="5;URL=main.html">
```

**实 战 设置网页定时跳转**

最终文件：最终文件 \ 第 2 章 \2-2-5.html　　视频：视频 \ 第 2 章 \2-2-5.mp4

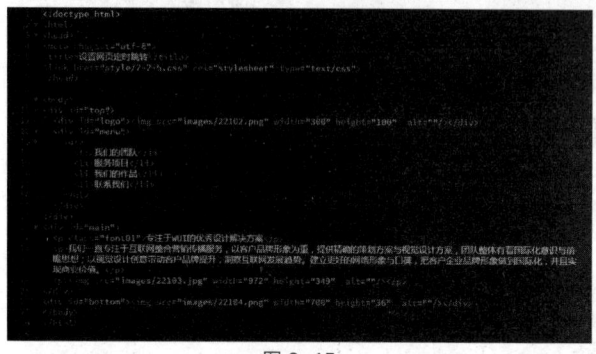

图 2-15

[01] 打开页面"源文件 \ 第 2 章 \2-2-5.html"，可以看到该页面的 HTML 代码，如图 2-15 所示。在 <head> 与 </head> 标签之间添加 <meta> 标签，设置网页定时跳转，如图 2-16 所示。

```
<!doctype html>
<html>
<head>
<meta charset="utf-8">
<meta http-equiv="Refresh" content="10;url=2-1-2.html">
<title>设置网页定时跳转</title>
<link href="style/2-2-5.css" rel="stylesheet" type="text/css">
</head>
```

图 2-16

[02] 执行"文件">"保存"命令，保存该页面，在浏览器中预览页面，如图 2-17 所示。当在浏览器中打开该页面 10 秒后，页面将自动跳转到所设置的页面，此处将跳转到 2-1-2.html 页面，如图 2-18 所示。

图 2-17

图 2-18

**技巧**

在 <meta> 标签中将 http-equiv 属性设置为 refresh，不仅可以实现网页的跳转，而且还可以实现网页的自动刷新。例如，设置网页 10 秒自动刷新，则添加的代码是 <meta http-equiv="refresh" content="10">。

## 2.2.6　限制搜索方式

可以通过在 <meta> 标签中的设置来限制搜索引擎对页面的搜索方式。

限制搜索方式的基本语法如下。

```
<meta name="robots" content=" 搜索方式 ">
```

在该语法中，content 属性值说明如表 2-2 所示。

表 2-2　content 属性值说明

| 属性值 | 说明 |
| --- | --- |
| all | 设置 content 属性值为 all，表示能搜索当前网页及其链接的所有网页 |
| index | 设置 content 属性值为 index，表示能搜索当前网页 |

（续表）

| 属性值 | 说明 |
|---|---|
| nofollow | 设置 content 属性值为 nofollow，表示不能搜索当前网页链接的网页 |
| noindex | 设置 content 属性值为 noindex，表示不能搜索当前网页 |
| none | 设置 content 属性值为 none，表示不能搜索当前网页及其链接的网页 |

例如下面的 HTML 网页代码，将网页的搜索方式限制为当前网页。

```
<!doctype html>
<html>
<head>
<title> 限制搜索方式 </title>
<meta name="robots" content="index">
</head>
<body>
</body>
</html>
```

## 2.2.7　设置网页文字及语言

在网页中还可以通过语句来设定语言的编码方式。这样，浏览器就可以正确地选择语言，而不需要手动选取。设置网页语言编码方式有两种方法。

第 1 种方法如下。

```
<meta http-equiv="Content-Type" content="text/html;charset= 字符集类型 ">
```

第 2 种方法如下。

```
<meta http-equiv="Content-Language" content=" 语言 ">
```

在该语法中，http-equiv 用于传送 HTTP 通信协议的标头，也就是设定标头属性的名称，而在 content 中才设定具体的属性值。在 charset 中设置网页的内码语系，也就是字符集的类型，charset 往往设置为 gb2312，即简体中文，英文是 ISO-8859-1 字符集。此外，还有 BIG5、utf-8、shift-Jis、Euc、Koi8 等字符集。

在 HTML5 中简化了网页语言编码方式的设置，直接写为如下的形式。

```
<meta charset="utf-8">
```

在 Dreamweaver 中，新建的页面默认为 HTML5 规范页面，并且会自动在页面头部的 <head> 与 </head> 标签之间添加网页语言编码方式的设置代码。

## 2.2.8　设置网页有效期限

在某些网站上会设置网页的到期时间，一旦过期则必须到服务器上重新调用。通过 <meta> 标签可以设置网页的有效期限。

设置网页有效期限的基本语法如下。

```
<meta http-equiv="expires" content=" 到期的时间 ">
```

在该语法中，到期的时间必须是 GMT 时间格式，即 "星期，日 月 年 时 分 秒"，这些时间都使用英文和数字进行设定。

例如下面的 HTML 网页代码，将网页的有效期限设置为 "2018 年 10 月 15 日 20 点 30 分"。

```
<!doctype html>
<html>
<head>
<title> 设置网页到期时间 </title>
```

```
<meta http-equiv="expires" content="Thu,15 october 2018 20:30:00 GMT">
</head>
<body>
</body>
</html>
```

### 2.2.9 禁止缓存调用

使用网页缓存可以加快浏览网页的速度，因为缓存将曾经浏览过的页面保存在计算机中，当用户下次打开同一个网页内容时，即可快速浏览该网页，节省读取同一网页的时间。但是如果网页的内容经常频繁地更新，网页制作者希望用户随时都能查看到最新的网页内容，则可以通过 <meta> 语句禁用页面缓存调用。

设置网页禁用缓存调用的基本语法如下。

```
<meta http-equiv="cache-control" content="no-cache">
<meta http-equiv="pragma" content="no-cache">
```

在该语法中，cache-control 和 pragma 都可以用来设定缓存的属性，而在 content 中则是真正禁止调用缓存的语句。

### 2.2.10 删除过期的 cookie

cookie 是由 Internet 站点创建的、将网页信息存储在本地计算机上的文件，如访问站点时的首选项。如果网页过期，则删除存储在本地计算机中的 cookie 信息。

设置删除过期 cookie 的基本语法如下。

```
<meta http-equiv="set-cookie" content=" 到期的时间 ">
```

在该语法中，到期的时间同样是 GMT 时间格式。

例如下面的 HTML 网页代码，将 cookie 的到期时间设置为 "2018 年 10 月 15 日 20 点 30 分"。

```
<!doctype html>
<html>
<head>
<title> 删除过期的 cookie 信息 </title>
<meta http-equiv="set-cookie" content="Thu,15 october 2018 20:30:00 GMT">
</head>
<body>
</body>
</html>
```

> **提示**
>
> cookie 是个小的数据包，其中包含关于用户网上冲浪的习惯信息。cookie 的主要用途是广告代理商用来追踪人口统计，查看某个站点吸引了哪种消费者。一些网站还使用 cookie 来保存用户最近的账号信息。这样，当用户进入某个站点，而该用户又在该站点有账号时，站点就会立刻知道此用户是谁，并自动载入这个用户的个人信息。

### 2.2.11 强制打开新窗口

强制网页在当前窗口中以独立的页面显示，可以防止自己的网页被其他网站当作一个 frame( 框架 ) 页调用。

设置网页强制打开新窗口的基本语法如下。

```
<meta http-equiv="windows-target" content="_top">
```

在该语法中，windows-target 表示新网页的打开方式，而 content 中设置 _top 则代表打开的是一个独立页面。

## 2.3　网页主体——<body> 标签

网页主体即 HTML 文档结构中的 <body> 和 </body> 部分，这部分内容直接显示在页面中，在 <body> 和 </body> 标签中放置网页中所有的内容，包括文字、图像、表单和多媒体等。<body> 标签有相应的属性设置，包括网页的背景设置、文字属性等。通过对 <body> 标签属性进行设置，可以控制整个页面的显示方式。

### 2.3.1　网页边距——margin 属性

在浏览网页时，通常会发现网页中的文字并没有紧挨着网页的顶部和左边。这是因为 HTML 页面在默认情况下，内容与页面的边界有一定的距离，所以在制作网页时需要将边距清除。在 <body> 标签中用于设置页面边距的属性，包括 topmargin( 上边距 )、rightmargin( 右边距 )、bottommargin( 下边距 ) 和 leftmargin( 左边距 )。

设置网页边距的基本语法如下。

```
<body topmargin="value" rightmargin="value" bottommargin="value" leftmargin="value">
```

通过设置 topmargin、rightmargin、bottommargin 和 leftmargin 的属性值来设置显示内容与浏览器的距离。默认情况下，边距的值以像素为单位。关于 <body> 标签中的边距属性说明如表 2-3 所示。

表 2-3　<body> 标签中的边距属性说明

| 属性 | 说明 |
| --- | --- |
| topmargin | 该属性用于设置页面内容到浏览器上边界的距离 |
| leftmargin | 该属性用于设置页面内容与浏览器左边界的距离 |
| rightmargin | 该属性用于设置页面内容与浏览器右边界的距离 |
| bottommargin | 该属性用于设置页面内容与浏览器下边界的距离 |

例如下面的 HTML 网页代码，设置网页的上边距为 50，左边距为 0。

```
<!doctype html>
<html>
<head>
<title> 设置边距 </title>
</head>
<body topmargin="50" leftmargin="0">
</body>
</html>
```

**实 战　设置网页整体边距**

最终文件：最终文件 \ 第 2 章 \2-3-1.html　　　视频：视频 \ 第 2 章 \2-3-1.mp4

[01] 打开页面"源文件 \ 第 2 章 \2-3-1.html"，可以看到该页面的 HTML 代码，如图 2-19 所示。转换到该网页的设计视图中，可以看到该网页的整体边距，如图 2-20 所示。

图 2-19

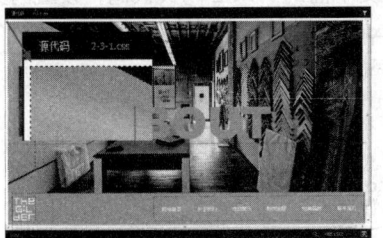
图 2-20

02 在浏览器中预览页面，可以看到默认情况下页面的边距不为 0，所以在页面四周出现空白区域，如图 2-21 所示。切换到代码视图中，在 <body> 标签中添加页面边距设置代码，如图 2-22 所示。

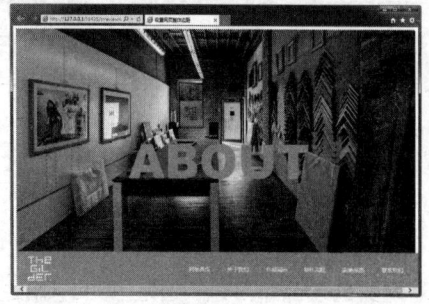
图 2-21

图 2-22

> **提示**
>
> 　　默认情况下，HTML 页面的主体 <body> 标签的边距不为 0，这样就会使页面内容看上去在边界部分留有缝隙，不美观。所以，通常情况下，都需要将页面的边距设置为 0，当然也有一些特殊的页面情况，需要设置相应的边距值，这就需要灵活掌握。

03 切换到设计视图中，可以看到完成页面边距设置后的效果，如图 2-23 所示。执行"文件" >"保存"命令，保存该页面，在浏览器中预览页面，效果如图 2-24 所示。

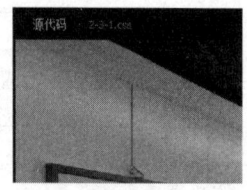
图 2-23

图 2-24

## 2.3.2　网页背景颜色——bgcolor 属性

　　大多数浏览器的默认网页背景颜色为白色，也有一些低版本的浏览器默认的网页背景颜色为灰色。但是，每个网站页面都有不同的风格和特点，自然也需要设置不同的背景颜色，不同的网页背景颜色可以更加符合网页的主题并与网页的整体风格相统一。

　　在网页制作过程中，可以通过设置 <body> 标签的 bgcolor 属性改变网页整体的背景颜色。

　　设置网页背景颜色的基本语法如下。

```
<body bgcolor=" 颜色值 ">
```

　　颜色值有两种表示方法，一种是使用颜色名称，例如，红色、绿色分别使用 red、green 表示。另一种是使用十六进制格式颜色 #RRGGBB 来表示，RR、GG 和 BB 分别表示颜色中红、绿和蓝三原色的两位十六进制数值。

　　例如下面的 HTML 网页代码，设置网页的整体背景颜色为橙色。

```
<!doctype html>
<html>
<head>
<title> 定义网页背景颜色 </title>
</head>
<body bgcolor="#FF6633">
</body>
</html>
```

**实战** 设置网页背景颜色

最终文件：最终文件 \ 第 2 章 \2-3-2.html　　　视频：视频 \ 第 2 章 \2-3-2.mp4

**01** 打开页面 "源文件 \ 第 2 章 \2-3-2.html"，可以看到该页面的 HTML 代码，如图 2-25 所示。在浏览器中预览该页面，可以看到该页面显示默认的白色背景，效果如图 2-26 所示。

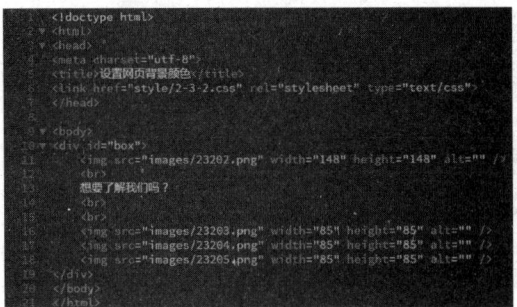

图 2-25

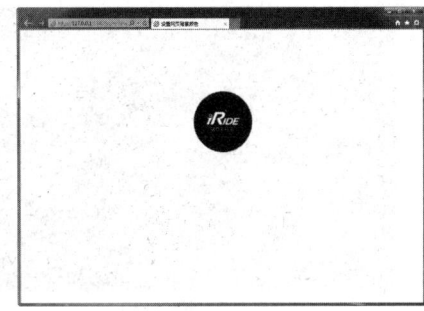

图 2-26

**02** 在 <body> 标签中添加 bgcolor 属性设置代码，设置网页的背景颜色，如图 2-27 所示。执行 "文件" > "保存" 命令，保存该页面，在浏览器中预览页面，可以看到为网页设置背景颜色的效果，如图 2-28 所示。

图 2-27

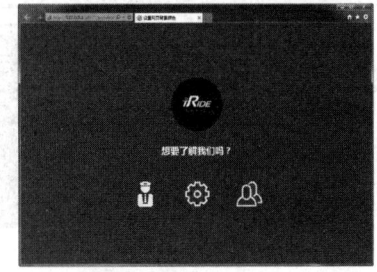

图 2-28

## 2.3.3 背景图像——background 属性

在 <body> 标签中除了可以设置网页的背景色以外，通过 background 属性还可以设置网页的背景图像。它与向网页中插入图片不同，背景图像放置在网页的最底层，文字和图片等都位于它的上面。文字、插入的图片等会覆盖背景图像。在默认情况下，背景图像在水平方向和垂直方向上会不断地重复出现，直到铺满整个网页。

设置网页背景图像的基本语法如下。

```
<body background=" 背景图像的地址 ">
```

在该语法中，background 属性值就是背景图像的路径和文件名。图像地址可以是相对地址，也可以是绝对地址。在默认情况下，为网页设置的背景图像会按照水平和垂直的方向不断重复出现，直到铺满整个页面。

例如下面的 HTML 网页代码，使用绝对路径的方式为网页设置背景图像。

```
<!doctype html>
<html>
<head>
<title>设置网页背景图像</title>
</head>
<body background="http://www.xxx.com/images/bg.jpg">
</body>
</html>
```

**实 战** 设置网页背景图像

最终文件：最终文件\第2章\2-3-3.html　　视频：视频\第2章\2-3-3.mp4

**01** 打开页面"源文件\第2章\2-3-3.html"，可以看到该页面的 HTML 代码，如图2-29所示。在浏览器中预览页面，可以看到页面显示为黑色的纯色背景颜色，效果如图2-30所示。

图 2-29　　　　　　　　　　　　　　　　　图 2-30

**02** 在 <body> 标签中添加 background 属性设置代码，设置网页的背景图像，如图2-31所示。执行"文件" > "保存"命令，保存该页面，在浏览器中预览页面，可以看到为网页设置的背景图像效果，如图2-32所示。

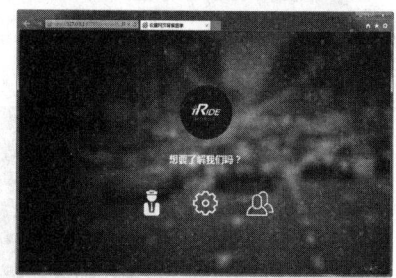

图 2-31　　　　　　　　　　　　　　　　　图 2-32

**提示**

背景图像一定要与网页中的插图和文字的颜色相协调，才能达到美观的效果。为了保证浏览器载入网页的速度，建议尽量不要使用容量过大的图像作为网页背景图像。

## 2.3.4　文字颜色——text 属性

无论网页技术如何发展，文本内容始终是网页的核心内容。通过 text 属性可以对 <body> 与 </body> 标签之间的所有文本颜色进行设置。在没有对文字进行单独定义颜色时，这个属性将对页面中所有的文字产生作用。

设置网页默认文字颜色的基本语法如下。

`<body text=" 颜色值 ">`

在该语法中，text 的属性值与设置页面背景颜色相同，同样可以使用两种方式设置文字的颜色值。例如下面的 HTML 网页代码，设置网页中默认的文字颜色为红色。

```
<!doctype html>
<html>
<head>
<title> 设置默认文字颜色 </title>
</head>
<body text="red">
</body>
</html>
```

**实战　设置网页默认文字颜色**

最终文件：最终文件 \ 第 2 章 \2-3-4.html　　　视频：视频 \ 第 2 章 \2-3-4.mp4

01 打开页面"源文件 \ 第 2 章 \2-3-4.html"，可以看到该页面的 HTML 代码，如图 2-33 所示。在浏览器中预览该页面，可以看到页面中默认的文字颜色为黑色，如图 2-34 所示。

02 在 <body> 标签中添加 text 属性设置代码，设置网页中的文字颜色为白色，如图 2-35 所示。执行"文件"＞"保存"命令，保存该页面，在浏览器中预览页面，效果如图 2-36 所示。

图 2-33　　　　　　　　　　　　　　　　　　　　图 2-34

图 2-35　　　　　　　　　　　　　　　　　　　　图 2-36

## 2.3.5　链接文字颜色——link 属性

在网页中，除了文字、图片等，超链接也是最为常用的一种元素。超链接中以文字链接居多，在默认情况下，浏览器以蓝色作为超链接文字的颜色，访问过的文字则颜色变成暗红色。超链接是网站中使用比较频繁的 HTML 元素，因为网站中的各页面都是由超链接串接而成的，通过对 link 属性进行设置，可以定义默认的没有单击过的链接文字颜色。

设置默认链接文字的基本语法如下。

<body link=" 颜色值 ">

使用 alink 属性可以设置鼠标单击超链接时的文字颜色，其基本语法如下。

<body alink=" 颜色值 ">

使用 vlink 属性可以设置已访问过的超链接的文字颜色，其基本语法如下。

<body vlink=" 颜色值 ">

link、alink 和 vlink 属性的设置与前面几个设置颜色的参数类似，都是与 <body> 标签放置在一起，表明它对网页中所有未单独设置的元素起作用。

**实战　设置网页默认链接文字颜色**

最终文件：最终文件 \ 第 2 章 \2-3-5.html　　　视频：视频 \ 第 2 章 \2-3-5.mp4

01 打开页面"源文件 \ 第 2 章 \2-3-5.html"，转换到该网页的 HTML 代码中，可以看到该页面的 HTML 代码，如图 2-37 所示。在浏览器中预览页面，可以看到页面中默认的超链接文字显示为蓝色带有下画线的效果，如图 2-38 所示。

```
1  <!doctype html>
2  <html>
3  <head>
4  <meta charset="utf-8">
5  <title>设置网页默认链接文字颜色</title>
6  <link href="style/2-3-5.css" rel="stylesheet" type="text/css">
7  </head>
8
9  <body>
10 <div id="bg"><img src="images/23101.jpg" alt=""/></div>
11 <div id="main"><a href="#">ABOUT</a></div>
12 <div id="bottom">
13   <div id="bot">
14     <div id="logo">
15       <img src="images/23102.png" width="65" height="65" alt=""/>
16     </div>
17     <div id="menu">
18       <ul>
19         <li>网站首页</li>
20         <li>关于我们</li>
21         <li>作品展示</li>
22         <li>制作流程</li>
23         <li>完美品质</li>
24         <li>联系我们</li>
25       </ul>
26     </div>
27   </div>
28 </div>
29 </body>
30 </html>
```

图 2-37

图 2-38

**02** 在 <body> 标签中添加 link 属性设置代码，设置网页中超链接文字的默认颜色，如图 2-39 所示。执行"文件">"保存"命令，保存该页面，在浏览器中预览页面，可以看到网页中超链接文字颜色变成黄色，如图 2-40 所示。

图 2-39

图 2-40

**03** 继续在 <body> 标签中添加 alink 属性设置代码，设置鼠标单击超链接文字时的颜色，如图 2-41 所示。保存该页面，在浏览器中预览页面，单击超链接文字，可以看到文字颜色变成绿色，如图 2-42 所示。

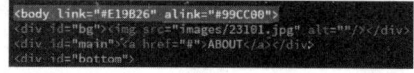

图 2-41

图 2-42

**04** 继续在 <body> 标签中添加 vlink 属性设置代码，设置访问后的超链接文字颜色，如图 2-43 所示。保存该页面，在浏览器中预览页面，单击超链接文字后，可以看到网页中超链接文字变成白色，如图 2-44 所示。

```
<body link="#E19B26" alink="#99CC00" vlink="#FFFFFF">
<div id="bg"><img src="images/23101.jpg" alt=""/></div>
<div id="main"><a href="#">ABOUT</a></div>
<div id="bottom">
  <div id="bot">
```

图 2-43

图 2-44

# 2.4 在 HTML 代码中添加注释

通过前面的学习，知道 HTML 代码由浏览器进行解析，从而呈现出丰富多彩的网页，如果有些代码或文字既不需要浏览器解析，也不需要呈现在网页上，这种情况通常为代码注释，即对某段代码进行解释说明，以便于维护。

　　在网页中，除了以上基本元素外，还包含一种不显示在页面中的元素，那就是代码的注释文字。适当的注释可以帮助用户更好地了解网页中各个模块的划分，也有助于以后对代码的检查和修改。给代码添加注释，是一种很好的编程习惯。

　　添加注释的基本语法如下。

```
<!-- 注释的文字 -->
```

　　注释文字的标记很简单，只需在语法中"注释的文字"的位置上添加需要的内容即可。

# 第 3 章  设置文本与段落

文字不仅是网页信息传达的一种常用方式，也是视觉传达最直接的方式，运用经过精心处理的文字材料完全可以制作出效果很好的版面。输入完文本内容后就可以对其进行格式化操作，而设置文本样式是实现快速编辑文件的有效操作，让文字看上去编排有序、整齐美观。通过对本章的学习，读者可以掌握如何在网页中合理地使用文字，如何根据需要选择不同的文字效果。

**本章知识点：**
- ➤ 掌握用于设置文本效果的各种基本标签和属性
- ➤ 掌握网页中特殊字符和水平线标签的使用方法
- ➤ 掌握网页中文本换行和分段标签以及相关属性的设置
- ➤ 掌握其他文字标签的使用方法
- ➤ 掌握滚动文本标签的使用和属性设置方法

## 3.1  设置文本效果

文本是网页中最常用的元素，也是最直观地向浏览者传达信息的方式。通过本节的学习，读者可以掌握如何在网页中合理地使用文字，使文字更加美观，起到令人赏心悦目的效果。

### 3.1.1  文字样式——<font> 标签

<font> 标签可以用来设置文字的颜色、字体和大小，是网页设计的常用属性。可以通过 <font> 标签中的 face 属性设置不同的字体，或通过 <font> 标签中的 size 属性设置文字的大小，还可以通过 <font> 标签中的 color 属性设置文字的颜色。

**1. 设置字体**

face 属性规定的是字体的名称，如中文字体的"宋体""楷体"和"微软雅黑"等。可以通过字体的 face 属性设置不同的字体，设置的字体效果必须在浏览器中安装了相应的字体后才可以正确浏览，否则有些特殊字体会被浏览器中的普通字体所代替。

设置字体的基本语法如下。

```
<font face=" 字体名称 ">...</font>
```

face 属性用于设置文本所采用的字体。如果浏览器能在当前系统中找到该字体，则使用设置的字体显示；如果在当前系统中找不到该字体，则会使用默认的字体显示文字。

例如下面的 HTML 网页代码，分别为文字设置不同的字体。

```
...
<body>
<font face=" 宋体 "> 欢迎光临我们的网站 </font><br>          <!-- 字体为宋体 -->
<font face=" 楷体 "> 欢迎光临我们的网站 </font><br>          <!-- 字体为楷体 -->
<font face=" 黑体 "> 欢迎光临我们的网站 </font><br>          <!-- 字体为黑体 -->
</body>
...
```

**2. 设置文字大小**

文字的大小也是文字的重要属性之一。除了使用标题文字标签设置固定大小的字号外，HTML

还提供了 `<font>` 标签的 size 属性来设置普通文字的字号。

设置文字大小的基本语法如下。

```
<font size=" 文字大小 ">...</font>
```

size 的属性值为 1~7，默认值为 3，也可以在属性值之前加上 + 或 – 字符，来指定相对于初始值的增量或减量。文字的字号可以设置为 1~7，也可以是 +1~+7 或者 –7~–1。这些字号并没有一个固定的大小值，而是相对于默认文字大小来设定的，默认文字的大小与 3 号字相同，而数值越大，文字也越大。

例如下面的 HTML 网页代码，分别为文字设置不同的字体大小。

```
...
<body>
<font size="1"> HTML5 网页设计与制作全程揭秘 </font><br>
<font size="2"> HTML5 网页设计与制作全程揭秘 </font><br>
<font size="3"> HTML5 网页设计与制作全程揭秘 </font><br>
<font size="4"> HTML5 网页设计与制作全程揭秘 </font><br>
<font size="5"> HTML5 网页设计与制作全程揭秘 </font><br>
<font size="6"> HTML5 网页设计与制作全程揭秘 </font><br>
<font size="7"> HTML5 网页设计与制作全程揭秘 </font><br>
</body>
...
```

### 3. 设置文字颜色

在 HTML 页面中，设置字体的不同颜色，可使页面看起来更加丰富多彩，吸引浏览者的注意力。

设置字体颜色的基本语法如下。

```
<font color=" 颜色值 ">...</font>
```

color 属性的颜色值可以用浏览器能够识别的颜色名称或十六进制颜色值表示。

例如下面的 HTML 网页代码，分别使用颜色名称和十六进制颜色值设置文字颜色。

```
...
<body>
<font color="red"> HTML5 网页设计与制作全程揭秘 </font><br>              <!-- 红色文字 -->
<font color="#0000FF"> HTML5 网页设计与制作全程揭秘 </font><br>          <!-- 蓝色文字 -->
</body>
...
```

**实战　设置网页文字基本样式**

最终文件：最终文件 \ 第 3 章 \3-1-1.html　　　视频：视频 \ 第 3 章 \3-1-1.mp4

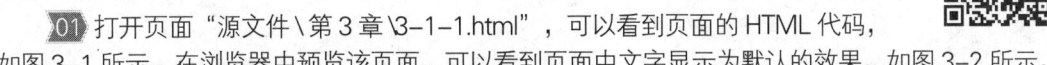

`01` 打开页面"源文件 \ 第 3 章 \3-1-1.html"，可以看到页面的 HTML 代码，如图 3-1 所示。在浏览器中预览该页面，可以看到页面中文字显示为默认的效果，如图 3-2 所示。

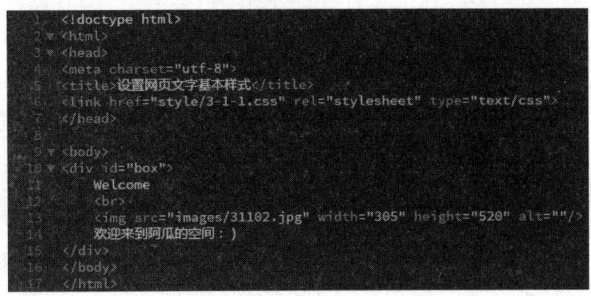

图 3-1

图 3-2

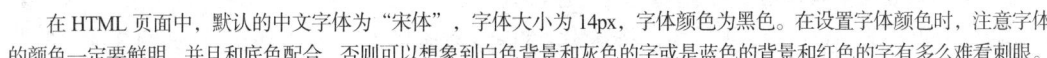

**技巧**

在 HTML 页面中，默认的中文字体为"宋体"，字体大小为 14px，字体颜色为黑色。在设置字体颜色时，注意字体的颜色一定要鲜明，并且和底色配合，否则可以想象到白色背景和灰色的字或是蓝色的背景和红色的字有多么难看刺眼。

02 为页面中相应的文字添加 <font> 标签，并且在该标签中添加相应的属性设置，如图 3-3 所示。保存页面，在浏览器中预览页面，可以看到网页中文字的效果，如图 3-4 所示。

图 3-3

图 3-4

03 使用相同的制作方法，为页面中相应的文字添加 <font> 标签，并且在该标签中添加相应的属性设置，如图 3-5 所示。保存页面，在浏览器中预览页面，可以看到网页中文字的效果，如图 3-6 所示。

图 3-5

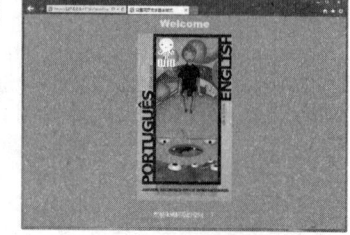

图 3-6

**提示**

在 HTML 页面中，每一种颜色都是由 R、G、B 3 种颜色 ( 红、绿、蓝三原色 ) 按不同的比例合成。在网页中，默认的颜色表示方式是十六进制的表现方式，如 #000000，以 # 号开头，前面两位代表红色的分量，中间两位代表绿色的分量，最后两位代表蓝色的分量。

## 3.1.2 倾斜文字——<i> 和 <em> 标签

在 HTML 中 <i> 和 <em> 标签都可以使字体倾斜，以达到特殊的效果。在 <i> 和 </i> 之间的文字或者在 <em> 和 </em> 之间的文字，在浏览器中都以斜体字显示。倾斜文字标签 <i> 和 <em> 的基本语法如下。

```
<i> 斜体文字 </i>
<em> 斜体文字 </em>
```

倾斜的效果可以通过 <i> 和 <em> 标签来实现。一般文字中用斜体主要起到醒目、强调或者区别的作用。

例如下面的 HTML 网页代码，分别使用 <i> 和 <em> 标签创建斜体文字。

```
…
<body>
<i> 这是斜体 </i><br>
<em> 这也是斜体 </em><br>
这不是斜体
</body>
…
```

**实战 设置文字倾斜效果**

最终文件：最终文件\第 3 章\3-1-2.html    视频：视频\第 3 章\3-1-2.mp4

01 打开页面 "源文件\第 3 章\3-1-2.html"，可以看到页面的 HTML 代码，如图 3-7 所示。在浏览器中预览该页面，可以看到页面中默认的文字显示效果，如图 3-8 所示。

02 为页面中相应的文字添加 <i> 标签，如图 3-9 所示。保存页面，在浏览器中预览页面，可以看到 Welcome 文字倾斜显示的效果，如图 3-10 所示。

03 返回网页 HTML 代码视图中，将刚添加的 <i> 标签修改为 <em> 标签，如图 3-11 所示。保存页面，在浏览器中预览页面，Welcome 文字同样会显示为倾斜效果，如图 3-12 所示。

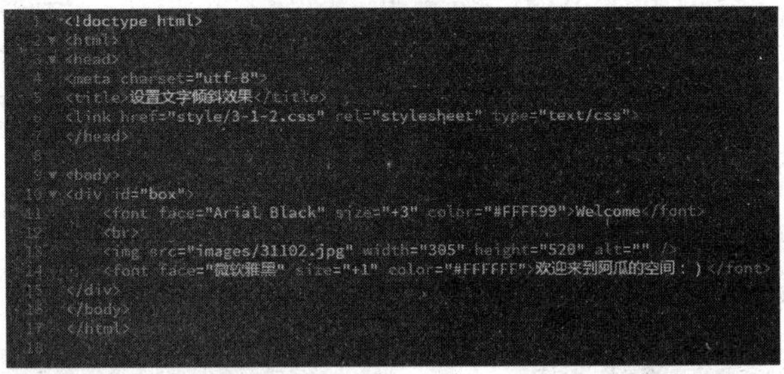

```
<!doctype html>
<html>
<head>
<meta charset="utf-8">
<title>设置文字倾斜效果</title>
<link href="style/3-1-2.css" rel="stylesheet" type="text/css">
</head>

<body>
<div id="box">
    <font face="Arial Black" size="+3" color="#FFFF99">Welcome</font>
    <br>
    <img src="images/31102.jpg" width="385" height="520" alt="" />
    <font face="微软雅黑" size="+1" color="#FFFFFF">欢迎来到阿瓜的空间：）</font>
</div>
</body>
</html>
```

图 3-7

图 3-8

```
<body>
<div id="box">
    <font face="Arial Black" size="+3" color="#FFFF99">
        <i>Welcome</i>
    </font>
    <br>
```

图 3-9

图 3-10

```
<body>
<div id="box">
    <font face="Arial Black" size="+3" color="#FFFF99">
        <em>Welcome</em>
    </font>
    <br>
```

图 3-11

图 3-12

### 3.1.3　加粗文字——<b> 和 <strong> 标签

网页中对于需要强调的内容经常使用文字加粗的方法，文字加粗可以使文字更加醒目，吸引浏览者的注意力，例如标题。使用 <b> 和 <strong> 标签都会使字体加粗。在 <b> 和 </b> 之间的文字或在 <strong> 和 </strong> 之间的文字，在浏览器中都以粗体文字显示。

加粗文字标签 <b> 和 <strong> 的基本语法如下。

```
<b> 加粗的文字 </b>
<strong> 加粗的文字 </strong>
```

粗体的效果可以通过 <b> 标签来实现，还可以通过 <strong> 标签来实现。<b> 和 <strong> 是行内元素，可以在文本的任何部位运用。

例如下面的 HTML 网页代码，分别使用 <b> 和 <strong> 标签创建粗体文字。

```
...
<body>
<b> 这是粗体 </b><br>
<strong> 这也是粗体 </strong><br>
这不是粗体
</body>
...
```

## 实战 设置网页文字加粗效果

最终文件：最终文件 \ 第 3 章 \3-1-3.html　　视频：视频 \ 第 3 章 \3-1-3.mp4

01 打开页面“源文件 \ 第 3 章 \3-1-3.html”，可以看到该页面的 HTML 代码，如图 3-13 所示。在浏览器中预览页面，可以看到页面中文字的显示效果，如图 3-14 所示。

```
<!doctype html>
<html>
<head>
<meta charset="utf-8">
<title>设置网页文字加粗效果</title>
<link href="style/3-1-3.css" rel="stylesheet" type="text/css">
</head>

<body>
<div id="bg"><img src="images/31301.jpg" alt=""/></div>
<div id="main">Welcome</div>
<div id="bottom">
  <div id="bot">
    <div id="logo"><img src="images/31302.png" width="65" height="65" alt=""/></div>
    <div id="menu">
      <ul>
        <li>网站首页</li>
        <li>关于我们</li>
        <li>作品展示</li>
        <li>制作流程</li>
        <li>完美品质</li>
        <li>联系我们</li>
      </ul>
    </div>
  </div>
</div>
</body>
</html>
```

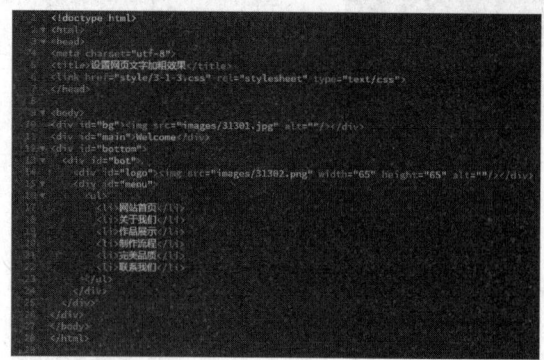

图 3-13

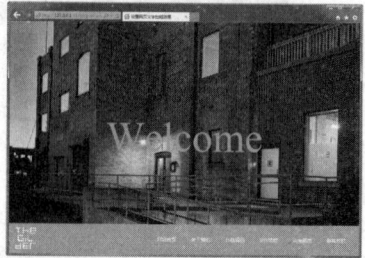

图 3-14

02 为页面中相应的文字添加加粗文字 <strong> 标签，如图 3-15 所示。保存页面，在浏览器中预览页面，可以看到加粗文字的效果，如图 3-16 所示。

```
<body>
<div id="bg"><img src="images/31301.jpg" alt=""/></div>
<div id="main"><strong>Welcome</strong></div>
<div id="bottom">
  <div id="bot">
```

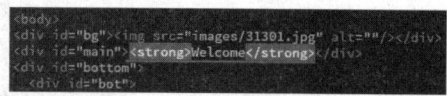

图 3-15

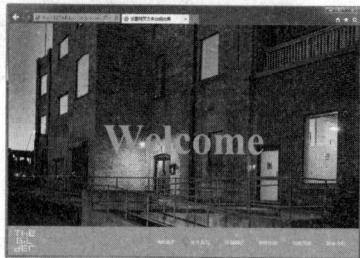

图 3-16

03 返回网页的 HTML 代码中，将刚添加的加粗文字 <strong> 标签修改为 <b> 标签，如图 3-17 所示。保存页面，在浏览器中预览页面，可以看到加粗文字的效果，如图 3-18 所示。

```
<body>
<div id="bg"><img src="images/31301.jpg" alt=""/></div>
<div id="main"><b>Welcome</b></div>
<div id="bottom">
  <div id="bot">
```

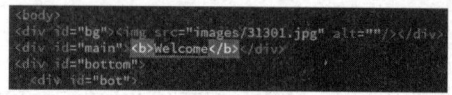

图 3-17

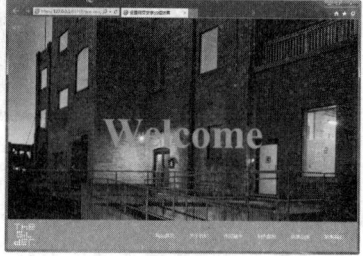

图 3-18

### 3.1.4 下画线——<u> 标签

使用 <u> 标签可添加文字的下画线，在 <u> 和 </u> 之间的文字，在浏览器中可以看到加下画线的效果。下画线标签 <u> 的基本语法如下。

```
<u> 下画线的内容 </u>
```

文字下画线的添加可以通过 <u> 标签实现。一般文字中加下画线主要起醒目、强调或者区别的作用。例如下面的 HTML 网页代码。

```
...
<body>
HTML5 网页设计与制作全程揭秘                              <!-- 普通文字 -->
<em>HTML5 网页设计与制作全程揭秘 </em><br>                <!-- 斜体文字 -->
<b> HTML5 网页设计与制作全程揭秘 </b><br>                 <!-- 加粗体文字 -->
<u> HTML5 网页设计与制作全程揭秘 </u><br>                 <!-- 下画线文字 -->
<em><b><u> HTML5 网页设计与制作全程揭秘 </u></b></em>     <!-- 斜体 + 加粗 + 下画线文字 -->
</body>
...
```

## 实 战　为文字添加下画线

最终文件：最终文件 \ 第 3 章 \3–1–4.html　　视频：视频 \ 第 3 章 \3–1–4.mp4

**01** 打开页面"源文件 \ 第 3 章 \3–1–4.html"，可以看到该页面的 HTML 代码，如图 3–19 所示。在浏览器中预览该页面，可以看到页面的效果，如图 3–20 所示。

图 3–19

图 3–20

**02** 为页面中相应的文字添加下画线 <u> 标签，如图 3–21 所示。保存页面，在浏览器中预览页面，可以看到页面中文字添加下画线的效果，如图 3–22 所示。

图 3–21

图 3–22

**技巧**

在网页中除了可以使用 <u> 标签实现文字的下画线效果外，还可以通过 CSS 样式中的 text-decoration 属性实现，设置该属性为 underline，为网页中需要实现下画线的文字应用 CSS 样式，同样可以实现下画线的效果。

## 3.1.5　删除线——<s> 和 <strike> 标签

在网页中可以通过 <strike> 标签或 <s> 标签为文字添加删除线效果。删除线标签 <strike> 和 <s> 的基本语法如下。

```
<strike> 文字 </strike>
<s> 文字 </s>
```

这两种标签都可以创建删除线效果，使用起来也很简单，只需把要设置成删除效果的文字放在标签中间即可。

## 实 战　为文字添加删除线

最终文件：最终文件 \ 第 3 章 \3–1–5.html　　视频：视频 \ 第 3 章 \3–1–5.mp4

**01** 打开页面"源文件 \ 第 3 章 \3–1–5.html"，可以看到该页面的 HTML 代码，如图 3–23 所示。在浏览器中预览该页面，可以看到网页中文字的正常显示效果，如图 3–24 所示。

图 3-23　　　　　　　　　　　　图 3-24

**02** 为页面中的相应文字添加删除线 \<strike\> 或者 \<s\> 标签，如图 3-25 所示。保存页面，在浏览器中预览页面，可以看到添加删除线的文字效果，如图 3-26 所示。

```
<body>
<div id="bg"><img src="images/31301.jpg" alt=""/></div>
<div id="main"><strike>Welcome</strike></div>
<div id="bottom">
  <div id="bot">
```

图 3-25　　　　　　　　　　　　图 3-26

## 3.1.6　上标与下标——\<sup\> 和 \<sub\> 标签

\<sup\> 上标文本标签、\<sub\> 下标文本标签都是 HTML 的标准标签，在数学等式、科学符号和化学公式中会被用到。

\<sup\> 和 \<sub\> 标签的基本语法如下。

```
<sup> 上标内容 </sup>
<sub> 下标内容 </sub>
```

在 \<sup\> 和 \</sup\> 中的内容的高度以前后文本流中字符高度的一半来显示，\<sup\> 文字下端和前面文字的下端对齐，但与当前文本流中的字体和字号都是一样的。

在 \<sub\> 和 \</sub\> 文本流中以字符高度的一半来显示，\<sub\> 文字上端和前面文字的上端对齐，但与当前文本流中的字体和字号都是一样的。

例如下面的 HTML 网页代码，是 \<sup\> 和 \<sub\> 标签在运算公式和化学名称中的应用。

```
...
<body>
C<sup>2</sup>=A<sup>2</sup>+B<sup>2</sup><br>        <-- 直角三角形的判定公式 -->
H<sub>2</sub>O<sub>2</sub>                          <-- 过氧化氢的化学式 -->
</body>
...
```

**实 战　设置上标和下标文字效果**

最终文件：最终文件 \ 第 3 章 \3-1-6.html　　　视频：视频 \ 第 3 章 \3-1-6.mp4

**01** 打开页面"源文件 \ 第 3 章 \3-1-6.html"，可以看到该页面的 HTML 代码，如图 3-27 所示。在浏览器中预览页面，可以看到页面中默认的文字效果，如图 3-28 所示。

**02** 切换到网页 HTML 代码中，为页面中相应的文字添加上标 \<sup\> 标签，如图 3-29 所示。保存页面，在浏览器中预览页面，可以看到为文字添加上标标签的效果，如图 3-30 所示。

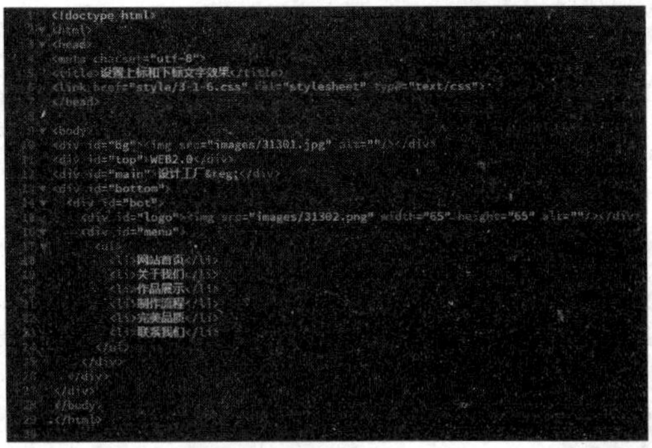

图 3-27 图 3-28

```
<body>
<div id="bg"><img src="images/31301.jpg" alt=""/></div>
<div id="top">WEB2.0</div>
<div id="main">设计工厂<sup>&reg;</sup></div>
<div id="bottom">
    <div id="bot">
```

图 3-29 图 3-30

03 返回代码视图中，为页面中相应的文字添加下标 <sub> 标签，如图 3-31 所示。保存页面，在浏览器中预览页面，可以看到为文字添加下标标签的效果，如图 3-32 所示。

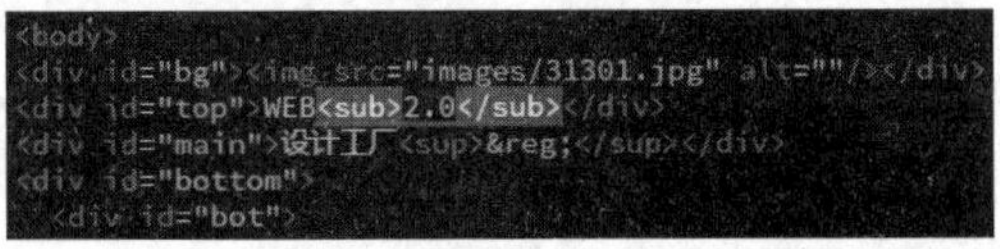

```
<body>
<div id="bg"><img src="images/31301.jpg" alt=""/></div>
<div id="top">WEB<sub>2.0</sub></div>
<div id="main">设计工厂<sup>&reg;</sup></div>
<div id="bottom">
    <div id="bot">
```

图 3-31

图 3-32

## 3.1.7　等宽文本——<code> 和 <samp> 标签

等宽文本标签常用于设置英文效果，使用 <code> 和 <samp> 标签都可以实现网页中字体的等宽效果，使用等宽效果能够使页面显得更加整齐。

<code> 和 <samp> 标签的基本语法如下。

```
<code> 文字 </code>
<samp> 文字 </samp>
```

在该语法中的这两种标签都可以实现文字的等宽显示，而在应用时只需把等宽显示的文字放置在标签中间即可。

## 3.1.8　标题文本——<h1> 至 <h6> 标签

标题标签是指 HTML 网页中对文本标题所进行的着重强调的一种标签。标签成对出现，大小依次递减。标题标签的基本语法如下。

```
<hn> 标题文字 </hn>
```

标题标签成对出现，<hn> 标签共分为 6 级，在 <h1> 和 </h1> 之间的文字是第一级标题，是最大最粗的标题文字；<h6> 和 </h6> 之间的文字是最后一级，是最小最细的标题文字。

**实战 设置标题文字**

最终文件：最终文件 \ 第 3 章 \3-1-8.html　　视频：视频 \ 第 3 章 \3-1-8.mp4

01 打开页面"源文件 \ 第 3 章 \3-1-8.html"，可以看到该页面的 HTML 代码，如图 3-33 所示。在浏览器中预览页面，可以看到页面中文字的默认显示效果，如图 3-34 所示。

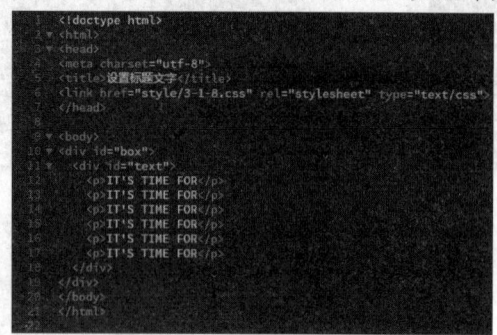

图 3-33

图 3-34

02 返回网页的 HTML 代码中，将文字的段落标签 <p> 替换为标题标签 <h1> 至 <h6>，如图 3-35 所示。保存页面，在浏览器中预览页面，可以看到各标题文字的默认预设效果，如图 3-36 所示。

图 3-35

图 3-36

**技巧**

在 HTML 页面中，可以通过 <h1> 至 <h6> 标签定义页面中的文字为标题文字，每种标题文字都对应一种预设的显示效果。可以通过 CSS 样式分别设置 <h1> 至 <h6> 标签的 CSS 样式，从而修改 <h1> 至 <h6> 标签在网页中默认的显示效果。

# 3.2 特殊文字标签

在页面中，除了可以输入文字并通过文字的基本修饰标签对文字进行修饰外，还可以插入一些特殊字符，例如￥、$ 等，或者插入空格和水平线等特殊的文本对象。本节将向读者介绍如何在网页中插入特殊的文本对象。

## 3.2.1 空格—— 

一般情况下，在网页中输入文字时，如果在段落开始增加了空格，在使用浏览器进行浏览时往往看不到这些空格。这主要因为在 HTML 文件中，浏览器本身会将两个句子之间的所有半角空格仅当作一个来看待。如果需要保留空格的效果，一般需要使用全角空格符号，或者通过空格代码来代替。在 HTML 代码中直接按空格键，是无法显示在页面上的。HTML 使用   表现一个空格字符（英文的空格字符）。

空格的基本语法如下。

 

在网页中可以输入多个空格，输入一个空格使用   表示，输入多少个空格就添加多少个  。

**实战** 在网页文本中添加空格

最终文件：最终文件 \ 第 3 章 \3-2-1.html　　　视频：视频 \ 第 3 章 \3-2-1.mp4

**01** 打开页面"源文件 \ 第 3 章 \3-2-1.html"，可以看到页面的 HTML 代码，如图 3-37 所示。在浏览器中预览页面，效果如图 3-38 所示。

图 3-37　　　　　　　　　　　　　　　　图 3-38

**02** 在相应的文字之前添加多个空格代码  ，如图 3-39 所示。保存页面，在浏览器中预览页面，可以看到添加空格代码后的效果，如图 3-40 所示。

图 3-39　　　　　　　　　　　　　　　　图 3-40

> **技巧**
>
> 除了添加   代码插入空格外，还可以将中文输入法状态切换到全角输入法状态，直接按空格键，同样可以在文字中插入空格，但并不推荐使用这种方法，最好还是使用   代码来添加空格。

## 3.2.2 其他特殊符号

在 HTML 中，有一些字符具有特殊含义，例如"<"和">"是标签的左括号和右括号，而标签是控制 HTML 显示的，标签本身只能被浏览器解析，并不能在页面中显示。这些特殊的字符需要用代码进行代替。一般情况下，特殊字符的代码由前缀"&"、字符名称和后缀";"组成。

插入特殊字符基本语法如下。

```
&amp;
…
&copy;
```

在需要添加特殊字符的地方添加相应的符号代码即可。

常用特殊字符及其对应的 HTML 代码如表 3-1 所示。

表 3-1　HTML 中的特殊字符

| 特殊符号 | HTML 代码 | 特殊符号 | HTML 代码 |
|---|---|---|---|
| " | &quote; | & | &amp; |
| < | &lt; | > | &gt; |
| × | &times; | § | &sect; |
| © | &copy; | ® | &reg; |
| ™ | &trade; | | |

**实 战 在网页中添加特殊文本符号**

最终文件：最终文件 \ 第 3 章 \3-2-2.html   视频：视频 \ 第 3 章 \3-2-2.mp4

01 打开页面"源文件 \ 第 3 章 \3-2-2.html"，可以看到该页面的 HTML 代码，如图 3-41 所示。在浏览器中预览页面，效果如图 3-42 所示。

图 3-41

图 3-42

02 在页面中相应的位置添加版权特殊字符代码 &copy;，如图 3-43 所示。保存页面，在浏览器中预览页面，可以在网页中看到版权符号的效果，如图 3-44 所示。

图 3-43

图 3-44

### 3.2.3　水平线——<hr> 标签

水平线 <hr> 标签用来分隔文本和对象。<hr> 标签是单标签，默认情况下占据一行。在很多场合中可以轻松地使用，不需要另外作图。同时可以在 HTML 中为水平线添加颜色、大小、粗细等属性。

<hr> 标签的基本语法如下。

```
<hr width=" 宽度 " size=" 粗细 " align=" 对齐方式 " color=" 颜色 " noshade>
```

在网页中输入一个 <hr> 标签，就添加了一条默认样式的水平线，且在页面中占据一行。<hr> 标签中各属性的说明如表 3-2 所示。

表 3-2　<hr> 标签属性说明

| 属性 | 说明 |
|---|---|
| width | 该属性用于设置水平线的宽度。水平线的宽度值可以是确定的像素值，也可以是父元素的百分比值 |
| size | 该属性用于设置水平线的高度。水平线的高度只能使用绝对的像素定义 |
| align | 该属性用于设置水平线的对齐方式，水平线默认的对齐方式是居中对齐，其对齐方式有 3 种，包括 center、left 和 right，其中 center 的效果与默认效果相同 |
| color | 该属性用于设置水平线的颜色，使插入的水平线与整个页面颜色相协调。颜色代码是十六进制的数值或者颜色英文名称，默认颜色是黑色 |
| noshade | 默认的水平线会带有阴影效果，如果不需要水平线的阴影效果，可以在 <hr> 标签中添加 noshade 属性 |

**实 战 在网页中插入并设置水平线**

最终文件：最终文件 \ 第 3 章 \3-2-3.html   视频：视频 \ 第 3 章 \3-2-3.mp4

01 打开页面"源文件 \ 第 3 章 \3-2-3.html"，可以看到该页面的 HTML 代码，如图 3-45 所示。在浏览器中预览页面，效果如图 3-46 所示。

图 3-45　　　　　　　　　　　　　　　　　　　图 3-46

**02** 返回网页的 HTML 代码中，在相应的位置添加水平线 <hr> 标签，并在该标签内添加相应的属性设置代码，如图 3-47 所示。保存页面，在浏览器中预览页面，可以看到在网页中添加水平线的效果，如图 3-48 所示。

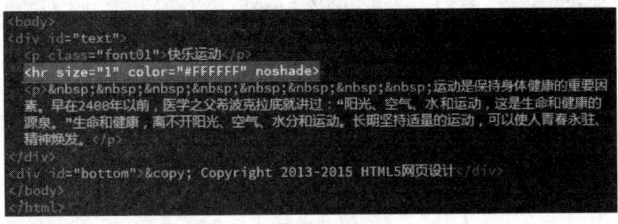

图 3-47

图 3-48

> **提示**
>
> 　　默认的水平线是空心立体的效果，可以在水平线 <hr> 标签中添加 noshade 属性，noshade 是布尔值的属性，如果在 <hr> 标签中添加该属性，则浏览器不会显示立体形状的水平线；反之如果不添加该属性，则浏览器默认显示一条立体形状带有阴影的水平线。

# 3.3　文本的分行与分段

　　网页中文字的排版很大程度上决定了一个网页是否美观。对于网页中的大段文字，通常采用分段和分行等方式进行规划。本节从段落的细节设置入手，使读者学习后能够利用标签轻松自如地规划文字排版。

## 3.3.1　文本换行——<br> 标签

　　一段文字默认的显示方式是将每行文字连续地显示出来。如果想把一个句子后面的内容在下一行显示，就会用到换行符 <br>。换行符 <br> 标签是个单标签，也称为空标签，不包含任何内容，在 HTML 文件中的任意位置只要使用了 <br> 标签，当文件显示在浏览器中时，该标签之后的内容将在下一行显示。

　　插入文本换行的基本语法如下。

```
<br>
```

　　一个 <br> 标签代表一个换行，连续多个 <br> 标签可以实现多次换行。

**实　战**　为网页文本进行换行处理

最终文件：最终文件 \ 第 3 章 \3-3-1.html　　视频：视频 \ 第 3 章 \3-3-1.mp4

　　**01** 打开页面"源文件 \ 第 3 章 \3-3-1.html"，可以看到该页面的 HTML 代码，如图 3-49 所示。在浏览器中预览页面，效果如图 3-50 所示。

02 返回网页的 HTML 代码中，在文本中相应的位置输入换行标签，为文本进行换行处理，如图 3-51 所示。保存页面，在浏览器中预览页面，可以看到使用 <br> 标签进行换行的效果，如图 3-52 所示。

图 3-49

图 3-50

图 3-51

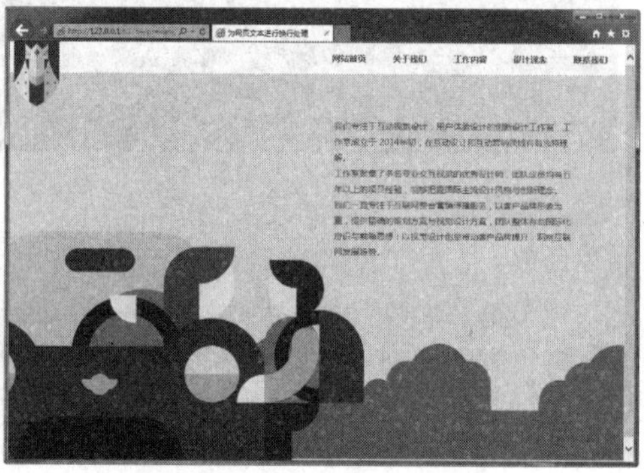

图 3-52

### 3.3.2　强制不换行——<nobr> 标签

在网页中如果某一行的文本过长，浏览器会自动对这行文字进行换行，如果想取消浏览器的换行处理，可以使用 <nobr> 标签禁止自动换行。

<nobr> 标签的基本语法如下。

<nobr> 不换行文字 </nobr>

<nobr> 标签用于指定文本不换行，<nobr> 标签之间的文本不会自动换行。

**实战　强制网页文本不换行**

最终文件：最终文件 \ 第 3 章 \3-3-2.html　　视频：视频 \ 第 3 章 \3-3-2.mp4

01 打开页面 "源文件 \ 第 3 章 \3-3-2.html"，可以看到页面的 HTML 代码，如图 3-53 所示。在浏览器中预览该页面，可以看到当标题文字遇到其容器的边界时会自动换行显示，如图 3-54 所示。

02 可以看到 id 名称为 title 的 Div 中的文字过多，当遇到 Div 的边界时会自动换行。为 id 名为 title 的 Div 中的文字添加强制不换行标签 <nobr>，如图 3-55 所示。保存页面，在浏览器中预览页面，可以看到文字强制不换行的效果，如图 3-56 所示。

图 3-53

图 3-54

图 3-56

图 3-55

### 3.3.3　文本分段——&lt;p&gt; 标签

　　HTML 标签中最常用、最简单的标签是段落标签，即 &lt;p&gt; 和 &lt;/p&gt;。它只有一个字母，虽然简单，但是却非常重要，因为这是一个用来划分段落的标签，几乎在所有网页中都会用到。&lt;p&gt;标签的基本语法如下。

```
<p> 段落文字 </p>
```

　　段落的开始用 &lt;p&gt; 标签，段落的结束用 &lt;/p&gt; 标签，段落标签可以没有结束 &lt;/p&gt; 标签，而每一个新的段落开始的同时也意味着上一个段落的结束。

**实战　为网页文本进行分段处理**

最终文件：最终文件 \ 第 3 章 \3-3-3.html　　视频：视频 \ 第 3 章 \3-3-3.mp4

　　01 打开页面"源文件\第3章\3-3-3.html"，可以看到该页面的 HTML 代码，如图 3-57 所示。在浏览器中预览页面，可以看到页面中文字内容的默认显示效果，如图 3-58 所示。

图 3-57

图 3-58

02 返回网页的 HTML 代码中，为页面中的文本添加相应的 <p> 标签进行分段，如图 3–59 所示。保存页面，在浏览器中预览页面，可以看到文本分段的效果，如图 3–60 所示。

```
<div id="text">
  <p>我们专注于互动视觉设计，用户体验设计的创新设计工作室，工作室成立于 2014年初，在互动设计和互动营销领域有着独特理解。</p>
  <p>工作室聚集了多名专业交互视觉的优秀设计师，团队成员均有五年以上的项目经验，能够把握国际主流设计风格与创新理念。</p>
  <p>我们一直专注于互联网整合营销传播服务，以客户品牌形象为重，提供精确的策划方案与视觉设计方案，团队整体有着国际化意识与前瞻思想；以视觉设计创意带动客户品牌提升，洞察互联网发展趋势。</p>
</div>
```

图 3–59

图 3–60

## 3.3.4 段落文字对齐——align 属性

段落文字在不同的时候需要不同的对齐方式，默认的对齐方式是左对齐。<p> 标签的对齐属性为 align 属性。

align 属性的基本语法如下。

```
<p align= " 对齐方式 ">...</p>
```

<p> 标签中 align 属性的属性值有 3 个，包括 left、center 和 right，分别对应段落文字水平左对齐、居中对齐和右对齐。默认情况下，段落中的内容显示为左对齐。

### 实战 设置文字水平对齐效果

最终文件：最终文件 \ 第 3 章 \3–3–4.html　　视频：视频 \ 第 3 章 \3–3–4.mp4

01 打开页面“源文件 \ 第 3 章 \3–3–4.html”，可以看到该页面的 HTML 代码，如图 3–61 所示。在浏览器中预览页面，可以看到页面中的文本默认显示为水平左对齐效果，如图 3–62 所示。

```
<!doctype html>
<html>
<head>
<meta charset="utf-8">
<title>设置文字水平对齐效果</title>
<link href="style/3-3-4.css" rel="stylesheet" type="text/css">
</head>

<body>
<div id="text">
      ~给您带来全新的完美购物体验~
</div>
</body>
</html>
```

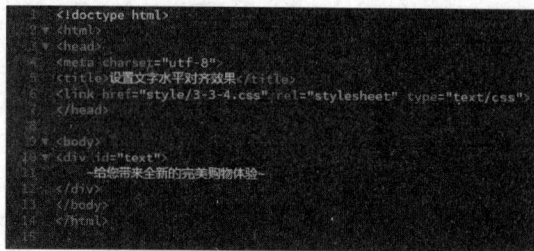

图 3–61

图 3–62

02 返回网页的 HTML 代码中，在页面中的 <div> 标签中添加 align 属性设置，如图 3–63 所示。保存页面，在浏览器中预览页面，可以看到文字水平右对齐的效果，如图 3–64 所示。

```
<body>
<div id="text" align="right">
      ~给您带来全新的完美购物体验~
</div>
</body>
```

图 3–63

图 3–64

03 返回代码视图中，修改刚添加的 align 属性，如图 3–65 所示。保存页面，在浏览器中预览页面，可以看到文字水平居中对齐的效果，如图 3–66 所示。

```
<body>
<div id="text" align="center">
      ~给您带来全新的完美购物体验~
</div>
</body>
```

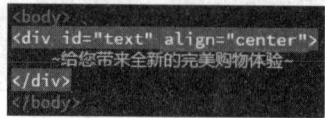

图 3–65

图 3–66

### 3.3.5　保留原始排版——&lt;pre&gt; 标签

在网页制作中，一般是通过各种标签对文字进行排版的。但是在实际应用中，往往需要一些特殊的排版效果，这样使用标签控制起来会比较麻烦。解决的方法就是保留文本格式的排版效果，如空格、制表符等。

如果要保留原始的文本排版效果，则需要使用 &lt;pre&gt; 标签，其语法格式如下。

```
<pre> 内容 </pre>
```

在 &lt;pre&gt; 与 &lt;/pre&gt; 标签之间的内容将保留代码中的格式效果，包括文字之间的空格、空行、制表符等。

**实战　保留网页文本原始排版效果**

最终文件：最终文件 \ 第 3 章 \3-3-5.html　　　视频：视频 \ 第 3 章 \3-3-5.mp4

01 打开页面"源文件 \ 第 3 章 \3-3-5.html"，可以看到该页面的 HTML 代码，如图 3-67 所示。在浏览器中预览页面，可以看到页面中的文字内容并没有按照代码中的格式显示，如图 3-68 所示。

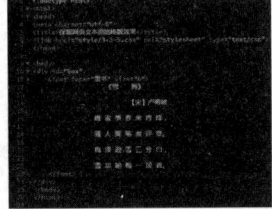

图 3-67

图 3-68

02 返回网页的 HTML 代码中，为文字内容添加保留原始排版效果的标签 &lt;pre&gt;，如图 3-69 所示。保存页面，在浏览器中预览页面，可以看到保留原始排版的效果，如图 3-70 所示。

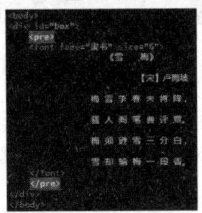

图 3-69

图 3-70

## 3.4　其他文字标签

在网页中，文字作为传递信息的主要手段，一直都是网页中必不可少的一个元素。网页中文字的表现形式非常丰富，网页越大，图形和文字内容越多，需要管理的文字样式也越多。除了前面介绍的文字样式标签外，还有其他的文字修饰标签，如文字标注标签 &lt;ruby&gt;、声明变量标签 &lt;var&gt;，以及忽视 HTML 标签 &lt;plaintext&gt; 和 &lt;xmp&gt;，本节将详细介绍以上标签。

### 3.4.1　文字标注——&lt;ruby&gt; 标签

在网页中可以通过添加文字的标注来解释说明网页中的某段文字，&lt;ruby&gt; 标签的基本语法如下。

```
<ruby>
    被说明的文字
    <rt>
    文字的标注
    </rt>
</ruby>
```

被说明的文字就是网页中需要添加标注的那段文字，而文字标注则是真正的说明文字。

**实战　在网页中实现文字标注说明效果**

最终文件：最终文件 \ 第 3 章 \3-4-1.html　　　视频：视频 \ 第 3 章 \3-4-1.mp4

01 打开页面"源文件 \ 第 3 章 \3-4-1.html"，可以看到该页面的 HTML

代码，如图 3-71 所示。在浏览器中预览页面，可以看到页面中文字的显示效果，如图 3-72 所示。

**02** 返回网页的 HTML 代码中，为页面中相应的文本添加标注标签 <ruby>，如图 3-73 所示。保存页面，在浏览器中预览页面，可以看到为文字添加标注标签的显示效果，如图 3-74 所示。

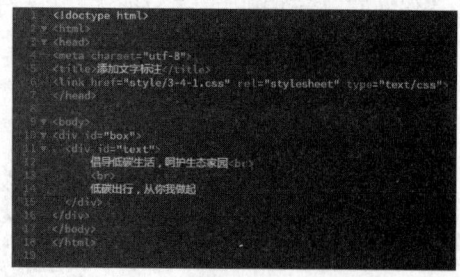

图 3-71

图 3-72

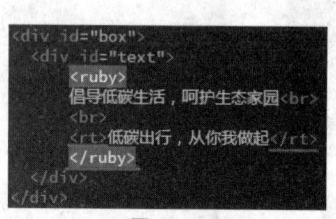

图 3-73

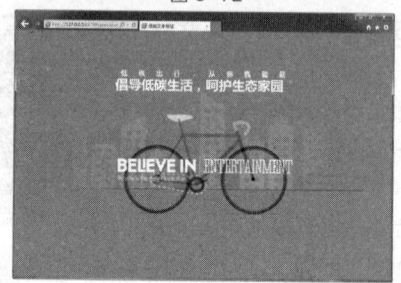

图 3-74

> **提示**
>
> 在默认情况下，标注的文字很小，但是在 HTML 中可以像设置其他文字一样调整标注文字的各种属性，包括大小、颜色等。

### 3.4.2 声明变量——<var> 标签

在使用网页讲解某些知识时，为了统一突出变量，常常将其设置为斜体。而在 HTML 中也提供了 <var> 标签，用于设置变量的效果。

<var> 标签的基本语法如下。

`<var> 变量 </var>`

在标签之间的文字就是可以声明变量的效果显示。

**实战 使用声明变量标签**

最终文件：最终文件 \ 第 3 章 \3-4-2.html　　视频：视频 \ 第 3 章 \3-4-2.mp4

**01** 打开页面"源文件 \ 第 3 章 \3-4-2.html"，可以看到该页面的 HTML 代码，如图 3-75 所示。在浏览器中预览页面，可以看到页面中的文字效果，如图 3-76 所示。

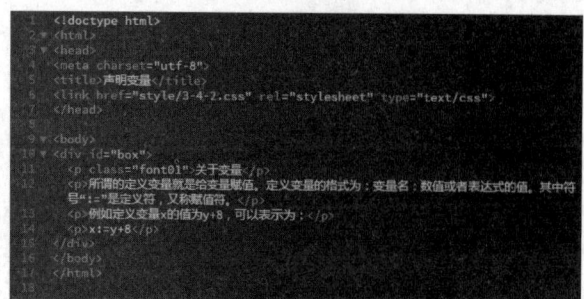

图 3-75

图 3-76

**02** 返回网页的 HTML 代码中，为文本内容中的变量字符添加声明变量标签 <var>，如图 3-77 所示。保存页面，在浏览器中预览页面，可以看到添加变量标签后的效果，如图 3-78 所示。

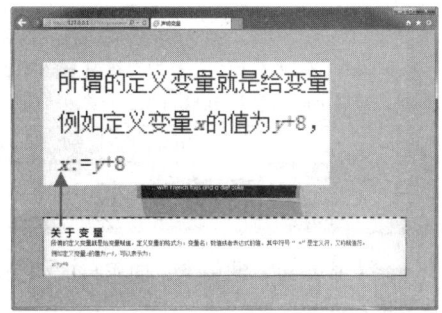

图 3-77　　　　　　　　　　　　　　　　　图 3-78

### 3.4.3　忽视 HTML——<plaintext> 和 <xmp> 标签

忽视 HTML 标签主要用来使 HTML 标签失去作用，而直接显示在页面中。这一标签在实际中应用并不多。

<plaintext> 和 <xmp> 标签的基本语法如下。

```
<plaintext>...</plaintext>
或
<xmp>...</xmp>
```

这两个标签中的任何一个如果加入 HTML 代码中，都会使 HTML 失去作用，一般放置在 <body> 标签之后。

**实　战　使用忽视 HTML 标签**

最终文件：最终文件 \ 第 3 章 \3-4-3.html　　　视频：视频 \ 第 3 章 \3-4-3.mp4

**01** 打开页面"源文件 \ 第 3 章 \3-4-3.html"，可以看到该页面的 HTML 代码，如图 3-79 所示。在浏览器中预览页面，可以看到页面的效果，如图 3-80 所示。

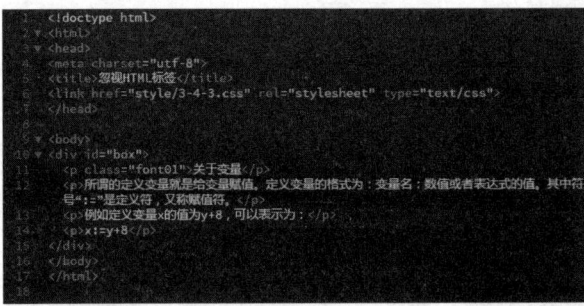

图 3-79　　　　　　　　　　　　　　　　　图 3-80

**02** 转换到网页的 HTML 代码中，在 <body> 标签的开始标签之后添加忽视 HTML 标签 <plaintext> 或 <xmp>，如图 3-81 所示。保存页面，在浏览器中预览页面，可以看到添加忽视 HTML 标签的效果，如图 3-82 所示。

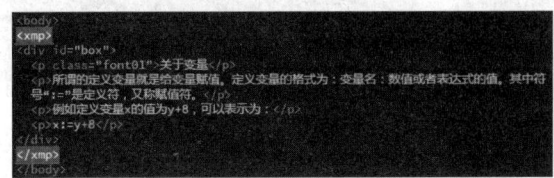

图 3-81　　　　　　　　　　　　　　　　　图 3-82

> **提示**
>
> HTML 代码中在什么位置加入忽视 HTML 标签 <plaintext> 或 <xmp>，即可从该位置开始忽视以下的所有 HTML 标签，将以下的 HTML 代码直接显示在页面中。

# 3.5 滚动文本——<marquee> 标签

滚动字幕可以使整个页面更具流动性，而且对浏览者的视线具有一定的引导作用，使网页更加生动形象。

文字的滚动效果是用 <marquee> 标签实现的，默认是从右到左，循环滚动。

设置文本滚动的基本语法如下。

```
<marquee align=" 对齐方式 " bgcolor=" 背景颜色 " direction=" 文本滚动方向 " behavior=" 文本滚动方式 " height=" 高度 " scrollamount=" 滚动速度 " scrolldelay=" 滚动时间间隔 " width=" 宽度 ">
滚动的内容
</marquee>
```

在 <marquee> 和 </marquee> 标签中置入文字便能实现文字的滚动效果，而且可以在起始标签中设置滚动文本的相关属性。<marquee> 标签的相关属性说明如表 3-3 所示。

表 3-3    <marquee> 标签属性说明

| 属性 | 说明 |
|---|---|
| direction | 该属性用于设置内容的滚动方向，属性值有 left、right、up 和 down，分别代表向左、向右、向上和向下 |
| scrollamount | 该属性用于设置内容的滚动速度 |
| behavior | 该属性用于设置内容的滚动方式，默认为 scroll，即循环滚动；当其值为 alternate 时，内容为来回滚动；当其值为 slide 时，内容滚动一次即停止，不会循环 |
| scrolldelay | 该属性用于设置内容滚动的时间间隔 |
| bgcolor | 该属性用于设置内容滚动的背景色 |
| width | 该属性用于设置内容滚动的区域宽度 |
| height | 该属性用于设置内容滚动的区域高度 |

**实战 制作网页文本滚动效果**

最终文件：最终文件 \ 第 3 章 \3-5.html    视频：视频 \ 第 3 章 \3-5.mp4

**01** 打开页面 "源文件 \ 第 3 章 \3-5.html"，可以看到该页面的 HTML 代码，如图 3-83 所示。在浏览器中预览页面，可以看到页面中的文字效果，如图 3-84 所示。

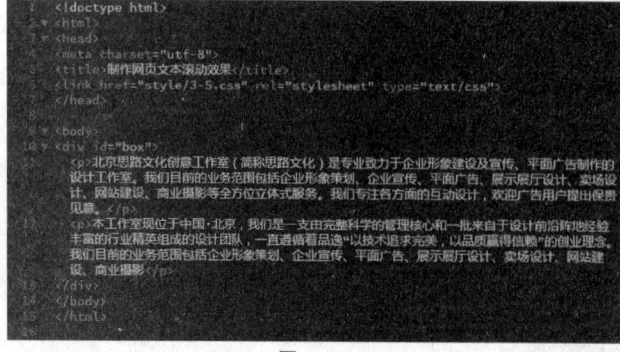

图 3-83

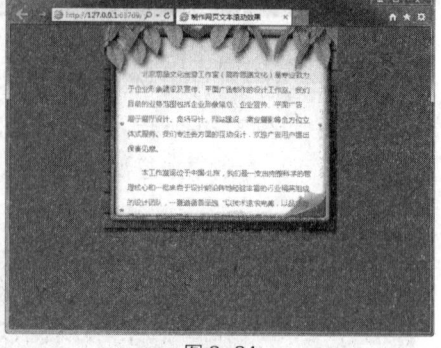

图 3-84

**02** 返回网页的 HTML 代码中，为网页中需要实现滚动效果的文字内容添加滚动文本标签

<marquee>，如图 3-85 所示。保存页面，在浏览器中预览页面，可以看到文本实现了从右向左滚动的效果，如图 3-86 所示。

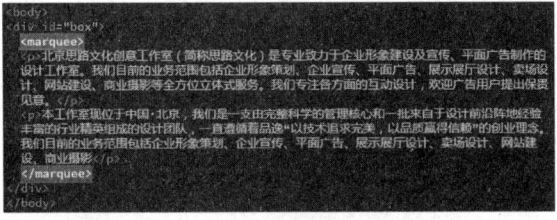
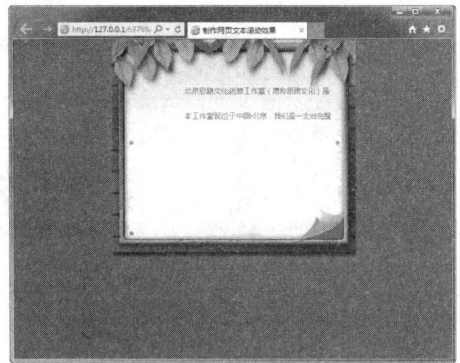

图 3-85

图 3-86

**03** 返回代码视图中，在 <marquee> 标签中添加属性设置，控制滚动文本的宽度、高度和方向等，如图 3-87 所示。保存页面，在浏览器中预览页面，可以看到滚动文本的效果，如图 3-88 所示。

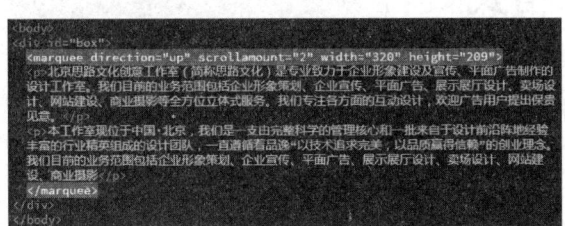
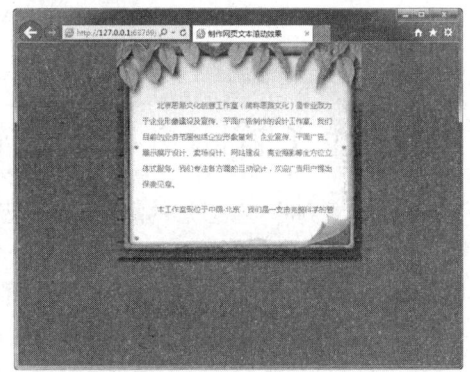

图 3-87

图 3-88

**04** 为了使浏览者能够清楚地看到滚动的文字，还需要实现当鼠标指向滚动字幕后，字幕滚动停止，当鼠标离开字幕后，字幕继续滚动的效果。返回代码视图中，在 <marquee> 标签中添加属性设置，如图 3-89 所示。保存页面，在浏览器中预览页面，可以看到实现的文本滚动效果，如图 3-90 所示。

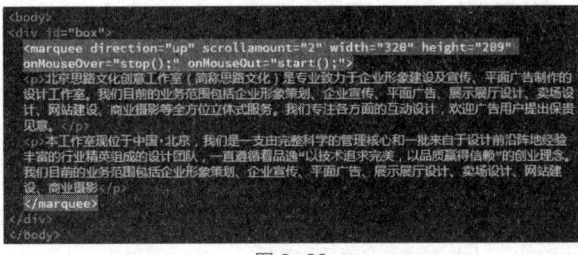
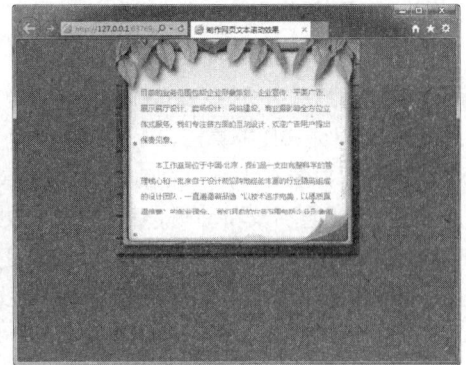

图 3-89

图 3-90

 提示

在滚动文本的标签属性中，onMouseOver 属性是指当鼠标移动到区域上时所执行的操作；onMouseOut 属性是指当鼠标移开区域上时所执行的操作。

# 第 4 章 插入并设置图像

图像是网页中基本的元素，任何网页中都不可缺少，图像也是网页中视觉传达直接的方式。用户可以在网页中放入自己的照片，也可以放入公司的商标，这就让网页内容变得丰富多彩。利用图像创建精美的网页，能够给网页增加生机，从而吸引更多的浏览者。在网页中插入图像后还可以对其格式进行控制，使网页中的图像编排有序、整齐美观。本章将介绍如何在 HTML 页面中对图像进行设置处理，掌握如何在网页中合理地使用图像。

**本章知识点：**
- ➤ 了解网页中的图像格式
- ➤ 掌握在网页中插入图像的方法
- ➤ 掌握设置图像各种属性的方法
- ➤ 掌握在网页中实现图像滚动的方法

## 4.1 了解网页中的图像格式

我们今天看到的丰富多彩的网页，都是因为添加了图像。每天在网络上交流信息的计算机不计其数，因此使用的图像格式一定要能够被每一个操作平台识别。在网页中可以插入各种类型的图像，使用图像文件要符合几种条件，最为重要的条件是为了使网页文件快速传送，应该尽量缩小文件的大小，但文件大小太小，画质也会相对降低。

所以，保持优良画质的同时要尽量缩小文件的大小，是图像文件可以在网页中使用的基本要求。在图像文件格式中符合这种条件的有 GIF、JPEG、PNG 等文件格式。

### 4.1.1 网页常用的图像格式

网页中有 3 种常用的图像格式：GIF、JPEG 和 PNG。

#### 1. GIF 格式

GIF 是英文 Graphics Interchange Format（图像互换格式）的缩写。20 世纪 80 年代，美国一家著名的在线信息服务机构 CompuServe 针对当时网络传输带宽的限制，开发出了这种 GIF 图像格式，GIF 采用 LZW 无损压缩算法，而且最多使用 256 种颜色，最适合显示色调不连续或具有大面积单一颜色的图像。如图 4-1 所示为在网页中使用 GIF 图像的效果。

另外，GIF 图片支持动画。GIF 的动画效果是它广泛流行的重要原因。不可否认，在品质优良的矢量动画制作工具 Flash 推出之后，现在真正大型、复杂的网上动画几乎都是用 Flash 软件制作的，但是在某些方面 GIF 动画依然有着不可取代的地位。首先，GIF 动画的显示不需要特定的插件，而离开特定的插件，Flash 动画就不能播放；另外，在制作简单的、只有几帧图片（特别是位图）交替的动画时，GIF 动画也有着特定的优势。如图 4-2 所示为 GIF 动画的效果。

#### 2. JPEG 格式

JPEG 是英文 Joint Photographic Experts Group（联合图像专家组）的缩写，它是一种图像压缩格式，此格式主要用于摄影或连续色调图像的高级格式，因为 JPEG 文件可以包含数百万种图像颜色。JPEG 文件的品质越高，文件越大，加载网页的时间也就越长。通常可以通过压缩 JPEG 文件使图像的品质与大小之间达到平衡。如图 4-3 所示为在网页中使用 JPEG 图像的效果。

图 4-1

图 4-2

### 3. PNG 格式

PNG 是英文 Portable Network Graphic（可移植的网络图形）的缩写，该图像格式是一种替代 GIF 格式的专利权限制的格式，包括对索引色、灰度、真彩色图像及 Alpha 通道透明的支持。PNG 文件可保留所有的原始图层、矢量、颜色和效果信息，并且在任何时候都可以完全编辑所有元素。如图 4-4 所示为在网页中使用 PNG 图像的效果。

图 4-3

图 4-4

## 4.1.2 选择合适的图像格式

图像格式主要依据图像的用途来选择。GIF 格式适用于表现图标、UI 控件、线条插画和文字等。另外，GIF 格式图像同时还支持透明背景以及动画格式，并且不用担心支持性问题，几乎所有的浏览器都支持 GIF 格式图像。

JPEG 格式适合用作存储像素色彩丰富的图片，例如照片等，这些图片即使有细微的失真也不会轻易地被察觉；而反过来说，JPEG 格式并不适合用来存储线条图、图标或文字等有清晰边缘的图片。

## 4.2 插入图像——<img> 标签

现在的网页看起来绚丽多彩，是因为使用了图像所产生的效果。过去的网页大部分都是纯文本网页，再看看现在的网页就知道图像在网页设计中的重要性。在 HTML 中可以通过标签来插入图像，并设置属性。

在 HTML 中可以直接在网页中插入图像，也可以将图像作为页面背景。另外，如果需要创建图像交替的效果，可以把图像插入 Div 中。如果在制作网页的过程中需要修改网页中的图像，可以直接调出外部图像编辑器。

向网页中插入图像，可以通过在 HTML 中使用 <img> 标签来实现，从而达到美化网页的效果。

<img> 标签的基本语法如下。

```
<img src=" 图像文件的地址 " height=" 图像的高度 " width=" 图像的宽度 " border=" 图像边框的宽度 " alt=" 提示文字的内容 ">
```

<img> 标签可以设置多个属性，常用属性说明如表 4-1 所示。

表 4-1　<img> 标签常用属性说明

| 属性 | 说明 |
| --- | --- |
| src | 该属性用于设置图像文件的路径，可以是相对路径，也可以是绝对路径 |
| width | 该属性用于设置图像的宽度 |
| height | 该属性用于设置图像的高度 |
| border | 该属性用于设置图像的边框，border 属性的单位是像素，值越大边框越宽 |
| alt | 该属性指定了替代文本，用于图像无法显示或者用户禁用图像显示时，代替图像显示在浏览器中的内容 |

例如下面的 HTML 网页代码，以相对路径的方式插入图像。

```
...
<body>
<img src="images/pic.jpg">
</body>
...
```

**实战　制作图像页面**

最终文件：最终文件\第 4 章\4-2.html　　视频：视频\第 4 章\4-2.mp4

01 打开页面"源文件\第 4 章\4-2.html"，可以看到该页面的 HTML 代码，如图 4-5 所示。在浏览器中预览该页面，可以看到页面背景的效果，如图 4-6 所示。

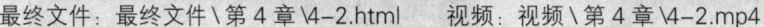

图 4-5　　　　　　　　　　　　　　　图 4-6

02 返回网页的 HTML 代码中，在 id 名称为 main 的 <div> 与 </div> 标签之间添加 <img> 标签，在网页中插入图像，如图 4-7 所示。保存页面，在浏览器中预览页面，可以看到页面中图像的效果，如图 4-8 所示。

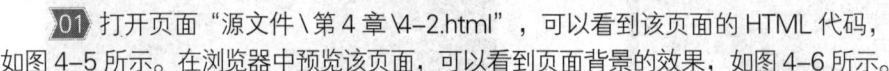

图 4-7　　　　　　　　　　　　　　　图 4-8

**提示**

在网页中插入图像时，可以只设置图像的路径地址，在浏览器中预览该网页时，浏览器会按照该图像的原始尺寸在网页中显示图像。如果在网页中需要控制所插入的图像大小，则必须在 <img> 标签中设置宽度和高度属性。

# 4.3　设置图像属性

在上一节中已经介绍了在图像 <img> 标签中可以添加多种属性，通过这些属性对所插入的图像进行设置，在本节中将介绍如何通过添加属性对图像进行设置。

## 4.3.1　图像宽度和高度——width 和 height 属性

网页中的图像可以通过 \<img\> 标签中的 height 和 width 属性设置其高度和宽度。
设置图像宽度和高度的基本语法如下。

```
<img=" 图像地址 " width=" 图像宽度 " height=" 图像高度 ">
```

在该语法中，图像宽度和图像高度的单位是像素。

➥ width：该属性用来设置图像的宽度，如果 \<img\> 标签未设置宽度，图像就会显示原始尺寸宽度。

➥ height：该属性用来设置图像的高度，如果 \<img\> 标签未设置高度，图像就会显示原始尺寸高度。

例如下面的 HTML 网页代码，将图像的宽度设置为 100 像素，高度设置为 100 像素。

```
...
<body>
<img src="images/pic.jpg" width="100" height="100">
</body>
...
```

> **技巧**
>
> 尽量不要通过 height 和 width 属性来缩放图像，如果通过 height 和 width 属性来缩放图像，那么用户就必须下载大尺寸的图像（即使图像在页面上看起来很小）。正确的做法是，在网页上使用图像之前，应该通过软件把图像处理为合适的尺寸。

### 实战　插入图像并设置图像宽度和高度

最终文件：最终文件 \ 第 4 章 \4-3-1.html　　视频：视频 \ 第 4 章 \4-3-1.mp4

01 打开页面"源文件 \ 第 4 章 \4-3-1.html"，可以看到该页面的 HTML 代码，如图 4-9 所示。在浏览器中预览页面，效果如图 4-10 所示。

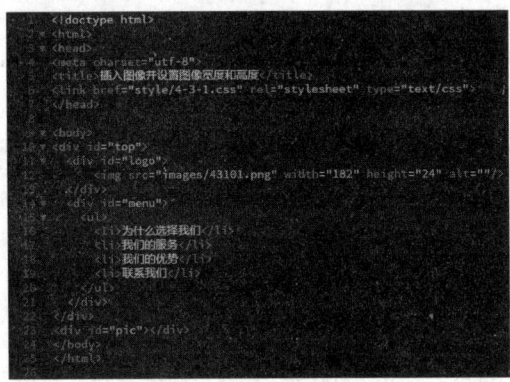

图 4-9

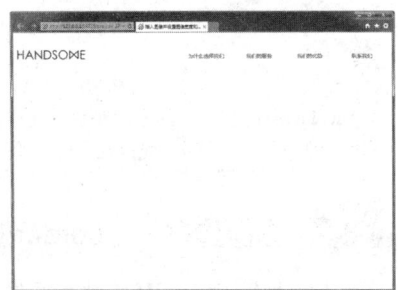

图 4-10

02 在页面中 id 名称为 pic 的 \<div\> 标签中添加 \<img\> 标签，在网页中插入图像，如图 4-11 所示。保存页面，在浏览器中预览页面，可以看到页面中图像是原始的宽度和高度，效果如图 4-12 所示。

图 4-11

图 4-12

**03** 返回网页的 HTML 代码中，在 <img> 标签中添加 width 属性设置，如图 4-13 所示。保存页面，在浏览器中预览页面，可以看到页面中图像的高度按原宽高比例进行缩放，如图 4-14 所示。

图 4-13

图 4-14

> **提示**
>
> 在设置图像的宽度和高度时，如果只给出宽度或高度中的一项，则图像将按原宽高比例进行缩放，否则图像将按指定的宽度和高度显示。

**04** 返回网页的 HTML 代码中，在 <img> 标签中添加 height 属性设置，如图 4-15 所示。保存页面，在浏览器中预览页面，可以看到页面中图像按指定的宽度和高度显示，如图 4-16 所示。

图 4-15

图 4-16

**05** 返回网页的 HTML 代码中，设置 width 属性值为 100%，使所插入的图像自适应浏览器窗口的宽度，并设置 height 属性值为 auto，如图 4-17 所示。保存页面，在浏览器中预览页面，可以看到页面中图像的效果，当缩放浏览器窗口中，图片的大小也会同时进行缩放，如图 4-18 所示。

图 4-17

图 4-18

> **提示**
>
> width 属性值和 height 属性值可以使用百分比来设置，如果将图像宽度设置为父元素的 100%，高度设置为自动，高度会保持原图像尺寸的宽高比进行自动等比例缩放。

## 4.3.2 图像边框——border 属性

在默认情况下，HTML 中的图像是没有边框的。使用 <img> 标签的 border 属性，可以对图像的边框进行设置。

设置图像边框的基本语法如下。

```
<img src=" 图像文件的地址 " border=" 图像边框宽度 " >
```

图像边框宽度值的单位是像素，值越大边框越宽。

例如下面的 HTML 网页代码，设置图像的边框为 10 像素。

```
...
<body>
<img src="images/pic.jpg" border="10">
</body>
...
```

## 实战 为图像添加边框

最终文件：最终文件\第4章\4-3-2.html 视频：视频\第4章\4-3-2.mp4

**01** 打开页面"源文件\第4章\4-3-2.html"，可以看到该页面的 HTML 代码，如图 4-19 所示。在浏览器中预览该页面，效果如图 4-20 所示。

```
1  <!doctype html>
2  <html>
3  <head>
4  <meta charset="utf-8">
5  <title>为图像添加边框</title>
6  <link href="style/4-3-2.css" rel="stylesheet" type="text/css">
7  </head>
8
9  <body>
10 <div id="box">
11     <img src="images/43202.jpg" width="307" height="96" alt=""/>
12     <img src="images/43203.jpg" width="307" height="96" alt=""/>
13     <img src="images/43204.jpg" width="307" height="96" alt=""/>
14     <img src="images/43205.jpg" width="307" height="96" alt=""/>
15 </div>
16 </body>
17 </html>
18
```

图 4-19

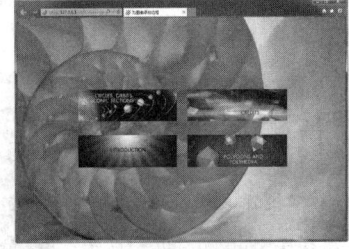

图 4-20

**02** 返回网页的 HTML 代码中，在相应的 <img> 标签中添加 border 属性设置，如图 4-21 所示。切换到实时视图中，可以看到对应的图像增加了边框效果，如图 4-22 所示。

```
<body>
<div id="box">
    <img src="images/43202.jpg" width="307" height="96" border="5" alt=""/>
    <img src="images/43203.jpg" width="307" height="96" alt=""/>
    <img src="images/43204.jpg" width="307" height="96" alt=""/>
    <img src="images/43205.jpg" width="307" height="96" alt=""/>
</div>
</body>
```

图 4-21

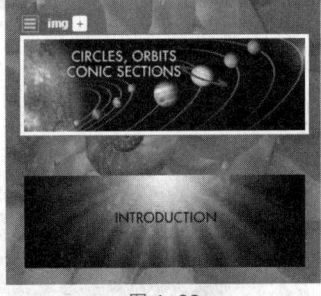

图 4-22

**03** 返回网页的 HTML 代码中，在其他的 <img> 标签中添加 border 属性设置，如图 4-23 所示。保存页面，在浏览器中预览页面，可以看到页面中的图像边框效果，如图4-24 所示。

```
<body>
<div id="box">
    <img src="images/43202.jpg" width="307" height="96" border="5" alt=""/>
    <img src="images/43203.jpg" width="307" height="96" border="5" alt=""/>
    <img src="images/43204.jpg" width="307" height="96" border="5" alt=""/>
    <img src="images/43205.jpg" width="307" height="96" border="5" alt=""/>
</div>
</body>
```

图 4-23

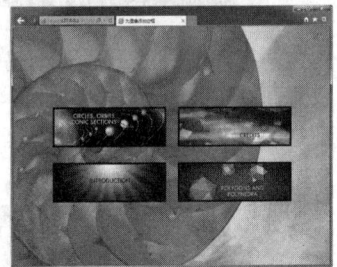

图 4-24

> **提示**
>
> 在 <img> 标签中虽然可以通过添加 border 属性为图像添加边框效果，但是在 <img> 标签中并没有设置边框颜色的属性，从而使边框颜色只能显示为浏览器的默认边框颜色效果，所以在网页中如果需要设置图像的边框效果，最好的方法还是使用 CSS 样式来实现。

### 4.3.3 图像替代文本——alt 属性

<img> 标签的 alt 属性指定了替代文本，用于在图像无法显示或者用户禁用图像时显示，代替图像显示在浏览器中的内容。推荐在网页中插入每个图像时使用该属性。这样即使图像无法显示，用户还可以了解关于图像的信息。

设置图像提示文字的基本语法如下。

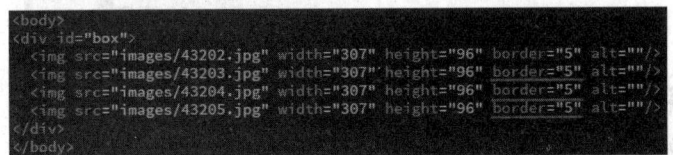

alt 属性的值是一个字符串，最多可以包含 1 024 个字符，包括空格和标点。这个字符串包含在引号中。alt 文本中可以包含特殊字符的实体引用，但不可以包含任何样式标签。

例如下面的 HTML 网页代码，当图像无法显示时，将显示"图像1"替代文本。

```
...
<body>
<img src="images/pic.jpg" alt="图像1">
</body>
...
```

**实战 为图像添加替代文本和提示文字信息**

最终文件：最终文件\第 4 章\4-3-3.html　　　视频：视频\第 4 章\4-3-3.mp4

01 打开页面"源文件\第 4 章\4-3-3.html"，可以看到该页面的 HTML 代码，如图 4-25 所示。在浏览器中预览页面，效果如图 4-26 所示。

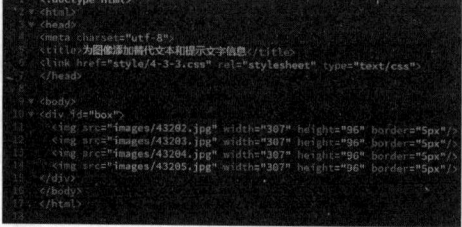
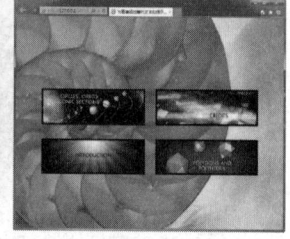

图 4-25　　　　　　　　　　　　　　图 4-26

02 返回网页的 HTML 代码中，在相应的 <img> 标签中添加 alt 属性设置，并修改图像名称，如图 4-27 所示。保存页面，在浏览器中预览页面，因为图像名称不正确，所以图片无法正常显示，可以看到为该图像所设置的替代文本，如图 4-28 所示。

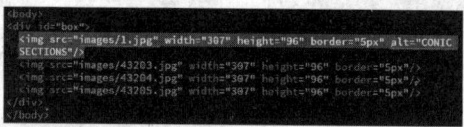

图 4-27

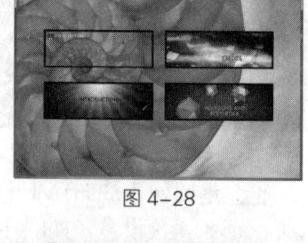

图 4-28

03 返回网页的 HTML 代码中，在 <img> 标签中添加 title 属性设置，并修改图像名称，如图 4-29 所示。保存页面，在浏览器中预览页面，可以看到当鼠标移至相应的图像上，会出现设置的提示文本，如图 4-30 所示。

图 4-29

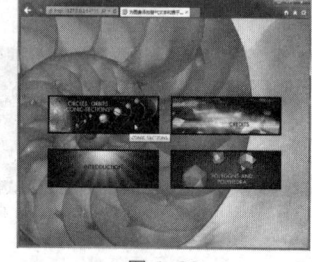

图 4-30

**提示**

这里的 title 属性是设置提示文本，在浏览时鼠标放置在图像上，就会出现提示文本，以便浏览者快速地了解图像的信息内容。

04 在其他 <img> 标签中添加 alt 属性和 title 属性设置，如图 4-31 所示。保存页面，在浏览器中预览页面，可以看到页面中图像的效果，如图 4-32 所示。

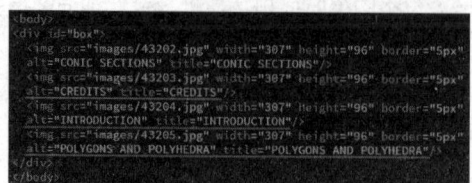

图 4-31

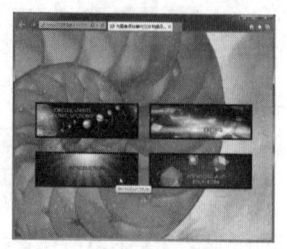

图 4-32

## 4.3.4 图像相对于文字的对齐方式——align 属性

当图片和文字在一起时，可以通过 HTML 代码设置图文混排。<img> 标签的 align 属性定义了图像相对于周围元素的水平和垂直对齐方式。

图像相对于文字的对齐设置的基本语法如下。

```
<img src=" 图像文件的地址 " align=" 对齐方式 ">
```

通过 align 属性可控制带有文字包围的图像的对齐方式，align 属性的属性值说明如表 4-2 所示。

表 4-2 <img> 标签中的 align 属性值说明

| 属性值 | 说明 |
| --- | --- |
| top | 设置 align 属性值为 top，表示图像顶部和同行文本的最高部分对齐 |
| middle | 设置 align 属性值为 middle，表示图像中部和同行文本的基线对齐（通常为文本基线，并不是实际中部） |
| bottom | 设置 align 属性值为 bottom，表示图像底部和同行文本的底部对齐 |
| left | 设置 align 属性值为 left，表示图像和左边界对齐（文本环绕图像） |
| right | 设置 align 属性值为 right，表示图像和右边界对齐（文本环绕图像） |
| absmiddle | 设置 align 属性值为 absmiddle，表示图像中部和同行文本的中部绝对对齐 |

例如下面的 HTML 网页代码，设置图像和同行文本顶部对齐。

```
...
<body>
<img src="images/pic.jpg" align="top"> 文本内容
</body>
...
```

**实 战** 设置图像相对于文字的对齐效果

最终文件：最终文件\第 4 章\4-3-4.html    视频：视频\第 4 章\4-3-4.mp4

**01** 打开页面"源文件\第 4 章\4-3-4.html"，可以看到该页面的 HTML代码，如图 4-33 所示。在浏览器中预览页面，效果如图 4-34 所示。

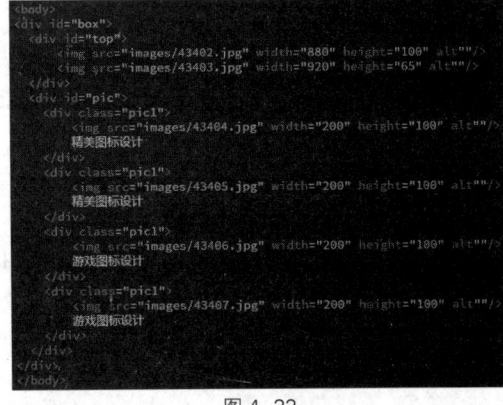

图 4-33

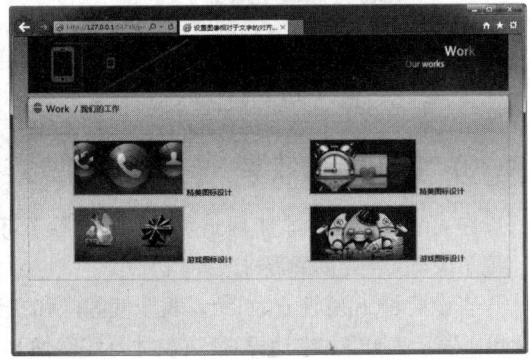

图 4-34

**02** 返回网页的 HTML 代码中，在相应的 <img> 标签中添加 align 属性，并设置其值为 top，如图 4-35 所示。切换到实时视图中，可以看到相应的图像顶部和同行文字的顶部对齐，如图 4-36 所示。

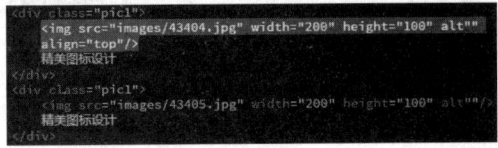

图 4-35

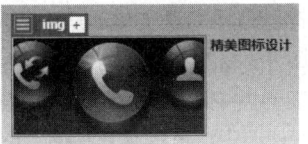

图 4-36

**03** 继续在相应的 <img> 标签中添加 align 属性，并设置其值为 middle，如图 4-37 所示。切换到实时视图中，可以看到相应的图像中部和同行文本基线对齐，如图 4-38 所示。

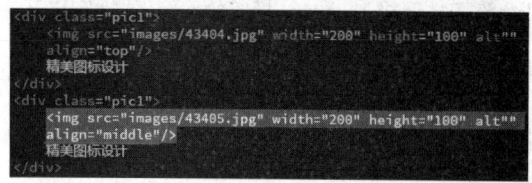

图 4-37

图 4-38

**04** 继续在相应的 <img> 标签中添加 align 属性，并设置其值为 bottom，如图 4-39 所示。切换到实时视图中，可以看到相应的图像底部和同行文本底部对齐，如图 4-40 所示。

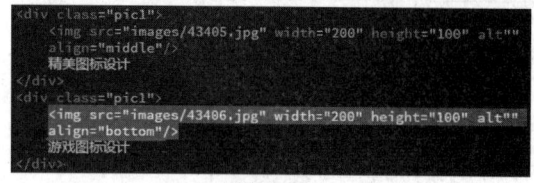

图 4-39

图 4-40

**05** 继续在相应的 <img> 标签中添加 align 属性，并设置其值为 absmiddle，如图 4-41 所示。切换到实时视图中，可以看到相应的图像中部和同行文本中部绝对对齐，如图 4-42 所示。

**06** 保存页面，在浏览器中预览页面，可以看到页面中图像和文字的对齐效果，如图 4-43 所示。

图 4-41

图 4-42

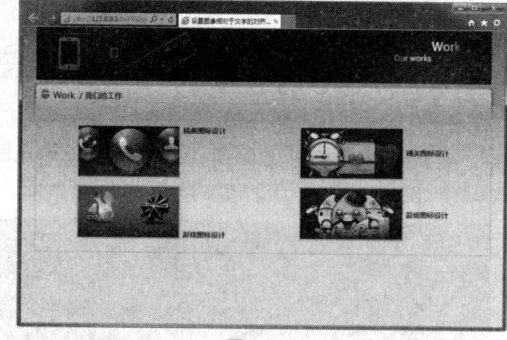

图 4-43

## 4.3.5 图文混排效果——align 属性

在 <img> 标签中添加 align 属性设置，除了可以实现图像与文字之间的垂直对齐效果外，还可以实现图像与文字之间的混排效果。

当设置 align 属性值为 left，表示使图像和左边界对齐 ( 文本环绕图像 )；当设置 align 属性值为 right，表示使图像和右边界对齐 ( 文本环绕图像 )。

**实 战** 制作图文混排页面

最终文件：最终文件 \ 第 4 章 \4-3-5.html    视频：视频 \ 第 4 章 \4-3-5.mp4

**01** 打开页面 "源文件 \ 第 4 章 \4-3-5.html"，可以看到该页面的 HTML 代码，如图 4-44 所示。在浏览器中预览页面，效果如图 4-45 所示。

**02** 在网页中的段落文字内容之前添加 <img> 标签，插入需要绕排的图像，如图 4-46 所示。切换到实时视图中，可以看到刚插入的图像，效果如图 4-47 所示。

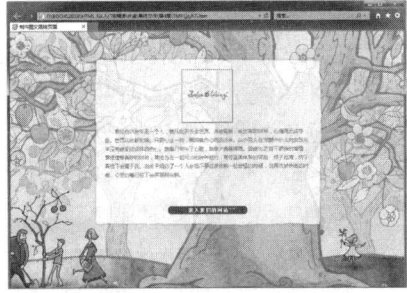

图 4-44　　　　　　　　　　　　　　　　　　　　图 4-45

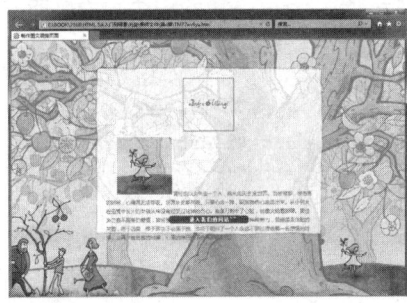

图 4-46　　　　　　　　　　　　　　　　　　　　图 4-47

**03** 返回网页的 HTML 代码中，在 <img> 标签中添加 align 属性设置，如图 4-48 所示。切换到实时视图中，可以看到所实现的图文混排效果，如图 4-49 所示。

图 4-48　　　　　　　　　　　　　　　　　　　　图 4-49

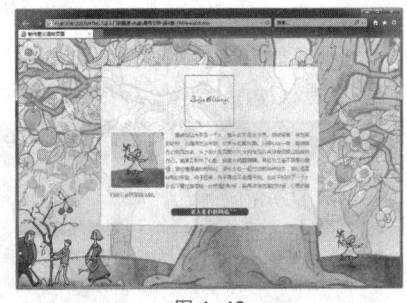

**04** 返回网页的 HTML 代码中，在 <img> 标签中修改 align 属性值为 right，如图 4-50 所示。保存页面，在浏览器中预览页面，可以看到网页中图文混排的效果，如图 4-51 所示。

图 4-50　　　　　　　　　　　　　　　　　　　　图 4-51

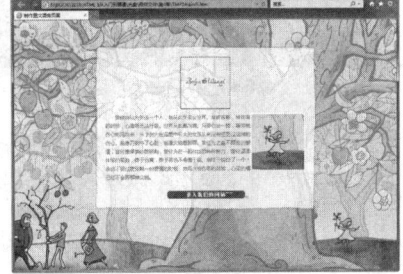

---

**提示**

为 <img> 标签中添加 align 属性可以实现图文排版效果，但是图像与文字的间距无法进行控制。在 HTML4 中，可以在 <img> 标签中通过 hspace 和 vspace 属性设置图像与周围内容的水平间距和垂直间距，但是在 HTML5 中已经不再支持 hspace 和 vspace 属性。W3C 建议使用 CSS 样式对图像的相关效果进行设置，包括图片的边框及间距等。

## 4.4 滚动图像——<marquee> 标签

在上一章中讲解了使用 <marquee> 标签使文本在网页中实现滚动的效果，同样使用该标签还可以实现网页中图像的滚动效果。

实现滚动图像的基本语法如下。

```
<marquee><img src=" 图像文件的地址 "></marquee>
```

<marquee> 和 </marquee> 标签可以实现图片的滚动效果，与滚动文字一样，可以为图片添加滚动效果的其他属性。

例如下面的 HTML 网页代码，设置图像在宽度为 100 像素、高度为 100 像素的区域里，以速度为 5，时间间隔为 10 毫秒，从左向右来回滚动。

```
...
<body>
<marquee direction="right" behavior="alternate" height="100" width="100" scrollamount="5" scrolldelay="10" >
<img src="1.jpg" />
...
<img src="x.jpg" />
</marquee>
</body>
...
```

**实 战** **制作滚动图像效果**

最终文件：最终文件 \ 第 4 章 \4-4.html    视频：视频 \ 第 4 章 \4-4.mp4

**01** 打开页面 "源文件 \ 第 4 章 \4-4.html"，可以看到该页面的 HTML 代码，如图 4-52 所示。在浏览器中预览页面，效果如图 4-53 所示。

图 4-52              图 4-53

**02** 为网页中相应的图像添加滚动图像标签 <marquee>，设置如图 4-54 所示。保存页面，在浏览器中预览页面，可以看到图像实现了从右向左滚动的效果，如图 4-55 所示。

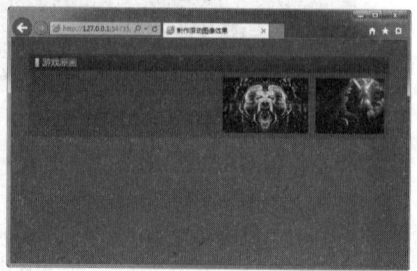

图 4-54              图 4-55

**提示**

在添加 <marquee> 标签制作滚动效果时，默认的滚动方式是从右向左循环滚动。如果想要更多的特殊滚动效果，可以设置 <marquee> 标签中的相关属性来实现想要的效果。

**03** 返回网页的 HTML 代码中，在 <marquee> 标签中添加 direction 属性设置，控制方向从左向右滚动，如图 4-56 所示。保存页面，在浏览器中预览页面，可以看到滚动图像的效果，如图 4-57 所示。

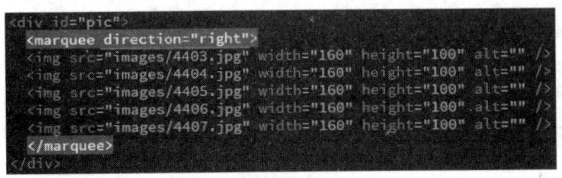

图 4-56

图 4-57

**04** 返回网页的 HTML 代码中，在 <marquee> 标签中添加 scrollamount 和 scrolldelay 属性设置，控制滚动速度和时间间隔，如图 4-58 所示。保存页面，在浏览器中预览页面，可以看到滚动图像的效果，如图 4-59 所示。

图 4-58

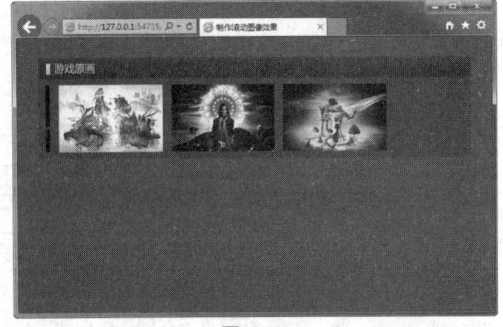

图 4-59

**05** 为了更好地实现滚动效果，还需要实现当鼠标指向滚动图像后图像滚动停止，当鼠标离开图像后图像继续滚动的效果。返回代码视图中，在 <marquee> 标签中添加属性设置，如图 4-60 所示。保存页面，在浏览器中预览页面，可以看到滚动图像的效果，如图 4-61 所示。

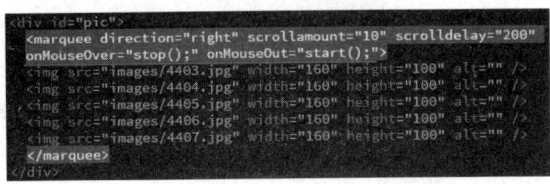

图 4-60

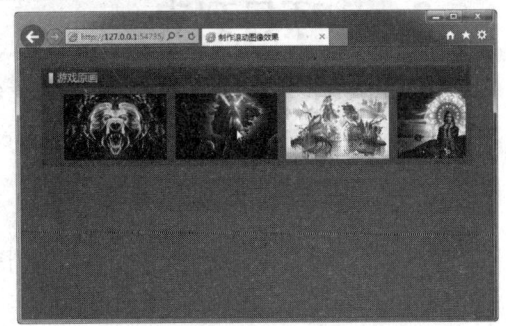

图 4-61

# 第 5 章　创建和设置列表

　　列表是网页中常见的一种表现形式，如在网页中常见的新闻列表和排行列表等，都可以通过使用 HTML 中相应的列表标签轻松实现。本章将向读者详细介绍网页中创建列表的 HTML 标签，以及列表的设置和使用方法。

**本章知识点：**
- ➢ 了解 HTML 中的列表标签
- ➢ 掌握项目列表的创建和使用方法
- ➢ 掌握编号列表的创建和使用方法
- ➢ 掌握定义列表的创建和使用方法
- ➢ 了解目录列表和菜单列表

## 5.1　认识列表标签

　　列表形式在网页设计中占有比较大的比例，显示信息非常整齐直观，便于用户理解。通过 CSS 样式控制列表，可以制作出许多样式外观非常精美的列表。

　　HTML 中的列表元素是一个由列表标签封闭的结构，包含的列表项由 \<li> 的 \</li> 组成。HTML 中的列表标签主要有 5 个，如表 5-1 所示。

表 5-1　HTML 中的列表标签

| 名称 | 说明 |
| --- | --- |
| \<ul> | \<ul> 标签用于在网页中创建项目列表 |
| \<ol> | \<ol> 标签用于在网页中创建编号列表 |
| \<dl> | \<dl> 标签用于在网页中创建定义列表 |
| \<dir> | \<dir> 标签用于在网页中创建目录列表，在 HTML5 中已经废弃该标签 |
| \<menu> | \<menu> 标签用于在网页中创建菜单列表，在 HTML5 中已经废弃该标签 |

## 5.2　项目列表

　　在项目列表中，各个列表项之间没有顺序级别之分，它通常使用一个项目符号作为每个列表项的前缀。本节将向读者介绍项目列表的创建和设置方法。

### 5.2.1　创建项目列表——\<ul> 标签

　　顾名思义，项目列表就是列表结构中的列表项没有先后顺序的列表形式。许多网页中的列表都采用项目列表的形式，其列表标签使用 \<ul> 与 \</ul>。

　　项目列表的基本语法如下。

```
<ul>
  <li>列表项 1</li>
```

```
    <li> 列表项 2</li>
    <li> 列表项 3</li>
    …
    <li> 列表项 n</li>
</ul>
```

在 HTML 代码中，使用成对的 <ul> 和 </ul> 标签可以插入项目列表，但 <ul> 和 </ul> 之间必须使用成对的 <li> 和 </li> 标签添加列表项。

例如下面的 HTML 代码，在 HTML 页面中创建一个项目列表。

```
…
<body>
<ul>
    <li> 入门模式 </li>
    <li> 初级模式 </li>
    <li> 中级模式 </li>
</ul>
</body>
…
```

**实战 | 创建新闻列表**

最终文件：最终文件 \ 第 5 章 \5-2-1.html　　视频：视频 \ 第 5 章 \5-2-1.mp4

|01| 执行 "文件" > "打开" 命令，打开页面 "源文件 \ 第 5 章 \5-2-1.html"，可以看到该页面的 HTML 代码，如图 5-1 所示。在浏览器中预览页面，效果如图 5-2 所示。

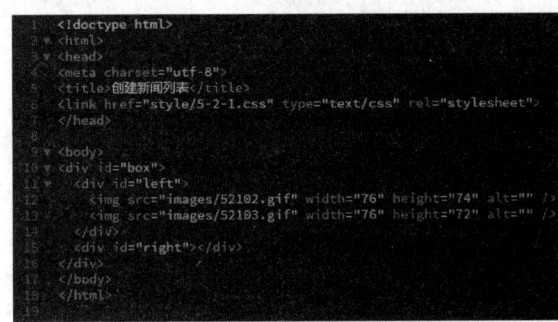

图 5-1

图 5-2

|02| 返回网页的 HTML 代码中，在 id 名称为 right 的 Div 中输入项目列表标签 <ul>，如图 5-3 所示。在项目列表标签之间输入列表项标签 <li>，并输入列表项内容，如图 5-4 所示。

图 5-3

图 5-4

|03| 保存页面，在浏览器中预览页面，可以看到项目列表的默认效果，如图 5-5 所示。返回网页的 HTML 代码中，在项目列表 <ul> 与 </ul> 标签之间使用 <li> 标签添加其他列表项内容，如图 5-6 所示。

|04| 完成该新闻列表的制作，保存页面，在浏览器中预览页面，效果如图 5-7 所示。

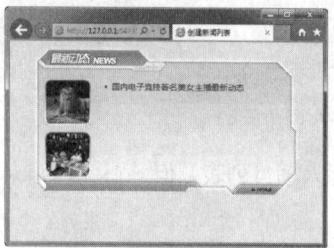

图 5-5

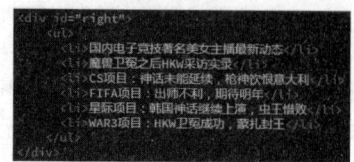

图 5-6

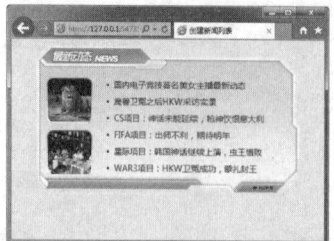

图 5-7

**提示**

在本实例中使用 <ul> 和 <li> 标签创建了一个简单的项目列表，可以看到项目列表的默认显示效果，还可以通过 CSS 样式对项目列表的外观效果进行设置，从而制作出各种不同外观的项目列表。

## 5.2.2 项目列表符号——type 属性

在默认情况下，项目列表项前面会显示实心小圆点，如果需要改变项目列表项前面的实心小圆点，可以在 <ul> 标签中添加 type 属性设置，通过该属性可以改变项目列表符号的效果。

type 属性的基本语法如下。

```
<ul type=" 符号类型 ">
  <li> 第 1 项 </li>
  <li> 第 2 项 </li>
  …
</ul>
```

<ul> 标签中的 type 属性有 3 个属性值，分别是 circle、disc 和 square，如表 5-2 所示。

表 5-2　<ul> 标签的 type 属性值说明

| 属性值 | 说明 |
| --- | --- |
| circle | 如果设置 <ul> 标签中的 type 属性值为 circle，则项目列表项前将显示为空心小圆点 |
| disc | 如果设置 <ul> 标签中的 type 属性值为 disc，则项目列表项前将显示为实心小圆点 |
| square | 如果设置 <ul> 标签中的 type 属性值为 square，则项目列表项前将显示为实心小方块 |

例如下面的 HTML 网页代码，为页面中的项目列表使用不同的项目列表符号。

```
…
<body>
  <ul type="circle">
    <li>HTML</li>
    <li>CSS</li>
    <li>JavaScript</li>
  </ul>
  <hr>
  <ul type="square">
    <li>HTML</li>
    <li>CSS</li>
    <li>JavaScript</li>
  </ul>
</body>
…
```

在浏览器中预览页面，可以看到不同的项目列表符号效果，如图 5-8 所示。

在浏览器中预览页面，可以看到同一项目列表中各列表项显示不同的列表符号效果，如图 5-9 所示。

除了可以在 <ul> 标签中添加 type 属性，对项目列表中所有列表项的符号进行设置以外，还可以在 <li> 标签中添加 type 属性，只对项目列表中的单个列表项的列表符号进行设置，而不会影响列表中的其他列表项。

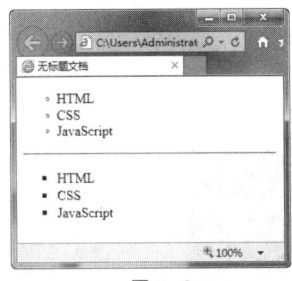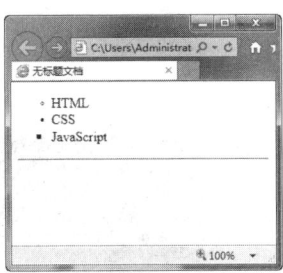

图 5-8　　　　　　　　　　图 5-9

设置单个列表项符号的基本语法如下。

```
<li type=" 符号类型 ">
```

例如下面的 HTML 网页代码，为同一项目列表中的列表项设置不同的列表符号。

```
...
<body>
  <ul>
    <li type="circle">HTML</li>
    <li type="disc">CSS</li>
    <li type="square">JavaScript</li>
  </ul>
  <hr>
</body>
...
```

**实 战　设置列表符号效果**

最终文件：最终文件 \ 第 5 章 \5-2-2.html　　视频：视频 \ 第 5 章 \5-2-2.mp4

**01** 执行"文件" > "打开"命令，打开页面"源文件 \ 第 5 章 \5-2-2.html"，可以看到该页面的 HTML 代码，如图 5-10 所示。在浏览器中预览页面，可以看到页面中的项目符号显示为默认的实心小圆点，如图 5-11 所示。

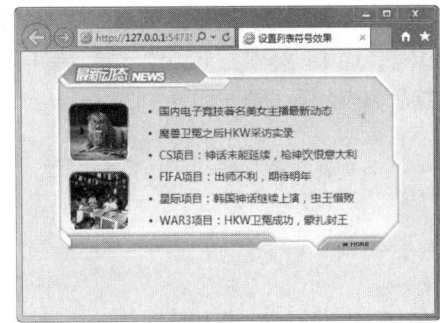

图 5-10　　　　　　　　　　图 5-11

**02** 返回网页的 HTML 代码中，在项目列表的 <ul> 标签中添加 type 属性设置，设置 type 属性值为 square，如图 5-12 所示。保存页面，在浏览器中预览页面，可以看到项目列表符号显示为实心小方块，如图 5-13 所示。

**03** 返回网页的 HTML 代码中，修改 type 属性值为 circle，如图 5-14 所示。保存页面，在浏览器中预览页面，可以看到项目列表符号显示为空心小圆点，如图 5-15 所示。

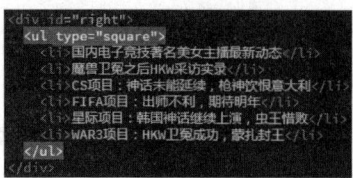

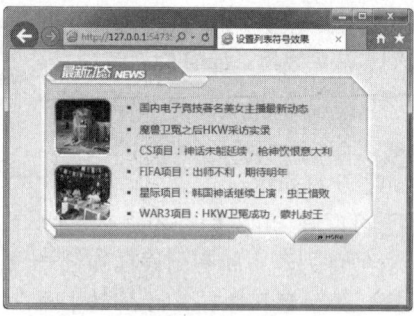

图 5-12                                图 5-13

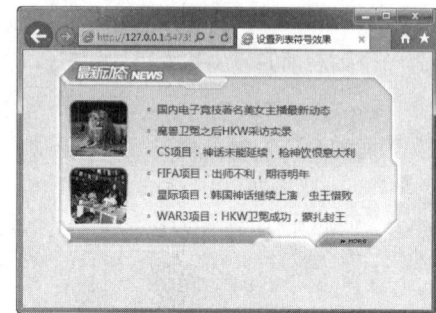

图 5-14                                图 5-15

---

**技巧**

在 HTML 代码中，通过在项目列表标签中添加 type 属性设置，只能实现 3 种项目列表符号效果。如果希望实现更多的自定义项目列表符号效果，可以通过 CSS 样式来实现。通过 CSS 样式，可以使用任意自定义的图像作为项目列表符号。

# 5.3 编号列表

编号列表使用编号来编排项目，而不是项目符号。列表中的项目采用数字或英文字母开头，通常各项目间有先后的顺序性。在编号列表中，主要使用 <ol> 和 <li> 两个标签及 type 和 start 两个属性。

## 5.3.1 创建编号列表——<ol> 标签

顾名思义，编号列表就是列表结构中的列表项有先后顺序的列表形式，从上到下有各种不同的序列编号，如 1、2、3 或 a、b、c 等。编号列表标签使用 <ol> 与 </ol>。

编号列表的基本语法如下。

```
<ol>
 <li> 列表项 1</li>
 <li> 列表项 2</li>
 ...
 <li> 列表项 n</li>
</ol>
```

在 HTML 代码中，使用成对的 <ol> 与 </ol> 标签可以插入有序列表，但 <ol> 与 </ol> 之间必须使用成对的 <li> 与 </li> 标签添加列表项。

例如下面的 HTML 网页代码，在页面中使用编号列表。

```
...
<body>
<b> 江雪 </b>
<hr>
```

```
<ol>
    <li> 千山鸟飞绝 </li>
    <li> 万径人踪灭 </li>
    <li> 孤舟蓑笠翁 </li>
    <li> 独钓寒江雪 </li>
</ol>
</body>
...
```

**实 战　创建排行列表**

最终文件：最终文件 \ 第 5 章 \5-3-1.html　　视频：视频 \ 第 5 章 \5-3-1.mp4

01 执行 "文件" > "打开" 命令，打开页面 "源文件 \ 第 5 章 \5-3-1.html"，可以看到页面的 HTML 代码，如图 5-16 所示。在浏览器中预览页面，效果如图 5-17 所示。

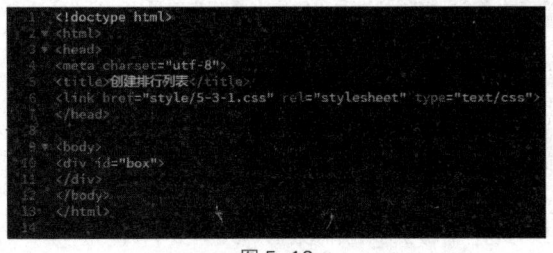

图 5-16　　　　　　　　　　　　　　　　　图 5-17

02 返回网页的 HTML 代码中，在 id 名称为 box 的 Div 中输入编号列表标签 <ol>，如图 5-18 所示。在编号列表标签之间输入列表项标签 <li>，并输入列表项内容，如图 5-19 所示。

03 保存页面，在浏览器中预览页面，可以看到编号列表的默认效果，如图 5-20 所示。返回网页的 HTML 代码中，在项目列表 <ol> 与 </ol> 标签之间使用 <li> 标签添加其他列表项内容，如图 5-21 所示。

04 切换到实时视图中，可以看到编号列表的效果，如图 5-22 所示。完成该排行列表的制作，保存页面，在浏览器中预览页面，效果如图 5-23 所示。

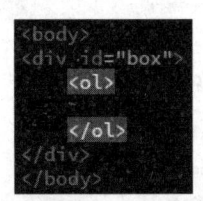

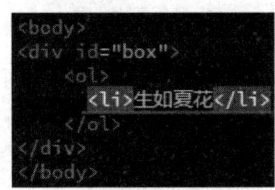

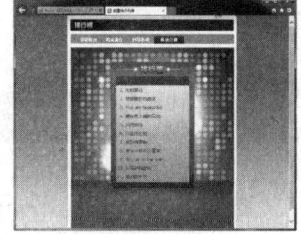

图 5-18　　　　　　　　图 5-19　　　　　　　　图 5-20

图 5-21　　　　　　　　图 5-22　　　　　　　　图 5-23

## 5.3.2　编号列表符号——type 属性

默认情况下，编号列表项是使用数字（1、2、3）的形式进行编号的，如果需要改变编号列表项前面的编号形式，可以在 <ol> 标签中设置 type 属性。

type 属性的基本语法如下。

```
<ol type=" 序号类型 ">
  <li> 第 1 项 </li>
  <li> 第 2 项 </li>
  …
</ol>
```

<ol> 标签中的 type 属性有 5 个属性值，分别是 1、a、A、i 和 I，如表 5-3 所示。

表 5-3 <ol> 标签的 type 属性值说明

| 属性值 | 说明 |
| --- | --- |
| 1 | 如果设置 <ol> 标签中的 type 属性值为 1，则编号列表项前使用数字（1、2、3……）形式进行排序 |
| a | 如果设置 <ol> 标签中的 type 属性值为 a，则编号列表项前使用小写英文字母（a、b、c……）形式进行排序 |
| A | 如果设置 <ol> 标签中的 type 属性值为 A，则编号列表项前使用大写英文字母（A、B、C……）形式进行排序 |
| i | 如果设置 <ol> 标签中的 type 属性值为 i，则编号列表项前使用小写罗马数字（i、ii、iii……）形式进行排序 |
| I | 如果设置 <ol> 标签中的 type 属性值为 I，则编号列表项前使用大写罗马数字（I、II、III……）形式进行排序 |

例如下面的 HTML 网页代码，为页面中的编号列表使用不同的编号序号。

```
…
<body>
  <ol type="A">
    <li>HTML</li>
    <li>CSS</li>
    <li>JavaScript</li>
  </ol>
  <hr>
  <ol type="i">
    <li>HTML</li>
    <li>CSS</li>
    <li>JavaScript</li>
  </ol>
</body>
…
```

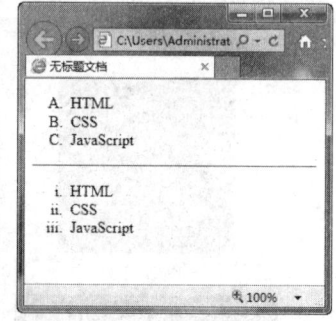

图 5-24

在浏览器中预览页面，可以看到不同的编号列表序号效果，如图 5-24 所示。

**实战 设置编号列表符号**

最终文件：最终文件 \ 第 5 章 \5-3-2.html　　视频：视频 \ 第 5 章 \5-3-2.mp4

01 执行"文件">"打开"命令，打开页面"源文件 \ 第 5 章 \5-3-2.html"，可以看到页面的 HTML 代码，如图 5-25 所示。在浏览器中预览页面，可以看到页面中的编号列表显示为默认的编号序号，如图 5-26 所示。

02 返回网页的 HTML 代码中，在编号列表标签 <ol> 中添加 type 属性设置，设置 type 属性值为 i，如图 5-27 所示。保存页面，在浏览器中预览页面，可以看到编号列表序号显示为小写罗马数字，如图 5-28 所示。

```
1   <!doctype html>
2 ▼ <html>
3 ▼ <head>
4   <meta charset="utf-8">
5   <title>设置编号列表符号</title>
6   <link href="style/5-3-2.css" rel="stylesheet" type="text/css">
7   </head>
8
9 ▼ <body>
10 ▼ <div id="box">
11 ▼ <ol>
12     <li>生如夏花</li>
13     <li>梦娜丽莎的微笑</li>
14     <li>You are beautiful</li>
15     <li>睡在我上铺的兄弟</li>
16     <li>风吹麦浪</li>
17     <li>你是我的眼</li>
18     <li>背对背拥抱</li>
19     <li>有多少爱可以重来</li>
20     <li>Set fair to the rain</li>
21     <li>对不起我爱你</li>
22     <li>我的歌声里</li>
23   </ol>
24   </div>
25   </body>
26   </html>
```

图 5-25

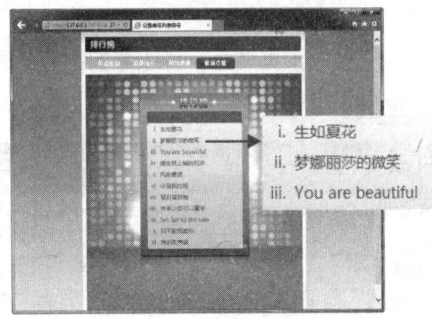

图 5-26

```
<div id="box">
<ol type="i">
    <li>生如夏花</li>
    <li>梦娜丽莎的微笑</li>
    <li>You are beautiful</li>
    <li>睡在我上铺的兄弟</li>
    <li>风吹麦浪</li>
    <li>你是我的眼</li>
    <li>背对背拥抱</li>
    <li>有多少爱可以重来</li>
    <li>Set fair to the rain</li>
    <li>对不起我爱你</li>
    <li>我的歌声里</li>
</ol>
</div>
```

图 5-27

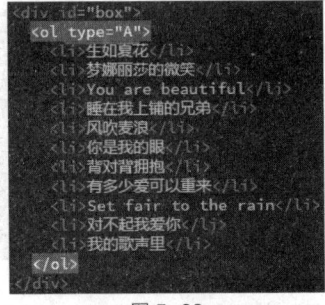

图 5-28

03 返回网页的 HTML 代码中，修改刚添加的 type 属性值为 A，如图 5-29 所示。保存页面，在浏览器中预览页面，可以看到编号列表序号显示为大写英文字母，如图 5-30 所示。

```
<div id="box">
<ol type="A">
    <li>生如夏花</li>
    <li>梦娜丽莎的微笑</li>
    <li>You are beautiful</li>
    <li>睡在我上铺的兄弟</li>
    <li>风吹麦浪</li>
    <li>你是我的眼</li>
    <li>背对背拥抱</li>
    <li>有多少爱可以重来</li>
    <li>Set fair to the rain</li>
    <li>对不起我爱你</li>
    <li>我的歌声里</li>
</ol>
</div>
```

图 5-29

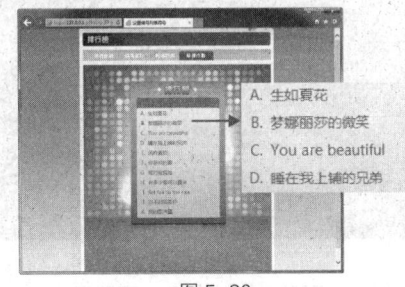

图 5-30

## 5.3.3　编号列表起始值——start 属性

默认情况下，编号列表的列表项是从数字 1 开始的，通过 start 属性可以调整起始数值。这个数值可以对数字起作用，也可以作用于英文字母或者罗马数字。

start 属性的基本语法如下。

```
<ol start=" 起始数值 ">
    <li> 第 1 项 </li>
    <li> 第 2 项 </li>
    ...
</ol>
```

在该语法中，无论列表编号的类型是数字、英文字母还是罗马数字，起始数值只能是数字。例如下面的 HTML 网页代码，为页面中的编号列表设置不同的起始值。

```
...
<body>
  <ol type="A" start="5">
    <li>HTML</li>
    <li>CSS</li>
    <li>JavaScript</li>
  </ol>
  <hr>
  <ol type="i" start="2">
    <li>HTML</li>
    <li>CSS</li>
    <li>JavaScript</li>
  </ol>
</body>
...
```

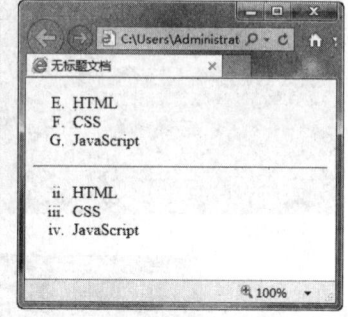

在浏览器中预览页面，可以看到设置不同的编号起始数值的效果，如图 5-31 所示。

图 5-31

## 实 战 设置编号列表起始数值

最终文件：最终文件\第 5 章\5-3-3.html 视频：视频\第 5 章\5-3-3.mp4

**01** 执行 "文件" > "打开" 命令，打开页面 "源文件\第 5 章\5-3-3.html"，可以看到该页面的 HTML 代码，如图 5-32 所示。在编号列表标签 <ol> 中添加起始值 start 属性设置，如图 5-33 所示。

图 5-32

图 5-33

**02** 保存页面，在浏览器中预览页面，可以看到编号列表从大写字母 B 开始编号，如图 5-34 所示。返回网页的 HTML 代码中，将添加的 start 属性值 2 修改为 5，如图 5-35 所示。

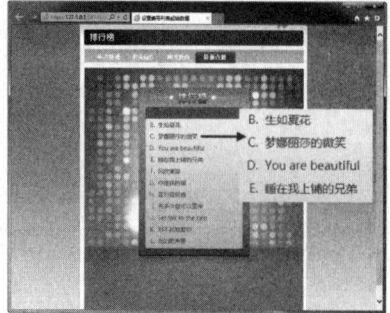

图 5-34

图 5-35

03 保存页面，在浏览器中预览页面，可以看到编号列表从大写字 E 开始编号，如图 5-36 所示。

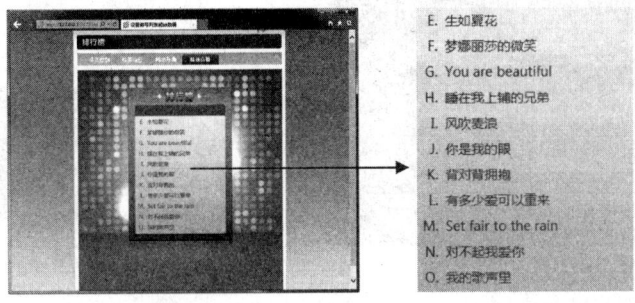

图 5-36

## 5.4　定义列表——<dl> 标签

定义列表是一种特殊的列表形式，不同于项目列表和编号列表，它主要用于解释名词，包含两个层次的列表，第一层次是需要解释的名词，第二层次是具体的解释。定义列表标签使用 <dl> 与 </dl>。

定义列表的基本语法如下。

```
<dl>
   <dt> 列表项 1</dt><dd> 说明 </dd>
   <dt> 列表项 2</dt><dd> 说明 </dd>
   ...
   <dt> 列表项 n</dt><dd> 说明 </dd>
</dl>
```

在 HTML 代码中，使用成对的 <dl></dl> 标签可以插入定义列表，在 <dl> 与 </dl> 标签之间使用成对的 <dt></dt> 标签定义列表项名称，使用成对的 <dd></dd> 标签解释说明 <dt></dt> 标签中定义的列表项名称。

例如下面的 HTML 网页代码。

```
...
<body>
<dl>
   <dt> 我爱我的 129 平混搭家 </dt><dd>2017-10-18</dd>
   <dt> 百平中式小家客厅超优雅飘窗 </dt><dd>2017-10-20</dd>
   <dt> 最舒适的停靠设计 140 平 </dt><dd>2017-08-30</dd>
   <dt> 家具电商险倒闭门 烧尽亿元投资 </dt><dd>2017-06-05</dd>
</dl>
</body>
...
```

### 实战　制作复杂新闻列表

最终文件：最终文件\第 5 章\5-4.html　　　视频：视频\第 5 章\5-4.mp4

01 执行"文件" > "打开"命令，打开页面"源文件\第 5 章\5-4.html"，可以看到该页面的 HTML 代码，如图 5-37 所示。在浏览器中预览该页面，效果如图 5-38 所示。

02 返回网页的 HTML 代码中，在 id 名称为 news 的 Div 中输入定义列表标签 <dl>，如图 5-39 所示。在定义列表标签之间使用 <dt> 标签包含列表项，使用 <dd> 标签包含列表项说明，如图 5-40 所示。

03 切换到实时视图中，可以看到定义列表默认的显示效果，如图 5-41 所示。返回网页的 HTML 代码中，编写定义列表中其他列表项内容，如图 5-42 所示。

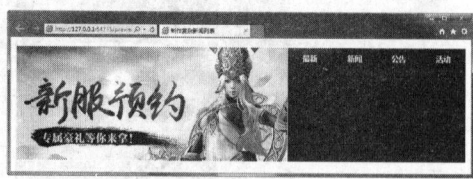

```
<!doctype html>
<html>
<head>
<meta charset="utf-8">
<title>制作复杂新闻列表</title>
<link href="style/5-4.css" rel="stylesheet" type="text/css">
</head>

<body>
<div id="box">
  <div id="left">
      <img src="images/5401.jpg" width="589" height="240" alt=""/>
  </div>
  <div id="news">
  </div>
</div>
</body>
</html>
```

图 5-37

图 5-38

```
<body>
<div id="box">
  <div id="left">
      <img src="images/5401.jpg" width="589" height="240" alt=""/>
  </div>
  <div id="news">
      <dl>

      </dl>
  </div>
</div>
</body>
```

图 5-39

```
<div id="news">
    <dl>
      <dt><b>[公告]</b> 12月4日所有服务器停服更新公告</dt>
      <dd>12/03</dd>
    </dl>
</div>
```

图 5-40

图 5-41

```
<div id="news">
    <dl>
      <dt><b>[公告]</b> 12月4日所有服务器停服更新公告</dt>
      <dd>12/03</dd>
      <dt><b>[新闻]</b> 科技改变未来《未来传奇》开天公测</dt>
      <dd>12/03</dd>
      <dt><b>[公告]</b> 12月5日，未来传奇开天公测新服公告</dt>
      <dd>12/03</dd>
      <dt><b>[公告]</b> 12月2日部分服务器不停服更新公告</dt>
      <dd>12/02</dd>
      <dt><b>[公告]</b> 12月2日更新部分玩家任务接取异常公告</dt>
      <dd>12/02</dd>
      <dt><b>[公告]</b> 【已开服】12月2日部分服务器停服维护公告</dt>
      <dd>12/02</dd>
    </dl>
</div>
```

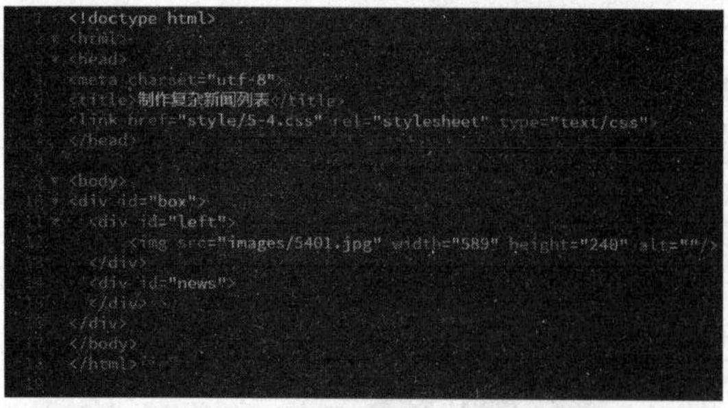

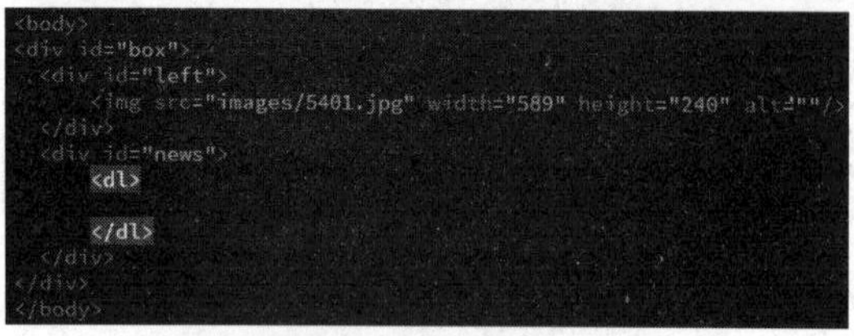

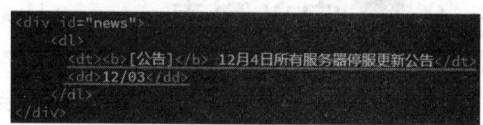

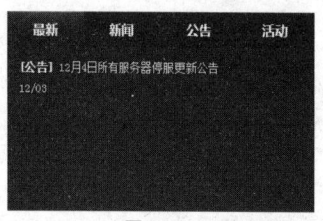

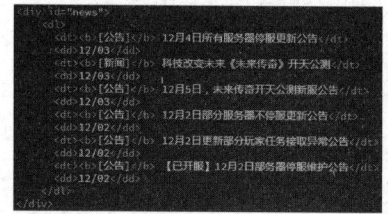

图 5-42

04 切换到实时视图中，可以看到定义列表默认的显示效果，如图 5-43 所示。切换到该网页所链接的外部 CSS 样式表文件中，创建名为 #news dt 和 #news dd 的 CSS 样式代码，如图 5-44 所示。

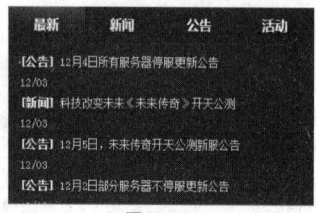

图 5-43

```
#news dt {
    width: 380px;
    float: left;
    border-bottom: dashed 1px #6699FF;
}
#news dd {
    width: 58px;
    float: left;
    text-align: center;
    border-bottom: dashed 1px #6699FF;
}
```

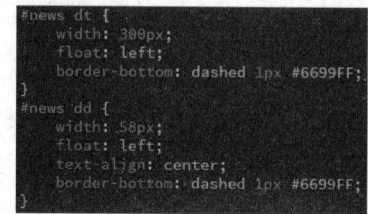

图 5-44

**提示**

在默认情况下，<dt> 与 <dd> 标签不会在一行中显示，而是分别占据一行的空间，如果需要将 <dt> 与 <dd> 标签在一行中显示，则需要通过 CSS 样式来实现，或者在标签中添加 style 属性设置，style 属性设置其实也是 CSS 样式的一种形式。

05 切换到实时视图中，可以看到使用 CSS 样式进行设置后的定义列表效果，如图 5-45 所示。保存页面，在浏览器中预览页面，可以看到页面效果，如图 5-46 所示。

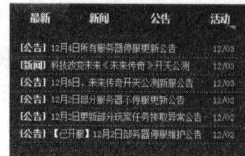

图 5-45

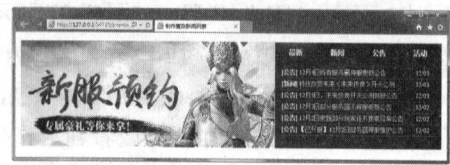

图 5-46

# 第6章 创建和设置超链接

在设计制作网站页面时，不仅要注重页面的整体美感，还要注重其实用性。超链接是一个网站的灵魂，是 HTML 文档最基本的特征之一，超链接能够让浏览者在各个独立的页面之间方便地进行跳转。每个网站都是由众多的网页组成，网页之间通常都是通过链接方式相互关联的，使众多的页面构成一个有机的整体。本章将介绍如何在 HTML 中创建各种不同形式的超链接。

**本章知识点：**
➢ 了解超链接和链接路径
➢ 掌握超链接标签和相关属性设置
➢ 掌握创建锚点链接的方法
➢ 掌握创建 E-mail 链接的方法
➢ 掌握创建各种特殊超链接的方法

## 6.1 超链接基础

超链接是网站中使用相对频繁的 HTML 元素，因此超链接是网页中最重要、最根本的元素之一，页面之间的跳转通常都是通过链接方式相互关联的。每一个文件都有自己的存放位置和路径，了解一个文件到要链接的另一个文件之间的路径关系是创建链接的根本。如果页面之间是彼此独立的，那么这样的网站将无法正常运行。

### 6.1.1 什么是超链接

超链接是指从一个网页指向一个目标的链接关系，这个目标可以是另一个网页，也可以是相同网页上的不同位置，还可以是一幅图片、一个电子邮件地址、一个文件，甚至是一个应用程序。而在一个网页中用来链接的对象，可以是一段文本或者是一幅图片。

超链接由源地址文件和目标地址文件构成，当访问者单击超链接时，浏览器会从相应的目标地址检索网页并显示在浏览器中。如果目标地址不是网页而是其他类型的文件，浏览器会自动调用本地计算机上的相关程序打开访问的文件。

在网页中创建一个完整的超链接，通常需要由 3 个部分组成。

1) 超链接 <a> 标签

通过为网页中的文本或图像添加超链接 <a> 标签，将相应的网页元素标识为超链接。

2) href 属性

href 属性是超链接 <a> 标签中的属性，用于标识超链接地址。

3) 超链接地址

超链接地址（又称为 URL）是指超链接所链接到的文件路径和文件名。URL 用于标识 Web 或本地计算机中的文件位置，可以指向某个 HTML 页面，也可以指向文档引用的其他元素，如图形、脚本或其他文件。

## 6.1.2 超链接路径

超链接是由 `<a>` 和 `</a>` 标签组成的，添加了超链接的文字具有自己默认的样式，从而与其他文字区别，其中默认的超链接样式为蓝色文字，有下画线。链接路径主要分为相对路径、绝对路径和根路径 3 种。

### 1. 相对路径

相对路径最适合网站的内部链接。只要是属于同一网站之下的，即使不在同一个目录下，相对路径也非常适合。

相对路径的基本语法如下。

```
<a href=" 相对路径地址 "> 超链接对象 </a>
```

如果链接到同一目录下，则只需输入要链接文档的名称。要链接到下一级目录中的文件，只需先输入目录名，然后加 "/"，再输入文件名。如果要链接到上一级目录中的文件，则先输入 "../"，再输入目录名、文件名。制作网页时使用的大多数路径都属于相对路径。

例如下面的 HTML 网页代码，在网页中以相对路径方式创建文本超链接。

```
...
<body>
<a href="about/gongsi.html"> 公司简介 </a>
</body>
...
```

### 2. 绝对路径

绝对路径为文件提供完全的路径，包括使用的协议（如 http、ftp 和 rtsp 等）。一般常见的绝对路径如 http://www.sina.com、ftp://202.98.148.1/ 等。

绝对路径的基本语法如下。

```
<a href=" 绝对路径地址 "> 超链接对象 </a>
```

使用绝对路径可以链接自己的网站资源，也可以是别人的。但是此类资源需要依赖于他方，如果链接地址资源有变动，就会使你的链接无法正常访问。尽管本地链接也可以使用绝对路径，但不建议采用这种方式，因为一旦将该站点移动到其他服务器，则所有本地绝对路径链接都将断开。

采用绝对路径的优点是：路径与链接的源端点无关。只要网站的地址不变，无论文件在站点中如何移动，都可以正常实现跳转。另外，如果希望链接其他站点上的内容，就必须使用绝对路径。

采用绝对路径的缺点是：这种方式的超链接不利于测试。如果在站点中使用绝对路径，要想测试链接是否有效，必须在 Internet 服务器端对超链接进行测试。

例如下面的 HTML 网页代码，在网页中为 "百度" 文字创建绝对路径超链接。

```
...
<body>
<a href="http://www.baidu.com"> 百度 </a>
</body>
...
```

> **提示**
>
> 被链接文档的完整 URL 就是绝对路径，包括所使用的传输协议。从一个网站的网页链接到另一个网站的网页时，必须使用绝对路径，以保证当一个网站的网址发生变化时，被引用的另一个页面的链接还是有效的。

### 3. 根路径

根路径同样适用于创建内部链接，但大多数情况下，不建议使用此种路径形式。通常它只在以下两种情况下使用，一种情况是当站点的规模非常大，放置于几个服务器上时；另一种情况是当一个服务器上同时放置几个站点时。

根路径的基本语法如下。

```
<a href=" 根路径地址 "> 超链接对象 </a>
```

根路径以 "\" 开始，然后是根目录下的目录名和文件名。

例如下面的 HTML 网页代码，在网页中使用根路径创建超链接。

```
...
<body>
<a href="\images\about\gongsi.html"> 公司简介 </a>
</body>
...
```

## 6.2　创建超链接

不仅可以为文字与图像创建超链接，而且还可以通过对其属性的控制，达到一种较好的视觉效果，同时超链接还有效地使页面之间形成一个庞大而紧密联系的整体。

### 6.2.1　超链接——<a> 标签

超链接标签 <a> 在 HTML 中既可以作为一个跳转到其他页面的链接，也可以作为"埋设"在文档中某一处的一个"锚定位"，<a> 也是一个行内元素，可以成对出现在一段文档的任意位置。

超链接 <a> 标签的基本语法如下。

```
<a href=" 链接目标 " name=" 链接名称 " title=" 提示文字 " target=" 打开方式 " > 超链接对象 </a>
```

<a> 标签中的相关属性及说明如表 6-1 所示。

表 6-1　<a> 标签属性说明

| 属性 | 说明 |
| --- | --- |
| href | 该属性用于设置链接地址 |
| name | 该属性用于为链接命名 |
| title | 该属性用于为链接设置提示文字 |
| target | 该属性用于设置超链接的打开方式 |

例如下面的 HTML 网页代码，使用 <a> 标签创建超链接。

```
...
<body>
<a href="about/gongsi.html " name="link" title=" 公司简介 " target="_blank"> 公司简介 </a>
</body>
...
```

### 6.2.2　超链接提示——alt 属性

alt 属性是一个在 HTML 中输出纯文字的参数。alt 属性的作用是当 HTML 元素本身的物体无法被渲染时，就显示 alt 属性所设置的内容作为一种补救措施。

超链接提示 alt 属性的基本语法如下。

```
<a href=" 链接目标 " alt=" 超链接替代信息 "><img src=" 图像地址 " alt=" 图像替代信息 "/ ></a>
```
当用户无法查看图像，alt 属性可以为图像提供替代的信息。

例如下面的 HTML 网页代码，当网页中无法显示图像和超链接时，将出现替代文本信息。
```
...
<body>
<a href="main.html" alt=" 链接到某页面 "><img src="images/pic.jpg" alt=" 图像说明 "/></a>
</body>
...
```

## 6.2.3  超链接打开方式——target 属性

在默认情况下，超链接打开的方式是在原浏览器窗口中打开，通过设置 target 属性来控制打开的窗口目标。

设置超链接打开方式的基本语法如下。
```
<a href=" 链接目标 " target=" 目标窗口打开方式 "> 超链接对象 </a>
```
target 属性的属性值有 5 个，分别是 _blank、_parent、_self、_top 和 new，如表 6-2 所示。

表 6-2   <a> 标签中的 target 属性值说明

| 属性值 | 说明 |
| --- | --- |
| _blank | target 属性值设置为 _blank，表示在一个全新的空白窗口中打开链接 |
| _parent | target 属性值设置为 _parent，表示在当前框架的上一层打开链接 |
| _self | target 属性值设置为 _self，表示在当前窗口中打开链接 |
| _top | target 属性值设置为 _top，表示在链接所在的最高级窗口中打开 |
| new | 与 _blank 类似，将链接的页面以一个新的浏览器窗口打开 |

例如下面的 HTML 网页代码，将超链接在新的浏览器窗口中打开。
```
...
<body>
<a href=" http://www.baidu.com" target="_blank" > 百度 </a>
</body>
...
```

**实战  为文字和图像设置超链接**

最终文件：最终文件 \ 第 6 章 \6-2-3.html    视频：视频 \ 第 6 章 \6-2-3.mp4

**01** 执行 "文件" > "打开" 命令，打开页面 "源文件 \ 第 6 章 \6-2-3.html"，
可以看到该页面的 HTML 代码，如图 6-1 所示。在浏览器中预览该页面，效果如图 6-2 所示。

图 6-1

图 6-2

02　返回网页的 HTML 代码中，为页面中的"网站首页"文字添加 <a> 标签并使用相对路径设置链接地址，如图 6-3 所示。保存页面，在浏览器中预览页面，可以看到页面效果，如图 6-4 所示。

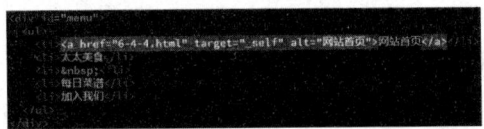
图 6-3

图 6-4

> **提示**
> 内部链接就是链接站点内部的文件，在 <a> 标签中用户需要输入链接文档的相对路径，即可创建内部链接。

03　为网页中相应的图像添加 <a> 标签并使用绝对路径设置其链接地址，如图 6-5 所示。保存页面，在浏览器中预览页面，可以看到页面效果，如图 6-6 所示。

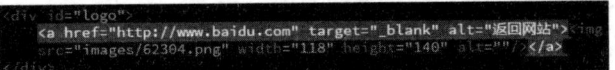
图 6-5

图 6-6

> **提示**
> 外部链接是相对于本地链接而言的，不同的是外部链接的链接目标文件不在站点内，而在远程的 Web 服务器上，只需在 <a> 标签中输入所链接页面的 URL 绝对地址，并且包括所使用的协议 ( 例如，对于 Web 页面，通常使用 http://，即超文本传输协议 )。

04　单击页面中设置了超链接的文字，可以在当前的页面窗口中打开链接页面 6-2-3.html，效果如图 6-7 所示。如果单击页面中设置了超链接的图像，可以在新打开的浏览器窗口中打开所链接的 URL 绝对地址页面，效果如图 6-8 所示。

图 6-7

图 6-8

# 6.3　创建锚点链接

锚点链接是指同一个页面中不同位置的链接。可以在页面的某个分项内容的标题上设置锚点，然后在页面上设置锚点的链接，那么用户就可以通过链接快速地跳转到自己感兴趣的内容。

## 6.3.1　插入锚点

在创建锚点链接前首先在页面中相应的位置插入锚点。

插入锚点的基本语法如下。

```
<a name=" 锚点名称 "></a>
```

利用锚点名称可以链接到相应的位置。在为锚点命名时应该注意遵守以下规则：锚点名称可以是中文、英文或数字的组合，但锚点名称中不能含有空格，并且不能以数字开头；同一网页中可以有无数个锚点，但是不能有相同名称的锚点。

例如下面的 HTML 网页代码，在页面中相应的位置插入锚点。

```
...
<body>
<p> 公司简介　　|　　关于我们　　|　　服务项目　　|　　联系我们 </p>
<p>
<a name="jianjie"></a>
公司简介内容
</p>
<p>
<a name="about"></a>
关于我们内容
</p>
<p>
<a name="server"></a>
服务项目内容
</p>
<p>
<a name="contact"></a>
联系我们内容
</p>
</body>
...
```

## 6.3.2　创建锚点链接

在网页中相应的位置插入锚点以后，就可以创建锚点链接，需要用 # 号及锚点的名称作为 href 属性值。

创建锚点链接的基本语法如下。

```
<a href="# 锚点名称 "> 超链接对象 </a>
```

在 href 属性后输入"#"号和在页面插入的锚点名称，可以链接到页面中不同的位置。

如果需要创建到其他页面的指定锚点链接，可以设置 href 属性为链接页面的路径名称再加上 # 号和锚点名称。

创建到其他页面的锚点链接的基本语法如下。

```
<a href=" 链接页面名称 # 锚点名称 "> 超链接对象 </a>
```

与链接同一页面中的锚点名称不同的是，需要在"#"号前增加页面的路径地址。

例如下面的 HTML 网页代码，在页面中创建锚点链接。

```
...
<body>
<p><a href="#jianjie"> 公司简介 </a>　|　<a href="#about"> 关于我们 </a>　|　<a href=
"#server"> 服务项目 </a>　|　<a href="#contact"> 联系我们 </a></p>
<p>
<a name="jianjie"></a>
公司简介内容
```

```
    </p>
    <p>
    <a name="about"></a>
    关于我们内容
    </p>
    <p>
    <a name="server"></a>
    服务项目内容
    </p>
    <p>
    <a name="contact"></a>
    联系我们内容
    </p>
    </body>
    ...
```

**实战 制作锚点链接页面**

最终文件：最终文件 \ 第 6 章 \6-3-2.html　　　视频：视频 \ 第 6 章 \6-3-2.mp4

⚪1 执行"文件">"打开"命令，打开页面"源文件 \ 第 6 章 \6-3-2.html"，可以看到该页面的 HTML 代码，如图 6-9 所示。在浏览器中预览该页面，效果如图 6-10 所示。

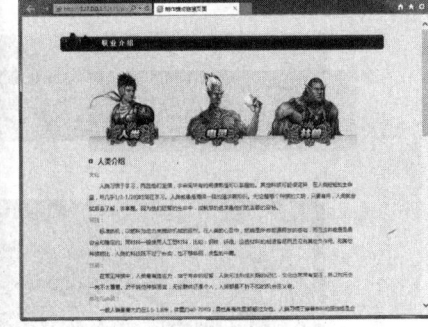

图 6-9　　　　　　　　　　　　　　　　图 6-10

⚪2 返回网页的 HTML 代码中，在"人类介绍"文字后面添加 <a> 标签，并在该标签中添加 name 属性设置，插入锚点 a1，如图 6-11 所示。为网页中的第 1 张图像添加超链接 <a> 标签，并创建到 a1 锚点的链接，如图 6-12 所示。

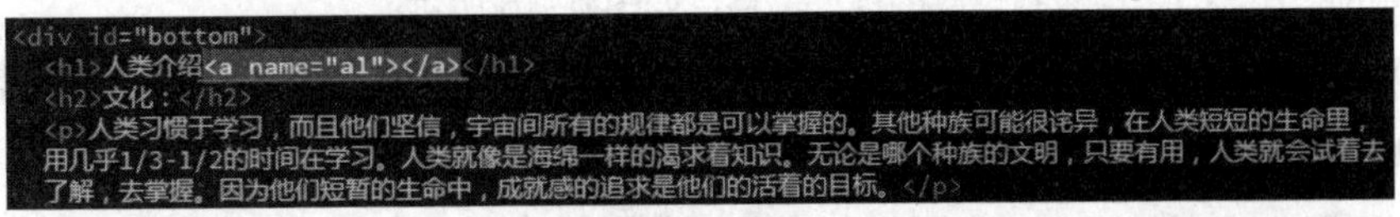

```
<div id="bottom">
    <h1>人类介绍<a name="a1"></a></h1>
    <h2>文化：</h2>
    <p>人类习惯于学习，而且他们坚信，宇宙间所有的规律都是可以掌握的。其他种族可能很诧异，在人类短短的生命里，
    用几乎1/3-1/2的时间在学习。人类就像是海绵一样的渴求看知识。无论是哪个种族的文明，只要有用，人类就会试看去
    了解，去掌握，因为他们短暂的生命中，成就感的追求是他们的活看的目标。</p>
```

图 6-11

```
<div id="left">
    <a href="#a1"><img src="images/63203.gif" width="161" height="170" alt=""/></a>
</div>
<div id="middle">
    <img src="images/63204.gif" width="182" height="170" alt=""/>
</div>
<div id="right">
    <img src="images/63205.gif" width="180" height="173" alt=""/>
</div>
```

图 6-12

> **提示**
>
> 　　锚点的名称只能包含小写 ASCII 码和数字，且不能以数字开头。可以在网页的任意位置创建锚点，但是锚点的名称不能重复。

　　**03** 在"电灵介绍"文字后面添加 <a> 标签，并在该标签中添加 name 属性设置，插入锚点 a2，如图 6-13 所示。为网页中的第 2 张图像添加超链接 <a> 标签，并创建到 a2 锚点的链接，如图 6-14 所示。

```
<h1>电灵介绍<a name="a2"></a></h1>
<h2>性格：</h2>
<p>电灵不喜欢说话，也不太合群，他们对陌生人抱有强烈的戒心。他们不轻易和人做朋友，但当他信任你，则会是你最交心的朋友。同样，轻微的冒犯他们会视而不见，但一旦真的惹上他们，你的麻烦就大了。</p>
```

图 6-13

```
<div id="left">
    <a href="#a1"><img src="images/63203.gif" width="161" height="170" alt=""/></a>
</div>
<div id="middle">
    <a href="#a2"><img src="images/63204.gif" width="182" height="170" alt=""></a>
</div>
<div id="right">
    <img src="images/63205.gif" width="180" height="173" alt=""/>
</div>
```

图 6-14

　　**04** 在"林兽介绍"文字后面添加 <a> 标签，并在该标签中添加 name 属性设置，插入锚点 a3，如图 6-15 所示。为网页中的第 3 张图像添加超链接 <a> 标签，并创建到 a3 锚点的链接，如图 6-16 所示。

```
<h1>林兽介绍<a name="a3"></a></h1>
<h2>性格：</h2>
<p>林兽有着和他外表极其不相符的性格，他们喜爱昆虫、漂亮的叶子。他们开朗而且和蔼。他们很有幽默感，喜爱玩游戏、各种各样的双关语和恶作剧——由于对藤蔓的偏好，这些恶作剧装置都不可避免的带着林兽的"烙印"。幸好，他们也用藤蔓作一些其他的东西。但是他们在愤怒时性格却会来个180度转弯，愤怒的它们可以强大得将一棵大树连根拔起。</p>
```

图 6-15

```
<div id="left">
    <a href="#a1"><img src="images/63203.gif" width="161" height="170" alt=""/></a>
</div>
<div id="middle">
    <a href="#a2"><img src="images/63204.gif" width="182" height="170" alt=""/></a>
</div>
<div id="right">
    <a href="#a3"><img src="images/63205.gif" width="180" height="173" alt=""/></a>
</div>
```

图 6-16

　　**05** 保存页面，在浏览器中预览页面，可以看到页面效果，如图 6-17 所示。在页面中单击设置了锚记链接的图片，即可跳转到相应的锚记位置，如图 6-18 所示。

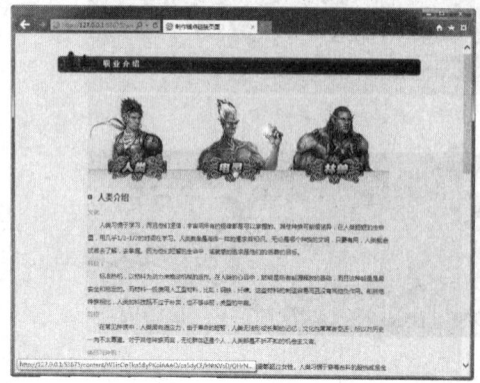

图 6-17

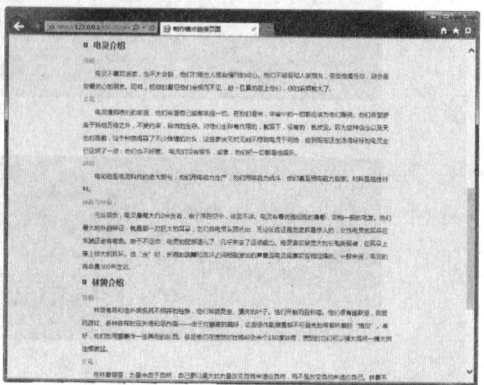

图 6-18

# 6.4　创建特殊超链接

超链接还可以进一步扩展网页的功能，比较常用的有发送电子邮件、空链接和下载链接等，创建这些特殊的超链接，关键在于 href 属性值的设置。本节将向读者介绍如何在 HTML 页面中创建各种特殊的超链接。

## 6.4.1　空链接

有些客户端行为的动作，需要由超链接来调用，这时就需要用到空链接。访问者单击网页中的空链接，将不会打开任何文件。

空链接的基本语法如下。

`<a href="#"> 链接的文字 </a>`

空链接是设置 href 属性值为"#"来实现的。

例如下面的 HTML 网页代码，为网页中的文字创建空链接。

```
...
<body>
<a href="#"> 链接对象 </a>
</body>
...
```

## 6.4.2　文件下载链接

链接到下载文件的方法和链接到网页的方法完全一样。当被链接的文件是 exe 文件或 rar 文件等浏览器不支持的类型时，这些文件会被下载，这就是网上下载的方法。例如，要给页面中的文字或图像添加下载链接，希望用户单击文字或图像后下载相关的文件，这时只需要将文字或图像选中，直接链接到相关的文件即可。

文件下载链接的基本语法如下。

`<a href=" 文件的路径地址 "> 超链接对象 </a>`

下载链接可以为浏览者提供下载文件，是一种很实用的下载方式。

例如下面的 HTML 网页代码，在网页中创建文件下载链接。

```
...
<body>
<a href="download/book.rar "> 图书下载 </a>
</body>
...
```

**实 战　创建空链接和文件下载链接**

最终文件：最终文件 \ 第 6 章 \6-4-2.html　　视频：视频 \ 第 6 章 \6-4-2.mp4

`01` 执行"文件">"打开"命令，打开页面"源文件 \ 第 6 章 \6-4-2.html"，可以看到该页面的 HTML 代码，如图 6-19 所示。在浏览器中预览该页面，效果如图 6-20 所示。

`02` 返回网页的 HTML 代码中，为页面中相应的图像添加超链接 <a> 标签，并设置空链接，如图 6-21 所示。保存页面，在浏览器中预览页面，单击设置了空链接的图像，将重新刷新当前的网页，而不会跳转到其他任何页面，如图 6-22 所示。

```
1    <!doctype html>
2    <html>
3    <head>
4    <meta charset="utf-8">
5    <title>创建空链接和文件下载链接</title>
6    <link href="style/6-4-2.css" rel="stylesheet" type="text/css">
7    </head>
8
9    <body>
10   <div id="btn">
11       <img src="images/65202.png" width="197" height="72" alt=""/>
12       <img src="images/65203.png" width="197" height="72" alt=""/>
13   </div>
14   </body>
15   </html>
16
```

图 6-19

图 6-20

```
<div id="btn">
<a href="#"><img src="images/65202.png" width="197"
height="72" alt=""/></a>
<img src="images/65203.png" width="197" height="72"
alt=""/>
</div>
```

图 6-21

图 6-22

**提示**

所谓空链接，就是没有目标端点的链接。利用空链接，可以激活文件中链接对应的对象和文本。当文本或对象被激活后，可以为之添加行为。例如，当鼠标经过后变换图像，将重新刷新当前页面。

**03** 返回网页的 HTML 代码中，为页面中相应的图像添加超链接 <a> 标签，并设置文件下载链接，如图 6-23 所示。保存页面，在浏览器中预览页面，单击刚设置了文件下载链接的图像，将出现文件下载提示，按照提示操作即可下载该文件，如图 6-24 所示。

```
<div id="btn">
<a href="#"><img src="images/65202.png" width="197"
height="72" alt=""/></a>
<a href="images/game.rar"><img src="images/65203.png"
width="197" height="72" alt=""></a>
</div>
```

图 6-23

图 6-24

**提示**

在弹出的文件下载提示栏中，单击"保存"按钮，即可保存到默认的路径中；单击"保存"右侧的倒三角按钮，选择"另存为"选项，弹出"另存为"对话框，选择想要存储的位置，单击"保存"按钮，所链接的下载文件即可保存到该位置。

## 6.4.3 脚本链接

脚本链接对大多数人来说是比较陌生的词汇，它一般用于提供给浏览者关于某个方面的额外信息，而不用离开当前页面。脚本链接具有执行 JavaScript 代码的功能，例如校验表单等。

脚本链接的基本语法如下。

```
<a href="JavaScript: 执行的脚本程序 "> 超链接对象 </a>
```

例如下面的 HTML 网页代码，为文字创建脚本链接。

```
...
<body>
<a href="JavaScript:window.colse();">关闭</a>
</body>
...
```

**实战 创建关闭窗口脚本链接**

最终文件：最终文件 \ 第 6 章 \6-4-3.html　　　视频：视频 \ 第 6 章 \6-4-3.mp4

**01** 执行 "文件" > "打开" 命令，打开页面 "源文件 \ 第 6 章 \6-4-3.html"，可以看到该页面的 HTML 代码，如图 6-25 所示。在浏览器中预览该页面，效果如图 6-26 所示。

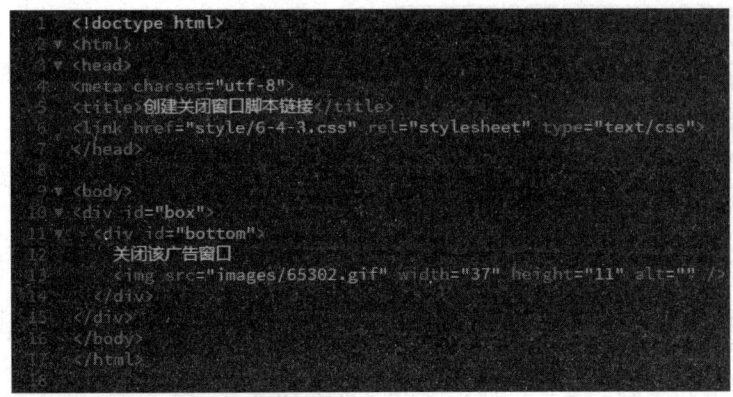

图 6-25

图 6-26

**02** 返回网页的 HTML 代码中，为页面中相应的图像添加超链接 <a> 标签，设置关闭浏览器窗口的 JavaScript 脚本代码，如图 6-27 所示。保存页面，在浏览器中预览页面，单击设置了脚本链接的图像，浏览器会弹出提示对话框，单击 "确定" 按钮，会自动关闭当前浏览器窗口，如图 6-28 所示。

```
<div id="bottom">
关闭该广告窗口
<a href="JavaScript:window.close();"><img
src="images/65302.gif" width="37" height="11" alt="" />
</a>
</div>
```

图 6-27

图 6-28

> **提示**
> 此处为该图像设置的是一个关闭窗口的 JavaScript 脚本代码，当用户单击该图像时，就会执行该 JavaScript 脚本代码。

## 6.4.4 E-mail 链接

无论是个人网站还是商业网站，都经常在网页的最下方留下站长或公司的 E-mail 地址，当网友对网站有意见或建议时就可以直接单击 E-mail 超链接，给网站的相关人员发送邮件。E-mail 超链接可以建立在文字上，也可以建立在图像上。

电子邮件链接的基本语法如下。

`<a href="mailto: 邮件地址 "> 发送电子邮件 </a>`

创建电子邮件链接的要求是邮件地址必须完整，如 intel@163.com。

例如下面的 HTML 网页代码，为网页中的文字创建 E-mail 链接。

```
...
<body>
公司邮箱: <a href="mailto:*****@163.com">*****@163.com</a>
</body>
...
```

## 实战 创建电子邮件链接

最终文件: 最终文件 \ 第 6 章 \6-4-4.html　　视频: 视频 \ 第 6 章 \6-4-4.mp4

**01** 执行 "文件" > "打开" 命令, 打开页面 "源文件 \ 第 6 章 \6-4-4.html", 可以看到该页面的 HTML 代码, 如图 6-29 所示。在浏览器中预览该页面, 效果如图 6-30 所示。

```
1  <!doctype html>
2  <html>
3  <head>
4  <meta charset="utf-8">
5  <title>创建电子邮件链接</title>
6  <link href="style/6-4-4.css" rel="stylesheet" type="text/css">
7  </head>
8  <body>
9  <body>
10 <div id="main">
11    <img src="images/65402.png" width="548" height="544" alt=""/>
12    <div id="top">
13       <img src="images/65403.png" width="151" height="17" alt=""/>
14    </div>
15 </div>
16 </body>
17 </html>
18
```
图 6-29

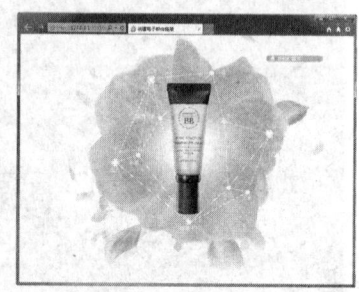
图 6-30

**02** 返回网页的 HTML 代码中, 为页面中相应的图像添加超链接 <a> 标签, 设置电子邮件链接, 如图 6-31 所示。保存页面, 在浏览器中预览页面, 单击 "与我们联系" 图像, 弹出系统默认的邮件收发软件, 如图 6-32 所示。

```
<div id="main">
   <img src="images/65402.png" width="548" height="544" alt=""/>
   <div id="top">
      <a href="mailto:xxxxxx@qq.com"><img src="images/65403.png"
      width="151" height="17" alt=""/></a>
   </div>
</div>
```
图 6-31

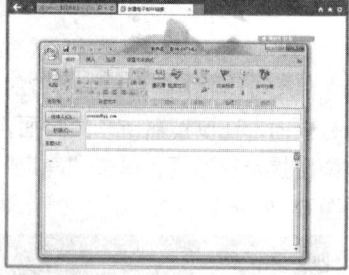
图 6-32

> **提示**
> E-mail 链接是指当用户在浏览器中单击该链接之后, 不是打开一个网页文件, 而是启动用户系统客户端的 E-mail 软件 (如 Outlook Express), 并打开一个空白的新邮件, 供用户撰写邮件内容。

**03** 在刚设置图像的 E-mail 链接后面输入 "?subject= 客服帮助", 代码如图 6-33 所示。保存页面, 在浏览器中预览页面, 单击页面中的图像, 弹出系统默认的邮件收发软件并自动填写邮件主题, 如图 6-34 所示。

```
<div id="main">
   <img src="images/65402.png" width="548" height="544" alt=""/>
   <div id="top">
      <a href="mailto:xxxxxx@qq.com?subject=客服帮助"><img
      src="images/65403.png" width="151" height="17" alt=""/></a>
   </div>
</div>
```
图 6-33

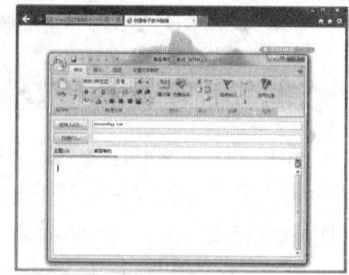
图 6-34

> **技巧**
> 用户在设置时还可以替浏览者加入邮件的主题。方法是在输入电子邮件地址后面加入 "?subject= 要输入的主题" 的语句, 实例中主题可以写 "客服帮助", 完整的语句为 "xxxxxx@qq.com?subject= 客服帮助"。

# 第 7 章　插入多媒体

在网页上表现各种多媒体资源已经是大势所趋，网页中的多媒体资源主要包括 Flash 动画、音频和视频，但是如果要正确浏览嵌入这些文件的网页，就需要在客户端的计算机中安装相应的播放软件。本章将向读者介绍如何在网页中插入各种不同的多媒体资源。

**本章知识点：**
➤ 掌握在网页中插入 Flash 动画的方法
➤ 了解网页中支持的音频和视频文件格式
➤ 掌握为网页添加背景音乐的方法
➤ 掌握在网页中插入视频的方法

## 7.1　插入 Flash 动画——<embed> 标签

网页中只有文字和图像是不足以吸引浏览者的，在网页中通过插入 Flash 动画，使网页内容更加丰富，使用 <embed> 标签将 Flash 动画文件插入网页中。插入 Flash 的基本语法如下。

```
<embed src=" Flash 动画文件路径和地址 " width=" 宽度 " height=" 高度 " />
```

<embed> 标签中的相关属性说明如表 7-1 所示。

表 7-1　<embed> 标签属性说明

| 属性 | 说明 |
| --- | --- |
| src | 用于设置 Flash 动画的地址，可以使用相对地址，也可以使用绝对地址 |
| width | 用于设置 Flash 动画的宽度 |
| height | 用于设置 Flash 动画的高度 |

例如下面的 HTML 网页代码。

```
...
<body>
<embed src="images/banner.swf" width="1000" height="204" />
</body>
...
```

**提示**

<embed> 标签比较特殊，在 HTML5 之前，该标签一直被定义为普通标签，也就是有开始标签 <embed> 和结束标签 </embed>，而在 HTML5 中将其定义为单标签，也就是只有开始标签，而不需要结束标签。所以目前在 HTML 代码中使用 <embed> 标签时，写为普通标签或者单标签的形式，在浏览器中都能够正确对其解析。

**实战　制作 Flash 欢迎页**

最终文件：最终文件 \ 第 7 章 \7-1.html　　视频：视频 \ 第 7 章 \7-1.mp4

01 执行 "文件" > "打开" 命令，打开页面 "源文件 \ 第 7 章 \7-1.html"，可以看到该页面的 HTML 代码，如图 7-1 所示。在浏览器中预览该页面，可以看到页面目前并没有

任何内容，只有深灰色的背景颜色，如图 7–2 所示。

```
<!doctype html>
<html>
<head>
<meta charset="utf-8">
<title>制作Flash欢迎页</title>
<link href="style/7-1.css" rel="stylesheet" type="text/css">
</head>

<body>
</body>
</html>
```

图 7–1

图 7–2

02 返回网页的 HTML 代码中，在 <body> 与 </body> 标签之间添加 <embed> 标签，插入 Flash 动画，如图 7–3 所示。在 <embed> 标签外部添加 <center> 标签，使 Flash 动画在网页中水平居中显示，如图 7–4 所示。

```
<body>
    <embed src="images/index.swf" width="950" height="510" />
</body>
```

图 7–3

```
<body>
    <center>
    <embed src="images/index.swf" width="950" height="510" />
    </center>
</body>
```

图 7–4

03 保存网页，在浏览器中预览网页，可以看到 Flash 欢迎页的效果，如图 7–5 所示。

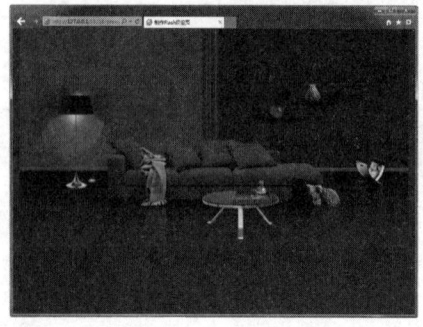

图 7–5

**提示**

大部分浏览器并不能直接播放 Flash 动画，必须通过 Flash Player 插件才能播放 Flash 动画，但是 Flash Player 插件通常是随着操作系统安装到计算机中的，所以，一般情况下都可以直接在浏览器中预览 Flash 动画。

## 7.2 添加背景音乐

很多个性的网页都设置了背景音乐，随着网页的打开而循环播放。在网页中加入背景音乐的方法比较简单，使用 <bgsound> 标签或 <embed> 标签就可以实现。

### 7.2.1 网页中支持的音频格式

网页中常用的声音主要包括以下几种格式。

1) MIDI 或 MID

MIDI 是 Musical Instrument Digital Interface 的缩写，中文译为“乐器数字接口”，是一种乐器的声音格式。它能够被大多数浏览器支持，并且不需要插件。尽管其声音品质非常好，但根据浏览者声卡的不同，声音效果也会不同。很小的 MIDI 文件也可以提供较长时间的声音剪辑。MIDI 文件不

能被录制，并且必须使用特殊硬件和软件在计算机上合成。

2) WAV

WAV 是 Waveform Extension 的缩写，译为"WAV 扩展名"，这种格式的文件具有较高的声音质量，能够被大多数浏览器支持，不需要插件。用户可以各种设备来录制声音，但文件尺寸通常较大，限制了在网页上使用的声音剪辑长度。

3) AIF 或 AIFF

AIF 或 AIFF 是 Audio Interchange File Format 的缩写，译为"音频互交换文件格式"，这种格式也具有较高的声音质量，和 WAV 相似。

4) MP3

MP3 是 Motion Picture Experts Group Audio 或 MPEG-Audio Layer-3 的缩写，译为"运动图像专家组音频"，这是一种压缩格式的声音，可以令声音文件相对于 WAV 格式明显缩小。其声音品质非常好。MP3 技术使用户可以对文件进行"流式处理"，以便浏览者不必等待整个文件下载完成就可以收听该文件。

5) RA 或 RAM、RP 和 RealAudio

这种格式具有非常高的压缩程度，文件大小要小于 MP3。全部歌曲文件可以在合理的时间范围内下载。因为可以在普通的 Web 服务器上对这些文件进行"流式处理"，所以浏览者在文件没有下载完之前就可以听到声音，前提是浏览者必须下载并安装 RealPlayer 辅助应用程序。

> **提示**
>
> MIDI 音乐文件音乐细节比较简单，如果不在乎背景音乐的延迟，用户可以选择音质较好的 MP3 文件，WAV 文件体积最大，所以不推荐使用。

## 7.2.2 背景音乐——<bgsound> 标签

如果只是为网页添加背景音乐，使用 HTML 中的 <bgsound> 标签是简单快捷的方法。

背景音乐 <bgsound> 标签的基本语法如下。

```
<bgsound src=" 背景音乐的地址 "></bgsound>
```

src 属性用于设置背景音乐的路径地址，可以使用绝对地址，也可以使用相对地址。

例如下面的 HTML 网页代码。

```
...
<body>
<bgsound src="images/sound.mp3"></bgsound>
</body>
...
```

## 7.2.3 音乐循环播放次数——loop 属性

通常情况下，网页中所设置的背景音乐需要不断地循环播放，在 HTML 代码中可以通过在 <bgsound> 标签中添加 loop 属性来实现背景音乐播放次数的控制。

loop 属性的基本语法如下。

```
<bgsound src=" 背景音乐地址 " loop=" 播放次数 "></bgsound>
```

默认情况下，为网页所设置的背景音乐只播放一次。loop 属性用于设置背景音乐循环播放的次数，如果将该属性值设置为 -1 或 true，则表示无限循环播放。

例如下面的 HTML 网页代码。

```
...
<body>
<bgsound src="images/sound.mp3" loop="3"></bgsound>
</body>
...
```

**实 战　为网页设置背景音乐**

最终文件：最终文件 \ 第 7 章 \7-2-3.html　　　视频：视频 \ 第 7 章 \7-2-3.mp4

**01** 执行"文件"＞"打开"命令，打开页面"源文件 \ 第 7 章 \7-2-3.html"，可以看到该页面的 HTML 代码，如图 7-6 所示。在浏览器中预览该页面，效果如图 7-7 所示。

图 7-6　　　　　　　　　　　　　　　　图 7-7

**02** 返回网页的 HTML 代码中，在 <body> 与 </body> 标签之间添加 <bgsound> 标签为网页设置背景音乐，如图 7-8 所示。保存页面，在浏览器中预览页面，可以听到为网页所添加的背景音乐的效果，如图 7-9 所示。

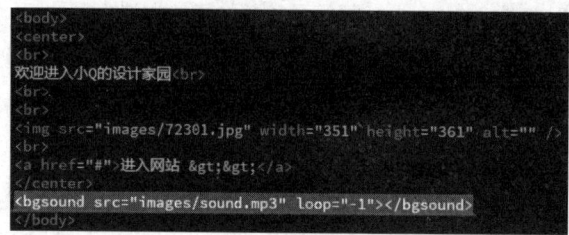

图 7-8　　　　　　　　　　　　　　　　图 7-9

 **提示**

<bgsound> 标签是 IE 浏览器的私有标签，只有 IE 浏览器才支持该标签，其他浏览器并不支持该标签，在使用时需要注意。

## 7.2.4　嵌入音频——<embed> 标签

在网页中嵌入音频，可以在网页上显示播放器的外观，包括播放、暂停、停止、音量及声音文件的开始和结束等控制按钮。使用 <embed> 标签即可在网页中嵌入音频文件。

嵌入音频的基本语法如下。

<embed src=" 音频文件地址 " width=" 宽度 " height=" 高度 " autostart=" 是否自动播放 " loop=" 是否循环播放 " />

<embed> 标签的相关属性介绍如表 7-2 所示。

表 7-2　<embed> 标签相关属性说明

| 属性 | 说明 |
|---|---|
| width 和 height | 默认情况下，在网页中嵌入的音频文件会显示系统中默认的音频播放器外观，通过 width 和 height 属性可以控制音频播放器外观的宽度和高度 |
| autostart | autostart 属性用于设置视频文件是否自动播放，该属性的属性值有两个，一个是 true，表示自动播放；另一个是 false，表示不自动播放 |
| loop | loop 属性用于设置音频文件是否循环播放，该属性的属性值有两个，一个是 true，表示音频文件将无限次地循环播放；另一个是 false，表示音频只播放一次 |

例如下面的 HTML 网页代码。

```
...
<body>
<embed src="images/sound.mp3" width="400" height="40" />
</body>
...
```

## 实战　在网页中嵌入音频播放控制条

最终文件：最终文件\第 7 章\7-2-4.html　　　视频：视频\第 7 章\7-2-4.mp4

**01** 执行"文件">"打开"命令，打开页面"源文件\第 7 章\7-2-4.html"，可以看到该页面的 HTML 代码，如图 7-10 所示。在浏览器中预览该页面，效果如图 7-11 所示。

图 7-10

图 7-11

**02** 返回网页的 HTML 代码中，在 <body> 与 </body> 标签之间添加 <embed> 标签，并对 <embed> 标签属性进行设置，如图 7-12 所示。保存页面，在浏览器中预览页面，可以看到在网页中嵌入音频播放条的效果，并且能听到音频的效果，如图 7-13 所示。

图 7-12

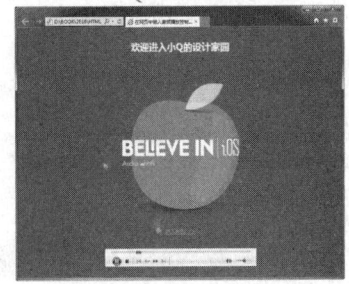

图 7-13

> **提示**
>
> 　嵌入音频使用 <embed> 标签，通过该标签在网页中嵌入音频文件进行播放，在网页中显示系统默认的音频播放器界面，可以对音频的播放进行控制。为网页添加背景音乐使用 <bgsound> 标签，通过该标签为网页添加背景音乐，在网页预览过程中看不到任何音频控制按钮，无法对音乐进行控制。

# 7.3 插入普通视频

在网页中不仅可以插入 Flash 动画和音频等多媒体内容，还可以插入许多普通格式的视频文件，例如 WMV 和 AVI 等格式的视频文件。本节将向读者介绍网页中视频的相关内容，并使用 <embed> 标签在网页中嵌入视频。

## 7.3.1 网页中支持的视频格式

网页中常用的视频主要包括以下几种格式。

1) MPEG 或 MPG

该格式中文译为"运动图像专家组"，是一种压缩比率较大的活动图像和声音的视频压缩标准，它也是 VCD 光盘所使用的标准。

2) AVI

AVI 是一种 Microsoft Windows 操作系统使用的多媒体文件格式。

3) WMV

WMV 是一种 Windows 操作系统自带的媒体播放器 Windows Media Player 所使用的多媒体文件格式。

4) RM

RM 是 Real 公司推广的一种多媒体文件格式，具有非常好的压缩比率，是网络传播中应用最广泛的格式之一。

5) MOV

MOV 是 Apple 公司推广的一种多媒体文件格式。

## 7.3.2 插入视频——<embed> 标签

在网页中插入普通视频同样使用 <embed> 标签，可以在网页上显示播放器外观，包括播放、暂停、停止和音量等控制按钮。

插入普通视频的基本语法如下。

```
<embed src=" 视频文件地址 " width=" 视频宽度 " height=" 视频高度 " />
```

通过插入普通视频的语法可以看出，在网页中插入普通视频文件与网页中嵌入音频文件的方法非常相似，都是使用 <embed> 标签，只不过链接的多媒体文件不同。

例如下面的 HTML 网页代码。

```
...
<body>
<embed src="images/movie.wmv" width="350" height="250" />
</body>
...
```

**提示**

　　<embed> 标签可以插入多种音频和视频格式，支持的播放格式取决于浏览者系统中的播放器，确保浏览者系统中的播放器支持网络上相应格式的多媒体资源播放。

## 7.3.3 设置自动播放——autostart 属性

打开网页时常常会看到一些视频文件直接开始运行，不需要手动开始，特别是浏览网页时弹出的广告，广告内容的自动播放主要是通过 autostart 参数来实现的。

autostart 属性的基本语法如下。

```
<embed src=" 多媒体文件地址 " autostart=" 是否自动运行 " />
```

autostart 的取值有两个：一个是 true，表示自动播放；另一个是 false，表示不自动播放。

例如下面的 HTML 网页代码。

```
<body>
  <center>
```

下面的视频文件中第一个视频文件将自动播放，第二个视频文件需要手动播放。

```
    <embed src="images/movie.wmv" width="350" height="250" autostart="true" />
    <hr size="3" color="#FF6633">
    <embed src="images/movie.wmv" width="350" height="250" autostart="false" />
  </center>
</body>
```

## 实战　在网页中插入视频

最终文件：最终文件 \ 第 7 章 \7-3-3.html　　　视频：视频 \ 第 7 章 \7-3-3.mp4

01　执行"文件">"打开"命令，打开页面"源文件 \ 第 7 章 \7-3-3.html"，可以看到该页面的 HTML 代码，如图 7-14 所示。在浏览器中预览该页面，效果如图 7-15 所示。

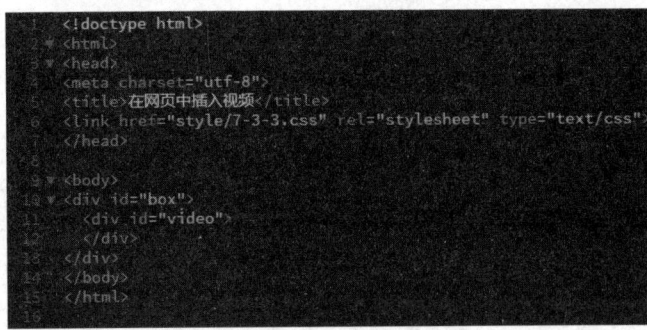
图 7-14

图 7-15

02　返回网页的 HTML 代码中，在 <div id="video"> 与 </div> 标签之间添加 <embed> 标签，并在该标签中添加相应的属性设置代码，如图 7-16 所示。保存页面，在浏览器中预览页面，可以看到在网页中插入视频的效果，如图 7-17 所示。

图 7-16

图 7-17

> **提示**
>
> 使用 <embed> 标签在 HTML 页面中嵌入音频或视频，都是依赖于系统音频和视频播放插件的支持，都会使用系统中默认的音频和视频播放器在网页中播放相应的音频和视频。例如，Windows 操作系统中默认的音频和视频播放插件为 Windows Media Player，所以在预览页面时显示 Windows Media Player 的播放控件。如果系统中默认的播放插件为其他的软件，则预览的效果会与书中截图的效果不同。

提示

　　由于在网页中多媒体的应用越来越多，HTML 中的 <embed> 标签已经无法满足网页发展的需要，所以在 HTML5 中新增了全新的多媒体标签 <audio> 和 <video>，使用 <audio> 和 <video> 标签可以直接在网页中嵌入音频和视频播放，而不需要任何插件的支持，并且提供了统一的外观样式。关于 <audio> 和 <video> 标签将在第 12 章中进行详细讲解。

## 7.3.4　隐藏播放控件——hidden 属性

　　在 <embed> 标签中还可以添加 hidden 属性的设置，如果是通过 <embed> 标签在网页中嵌入音频文件，则添加 hidden 属性，并设置其属性值为 true，则可以在网页中隐藏播放控件，只能听到背景音乐。如果是通过 <embed> 标签在网页中嵌入视频文件，则添加 hidden 属性，并设置其属性值为 true，则可以在网页中隐藏视频和播放控件，只能听到视频的声音。

　　hidden 属性的基本语法如下。

```
<embed src=" 多媒体文件地址 " hidden=" 是否隐藏 " />
```

　　hidden 属性有两个属性值，默认的属性值为 false，即不隐藏多媒体文件的播放控件。如果设置 hidden 属性值为 true，则会在网页中隐藏多媒体文件的播放控件。

　　例如下面的 HTML 网页代码。

```
…
<body>
<center>
下面的视频文件播放控件被隐藏。

    <hr>
        <embed src="images/movie.avi" width="350" height="250" autostart="true"
hidden="true" />
    </center>
    </body>
…
```

# 第 **8** 章　插入和设置表单元素

　　表单是静态 HTML 和动态网页技术的枢纽，是离用户距离最近的部分，所以外观必须给用户以信任感，并且功能模块清晰、操作便捷。不过，表单元素在 HTML 中并不属于动态技术，只是一种数据提交的方法。表单在网页中主要用来收集客户端提交的相关信息，使网页具有互动功能。本章将向读者讲解 HTML 中的各种表单元素的使用和设置方法，并学习完整表单页面的制作方法。

**本章知识点：**
➢ 了解网页中的表单
➢ 掌握表单的相关属性和标签
➢ 掌握添加控件的方法
➢ 掌握各类型表单元素的输入方法
➢ 掌握其他类型表单元素的输入方法
➢ 掌握如何制作注册页面

## 8.1　关于表单

　　在 HTML 中，<form> 和 </form> 标签是用来创建一个表单，即定义表单的开始和结束位置，在标签对之间的一切都属于表单的内容。

　　每个表单元素开始于 <form> 标签，可以包含所有的表单控件，还有必需的伴随数据，如控件的标签、处理数据的脚本或程序的位置等。

### 8.1.1　插入表单域——<form> 标签

　　网页中的 <form> 和 </form> 标签用来插入一个表单，在表单中可以插入相应的表单元素。

　　插入表单的基本语法如下。

```
<form name=" 表单名称 " action=" 表单处理程序 " method=" 数据传送方式 ">
...
</form>
```

　　在表单的 <form> 标签中，可以设置表单的基本属性，包括表单的名称、处理程序和传送方法等。一般情况下，表单的处理程序 action 属性和传送方法 method 属性是必不可少的参数。action 属性用于指定表单数据提交到哪个地址进行处理，name 属性用于给表单命名，这一属性不是表单必需的属性。

　　例如下面的 HTML 网页代码，在网页中插入一个表单域。

```
...
<!-- 这是一个没有控件的表单 -->
<form>
...
</form>
</body>
...
```

## 8.1.2 表单动作——action 属性

action 属性用于指定表单数据提交到哪个地址进行处理。真正处理表单的数据脚本或程序在 action 属性里，这个值可以是程序或脚本的一个完整 URL。

设置表单动作的基本语法如下。

```
<form action=" 表单的处理程序 ">
...
</form>
```

在该语法中，表单的处理程序定义的是表单要提交的地址，也就是表单中收集到的资料将要传递的程序地址。这一地址可以是绝对地址，也可以是相对地址，还可以是一些其他的地址方式，如 E-mail 地址等。

例如下面的 HTML 网页代码，定义了表单提交的对象为一个邮件地址，当程序运行后会将表单中收集到的内容以电子邮件的形式发送出去。

```
...
<body>
<!-- 这是一个没有控件的表单 -->
<form action="mailto:*****@163.com">
...
</form>
</body>
...
```

## 8.1.3 表单名称——name 属性

name 属性用于为表单命名。这一属性不是表单的必需属性，但是为了防止表单信息在提交到后台处理程序时出现混乱，一般要设置一个与表单功能符合的名称。例如，注册页面的表单可以命名为 register。不同的表单尽量不用相同的名称，以避免混乱。

设置表单名称的基本语法如下。

```
<form name=" 表单名称 ">
...
</form>
```

name 属性的属性值为自定义的表单名称，但是表单名称中不能包含特殊符号和空格。

例如下面的 HTML 网页代码，将表单命名为 register。

```
...
<body>
<!-- 这是一个没有控件的表单 -->
<form action=mailto:*****@163.com name="register">
...
</form>
</body>
...
```

> **提示**
>
> 表单元素的名称不能包含空格或特殊字符，可以使用字母、数字和下画线的任意组合。注意，为文本域指定名称最好便于记忆。

## 8.1.4 表单传送方式——method 属性

表单的 method 属性用来定义处理程序从表单中获得信息的方式，它决定了表单中已收集的数据是用什么方法发送到服务器的。

设置表单传送方式基本语法如下。

```
<form method=" 传送方式 ">
...
</form>
```

传送方式的值只有两种选择，即 get 或 post。

1) get

表单数据会被视为 CGI 或 ASP 的参数发送，也就是来访者输入的数据会附加在 URL 之后，由用户端直接发送至服务器，所以速度比 post 快，但缺点是数据长度不能太长。

2) post

表单数据是与 URL 分开发送的，客户端的计算机会通知服务器来读取数据，所以通常没有数据长度上的限制，缺点是速度比 get 慢，默认值为 get。

> **技巧**
>
> 通常情况下，在选择表单数据的传递方式时，简单、少量和安全的数据可以使用 get 方法进行传递，大量的数据内容或者需要保密的内空间则使用 post 方法进行传递。

例如下面的 HTML 网页代码，表单 register 的内容将会以 post 的方式通过电子邮件的形式传送出去。

```
...
<body>
<!-- 这是一个没有控件的表单 -->
<form action="mailto:*****@163.com" name="register" method="post">
...
</form>
</body>
...
```

## 8.1.5 表单编码方式——enctype 属性

表单中的 enctype 属性用于设置表单信息提交的编码方式。

设置表单编码方式的基本语法如下。

```
<form enctype=" 编码方式 ">
...
</form>
```

enctype 属性为表单定义了 MIME 编码方式，enctype 的属性值说明如表 8-1 所示。

表 8-1 <form> 标签中 enctype 属性值说明

| 属性值 | 说明 |
| --- | --- |
| text/plain | enctype 属性值设置为 text/plain，表示以纯文本的形式传送 |
| application/x-www-form-urlencoded | enctype 属性值设置为 Application/x-www-form-urlencoded，表示默认的编码形式 |
| multipart/form-data | enctype 属性值设置为 multipart/form-data，表示 MIME 编码，上传文件的表单必须选择该项 |

例如下面的 HTML 网页代码，设置了表单信息以纯文本的编码方式发送。

```
...
<body>
<!-- 这是一个没有控件的表单 -->
```

```
<form action="mailto:*****@163.com" name="register" method="post" enctype="text/
plain">
   ...
   </form>
   </body>
   ...
```

### 8.1.6 目标显示方式——target

target 属性用来指定目标窗口的打开方式。表单的目标窗口往往用来显示表单的返回信息，如是否成功提交表单的内容、是否出错等。

目标显示方式的基本语法如下。

```
<form target=" 目标窗口打开方式 ">
...
</form>
```

目标窗口的打开方式 target 属性的属性值有 5 个，分别是 _blank、new、_parent、_self 和 _top，各属性值的说明如表 8-2 所示。

表 8-2  <form> 标签中 target 属性值说明

| 属性值 | 说明 |
| --- | --- |
| _blank | 如果 target 属性值设置为 _blank，则反馈网页将在新浏览器窗口中打开 |
| new | 如果 target 属性值设置为 new，与 _blank 类似，反馈网页将在新浏览器窗口中打开 |
| _parent | 如果 target 属性值设置为 _parent，则反馈网页将在父浏览器窗口中打开 |
| _self | 如果 target 属性值设置为 _self，则反馈网页将在原浏览器窗口中打开 |
| _top | 如果 target 属性值设置为 _top，则反馈网页将在顶层窗口中打开 |

例如下面的 HTML 网页代码，设置表单的返回信息将在同一窗口中显示。

```
...
<body>
<!-- 这是一个没有控件的表单 -->
<form action="mailto:*****@163.com" name="register" method="post" enctype="text/
plain" target="_self">
   ...
   </form>
   </body>
   ...
```

**提示**

以上所讲解的只是表单的基本标签及其相关的设置属性，而表单的 <form> 标签只有和它所包含的具体表单元素相结合才能真正实现表单收集信息的功能。

## 8.2  添加表单元素

按照表单元素的填写方式可以分为输入类和菜单列表类。输入类的表单元素一般以 <input> 标签开始，说明这一控件需要用户的输入；而菜单列表类表单元素以 <select> 标签开始，表示用户需要选择。按照表单元素的表现形式则可以将表单元素分为文本类、选项按钮和菜单等。

在 HTML 表单中，<input> 标签是最常用的表单元素标签，包括常见的文本域、按钮都是使用 <input> 标签。

<input> 标签的基本语法如下。

```
<form>
    <input name=" 元素名称 " type=" 元素类型 ">
</form>
```

在该语法中，元素名称是为了便于程序对不同元素的区分，而 type 属性则是确定了这一表单元素的类型。

在 HTML 中，<input> 标签中的 type 属性包含的表单元素类型及其说明如表 8-3 所示。

表 8-3　<input> 标签中 type 属性值说明

| 属性值 | 说明 |
| --- | --- |
| text | type 属性值为 text，表示表单元素类型为文本域 |
| password | type 属性值为 password，表示表单元素类型为密码域，用户在表单元素中输入时不显示具体的内容，都以星号或圆点代替 |
| radio | type 属性值为 radio，表示表单元素类型为单选按钮 |
| checkbox | type 属性值为 checkbox，表示表单元素类型为复选框 |
| button | type 属性值为 button，表示表单元素类型为普通按钮 |
| submit | type 属性值为 submit，表示表单元素类型为提交按钮 |
| reset | <type 属性值为 reset，表示表单元素类型为重置按钮 |
| image | type 属性值为 image，表示表单元素类型为图像域，也称为图像提交按钮 |
| hidden | type 属性值为 hidden，表示表单元素类型为隐藏域，其并不显示在页面上，只将内容传递到服务器中 |
| file | type 属性值为 file，表示表单元素类型为文件域 |

例如下面的 HTML 网页代码，在表单中添加名为 pass 的密码域。

```
...
<body>
<form>
    <input name="pass" type="password">
</form>
</body>
...
```

## 8.3　输入类型表单元素

每个表单都是由一个表单域和若干个表单元素组成的，所有的表单元素要放到表单域中才会有效。表单元素有文本域、密码域、图像域、隐藏域、复选框、单选按钮、文件域和普通按钮等。

### 8.3.1　文本域——text 类型

text 类型用来在设定表单的文本域中输入任何类型的文本、数字或字母。输入的内容以单行显示。

插入文本域的基本语法如下。

```
<input type="text" name=" 元素名称 " size=" 元素宽度 " maxlength=" 最长字符数 " value=" 默认内容 ">
```

该语法中包含很多属性，它们的含义和取值方法并不相同，其中 name、size、maxlength 属性一般是不会省略的参数。

text 类型表单元素各属性的说明如表 8-4 所示。

表 8-4　text 类型表单元素属性说明

| 属性值 | 说明 |
|---|---|
| name | 该属性用于设置文本域的名称，用于和页面中其他表单元素加以区别，命名时不能包含特殊字符，也不能以 HTML 预留作为名称 |
| size | 该属性用于设置文本域在页面中显示的宽度，以字符作为单位 |
| maxlength | 该属性用于设置在文本域中最多可以输入的字符数 |
| value | 该属性用于设置在文本域中默认显示的内容 |

例如下面的 HTML 网页代码，设置文本域的字符宽度为 20，最大可以输入 50 个字符，并且显示初始值为 http://。

```
...
<body>
<form>
    <input type="text" name="URL" size="20" maxlength="50" value="http:// ">
</form>
</body>
...
```

## 8.3.2　密码域——password 类型

password 类型代表 HTML 表单中的密码域。输入该文本域中的文字均以星号或圆点显示。

插入密码域的基本语法如下。

```
<input type="password" name=" 元素名称 " size=" 元素宽度 " maxlength=" 最长字符数 " value=" 默认内容 ">
```

该语法包含很多属性，各属性的含义和取值与 text 类型的文本域完全相同。

例如下面的 HTML 网页代码，在页面的密码域中输入密码，最长可以输入 6 个字符。

```
...
<body>
<form>
    <input type="password" name="pass" size="20" maxlength="6">
</form>
</body>
...
```

## 8.3.3　图像域——image 类型

向表单插入图像域后，图像域将起到提交表单的作用，本来应该用提交按钮来提交表单，但有时为了使表单更加美观，所以需要用图像来提交表单，只需把图像设置成图像域即可。

插入图像域的基本语法如下。

```
<input type="image" src=" 图片地址 ">
```

图像域的 type 类型是 image，src 属性设置显示图像所使用的图像地址，可以使用相对路径，也可以使用绝对路径。

例如下面的 HTML 网页代码，在页面中插入图像域。

```
...
<body>
<form>
    <input type="image" scr="images/btn.jpg">
</form>
</body>
...
```

**实战** 制作登录页面

最终文件：最终文件\第 8 章\8-3-3.html　　视频：视频\第 8 章\8-3-3.mp4

[01] 执行"文件">"打开"命令，打开页面"源文件\第 8 章\8-3-3.html"，可以看到该页面的 HTML 代码，如图 8-1 所示。在浏览器中预览该页面，可以看到该登录页面的背景效果，如图 8-2 所示。

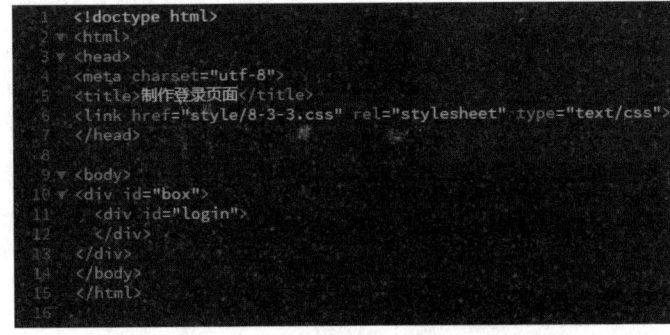

图 8-1

图 8-2

[02] 返回网页的 HTML 代码中，在 <div id="login"> 与 </div> 标签之间输入表单域 <form> 标签，并添加相应的属性设置，如图 8-3 所示。切换到设计视图中，可以看到刚插入的表单域在 Dreamweaver 的设计视图中显示为红色的虚线框，如图 8-4 所示。

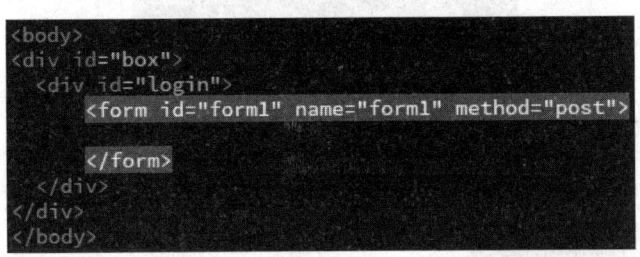

图 8-3

图 8-4

> **提示**
>
> 在 Dreamweaver 设计视图中表单域显示为红色虚线框的效果，仅仅是为了用户在使用 Dreamweaver 设计视图时能够更加方便地识别表单域的范围，并没有其他作用。在浏览器中预览时，该红色的虚线框是不会显示的。

[03] 返回网页的 HTML 代码中，在表单域 <form> 与 </form> 标签之间输入文字和文本域代码，如图 8-5 所示。保存该页面，在浏览器中预览页面，可以看到网页中文本域的默认显示效果，如图 8-6 所示。

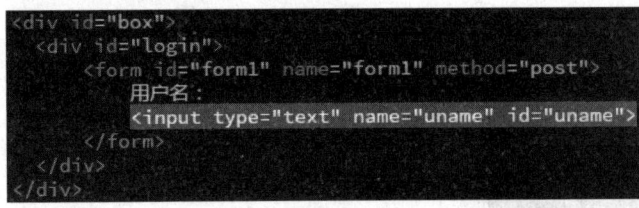

图 8-5

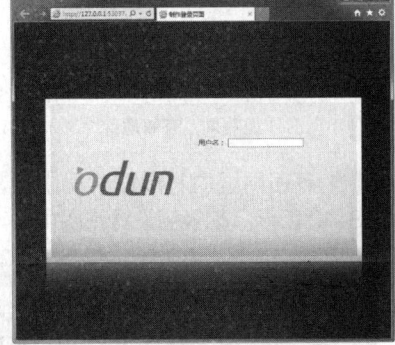

图 8-6

[04] 返回网页的 HTML 代码中，在"用户名"文本域后面输入换行符标签 <br>，如图 8-7 所示。在 <br> 标签之后输入相应的文字和密码域代码，如图 8-8 所示。

```
<div id="box">
  <div id="login">
    <form id="form1" name="form1" method="post">
      用户名：
      <input type="text" name="uname" id="uname">
      <br>
    </form>
  </div>
</div>
```
图 8-7

```
<div id="box">
  <div id="login">
    <form id="form1" name="form1" method="post">
      <input type="text" name="uname" id="uname">
      <br>
      密码：
      <input type="password" name="upass" id="upass">
    </form>
  </div>
</div>
```
图 8-8

**技巧**

在制作表单页面时，页面中的表单元素要尽量放置在表单域 <form> 与 </form> 标签之间，如果将表单元素放置在 <form> 与 </form> 标签之外，则需要为该表单元素添加 form 属性设置，通过该属性指定该表单元素隶属于页面中哪一个 id 名称的表单域。关于 form 属性将在第 13 章中进行详细介绍。

**05** 保存该页面，在浏览器中预览页面，可以看到在密码域所输入内容的默认显示效果，如图 8-9 所示。转换到该网页所链接的外部 CSS 样式表文件中，创建名为 .input01 的类 CSS 样式，如图 8-10 所示。

图 8-9

```
.input01 {
  width: 210px;
  height: 35px;
  border: solid 1px #C3C3C3;
  padding: 0px 10px;
  margin-top: 12px;
}
```
图 8-10

**06** 返回网页的 HTML 代码中，分别在文本域和密码域的 <input> 标签中添加 class 属性来应用刚创建的名为 input01 的类 CSS 样式，如图 8-11 所示。切换到设计视图中，可以看到使用 CSS 样式对表单元素外观进行美化后的效果，如图 8-12 所示。

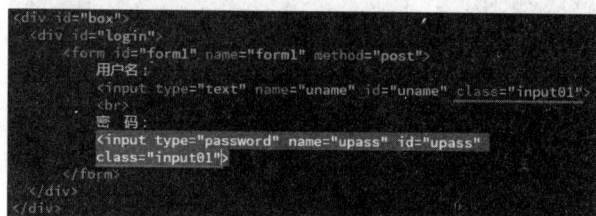
图 8-11

图 8-12

**提示**

此处为了美化表单元素的外观，使用 CSS 样式进行设置。使用 CSS 样式对网页中的任何元素进行设置，可以实现各种不同的外观效果，有效地弥补了 HTML 代码的不足。

**07** 返回网页的 HTML 代码中，在密码域标签之后输入换行标签 <br>，并输入图像域代码，如图 8-13 所示。切换到设计视图中，可以在网页中插入的图像域的效果，如图 8-14 所示。

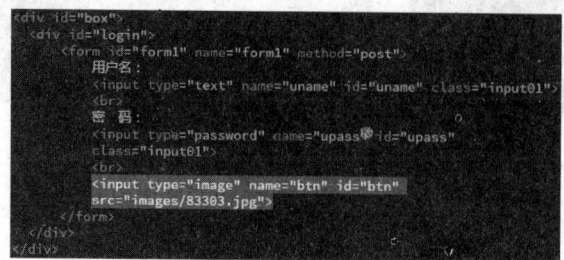
图 8-13

图 8-14

**提示**

默认情况下，图像域只能起到提交表单数据的作用，不能起到其他的作用。如果想要改变其用途，则需要在图像域标签中添加特殊的代码来实现。

08 转换到 CSS 样式表文件中，创建名为 .btn01 的类 CSS 样式，如图 8-15 所示。转换到网页 HTML 代码中，在图像域的 <input> 标签中添加 class 属性来应用刚创建的名为 btn01 的类 CSS 样式，如图 8-16 所示。

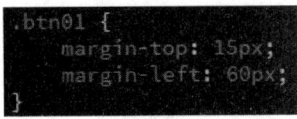

```
.btn01 {
    margin-top: 15px;
    margin-left: 60px;
}
```

图 8-15

```
<div id="box">
  <div id="login">
    <form id="form1" name="form1" method="post">
      用户名：
      <input type="text" name="uname" id="uname" class="input01">
      <br>
      密  码：
      <input type="password" name="upass" id="upass"
      class="input01">
      <br>
      <input type="image" name="btn" id="btn"
      src="images/83303.jpg" alt="" class="btn01">
    </form>
  </div>
</div>
```

图 8-16

09 完成该登录表单页面的制作，完整的表单页面表单代码如下。

```
…
<body>
<div id="box">
  <div id="login">
     <form id="form1" name="form1" method="post">
       用户名:
      <input type="text" name="uname" id="uname" class="input01">
      <br>
      密  码:
      <input type="password" name="upass" id="upass" class="input01">
      <br>
        <input type="image" name="btn" id="btn" src="images/83303.jpg" alt=""
class="btn01">
     </form>
   </div>
</div>
</body>
…
```

10 切换到设计视图中，可以看到网页中表单元素的效果，如图 8-17 所示。完成登录页面的制作，保存该页面，在浏览器中预览页面，可以看到页面最终效果，如图 8-18 所示。

图 8-17

图 8-18

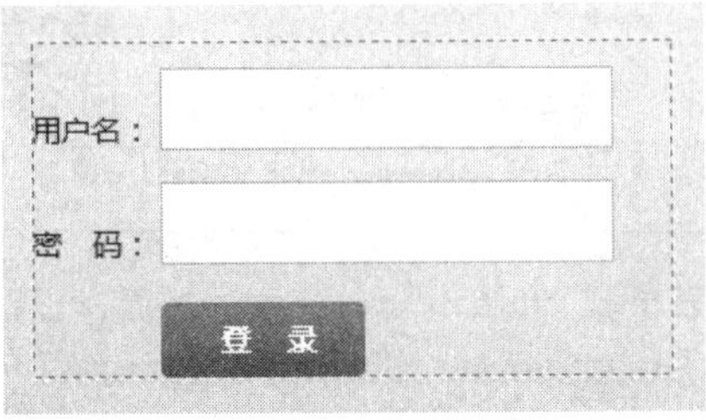

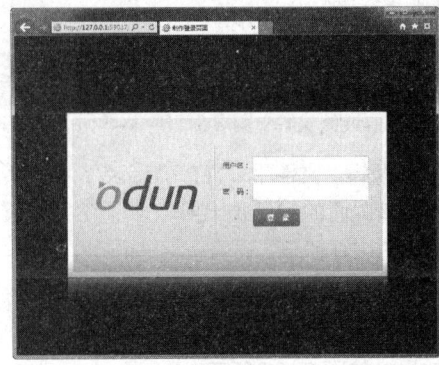

## 8.3.4 隐藏域——hidden 类型

隐藏域在页面中对于浏览者来说是不可见的，隐藏域主要用于存储一些信息，以便于被处理表单的程序所使用。很多时候传给程序的数据不需要浏览者填写，这种情况下通常采用隐藏域传递数据。插入隐藏域的基本语法如下。

```
<input type="hidden" name="hiddenField" value=" 隐藏值 ">
```

该语法中，隐藏域的 type 类型是 hidden，name 属性用于设置隐藏域的名称，默认为 hiddenField，value 属性用于设置要为隐藏域指定的值，该值将在提交表单时传递给服务器。

例如下面的 HTML 网页代码，在页面中插入隐藏域。

```
...
<body>
<form>
  <input type="hidden" name="hiddenField" value="a">
</form>
</body>
...
```

**提示**

隐藏域是不被浏览器所显示的，但在 Dreamweaver 设计视图中为了方便编辑，会在插入隐藏域的位置显示一个黄色的隐藏域图标，同样该图标仅仅是 Dreamweaver 用于提醒设计者，并没有其他作用。

## 8.3.5 复选框——checkbox 类型

复选框可以对每个单独的响应进行"关闭"和"打开"状态切换，为了让浏览者更快捷地在表单中填写数据，表单提供了复选框元素，浏览者可以在复选框中勾选一项或多项选项。

插入复选框的基本语法如下。

```
<input type="checkbox" checked="checked" value=" 选项值 ">
```

复选框 type 类型为 checkbox，checked 属性用于设置在浏览器中载入表单时，该复选框是处于选中状态还是未选中状态。value 选项用于设置该复选框选项所需要传递的值。

例如下面的 HTML 网页代码，在页面中插入复选框并且该复选框默认被选中。

```
...
<body>
<form>
  <input type="checkbox" name="check" checked="checked">
</form>
</body>
...
```

**实战** 制作网站调查表单

最终文件：最终文件 \ 第 8 章 \8-3-5.html    视频：视频 \ 第 8 章 \8-3-5.mp4

**01** 执行"文件"＞"打开"命令，打开页面"源文件 \ 第 8 章 \8-3-5.html"，可以看到该页面的 HTML 代码，如图 8-19 所示。在浏览器中预览该页面，可以看到页面背景的效果，如图 8-20 所示。

**02** 在 <div id="diaocha"> 与 </div> 标签之间输入表单域 <form> 标签，并添加属性设置，如图 8-21 所示。切换到设计视图中，可以看到表单域在 Dreamweaver 设计视图中显示为红色虚线框的效果，如图 8-22 所示。

```
<!doctype html>
<html>
<head>
<meta charset="utf-8">
<title>制作网站调查</title>
<link href="style/8-3-5.css" rel="stylesheet" type="text/css">
</head>

<body>
<div id="box">
  <div id="diaocha">
  </div>
</div>
</body>
</html>
```

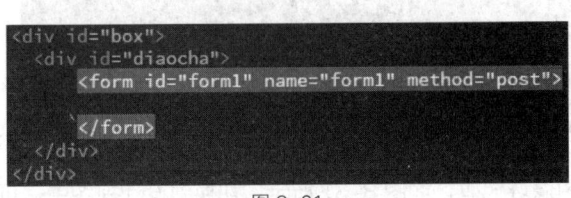

图 8-19

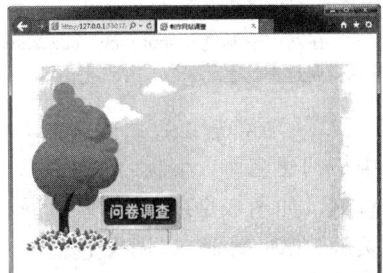

图 8-20

```
<div id="box">
  <div id="diaocha">
      <form id="form1" name="form1" method="post">

      </form>
  </div>
</div>
```

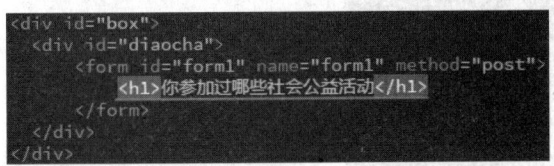

图 8-21

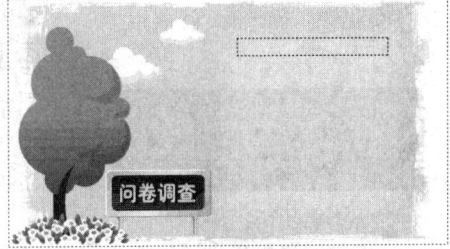

图 8-22

03 返回网页的 HTML 代码中，在 <form> 与 </form> 标签之间输入标题 <h1> 标签和标题文字，如图 8-23 所示。切换到设计视图中，可以看到默认 <h1> 标签中的文字效果，如图 8-24 所示。

```
<div id="box">
  <div id="diaocha">
      <form id="form1" name="form1" method="post">
          <h1>你参加过哪些社会公益活动</h1>
      </form>
  </div>
</div>
```

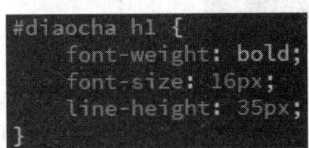

图 8-23

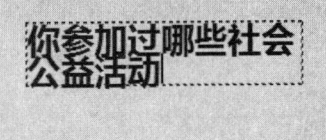

图 8-24

04 转换到该网页所链接的外部 CSS 样式表文件中，创建名为 #diaocha h1 的 CSS 样式，如图 8-25 所示。返回网页的设计视图中，可以看到页面中标题文字效果，如图 8-26 所示。

```
#diaocha h1 {
    font-weight: bold;
    font-size: 16px;
    line-height: 35px;
}
```

图 8-25

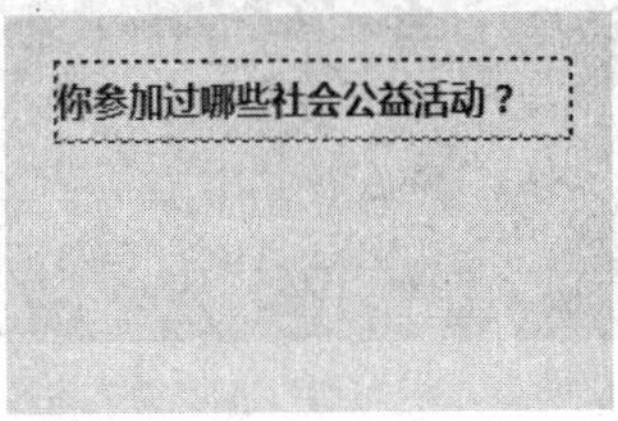

图 8-26

05 返回网页的 HTML 代码中，在标题标签之后编写相应的复选框选项代码，如图 8-27 所示。切换到设计视图中，可以看到在网页中插入的复选框效果，如图 8-28 所示。

```
<div id="box">
  <div id="diaocha">
      <form id="form1" name="form1" method="post">
          <h1>你参加过哪些社会公益活动？</h1>
          <input type="checkbox" name="checkbox" id="checkbox" value="义务献血"> 义务献血
          <br>
          <input type="checkbox" name="checkbox2" id="checkbox2" value="指挥交通"> 指挥交通
          <br>
          <input type="checkbox" name="checkbox3" id="checkbox3" value="环境保护"> 环境保护
          <br>
          <input type="checkbox" name="checkbox4" id="checkbox4" value="社会治安"> 社会治安
          <br>
          <input type="checkbox" name="checkbox5" id="checkbox5" value="紧急救助"> 紧急救助
          <br>
          <input type="checkbox" name="checkbox6" id="checkbox6" value="文明宣传"> 文明宣传
          <br>
          <input type="checkbox" name="checkbox7" id="checkbox7" value="义务劳动"> 义务劳动
      </form>
  </div>
</div>
```

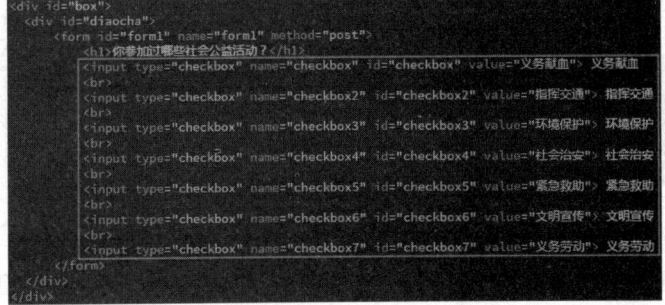

图 8-27

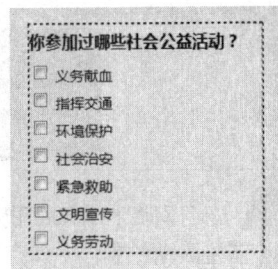

图 8-28

**技巧**

在网页中通过 <input type="checkbox" > 插入网页中的复选框，默认状态下是没有被选中的，如果希望复选框默认就是选中状态，可以在复选框的 <input> 标签中添加 checked="checked" 属性设置。

06 转换到 CSS 样式表文件中，创建名为 .check1 的类 CSS 样式，如图 8-29 所示。返回网页的 HTML 代码中，在复选框的 <input> 标签中分别添加 class 属性应用刚创建的名为 .check1 的类 CSS 样式，如图 8-30 所示。

```
.check1 {
    margin-left: 15px;
    vertical-align: middle;
}
```

图 8-29

```
<div id="box">
  <div id="diaocha">
    <form id="form1" name="form1" method="post">
      <h1>你参加过哪些社会公益活动？</h1>
      <input type="checkbox" name="checkbox" id="checkbox" value="义务献血"
      class="check1"> 义务献血
      <br>
      <input type="checkbox" name="checkbox2" id="checkbox2" value="指挥交通"
      class="check1"> 指挥交通
      <br>
      <input type="checkbox" name="checkbox3" id="checkbox3" value="环境保护"
      class="check1"> 环境保护
      <br>
      <input type="checkbox" name="checkbox4" id="checkbox4" value="社会治安"
      class="check1"> 社会治安
      <br>
      <input type="checkbox" name="checkbox5" id="checkbox5" value="紧急救助"
      class="check1"> 紧急救助
      <br>
      <input type="checkbox" name="checkbox6" id="checkbox6" value="文明宣传"
      class="check1"> 文明宣传
      <br>
      <input type="checkbox" name="checkbox7" id="checkbox7" value="义务劳动"
      class="check1"> 义务劳动
    </form>
  </div>
</div>
```

图 8-30

07 在复选框选项之后输入换行标签和图像域代码，如图 8-31 所示。切换到设计视图中，可以看到刚插入的图像域的效果，如图 8-32 所示。

```
<div id="box">
  <div id="diaocha">
    <form id="form1" name="form1" method="post">
      <h1>你参加过哪些社会公益活动？</h1>
      <input type="checkbox" name="checkbox" id="checkbox" value="义务献血"
      class="check1"> 义务献血
      <br>
      <input type="checkbox" name="checkbox2" id="checkbox2" value="指挥交通"
      class="check1"> 指挥交通
      <br>
      <input type="checkbox" name="checkbox3" id="checkbox3" value="环境保护"
      class="check1"> 环境保护
      <br>
      <input type="checkbox" name="checkbox4" id="checkbox4" value="社会治安"
      class="check1"> 社会治安
      <br>
      <input type="checkbox" name="checkbox5" id="checkbox5" value="紧急救助"
      class="check1"> 紧急救助
      <br>
      <input type="checkbox" name="checkbox6" id="checkbox6" value="文明宣传"
      class="check1"> 文明宣传
      <br>
      <input type="checkbox" name="checkbox7" id="checkbox7" value="义务劳动"
      class="check1"> 义务劳动
      <br>
      <input type="image" name="btn" id="btn" alt=" " src="images/83502.jpg">
    </form>
  </div>
</div>
```

图 8-31

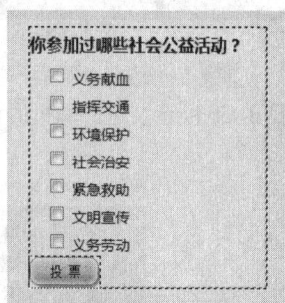

图 8-32

08 转换到 CSS 样式表文件中，创建名为 #btn 的 CSS 样式，如图 8-33 所示。切换到设计视图中，可以看到图像域的显示效果，如图 8-34 所示。

```
#btn {
    margin-left: 40px;
    margin-top: 10px;
    margin-right: 20px;
}
```

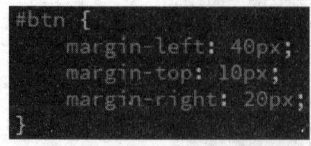

图 8-33

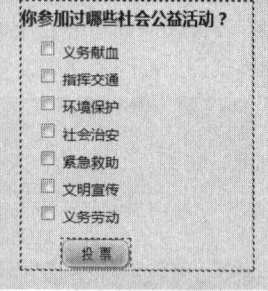

图 8-34

09 返回网页的 HTML 代码中，在图像域代码之后使用 <img> 标签插入图像，如图 8-35 所示。完成该调整表单的制作，保存该页面，在浏览器中预览页面，可以看到页面的效果，可以在一组复选框选项中同时选中多个选项，如图 8-36 所示。

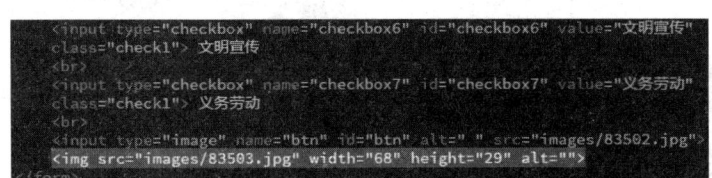

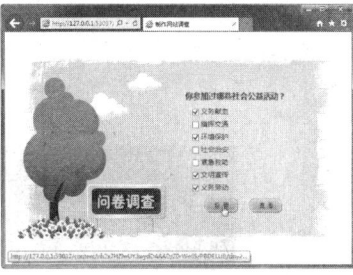

图 8-35

图 8-36

## 8.3.6 单选按钮——radio 类型

单选按钮作为一个组使用，提供彼此相互排斥的选项值，因此用户在单选按钮组内只能选择一个选项。单选按钮和复选框一样可以快捷地让浏览者在表单中填写数据。单选按钮能够进行项目的单项选择，以一个圆框表示。

插入单选按钮的基本语法如下。

```
<input type="radio" name="radio" checked="checked" >
```

单选按钮 type 类型为 radio，单选按钮名称设置是通过 name 来命名的。一般情况下，一组数据有多个单选按钮，但操作时只能选择一个单选按钮。为了保证多个单选按钮属于同一组，所以一组中每个单选按钮都拥有相同的 name 属性值。

例如下面的 HTML 网页代码，在页面中插入一个单选按钮。

```
...
<body>
<form>
  <input type="radio" name= radio1">选项 1
</form>
</body>
...
```

**实 战 制作网站投票**

最终文件：最终文件 \ 第 8 章 \8-3-6.html    视频：视频 \ 第 8 章 \8-3-6.mp4

01 执行 "文件" > "打开" 命令，打开页面 "源文件 \ 第 8 章 \8-3-6.html"，可以看到该页面的 HTML 代码，如图 8-37 所示。在浏览器中预览该页面，可以看到该页面的背景效果，如图 8-38 所示。

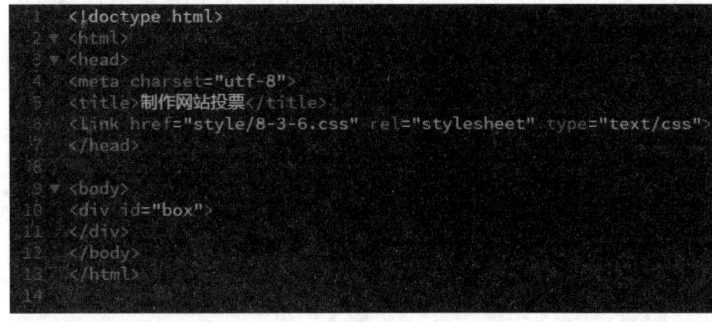

图 8-37

图 8-38

02 返回网页的 HTML 代码中，在 <div id="box"> 与 </div> 标签之间添加标题 <h1> 标签和内容，如图 8-39 所示。切换到设计视图中，可以看到刚添加的标题效果，如图 8-40 所示。

HTML5 网页设计与制作全程揭秘

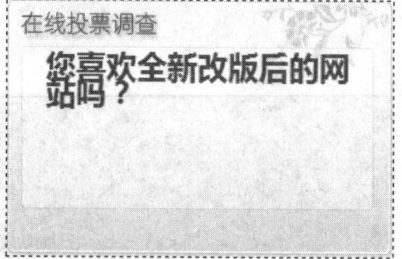

图 8-39　　　　　　　　　　　图 8-40

03 转换到该网页所链接的外部 CSS 样式表文件中，创建名为 #box h1 的 CSS 样式，如图 8-41 所示。切换到设计视图中，可以看到页面中标题文字的效果，如图 8-42 所示。

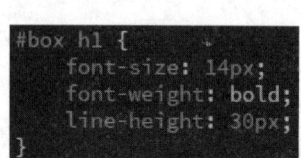
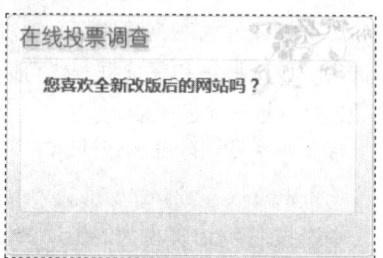

图 8-41　　　　　　　　　　　图 8-42

04 转换到代码视图中，在 <div id="box"> 与 </div> 的标签之间输入表单域 <form> 标签，如图 8-43 所示。返回设计视图中，可以看到在 Dreamweaver 设计视图中表单域显示为红色虚线框的效果，如图 8-44 所示。

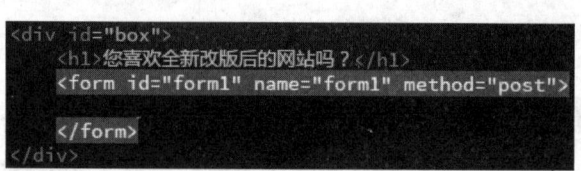
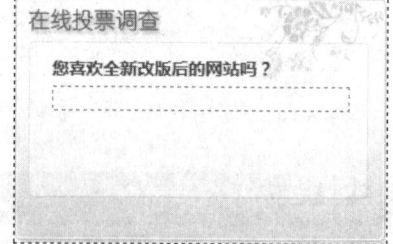

图 8-43　　　　　　　　　　　图 8-44

05 返回网页的 HTML 代码中，在 <form> 标签之间添加单选按钮代码和相关文本，如图 8-45 所示。返回设计视图中，可以看到刚添加的单选按钮效果，如图 8-46 所示。

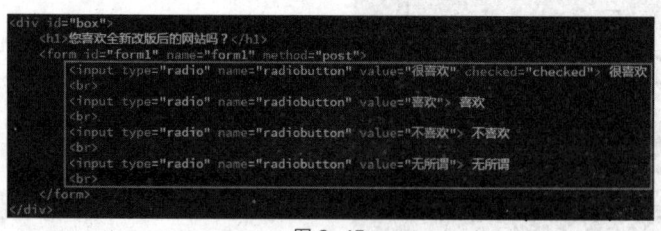
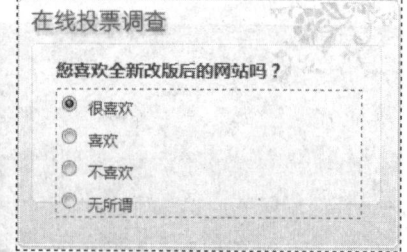

图 8-45　　　　　　　　　　　图 8-46

提示

　　为了保证多个单选按钮属于同一组，一组中每个单选按钮都需要具有相同的 name 属性值，操作时在单选按钮组中只能选择一个单选按钮。

06 返回网页的 HTML 代码中，在单选按钮选项之后输入图像域代码，如图 8-47 所示。切换到设计视图中，可以看到刚插入的图像域效果，如图 8-48 所示。

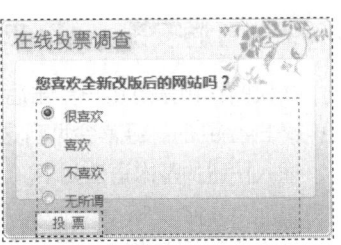

图 8-47　　　　　　　　　　　图 8-48

**07** 转换到外部 CSS 样式表文件中，创建名为 #btn 的 CSS 样式，如图 8-49 所示。在浏览器中预览页面，可以看到通过 CSS 样式控制图像域的位置，如图 8-50 所示。

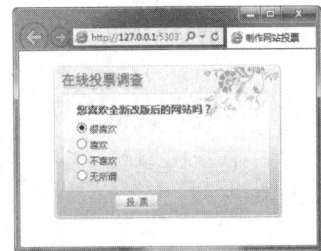

```
#btn {
    margin-left: 50px;
    margin-top: 13px;
    margin-right: 10px;
}
```

图 8-49　　　　　　　　　　　图 8-50

**08** 返回网页的 HTML 代码中，在图像域标签之后插入图像，如图 8-51 所示。完成网站投票的制作，保存该页面，在浏览器中预览页面，可以看到页面的效果，在同一组单选按钮中只能选择其中的某一个选项，如图 8-52 所示。

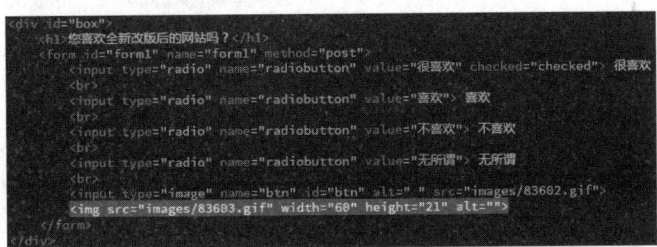

图 8-51　　　　　　　　　　　图 8-52

### 8.3.7　文件域——file 类型

文件域可以让用户在域的内部填写自己硬盘中的文件路径，然后通过表单进行上传，这是文件域的基本功能。文件域由一个文本框和一个"浏览"按钮组成，访问者可以通过表单的文件域来上传指定的文件，访问者既可以在文件域的文本框中输入一个文件的路径，也可以单击文件域的"浏览"按钮来选择一个文件，当访问者提交表单时，这个文件将被上传。

插入文件域的基本语法如下。

```
<input type="file" name="fileField">
```

文件域的 type 类型为 file，name 属性是用于设置文件域的名称，默认为 fileField。

例如下面的 HTML 网页代码，在页面中插入一个文件域。

```
...
<body>
<form>
  上传图片：<input type="file" name="fileField">
</form>
</body>
...
```

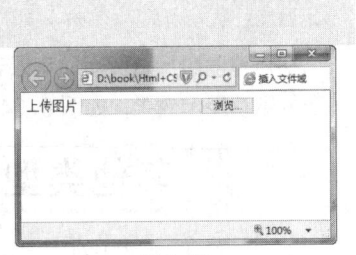

在浏览器中预览页面，可以看到在网页中文件域的默认显示效果，如图 8-53 所示。

图 8-53

### 8.3.8 普通按钮——button 类型

按钮的作用是当用户单击后，执行一定的任务。常见的有提交表单、重置表单等。浏览者在网上申请 E-mail 时，经常会见到这种情况。

插入按钮的基本语法如下。

```
<input type="button" value=" 按钮名称 ">
```

type 类型为 button，表示指定单击该按钮时要执行的操作。例如，添加一个 JavaScript 脚本，使当浏览者单击该按钮时打开另一个页面。value 属性值是按钮上显示的文本。

例如下面的 HTML 网页代码，在页面中插入一个按钮。

```
...
<body>
<form>
  <input type="button" name="button" value=" 进入 ">
</form>
</body>
...
```

### 8.3.9 提交按钮——submit 类型

提交按钮即当浏览者单击该按钮时，可以提交所属表单中的数据内容。

插入提交按钮的基本语法如下。

```
<input type="submit" value=" 按钮名称 ">
```

type 类型为 submit，表示单击该按钮将提交表单数据内容至表单域 "动作" 属性中指定的页面或脚本。

### 8.3.10 重置按钮——reset 类型

重置按钮即当浏览者单击该按钮时，表单中所有表单元素将恢复初始值。

插入重置按钮的基本语法如下。

```
<input type="reset" value=" 按钮名称 ">
```

type 类型为 reset，表示单击该按钮将清除表单中的所有内容。

例如下面的 HTML 网页代码，在页面中插入 "提交" 和 "重置" 按钮。

```
...
<body>
<form id="form1" name="form1" method="post">
  用户名：<input type="text" name="name" id="name"><br> <br>
  密  码：<input type="password" name="password" id="password"><br><br>
  <input type="submit" name="button2" id="button2"value=" 提交 ">
  <input type="reset" name="button" id="button"
  value=" 重置 ">
</form>
</body>
...
```

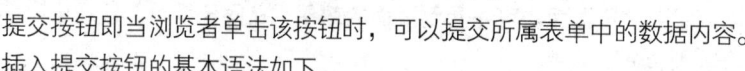

在浏览器中预览页面，可以看到在网页中 "提交" 和 "重置" 按钮的默认显示效果，如图 8-54 所示。

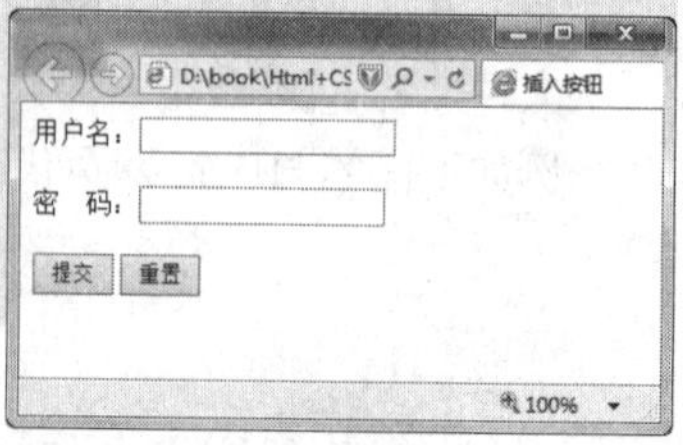

图 8-54

## 8.4 其他类型表单元素

前面已经介绍了 HTML 中的输入类型表单元素，这些输入类型的表单元素都是使用 <input> 标签，只不过 type 属性不同。本节将向读者介绍 HTML 代码中的其他表单标签，通过这些表单标签可以构成另一些表单元素。

## 8.4.1 文本区域——<textarea> 标签

如果用户需要输入大量的文本内容时，文本域显然无法完成，这时就需要用到文本区域。

插入文本区域的基本语法如下。

```
<textarea cols=" 行宽 " rows=" 行高 ">
// 文本区域中的默认内容
</textarea>
```

文本区域不是 <input> 标签，而是双标签 <textare></textarea>，<textarea> 与 </textarea> 之间的内容为初始文本内容。文本区域的常用属性有 cols( 列 ) 和 rows( 行 )，cols 属性用于设置文本区域的宽度，rows 属性用于设置文本域的具体行数。

例如下面的 HTML 网页代码，在页面中插入多行文本。

```
...
<body>
<form id="form1" name="form1" method="post">
  <textarea name="textarea" id="textarea" cols="60" rows="5">
```

漫画作为绘画作品经历了一个发展过程，从最初作为少数人的兴趣爱好，在很多年前已成为人们的普遍读物，更是学生的最爱。漫画是一种艺术形式，是用简单而夸张的手法来描绘生活或时事的图画。一般运用变形、比拟、象征、暗示、影射的方法，构成幽默诙谐的画面或画面组，以取得讽刺或歌颂的效果。常采用夸张、比喻、象征等手法，讽刺、批评或歌颂某些人和事，具有较强的社会性。也有纯为娱乐的作品，娱乐性质的作品往往存在搞笑型和人物创造 ( 设计一个作者所虚拟的世界与规则 ) 两种。

```
</textarea>
</form>
</body>
...
```

在浏览器中预览页面，可以看到在网页中文本区域的默认显示效果，如图 8-55 所示。

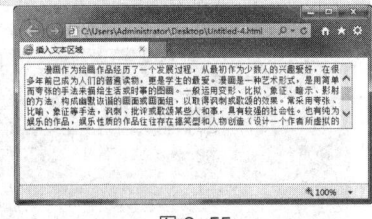

图 8-55

## 8.4.2 列表 / 菜单——<select> 标签

列表和菜单的功能与复选框和单选按钮的功能差不多，都可以列举出很多选项供浏览者选择，其最大的好处就是可以在有限的空间内为用户提供更多的选项，非常节省版面。其中列表提供一个滚动条，它使用户可以浏览许多项，并进行多重选择；下拉菜单默认仅显示一个项，该项为活动选项，用户可以单击打开菜单，但只能选择其中一项。

插入列表 / 菜单的基本语法如下。

```
<select>
<option> 列表值 </option>
</select>
```

网页的表单提供了下拉列表控件，其标签 <select></select>，且其子项 <option></option> 为数据选项。<select> 和 </select> 标签如果添加 multiple 属性，下拉列表即呈现出菜单控件。无论是下拉列表还是菜单，数据选项 <option></option> 的 select 属性可指示初始值。

例如下面的 HTML 网页代码，在页面中插入列表和菜单。

```
...
<body>
<form id="form1" name="form1" method="post">
<b> 插入菜单: </b><br>
<select multiple name="select" id="select">
    <option> 上海 </option>
    <option> 北京 </option>
    <option> 天津 </option>
  </select><br>
<hr>
 <b> 插入列表: </b><br>
 <select name="select1" id="select1">
 <option> 上海 </option>
 <option> 北京 </option>
 <option> 天津 </option>
 </select>
</form>
</body>
...
```

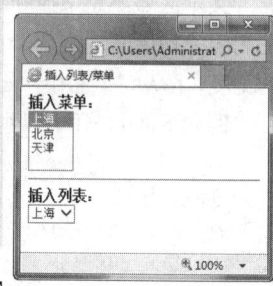

图 8-56

在浏览器中预览页面,可以看到在网页中列表和菜单的默认显示效果,如图 8-56 所示。

**实 战 制作网站搜索**

最终文件: 最终文件 \ 第 8 章 \8-4-2.html　　视频: 视频 \ 第 8 章 \8-4-2.mp4

01 执行"文件" > "打开"命令,打开页面"源文件 \ 第 8 章 \8-4-2.html",可以看到该页面的 HTML 代码,如图 8-57 所示。在浏览器中预览该页面,可以看到页面的背景效果,如图 8-58 所示。

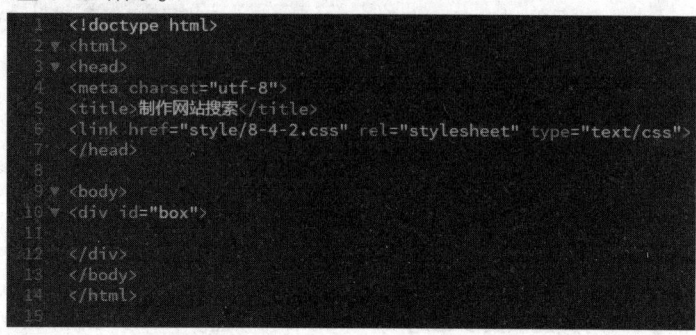

图 8-57

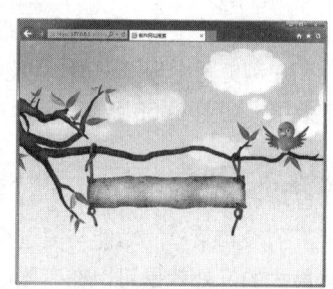

图 8-58

02 在 <div id="box"> 与 </div> 的标签之间输入表单域 <form> 标签和文字,如图 8-59 所示。切换到设计视图中,可以看到页面添加的表单域和文字效果,如图 8-60 所示。

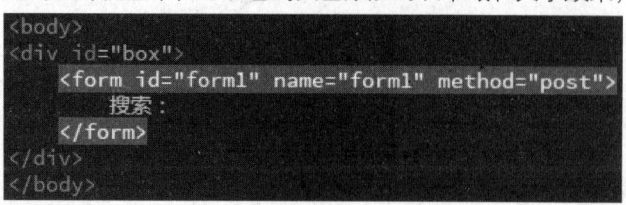

图 8-59

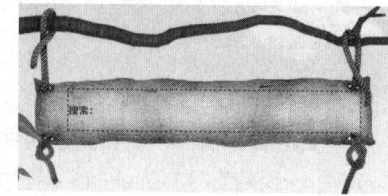

图 8-60

03 返回网页的 HTML 代码中,在 <form> 标签之间添加选择域 <select> 标签并添加相关选项,如图 8-61 所示。切换到设计视图中,可以看到页面中选择域的效果,如图 8-62 所示。

```
<div id="box">
    <form id="form1" name="form1" method="post">
        搜索：
        <select name="select01" id="select01">
            <option>新闻</option>
            <option>图片</option>
            <option>教程</option>
            <option>软件</option>
        </select>
    </form>
</div>
```

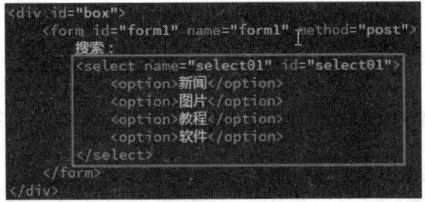

图 8-61

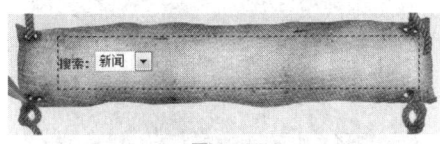

图 8-62

04 转换到该网页所链接的外部 CSS 样式表文件中，创建名为 #select01 的 CSS 样式，如图 8-63 所示。切换到设计视图中，可以看到通过 CSS 样式美化后的选择域效果，如图 8-64 所示。

```
#select01 {
    width: 70px;
    height: 18px;
    line-height: 18px;
    color: #030;
    border: solid 1px #999;
}
```

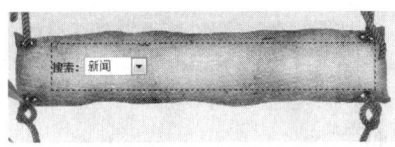

图 8-63

图 8-64

05 返回网页的 HTML 代码中，在选择域表单元素之后添加文本域代码，如图 8-65 所示。切换到设计视图中，可以看到网页中文本域的效果，如图 8-66 所示。

```
<div id="box">
    <form id="form1" name="form1" method="post">
        搜索：
        <select name="select01" id="select01">
            <option>新闻</option>
            <option>图片</option>
            <option>教程</option>
            <option>软件</option>
        </select>
        <input type="text" name="text" id="text">
    </form>
</div>
```

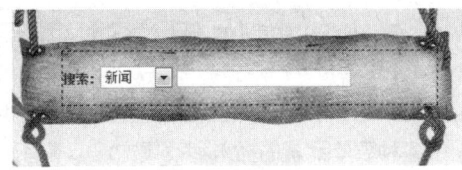

图 8-65

图 8-66

06 转换到外部 CSS 样式表文件中，创建名为 #text 的 CSS 样式，如图 8-67 所示。切换到设计视图中，可以看到通过 CSS 样式美化后的文本域效果，如图 8-68 所示。

```
#text {
    width: 160px;
    height: 18px;
    line-height: 18px;
    color: #030;
    border: solid 1px #999;
    margin-left: 10px;
}
```

图 8-67

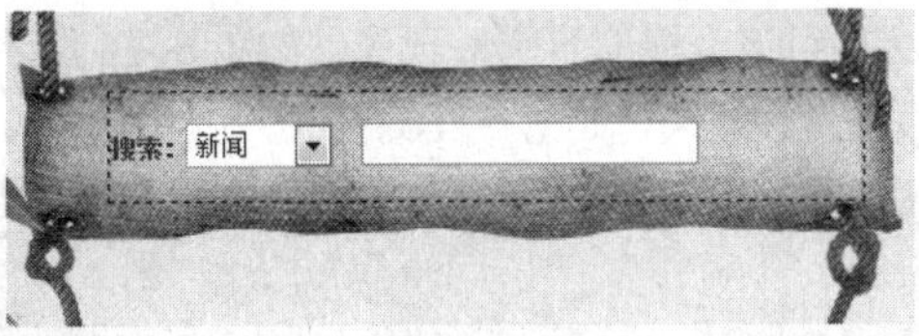

图 8-68

07 返回网页的 HTML 代码中，在文本域表单元素之后添加提交按钮代码，如图 8-69 所示。切换到设计视图中，可以看到提交按钮的默认效果，如图 8-70 所示。

```
<div id="box">
    <form id="form1" name="form1" method="post">
        搜索：
        <select name="select01" id="select01">
            <option>新闻</option>
            <option>图片</option>
            <option>教程</option>
            <option>软件</option>
        </select>
        <input type="text" name="text" id="text">
        <input type="submit" name="button" id="button" value="搜索">
    </form>
</div>
```

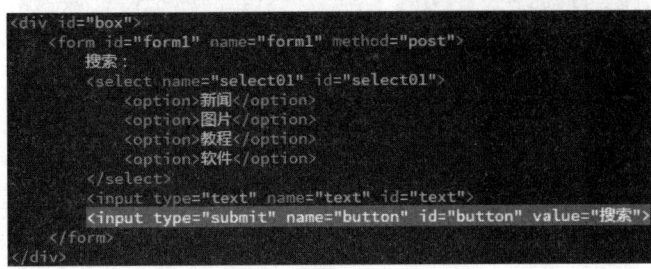

图 8-69

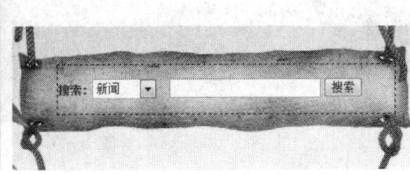

图 8-70

08 转换到外部 CSS 样式表文件中，创建名为 #button 的 CSS 样式，如图 8-71 所示。返回设计视图中，可以看到通过 CSS 样式美化后的提交按钮效果，如图 8-72 所示。

```
#button {
    width: 50px;
    height: 22px;
    line-height: 22px;
    color: #900;
    background-color: #F4F4F4;
    border: solid 1px #999;
    margin-left: 10px;
}
```

图 8-71

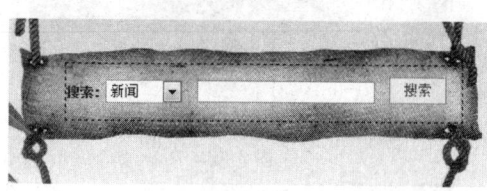

图 8-72

**09** 完成网站搜索的制作，保存该页面，在浏览器中预览页面，可以看到页面中搜索表单的效果，如图 8-73 所示。

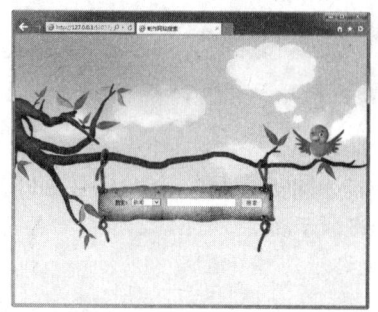

图 8-73

> **提示**
>
> 　　对表单而言，按钮是非常重要的，其能够控制对表单内容的操作，如"提交"或"重置"。如果要将表单内容发送到服务器上，可使用"提交"按钮；如果要清除现有的表单内容，可使用"重置"按钮。如果需要修改按钮上的文字，在按钮的 <input> 标签中修改 value 属性值。

## 8.5　制作用户注册页面

　　登录窗口和注册页面是在网站中最常见到的表单应用，在本章前面的内容中已经介绍了 HTML 页面中各种表单元素的插入和设置方法，下面通过一个注册页面的制作，讲解各种表单元素的具体应用。

**实战　用户注册页面**

最终文件：最终文件 \ 第 8 章 \8-5.html　　　视频：视频 \ 第 8 章 \8-5.mp4

**01** 执行"文件" > "打开"命令，打开页面"源文件 \ 第 8 章 \8-5.html"，可以看到该页面的 HTML 代码，如图 8-74 所示。在浏览器中预览该页面，可以看到页面背景效果，如图 8-75 所示。

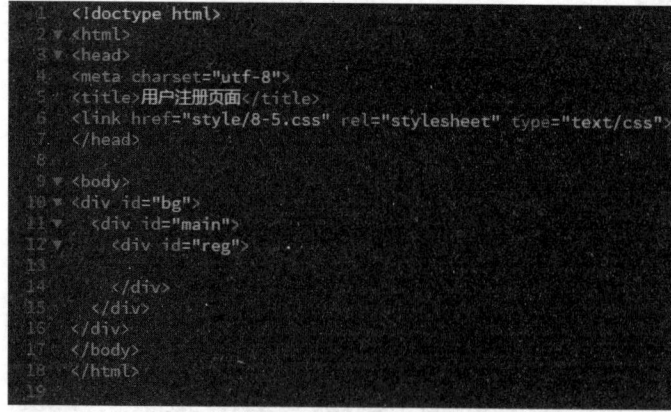

图 8-74

图 8-75

**02** 返回网页的 HTML 代码中，在 <div id="reg"> 与 </div> 的标签之间输入表单域 <form> 标签，并且在 <form> 标签之间输入标题文字，如图 8-76 所示。切换到设计视图中，可以看到所添加的表单域和标签文字的效果，如图 8-77 所示。

```
<div id="bg">
  <div id="main">
    <div id="reg">
      <form id="form1" name="form1" method="post">
        <h1>新用户注册</h1>
      </form>
    </div>
  </div>
</div>
```

图 8-76

图 8-77

**03** 转换到该网页所链接的外部 CSS 样式表文件中，创建名为 #reg h1 的 CSS 样式，如图 8-78 所示。切换到设计视图中，可以看到表单中标题文字效果，如图 8-79 所示。

```
#reg h1 {
  width: 100%;
  font-size: 18px;
  font-weight: bold;
  line-height: 40px;
  text-align: center;
  border-bottom: dashed 1px #FFF;
}
```

图 8-78

图 8-79

**04** 返回网页的 HTML 代码中，输入 <span> 标签，在该标签中输入相应文字和文本域代码，如图 8-80 所示。切换到设计视图中，可以看到所插入的文本域的效果，如图 8-81 所示。

```
<div id="reg">
<form id="form1" name="form1" method="post">
  <h1>新用户注册</h1>
  <span>用户名：<input type="text" name="uname" id="uname"></span>
</form>
</div>
```

图 8-80

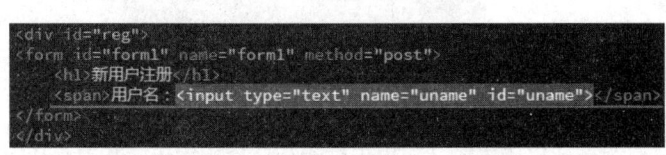

图 8-81

**05** 转换到外部 CSS 样式表文件中，创建名为 #reg span 的 CSS 样式和名为 .input01 的类 CSS 样式，如图 8-82 所示。返回网页的 HTML 代码中，在文本域的 <input> 标签中添加 class 属性应用刚创建的名为 .input01 的类 CSS 样式，如图 8-83 所示。

```
#reg span {
  width: 335px;
  padding: 0px 10px;
  float: left;
}
.input01 {
  width: 260px;
  height: 30px;
  background-color: rgba(255,255,255,0.2);
  border: solid 1px rgba(255,255,255,0.3);
  margin: 10px 0px;
  color: #FFF;
  padding: 0px 5px;
}
```

图 8-82

```
<div id="reg">
<form id="form1" name="form1" method="post">
  <h1>新用户注册</h1>
  <span>用户名：<input type="text" name="uname" id="uname"
  class="input01"></span>
</form>
</div>
```

图 8-83

**06** 返回设计视图中，可以看到文本域的效果，如图 8-84 所示。返回网页的 HTML 代码中，在文本域之后添加相关标签和密码域代码，并为密码域应用名为 .input01 的类 CSS 样式，如图 8-85 所示。

图 8-84

```
<div id="reg">
<form id="form1" name="form1" method="post">
  <h1>新用户注册</h1>
  <span>用户名：<input type="text" name="uname" id="uname"
  class="input01"></span>
  <span>密  码：<input type="password" name="upass" id="upass"
  class="input01"></span>
</form>
</div>
```

图 8-85

**07** 切换到设计视图中，可以看到密码域的效果，如图 8-86 所示。返回网页的 HTML 代码中，在密码域之后添加相关标签和单选按钮表单元素代码，如图 8-87 所示。

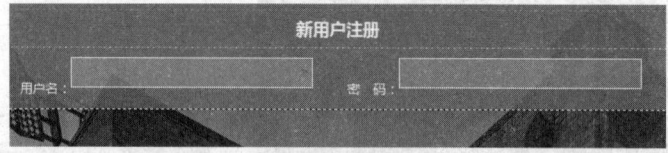

图 8-86

```
<div id="reg">
<form id="form1" name="form1" method="post">
    <h1>新用户注册</h1>
    <span>用户名:<input type="text" name="uname" id="uname" class="input01"></span>
    <span>密  码:<input type="password" name="upass" id="upass" class="input01"></span>
    <span>性 别:<input type="radio" name="Radio1" id="Radio1" value="man">男
    <input type="radio" name="Radio1" id="Radio2" value="woman">女</span>
</form>
</div>
```

图 8-87

**08** 转换到外部 CSS 样式表文件中，创建名为 #Radio1 的 CSS 样式，如图 8-88 所示。切换到设计视图中，可以看到刚插入的单项按钮的效果，如图 8-89 所示。

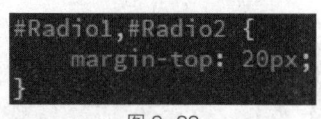

图 8-88

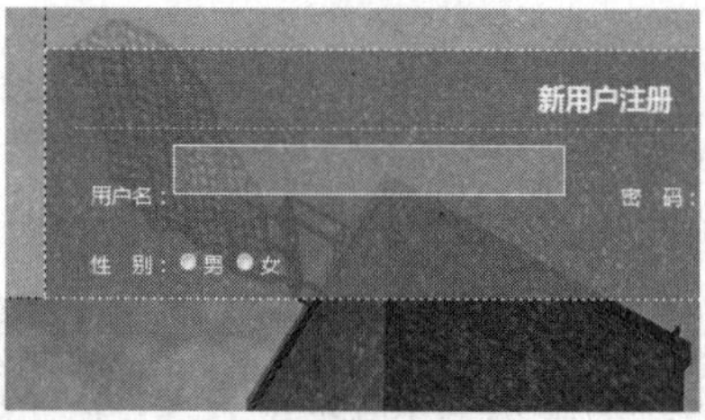

图 8-89

**09** 返回网页的 HTML 代码中，在单选按钮代码之后添加相关标签和选择域代码，并为选择域添加相应的选项，如图 8-90 所示。转换到外部 CSS 样式表文件中，创建名为 .input02 的类 CSS 样式，如图 8-91 所示。

图 8-90

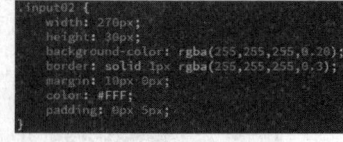

图 8-91

**10** 返回网页的 HTML 代码中，在 <select> 标签中添加 class 属性应用刚创建的名为 .input02 的类 CSS 样式，如图 8-92 所示。切换到设计视图中，可以看到刚插入的选择域的效果，如图 8-93 所示。

图 8-92

图 8-93

---

提示

为什么该表单元素叫"选择域"呢？因为它有两种可以选择的类型，分别为"列表"和"菜单"。"菜单"是浏览者单击时产生展开效果的下拉菜单；"列表"则显示为一个列有项目的可滚动列表，使浏览者可以从该列表中选择项目。

11 返回网页的 HTML 代码中，在选择域代码之后添加文本区域代码，如图 8-94 所示。转换到外部 CSS 样式表文件中，创建名为 #textarea 的 CSS 样式，如图 8-95 所示。

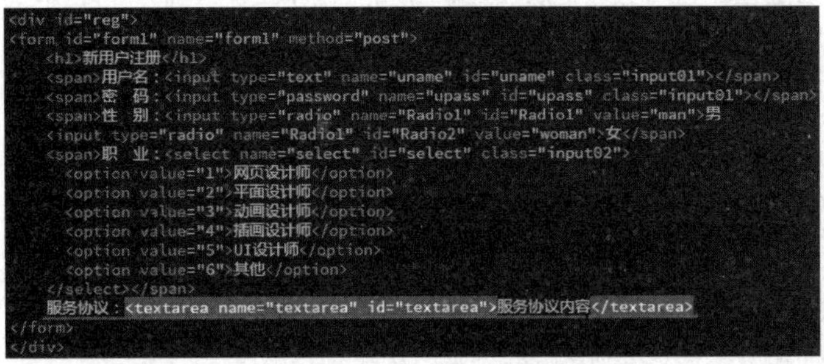

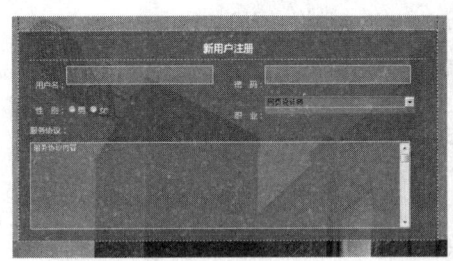
图 8-94

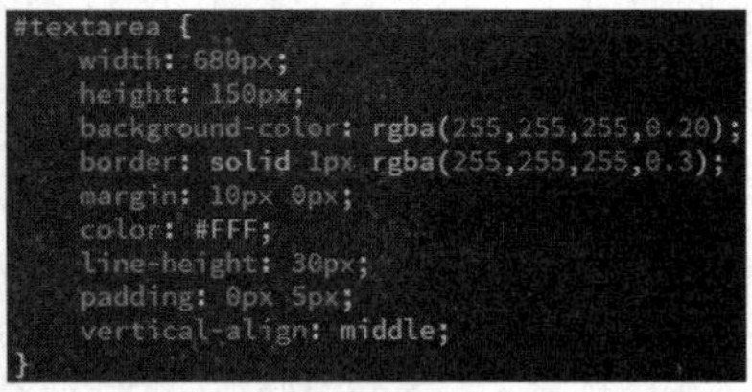

图 8-95

12 切换到设计视图中，可以看到插入的文本区域效果，如图 8-96 所示。返回 HTML 代码中，在文本区域之后输入换行符标签并输入复选框和提交按钮代码，如图 8-97 所示。

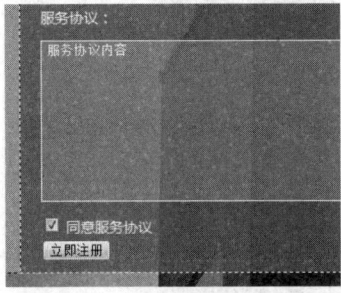
图 8-96

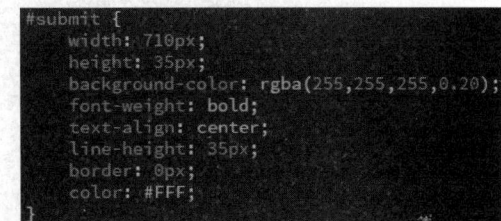
图 8-97

13 切换到设计视图中，可以看到插入的复选框和提交按钮的效果，如图 8-98 所示。转换到 CSS 样式表文件中，创建名为 #submit 的 CSS 样式，如图 8-99 所示。

图 8-98

图 8-99

14 切换到设计视图中，可以看到使用 CSS 样式美化后的提交按钮效果，如图 8-100 所示。

图 8-100

15 完成该用户注册页面的制作，完整的表单代码如下。

```
<body>
<div id="bg">
   <div id="main">
     <div id="reg">
       <form id="form1" name="form1" method="post">
         <h1>新用户注册</h1>
          <span>用户名：<input type="text" name="uname" id="uname" class="input01"></span>
          <span>密　码：<input type="password" name="upass" id="upass" class="input01"></span>
          <span>性　别：<input type="radio" name="Radio1" id="Radio1" value="man"> 男
                <input type="radio" name="Radio1" id="Radio1" value="woman"> 女
          </span>
          <span>职　业：<select name="select" id="select" class="input02">
            <option value="1">网页设计师</option>
            <option value="2">平面设计师</option>
            <option value="3">动画设计师</option>
            <option value="4">插画设计师</option>
            <option value="5">UI 设计师</option>
            <option value="6">其他</option>
          </select>
          </span>
          服务协议：<textarea name="textarea" id="textarea">服务协议内容</textarea><br>
          <input type="checkbox" name="check1" id="check1" checked> 同意服务协议 <br>
          <input type="submit" name="submit" id="submit" value="立即注册">
       </form>
     </div>
   </div>
</div>
</body>
```

16 保存页面，并保存外部 CSS 样式表文件，在浏览器中预览页面，可以看到该注册表单页面的效果，如图 8-101 所示。

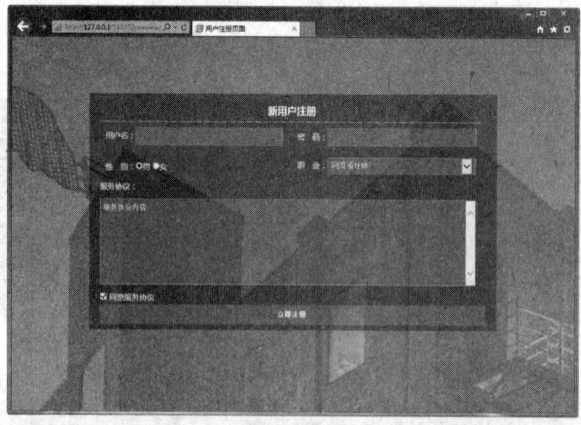

图 8-101

# 第 9 章    表格与 Div

随着网络技术的发展，表格布局已经逐渐被 CSS 布局所取代，但表格在网页中依然起到很重要的作用，主要表现为处理表格式数据。本章重点介绍 HTML 中表格的创建和使用方法，以及表格和单元格属性的设置，并且还介绍了 IFrame 框架和 Div 的相关知识。

**本章知识点：**
- ➢ 掌握在网页中创建表格的方法
- ➢ 了解表格结构标签
- ➢ 掌握表格属性设置
- ➢ 掌握单元行和单元格属性设置
- ➢ 掌握 IFrame 框架属性的设置
- ➢ 掌握在网页中插入 Div 的方法

## 9.1    了解表格

表格 <table> 标签是网页的重要元素，在 CSS 布局方式被广泛运用之前，表格布局在很长一段时间里都是最重要的页面布局方式。在使用 CSS 布局中，也并不是完全不可以使用表格，而是将表格回归它本身的作用，用于显示表格式数据。

表格可以把网页分成多个任意的矩形区域，定义一个表格时，使用成对的 <table></table> 标签就可以完成。网页制作者可以将任何网页元素放入 HTML 的表格单元格中。

常用的表格相关标签如表 9-1 所示。

表 9-1    常用表格标签

| 标签 | 说明 |
| --- | --- |
| <table></table> | 表格标签，用于组表格 |
| <tr></tr> | 表格行标签 |
| <td></td> | 单元格标签 |
| <th></th> | 表格头标签 |
| <caption></caption> | 表格标题标签 |

## 9.2    创建表格

在网页中插入表格的方法非常简单，只需使用 <table> 与 </table> 标签就可以完成表格的创建。了解了表格的相关标签，本节将介绍如何在网页中插入表格及表格相关元素。

### 9.2.1    表格——<table> 标签

表格由行、列和单元格三部分组成，一般通过 3 个标签来创建，分别是表格标签 <table>、单元行标签 <tr> 和单元格标签 <td>。表格的各种属性都要在表格的开始标签 <table> 和表格的结束标签

</table> 之间才会有效。

🔽 行：表格中的水平间隔。

🔽 列：表格中的垂直间隔。

🔽 单元格：表格中行与列相交所产生的区域。

在网页中插入表格的基本语法如下。

```
<table>
    <tr>
    <td> 单元格中内容 </td>
    <td> 单元格中内容 </td>
    </tr>
    <tr>
    <td> 单元格中内容 </td>
    <td> 单元格中内容 </td>
    </tr>
</table>
```

<table> 和 </table> 标签分别表示表格的开始和结束，而 <tr> 和 </tr> 标签则分别表示表格行的开始和结束，在表格中包含几组 <tr></tr> 就表示该表格为几行，<td> 和 </td> 标签表示单元格的起始和结束。

例如下面的 HTML 网页代码。

```
...
<body>
<table>
    <tr>
        <td> 李某某 </td>
        <td> 男 </td>
        <td>28 岁 </td>
    </tr>
    <tr>
        <td> 张某某 </td>
        <td> 男 </td>
        <td>25 岁 </td>
    </tr>
    <tr>
        <td> 王某某 </td>
        <td> 女 </td>
        <td>26 岁 </td>
    </tr>
</table>
</body>
...
```

保存 HTML 页面，在浏览器中预览该页面，可以看到网页中表格的效果，默认表格无边框，如图 9-1 所示。

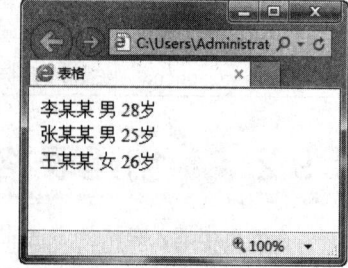

图 9-1

## 9.2.2 表格标题——<caption> 标签

<caption> 标签可以为表格提供一个简短的说明，和图像的说明比较类似。默认情况下，大部分可视化浏览器在表格的上方水平居中位置显示表格标题。

表格标题的基本语法如下。

```
<caption> 表格的标题内容 </caption>
```

例如下面的 HTML 网页代码。

```
…
<body>
<table>
<caption> 学生信息 </caption>
        <tr>
            <td> 李某某 </td>
            <td> 男 </td>
            <td>28 岁 </td>
            <td> 计算机应用 </td>
        </tr>
        <tr>
            <td> 张某某 </td>
            <td> 男 </td>
            <td>25 岁 </td>
            <td> 电子商务 </td>
        </tr>
        <tr>
            <td> 王某某 </td>
            <td> 女 </td>
            <td>26 岁 </td>
            <td> 平面设计 </td>
    </tr>
</table>
</body>
…
```

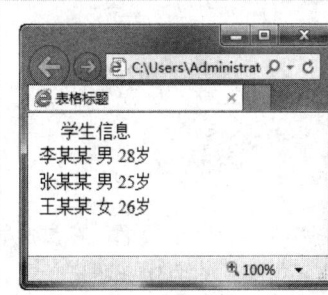

图 9-2

保存 HTML 页面，在浏览器中预览该页面，可以看到为表格添加的表格标题效果，如图 9-2 所示。

> **技巧**
>
> 使用 <caption> 标签创建表格标题的好处是标题定义包含在表格内，如果表格移动或在 HTML 文档中重定位，表格标题会随着表格相应地移动。

## 9.2.3 表头——<th> 标签

表头是表格的第一行或第一列等对表格内容的说明。文字样式居中、加粗显示，通过 <th> 标签实现。

表头的基本语法如下。

```
<table>
  <tr>
    <th>...</th>
    …
  </tr>
</table>
```

<th> 标签表示表头，包含在 <tr> 标签中。在表格中，只需要把 <td> 标签改为 <th> 标签就可以实现表格的表头。

例如下面的 HTML 网页代码。

```
...
<body>
<table>
<caption> 学生信息 </caption>
    <tr>
        <td> 李某某 </td>
        <td> 男 </td>
        <td>28 岁 </td>
        <td> 计算机应用 </td>
    </tr>
    <tr>
        <td> 张某某 </td>
        <td> 男 </td>
        <td>25 岁 </td>
        <td> 电子商务 </td>
    </tr>
    <tr>
        <td> 王某某 </td>
        <td> 女 </td>
        <td>26 岁 </td>
        <td> 平面设计 </td>
    </tr>
</table>
</body>
...
```

图 9-3

保存 HTML 页面，在浏览器中预览该页面，可以看到为表格添加的表头效果，如图 9-3 所示。

**实战 创建学习安排表**

最终文件：最终文件 \ 第 9 章 \9-2-3.html　　视频：视频 \ 第 9 章 \9-2-3.mp4

01 执行"文件" > "新建"命令，弹出"新建文档"对话框，选择 HTML 选项，单击"创建"按钮，新建 HTML5 文档，如图 9-4 所示，将该页面保存为"源文件 \ 第 9 章 \ 9-2-3.html"。在 <title> 与 </title> 标签之间输入网页的标题，如图 9-5 所示。

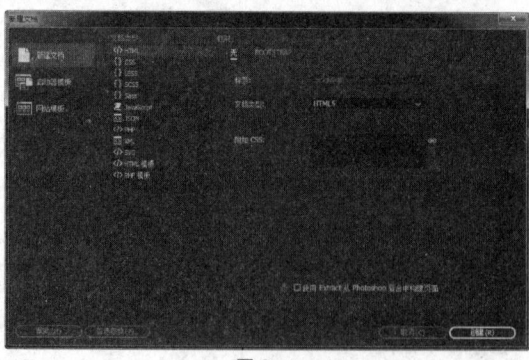

图 9-4

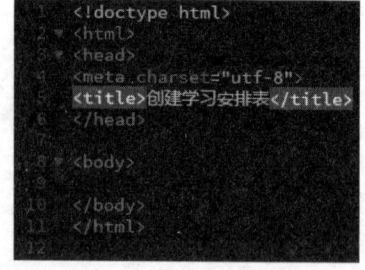

图 9-5

02 在 <body> 与 </body> 标签之间输入组成表格的相关标签和代码，如图 9-6 所示。在表格的第一个单元行 <tr> 标签上方添加 <caption> 标签，设置表格标题，如图 9-7 所示。

03 保存页面，在浏览器中预览页面，可以看到网页中表格的效果，如图 9-8 所示。返回网页的 HTML 代码中，将第一行单元格的 <td> 标签修改为表头 <th> 标签，如图 9-9 所示。

04 使用相同的制作方法，将其余单元行中第一列单元格标签修改为表头 <th> 标签，如

图 9-10 所示。保存页面，在浏览器中预览页面，可以看到表格的效果，如图 9-11 所示。

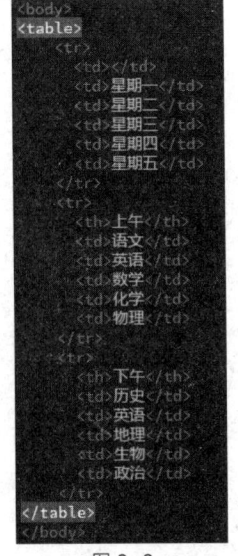

图 9-6

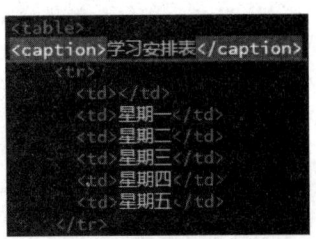

图 9-7

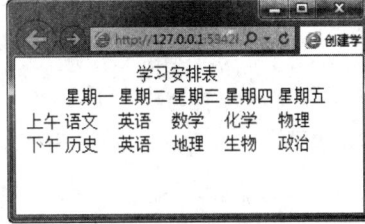

图 9-8

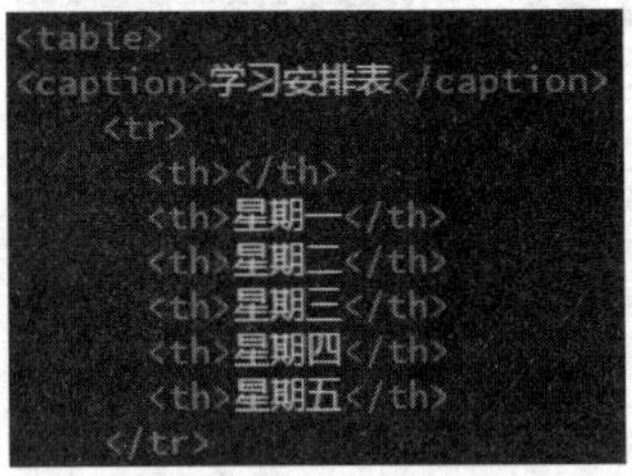

图 9-9

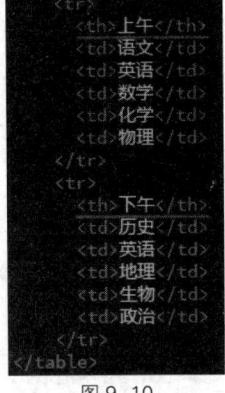

图 9-10

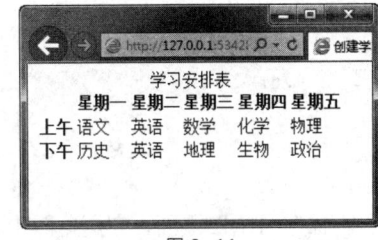

图 9-11

# 9.3　表格结构标签

为了在 HTML 代码中清楚地区分表格结构，HTML 语言中规定 <thead>、<tbody> 和 <tfoot>3 个标签，分别对应于表格的表头、表主体和表尾。

## 9.3.1　表格头部——<thead> 标签

表格头部的开始标签是 <thead>，结束标签是 </thead>。它们用于定义表格最上端表头的样式，可以设置背景色、文字对齐方式和文字垂直对齐方式等。

表格头部的基本语法如下。

```
<thead>
...
</thead>
```

在一个表格中只能出现一个 <thead> 标签，在 <thead> 与 </thead> 标签之间还可以包含 <td>、<th> 和 <tr> 标签。

例如下面的 HTML 网页代码。

```
...
<body>
<table>
<caption> 学生信息 </caption>
  <tr>
    <th> 姓名 </th>
    <th> 性别 </th>
    <th> 年龄 </th>
    <th> 专业 </th>
  </tr>
  <tr>
    <td> 李某某 </td>
    <td> 男 </td>
    <td>28 岁 </td>
    <td> 计算机应用 </td>
  </tr>
  <tr>
    <td> 张某某 </td>
    <td> 男 </td>
    <td>25 岁 </td>
    <td> 电子商务 </td>
  </tr>
  <tr>
    <td> 王某某 </td>
    <td> 女 </td>
    <td>26 岁 </td>
    <td> 平面设计 </td>
  </tr>
</table>
</body>
...
```

保存 HTML 页面，在浏览器中预览该页面，可以看到表格头部显示为橙色的背景色效果，如图 9-12 所示。

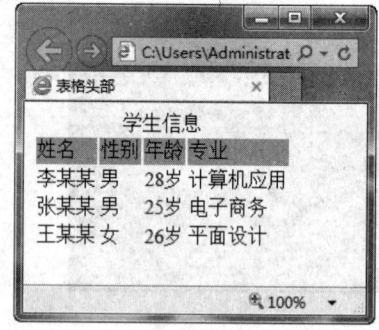

图 9-12

## 9.3.2 表格主体——<tbody> 标签

与表格头部的标签功能类似，表格主体用于统一设计表格主体部分的样式，表格主体的标签为 <tbody>。

表格主体的基本语法如下。

```
...
<body>
<table>
<caption> 学生信息 </caption>
  <thead bgcolor="#FF9900">
  <tr>
    <td> 姓名 </td>
    <td> 性别 </td>
    <td> 年龄 </td>
    <td> 专业 </td>
  </tr>
  </thead>
```

```
    <tr>
        <td> 李某某 </td>
        <td> 男 </td>
        <td>28 岁 </td>
        <td> 计算机应用 </td>
    </tr>
    <tr>
        <td> 张某某 </td>
        <td> 男 </td>
        <td>25 岁 </td>
        <td> 电子商务 </td>
    </tr>
    <tr>
        <td> 王某某 </td>
        <td> 女 </td>
        <td>26 岁 </td>
        <td> 平面设计 </td>
    </tr>
</table>
</body>
...
```

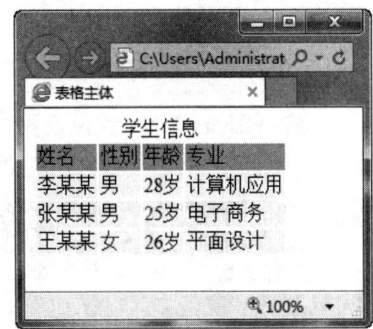

图 9-13

保存 HTML 页面，在浏览器中进行预览，可以看到表格主体部分显示为浅黄色的背景色效果，如图 9-13 所示。

### 9.3.3  表格尾部——<tfoot> 标签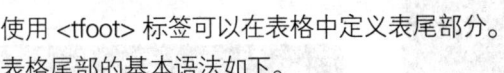

使用 <tfoot> 标签可以在表格中定义表尾部分。

表格尾部的基本语法如下。

```
<tfoot>
...
</tfoot>
```

在一个表格中只能出现一个 <tbody> 标签。

例如下面的 HTML 网页代码。

```
...
<body>
<table>
<caption> 学生信息 </caption>
    <thead bgcolor="#FF9900">
    <tr>
        <td> 姓名 </td>
        <td> 性别 </td>
        <td> 年龄 </td>
        <td> 专业 </td>
    </tr>
    </thead>
    <tbody bgcolor="#FFFFCC">
    <tr>
        <td> 李某某 </td>
        <td> 男 </td>
        <td>28 岁 </td>
        <td> 计算机应用 </td>
```

```
  <tr>
    <td> 张某某 </td>
    <td> 男 </td>
    <td>25 岁 </td>
    <td> 电子商务 </td>
  </tr>
  <tr>
    <td> 王某某 </td>
    <td> 女 </td>
    <td>26 岁 </td>
    <td> 平面设计 </td>
  </tr>
  </tbody>
</table>
</body>
```

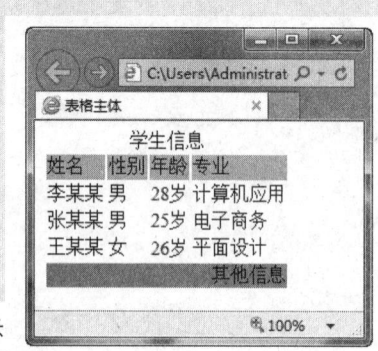
图 9-14

保存 HTML 页面，在浏览器中预览，可以看到表格尾部显示为蓝色背景色并且水平右对齐，如图 9-14 所示。

**实战 制作学生成绩数据表**

最终文件：最终文件 \ 第 9 章 \9-3-3.html　　视频：视频 \ 第 9 章 \9-3-3.mp4

**01** 执行 "文件" > "新建" 命令，弹出 "新建文档" 对话框，选择 HTML 选项，单击 "创建" 按钮，新建 HTML5 文档，如图 9-15 所示，将该页面保存为 "源文件 \ 第 9 章 \9-3-3.html"，在 <title> 与 </title> 标签之间输入网页标题，如图 9-16 所示。

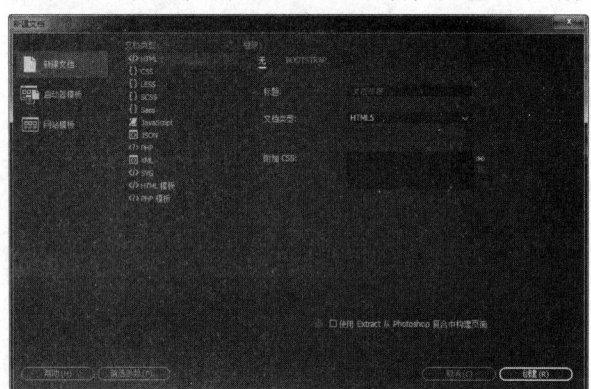
图 9-15

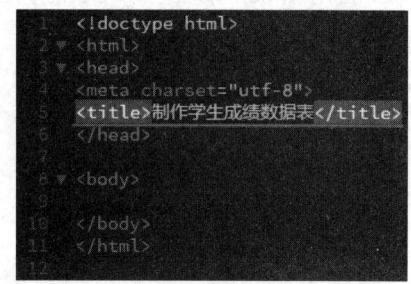
图 9-16

**02** 在 <body> 与 </body> 标签之间添加表格标签并且添加 <thead> 标签，对表头进行制作，如图 9-17 所示。完成表头的制作，在表头结束标签 </thead> 之后输入表格主体标签 <tbody>，对表格主体部分进行制作，如图 9-18 所示。

图 9-17

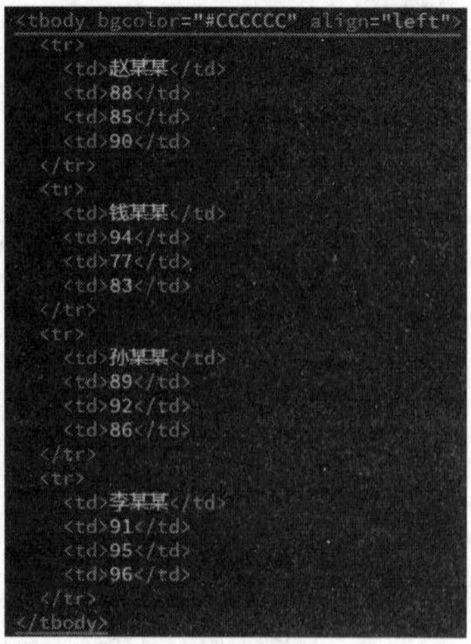

图 9-18

> **提示**
>
> 在 <thead> 标签中添加 bgcolor 属性设置表格头部的背景颜色，添加 align 属性设置，设置该属性值为 center，表示表格头部内容的水平对齐方式为居中对齐。在 <tbody> 标签中添加 bgcolor 属性设置表格主体的背景颜色，添加 align 属性设置，设置该属性值为 left，表示表格主体内容的水平对齐方式为左对齐。

**03** 完成表主题的制作，在表格主体结束标签 </tbody> 之后输入表尾标签 <tfoot>，对表尾部分进行制作，如图 9-19 所示。完成页面中表格的制作，保存页面，在浏览器中预览页面，可以看到网页中的表格效果，如图 9-20 所示。

图 9-19

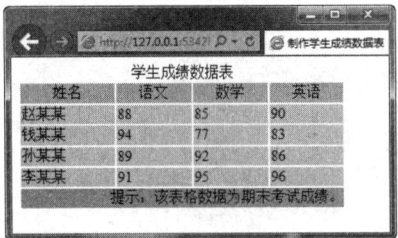

图 9-20

> **提示**
>
> <tfoot> 标签中只包含一个单元格，在该单元格 <td> 标签中添加 colspan 属性，该属性用于设置合并单元格的数量。

> **技巧**
>
> 一个标准的数据表格应包括标题、表头、表主体和表尾。标题说明这个表格是什么内容的数据；表头可以包含多个表头，<th> 和 </th> 标签用来说明每列数据的共性，比如，天气报表中的天气；表格主体是表格的重点，包含具体的数据，并往往以多行多列的形式表现出来；表尾一般对表格内容进行注解。

# 9.4　设置表格属性

表格是网页制作过程中最重要的元素，制作网页的过程中常常需要对表格属性进行设置，对表格的设置实际上是对 <table> 标签属性的设置。

## 9.4.1　表格宽度与高度——width 和 height 属性

width 属性用于设置表格的宽度，height 属性用于设置表格的高度，以像素或百分比为单位。设置表格宽度和高度的基本语法如下。

```
<table width=" 表格宽度 " height=" 表格高度 ">
...
</table>
```

表格高度和宽度值可以是像素，也可以是百分比，如果不指定表格的宽度，则默认宽度自适应表格中的内容。

例如下面的 HTML 网页代码。

```
...
<body>
<table width="400" height="150">
<caption> 学生信息 </caption>
    <thead bgcolor="#FF9900">
```

```
  <tr>
    <td>姓名 </td>
    <td>性别 </td>
    <td>年龄 </td>
    <td>专业 </td>
  </tr>
  </thead>
  <tbody bgcolor="#FFFFCC">
  <tr>
    <td>李某某 </td>
    <td>男 </td>
    <td>28 岁 </td>
    <td>计算机应用 </td>
  </tr>
  <tr>
    <td>张某某 </td>
    <td>男 </td>
    <td>25 岁 </td>
    <td>电子商务 </td>
  </tr>
  </tbody>
  <tfoot>
  <tr align="right" bgcolor="#6699FF">
    <td colspan="4">其他信息添加中 </td>
  </tr>
  </tfoot>
</table>
</body>
...
```

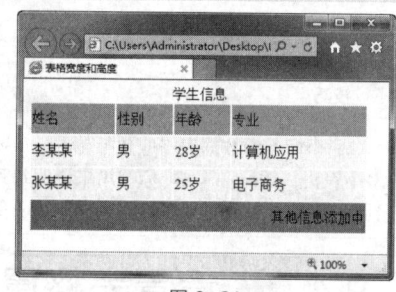

图 9-21

保存 HTML 页面，在浏览器中预览该页面，可以看到设置了表格宽度和高度的效果，如图 9-21 所示。

**提示**

在为表格设置宽度和高度时，如果不设置宽度和高度值的单位，默认单位为像素。如果需要使用百分比值来设置宽度和高度，则必须加上百分比值单位。如果将表格中的宽度值设置为固定的像素数，那么当浏览器大小变化时，表格不会随之发生变化。

## 9.4.2 表格对齐方式——align 属性

可以在 <table> 标签中添加 align 属性来设置表格的对齐方式。

设置表格对齐方式的基本语法格式如下。

```
<table align=" 对齐方式 ">
...
</table>
```

align 属性有 3 个属性值，分别是 left、center 和 right，如表 9-2 所示。

表 9-2  <table> 标签中的 align 属性值说明

| 属性值 | 说明 |
|---|---|
| left | 如果设置 align 属性值为 left，则整个表格在网页中左对齐 |
| center | 如果设置 align 属性值为 center，则整个表格在网页中居中对齐 |
| right | 如果设置 align 属性值为 right，则整个表格在网页中右对齐 |

例如下面的 HTML 网页代码。

```
...
<body>
<table width="400" height="150" align="center">
<caption> 学生信息 </caption>
  <thead bgcolor="#FF9900">
  <tr>
    <td> 姓名 </td>
    <td> 性别 </td>
    <td> 年龄 </td>
    <td> 专业 </td>
  </tr>
  </thead>
  <tbody bgcolor="#FFFFCC">
  <tr>
    <td> 李某某 </td>
    <td> 男 </td>
    <td>28 岁 </td>
    <td> 计算机应用 </td>
  </tr>
  <tr>
    <td> 张某某 </td>
    <td> 男 </td>
    <td>25 岁 </td>
    <td> 电子商务 </td>
  </tr>
  </tbody>
  <tfoot>
  <tr align="right" bgcolor="#6699FF">
    <td colspan="4"> 其他信息添加中 </td>
  </tr>
  </tfoot>
</table>
</body>
...
```

保存 HTML 页面,在浏览器中预览该页面,可以看到
表格在网页中居中显示的效果,如图 9-22 所示。

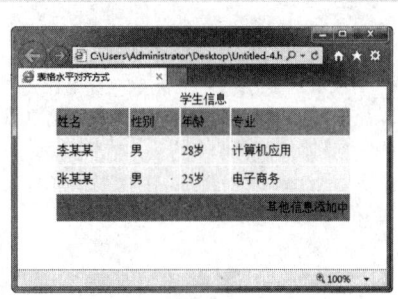

图 9-22

---

**技巧**

　　虽然整个表格在浏览器页面范围内居中对齐,但是表格中的单元格的对齐方式并不会因此而改变。如果要改变单元格的对齐方式,就需要在行、列和单元格内另行设置。

---

## 9.4.3　表格边框粗细——border 属性

　　可以通过在 <table> 标签中添加 border 属性,来实现为表格设置边框线及美化表格的目的。默认情况下,如果不设置 border 属性,表格的边框为 0,则浏览器将不显示表格边框。
　　设置表格边框的基本语法如下。

```
<table border=" 边框宽度 ">
...
</table>
```

通过 border 属性定义表格边框线的宽度，单位为像素。

例如下面的 HTML 网页代码。

```
...
<body>
<table width="400" height="150" align="center" border="3">
<caption> 学生信息 </caption>
  <thead bgcolor="#FF9900">
    <tr>
    <td> 姓名 </td>
    <td> 性别 </td>
    <td> 年龄 </td>
    <td> 专业 </td>
    </tr>
  </thead>
  <tbody bgcolor="#FFFFCC">
  <tr>
    <td> 李某某 </td>
    <td> 男 </td>
    <td>28 岁 </td>
    <td> 计算机应用 </td>
  </tr>
  <tr>
    <td> 张某某 </td>
    <td> 男 </td>
    <td>25 岁 </td>
    <td> 电子商务 </td>
  </tr>
  </tbody>
  <tfoot>
  <tr align="right" bgcolor="#6699FF">
    <td colspan="4"> 其他信息添加中 </td>
  </tr>
  </tfoot>
</table>
</body>
...
```

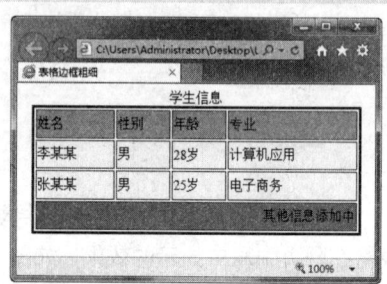

图 9-23

保存 HTML 页面，在浏览器中预览该页面，可以看到表格边框的效果，如图 9-23 所示。

提示

　　border 属性设置的表格边框只能影响表格四周的边框宽度，并不能影响单元格之间的边框尺寸，虽然边框宽度没有限制，但是一般边框宽度不应超过 5 个像素，过于宽大的边框会影响表格的整体美观。

## 9.4.4 表格边框颜色——bordercolor 属性

　　为了美化表格，可以为表格设置不同的边框颜色。默认情况下边框的颜色是黑色，可以使用 bordercolor 属性设置边框颜色。但是设置边框颜色的前提是边框的宽度不能为 0，否则无法显示出边框的颜色。

　　设置表格边框颜色的基本语法如下。

```
<table border=" 边框宽度 " bordercolor=" 边框颜色 ">
…
</table>
```

设置表格边框颜色时，可以使用英文颜色名称或十六进制颜色值。

例如下面的 HTML 网页代码。

```
…
<body>
<table width="400" height="150" align="center" border="3" bordercolor="#006699">
<caption> 学生信息 </caption>
  <thead bgcolor="#FF9900">
    <tr>
    <td> 姓名 </td>
    <td> 性别 </td>
    <td> 年龄 </td>
    <td> 专业 </td>
    </tr>
  </thead>
  <tbody bgcolor="#FFFFCC">
  <tr>
    <td> 李某某 </td>
    <td> 男 </td>
    <td>28 岁 </td>
    <td> 计算机应用 </td>
  </tr>
  <tr>
    <td> 张某某 </td>
    <td> 男 </td>
    <td>25 岁 </td>
    <td> 电子商务 </td>
  </tr>
  </tbody>
  <tfoot>
  <tr align="right" bgcolor="#6699FF">
    <td colspan="4"> 其他信息添加中 </td>
  </tr>
  </tfoot>
</table>
</body>
…
```

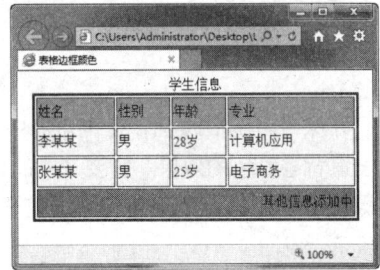

图 9-24

保存 HTML 页面，在浏览器中预览该页面，可以看到表格
边框颜色的效果，如图 9-24 所示。

## 9.4.5　表格背景颜色——bgcolor 属性

除了可以为表格设置以上的表格属性外，还可以为表格设置背景颜色，使表格更加美观。

设置表格背景颜色的基本语法如下。

```
<table bgcolor=" 背景颜色 ">
…
</table>
```

表格的 bgcolor 属性用于设置背景色，除了表格整体可以设置外，单元格也可以设置背景颜色，
并且优先于表格整体的背景显示。

例如下面的 HTML 网页代码。

```
...
<body>
<table width="400" height="150" align="center" border="3" bordercolor="#006699"
bgcolor="#CCFFFF">
    <caption>学生信息</caption>
    <thead bgcolor="#FF9900">
        <tr>
            <td>姓名</td>
            <td>性别</td>
            <td>年龄</td>
            <td>专业</td>
        </tr>
    </thead>
    <tbody>
        <tr>
            <td>李某某</td>
            <td>男</td>
            <td>28 岁</td>
            <td>计算机应用</td>
        </tr>
        <tr>
            <td>张某某</td>
            <td>男</td>
            <td>25 岁</td>
            <td>电子商务</td>
        </tr>
    </tbody>
    <tfoot>
        <tr align="right" bgcolor="#6699FF">
            <td colspan="4">其他信息添加中</td>
        </tr>
    </tfoot>
</table>
</body>
...
```

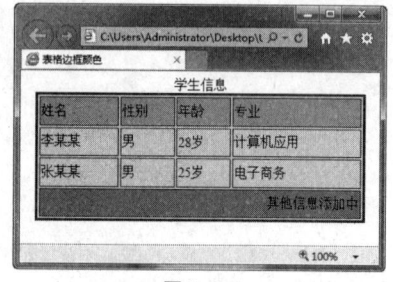

图 9-25

保存 HTML 页面,在浏览器中预览页面,可以看到为表格设置背景颜色的效果。需要注意的是,在 <thead>、<tfoot> 等标签中设置的背景颜色将会覆盖表格的背景颜色,如图 9-25 所示。

## 9.4.6 表格背景图像——background 属性

除了背景颜色之外,还可以在表格 <table> 标签中添加 background 属性,为表格设置背景图像,让表格更加绚丽多彩。

设置表格背景图像的基本语法如下。

```
<table background="背景图像的地址">
...
</table>
```

背景图像的地址可以设置为相对地址,也可以设置为绝对地址,所设置的背景图像在表格中将会进行平铺显示。

例如下面的 HTML 网页代码。

```
...
<body>
<table width="400" height="150" align="center" border="3" bordercolor="#006699"
background="bg.gif">
    <caption> 学生信息 </caption>
    <thead bgcolor="#FF9900">
      <tr>
      <td> 姓名 </td>
        <td> 性别 </td>
        <td> 年龄 </td>
        <td> 专业 </td>
      </tr>
    </thead>
    <tbody>
      <tr>
        <td> 李某某 </td>
        <td> 男 </td>
        <td>28 岁 </td>
        <td> 计算机应用 </td>
      </tr>
      <tr>
        <td> 张某某 </td>
        <td> 男 </td>
        <td>25 岁 </td>
        <td> 电子商务 </td>
      </tr>
    </tbody>
    <tfoot>
      <tr align="right" bgcolor="#6699FF">
        <td colspan="4"> 其他信息添加中 </td>
      </tr>
    </tfoot>
</table>
</body>
...
```

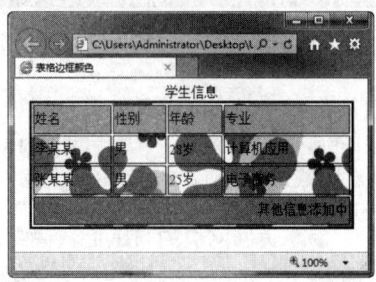

图 9-26

保存 HTML 页面，在浏览器中预览页面，可以看到为表格设置背景图像的效果，如图 9-26 所示。

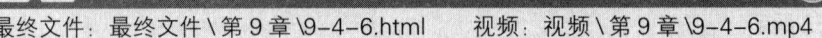

**实战　为表格设置背景颜色和背景图像**

最终文件：最终文件 \ 第 9 章 \9-4-6.html　　视频：视频 \ 第 9 章 \9-4-6.mp4

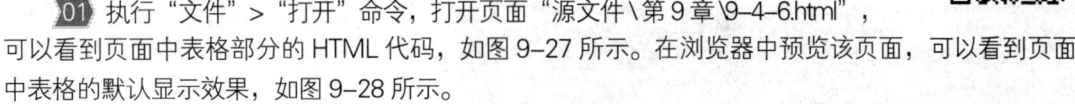

01 执行"文件" > "打开"命令，打开页面"源文件 \ 第 9 章 \9-4-6.html"，可以看到页面中表格部分的 HTML 代码，如图 9-27 所示。在浏览器中预览该页面，可以看到页面中表格的默认显示效果，如图 9-28 所示。

02 返回网页的 HTML 代码中，在表格 <table> 标签中添加边框 border 属性和边框颜色 bordercolor 属性设置，如图 9-29 所示。保存页面，在浏览器中预览页面，可以看到为表格设置边框的效果，如图 9-30 所示。

```
<body>
<table width="326" cellspacing="6" cellpadding="0">
  <thead>
    <tr>
      <th colspan="3"><img src="images/94601.png" alt=""></th>
    </tr>
  </thead>
  <tbody>
    <tr>
      <td><img src="images/94602.png" alt=""></td>
      <td>官方正严厉打击盗号等违法行为</td>
      <td>05 / 25</td>
    </tr>
    <tr>
      <td><img src="images/94602.png" alt=""></td>
      <td>6月7日例行停机维护开服公告</td>
      <td>05 / 26</td>
    </tr>
    <tr>
      <td><img src="images/94602.png" alt=""></td>
      <td>联盟阵线，精彩你我共同呈现</td>
      <td>05 / 25</td>
    </tr>
    <tr>
      <td><img src="images/94602.png" alt=""></td>
      <td>端午节开放3倍经验3倍爆率</td>
      <td>05 / 27</td>
    </tr>
  </tbody>
```

图 9-27

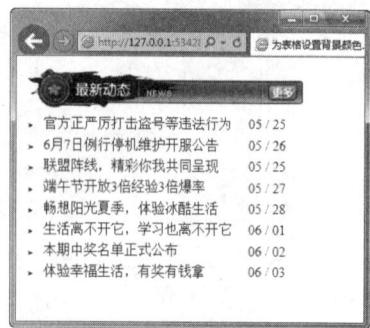

图 9-28

```
<table width="326" cellspacing="6" cellpadding="0" border="2"
bordercolor="#9A7735">
  <thead>
  <tr>
    <th colspan="3"><img src="images/94601.png" alt=""></th>
  </tr>
  </thead>
```

图 9-29

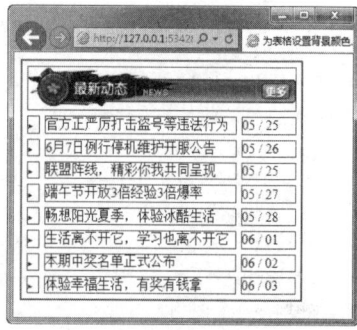

图 9-30

**提示**

如果在表格 <table> 标签中添加 border 属性设置，并且 border 属性值不为 0，则表格中所有单元格都会显示 1 像素的黑色边框，而最外侧表格的边框宽度则为在 <table> 标签中 border 属性的值。

03 返回网页的 HTML 代码中，在 <table> 标签中将刚添加的 border 和 bordercolor 属性设置代码删除，添加 bgcolor 属性，为表格设置背景颜色，并且添加 align 属性设置表格水平对齐方式，如图 9-31 所示。保存页面，在浏览器中预览页面，可以看到为表格设置背景颜色的效果，如图 9-32 所示。

```
<table width="326" cellspacing="6" cellpadding="0" align="center"
bgcolor="#FFFCEF">
  <tr>
    <th colspan="3"><img src="images/94601.png" alt=""></th>
  </tr>
  </thead>
```

图 9-31

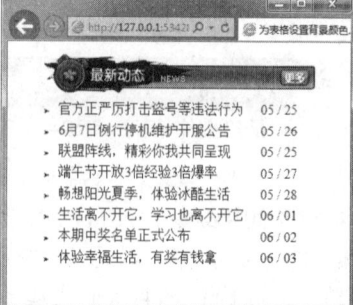

图 9-32

04 返回网页的 HTML 代码中，在 <table> 标签中添加 background 属性设置，为表格设置背景图像，如图 9-33 所示。保存页面，在浏览器中预览页面，可以看到为表格所设置的背景图像会覆盖所设置的背景颜色，效果如图 9-34 所示。

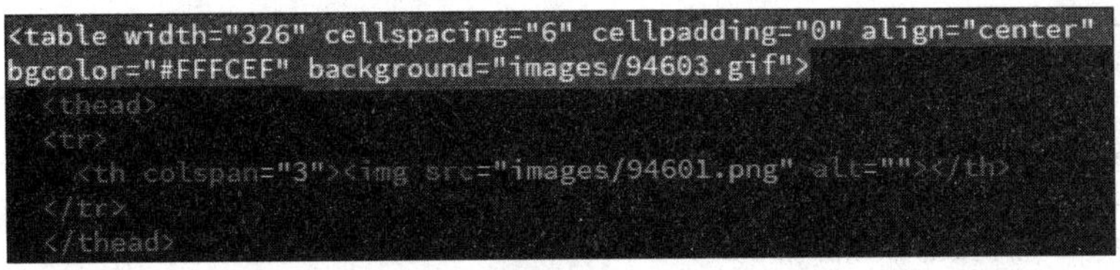

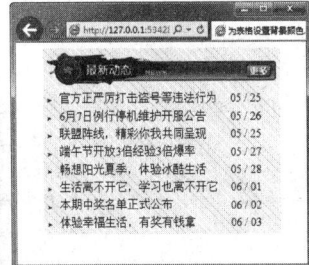

```
<table width="326" cellspacing="6" cellpadding="0" align="center"
bgcolor="#FFFCEF" background="images/94603.gif">
    <thead>
    <tr>
        <th colspan="3"><img src="images/94601.png" alt=""></th>
    </tr>
    </thead>
```

图 9-33　　　　　　　　　　　　　　　　　图 9-34

# 9.5　设置单元行和单元格属性

对表格属性进行设置可以对表格整体进行控制，如果需要对某个单元格进行控制，则需要对该单元格的属性进行设置。

## 9.5.1　设置单元行内容水平和垂直对齐

单元行内容的水平对齐方式有左对齐（left）、右对齐（right）和居中对齐（center）。设置单元行水平对齐方式需要在 <tr> 标签中添加 align 属性设置。

单元行内容的垂直对齐方式有顶端对齐（top）、居中对齐（middle）、底部对齐（bottom）和基线对齐（baseline）。设置垂直对齐方式需要设置 <td> 标签的 valign 属性。

设置单元行水平和垂直对齐的语法如下。

```
<table>
  <tr align=" 水平对齐方式 ">
  <td valign=" 垂直对齐方式 ">...</td>
  ...
  </tr>
  ...
</table>
```

例如下面的 HTML 网页代码。

```
...
<body>
<table width="400" height="150" align="center" border="3" bordercolor="#006699">
<caption> 学生信息 </caption>
  <thead bgcolor="#FF9900">
    <tr align="center">
    <td height="50" valign="top"> 姓名 </td>
    <td height="50" valign="middle"> 性别 </td>
    <td height"50" valign="bottom"> 年龄 </td>
    <td height="50" valign="baseline"> 专业 </td>
    </tr>
  </thead>
  <tbody bgcolor="#FFFFCC">
  <tr>
    <td> 李某某 </td>
    <td> 男 </td>
    <td>28 岁 </td>
    <td> 计算机应用 </td>
```

```
...
<body>
<table width="400" height="150" align="center" border="3" bordercolor="#006699">
<caption> 学生信息 </caption>
  <thead bgcolor="#FF9900">
    <tr align="center">
    <td height="50" valign="top">姓名 </td>
    <td height="50" valign="middle">性别 </td>
    <td height"50" valign="bottom"> 年龄 </td>
    <td height="50" valign="baseline">专业 </td>
    </tr>
  </thead>
  <tbody bgcolor="#FFFFCC">
  <tr>
    <td> 李某某 </td>
    <td> 男 </td>
    <td>28 岁 </td>
    <td> 计算机应用 </td>
  </tr>
  <tr>
    <td> 张某某 </td>
    <td> 男 </td>
    <td>25 岁 </td>
     <td> 电子商务 </td>
  </tr>
  </tbody>
  <tfoot>
  <tr align="right" bgcolor="#6699FF">
    <td colspan="4"> 其他信息添加中 </td>
  </tr>
  </tfoot>
</table>
</body>
...
```

保存 HTML 页面，在浏览器中预览，可以看到单元格中水平和垂直对齐的效果，如图 9-35 所示。

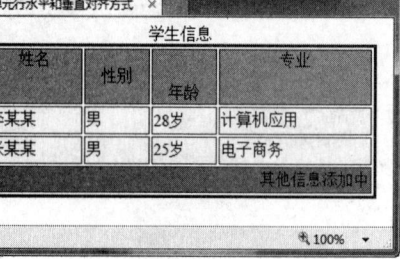

图 9-35

## 9.5.2 单元格间距

表格中的单元格与单元格之间可以设置一定的距离，这样表格不会显得过于紧凑。

设置单元格间距的基本语法如下。

```
<table cellspacing=" 间距 ">
...
</table>
```

单元格间距以像素为单位，默认情况下，单元格间距并不为 0，而是 2 像素。

例如下面的 HTML 网页代码。

```
...
<body>
<table width="400" height="100" align="center" border="3" bordercolor="#006699" cellspacing="10">
  <caption> 学生信息 </caption>
```

```
  <thead bgcolor="#FF9900">
    <tr align="center">
    <td> 姓名 </td>
    <td> 性别 </td>
    <td> 年龄 </td>
    <td> 专业 </td>
    </tr>
  </thead>
  <tbody bgcolor="#FFFFCC">
  <tr>
    <td> 李某某 </td>
    <td> 男 </td>
    <td>28 岁 </td>
    <td> 计算机应用 </td>
  </tr>
  <tr>
    <td> 张某某 </td>
    <td> 男 </td>
    <td>25 岁 </td>
    <td> 电子商务 </td>
  </tr>
  </tbody>
</table>
</body>
...
```

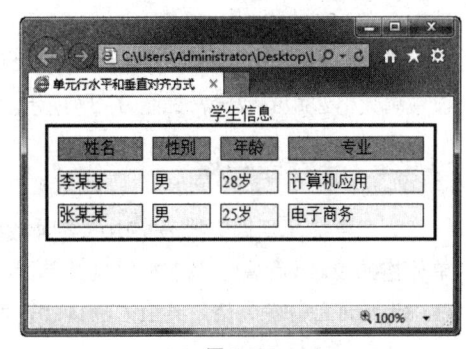

图 9-36

保存 HTML 页面，在浏览器中预览页面，可以看到设置单元格间距的效果，如图 9-36 所示。

## 9.5.3 单元格边距

默认情况下，单元格的内容会紧贴着表格的边框，这样看上去非常拥挤。可以使用 cellpadding 属性来设置单元格边框与单元格中的内容之间的距离。

设置单元格边距的基本语法如下。

```
<table cellpadding=" 内容与单元格边框距离值 ">
...
</table>
```

单元格中的内容与单元格边框的距离以像素为单位，一般可以根据需要设置，但是不能过大。

例如下面的 HTML 网页代码。

```
...
<body>
<table width="400" height="100" align="center" border="3" bordercolor="#006699"
cellspacing="0" cellpadding="10">
<caption> 学生信息 </caption>
  <thead bgcolor="#FF9900">
    <tr align="center">
    <td> 姓名 </td>
    <td> 性别 </td>
    <td> 年龄 </td>
    <td> 专业 </td>
    </tr>
  </thead>
```

```
<tbody bgcolor="#FFFFCC">
<tr>
    <td> 李某某 </td>
    <td> 男 </td>
    <td>28 岁 </td>
    <td> 计算机应用 </td>
</tr>
<tr>
    <td> 张某某 </td>
    <td> 男 </td>
    <td>25 岁 </td>
    <td> 电子商务 </td>
</tr>
</tbody>
</table>
</body>
...
```

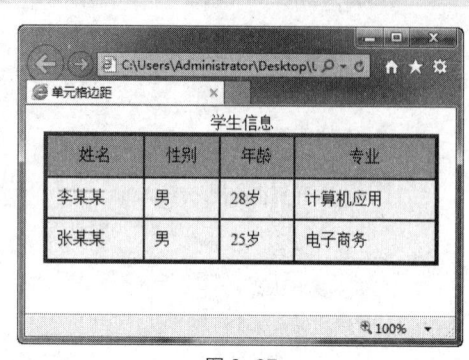

保存 HTML 页面，在浏览器中预览页面，可以看到
设置单元格边距的效果，如图 9-37 所示。

图 9-37

## 9.5.4 合并单元格

为了更加灵活地安排表格中的各种数据，表格提供了合并的功能，这在布局网页时非常有用，
单元格的 colspan 属性用于水平合并单元格，其值为水平合并单元格的数量。单元格的 rowspan 属
性用于垂直合并单元格，其值为垂直合并单元格的数量。

合并单元格的基本语法如下。

```
<td colspan=" 水平单元格数量 " rowspan=" 垂直单元格数量 ">
```

例如下面的 HTML 网页代码。

```
...
<body>
<table width="400" height="100" align="center" border="3" bordercolor="#006699"
cellspacing="0" cellpadding="10">
<caption> 学生信息 </caption>
    <thead bgcolor="#FF9900">
        <tr align="center">
        <td colspan="2"> 姓名和性别 </td>
        <td> 年龄 </td>
        <td> 专业 </td>
        </tr>
    </thead>
    <tbody bgcolor="#FFFFCC">
    <tr>
        <td> 李某某 </td>
        <td> 男 </td>
        <td>28 岁 </td>
        <td rowspan="2"> 计算机应用电子商务 </td>
    </tr>
    <tr>
        <td> 张某某 </td>
        <td> 男 </td>
        <td>25 岁 </td>
```

```
    </tr>
  </tbody>
</table>
</body>
...
    <td> 男 </td>
    <td>28 岁 </td>
    <td rowspan="2"> 计算机应用电子商务 </td>
  </tr>
  <tr>
    <td> 张某某 </td>
    <td> 男 </td>
    <td>25 岁 </td>
    </tr>
  </tbody>
</table>
</body>
...
```

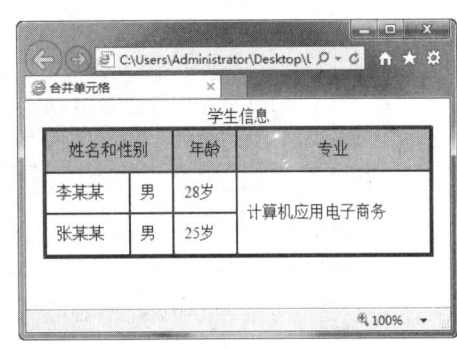

保存 HTML 页面，在浏览器中预览该页面，可以看到合并单元格的效果，如图 9-38 所示。

图 9-38

**实战 使用表格制作新闻列表**

最终文件：最终文件 \ 第 9 章 \9-5-4.html　　视频：视频 \ 第 9 章 \9-5-4.mp4

01 执行 "文件" > "新建" 命令，弹出 "新建文档" 对话框，选择 HTML 选项，如图 9-39 所示。单击 "创建" 按钮，新建 HTML5 文档，将该页面保存为 "源文件 \ 第 9 章 \9-5-4.html"。转换到网页 HTML 代码中，在 <title> 与 </title> 标签之间输入网页的标题，如图 9-40 所示。

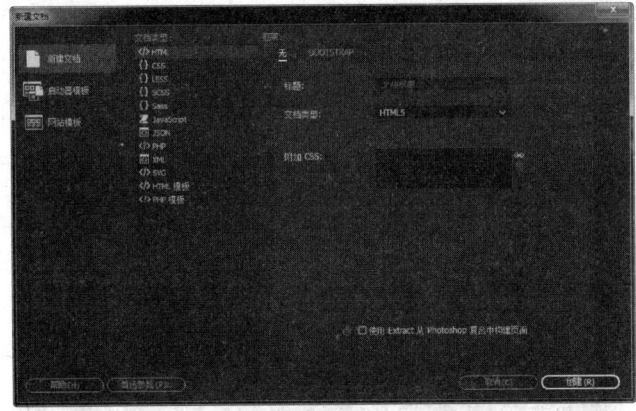

图 9-39

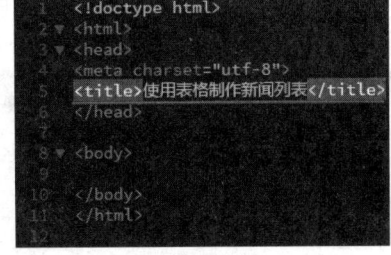

图 9-40

02 在 <body> 与 </body> 标签之间编写表格的相关代码。

```
<table>
  <caption> 游戏论坛 </caption>
  <thead>
    <tr>
    <th colspan="2"> 标题 </th>
    <th> 时间 </th>
  </tr>
  </thead>
  <tbody>
  <tr>
```

```
        <td><img src="images/95401.gif" alt=""></td>
        <td>《仙境奇缘》不删档测试今日开启，2014年超Q超可爱！</td>
        <td>01/05</td>
    </tr>
    <tr>
        <td><img src="images/95401.gif" alt=""></td>
        <td>《飞龙在天》点将，不删档测试，12月25日正式开启！</td>
        <td>12/23</td>
    </tr>
    <tr>
        <td><img src="images/95401.gif" alt=""></td>
        <td>《万王之首五》欧美版两大特区即将开放！</td>
        <td align="center">12/15</td>
    </tr>
    <tr>
        <td><img src="images/95401.gif" alt=""></td>
        <td>动作进化新纪元《完美大陆》15日不删档测试开始啦，赶快报名吧~~~</td>
        <td>12/15</td>
    </tr>
    <tr>
        <td><img src="images/95401.gif" alt=""></td>
        <td>《天朝霸域》开放测试，新服专属四大活动！</td>
        <td align="center">11/24</td>
    </tr>
    <tr>
        <td width="40" align="center"><img src="images/95401.gif" alt=""></td>
        <td>《仙境奇缘》体验即将开启，更多特权只等你来！</td>
        <td>11/11</td>
    </tr>
    </tbody>
</table>
```

**03** 保存页面，在浏览器中预览该页面，可以看到表格的默认显示效果，如图9-41所示。返回网页的HTML代码中，在 <table> 标签中添加单元格边距、单元格间距和表格水平对齐方式的属性设置，如图9-42所示。

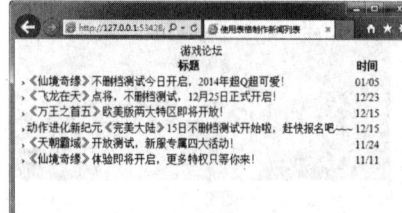

图 9-41 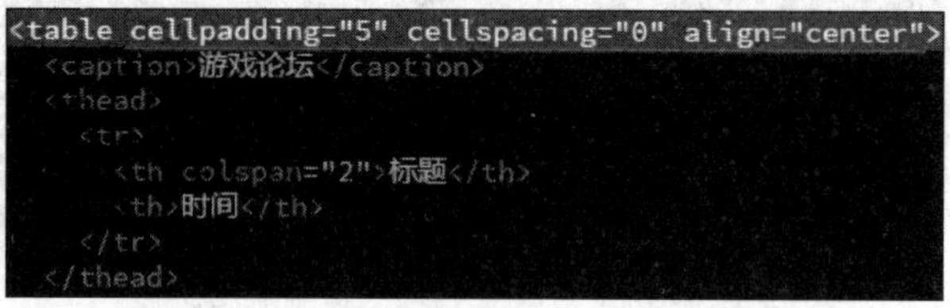

图 9-42

**04** 继续在 <table> 标签中添加表格边框和背景颜色属性设置，如图9-43所示。保存页面，在浏览器中预览页面，可以看到网页中表格的效果，如图9-44所示。 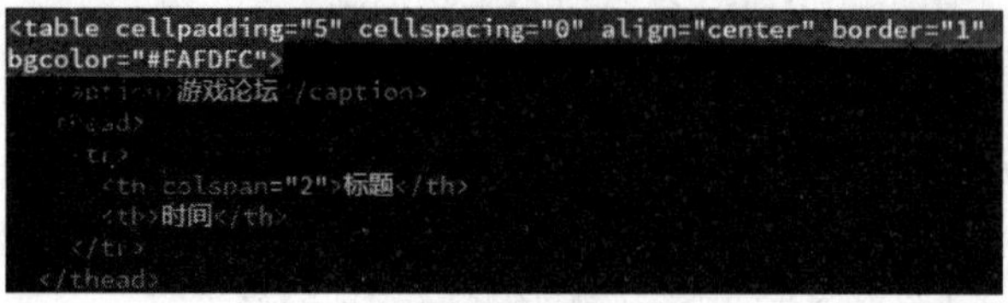

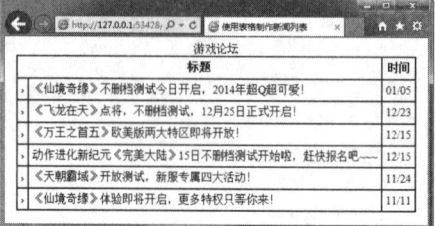

图 9-43

图 9-44

05 返回网页的 HTML 代码中，在 <thead> 标签中添加背景颜色属性设置，如图 9–45 所示。保存页面，在浏览器中预览页面，可以看到网页中表格的效果，如图 9–46 所示。

```
<table cellpadding="5" cellspacing="0" align="center" border="1"
bgcolor="#FAFDFC">
  <caption>游戏论坛</caption>
  <thead bgcolor="#EFF4FF">
    <tr>
      <th colspan="2">标题</th>
      <th>时间</th>
    </tr>
  </thead>
```

图 9–45

图 9–46

06 返回网页的 HTML 代码中，在 <thead> 标签中的 <tr> 标签中添加边框颜色属性设置，在 <th> 标签中分别添加宽度属性设置，如图 9–47 所示。保存页面，在浏览器中预览页面，可以看到网页中表格的效果，如图 9–48 所示。

```
<table cellpadding="5" cellspacing="0" align="center" border="1"
bgcolor="#FAFDFC">
  <caption>游戏论坛</caption>
  <thead bgcolor="#EFF4FF">
    <tr bordercolor="#CCD5F1">
      <th width="580" colspan="2">标题</th>
      <th width="80">时间</th>
    </tr>
  </thead>
```

图 9–47

图 9–48

07 返回网页的 HTML 代码中，在 <tbody> 标签中的 <tr> 标签中添加边框颜色属性设置，在 <td> 标签中添加相应的属性设置，如图 9–49 所示。保存页面，在浏览器中预览页面，可以看到网页中表格的效果，如图 9–50 所示。

```
<tbody>
<tr bordercolor="#CCD5F1">
  <td width="40" align="center"><img src="images/95401.gif"
  alt=""></td>
  <td>《仙境奇缘》不删档测试今日开启，2014年超Q超可爱！</td>
  <td align="center">01/05</td>
</tr>
```

图 9–49

图 9–50

08 使用相同的制作方法，在其他单元行和单元格中分别添加相同的属性设置，完成表格效果的制作，最终效果如图 9–51 所示。

图 9–51

## 9.6　IFrame 框架

IFrame 框架是一种特殊的框架，是在浏览器窗口中嵌套的子窗口，整个页面并不一定是框架页面，但要包含一个框架窗口。IFrame 框架可以完全由设计者定义宽度和高度，并且可以放置在一个网页的任何位置，这极大地扩展了框架页面的应用范围。

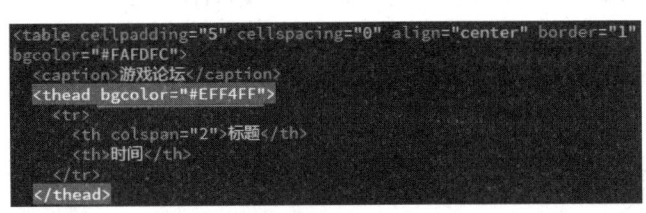

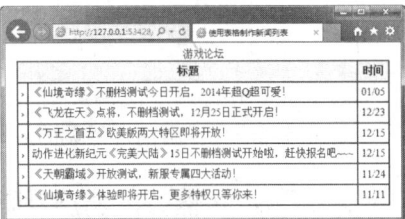

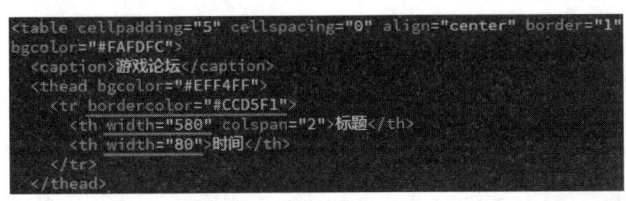

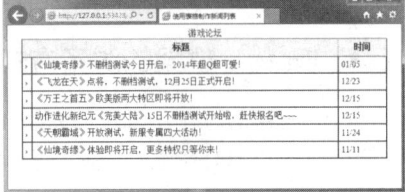

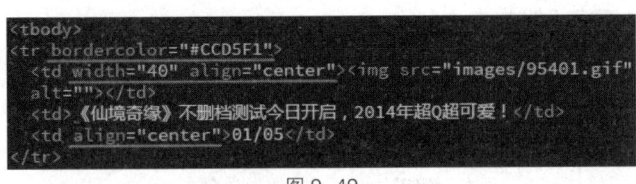

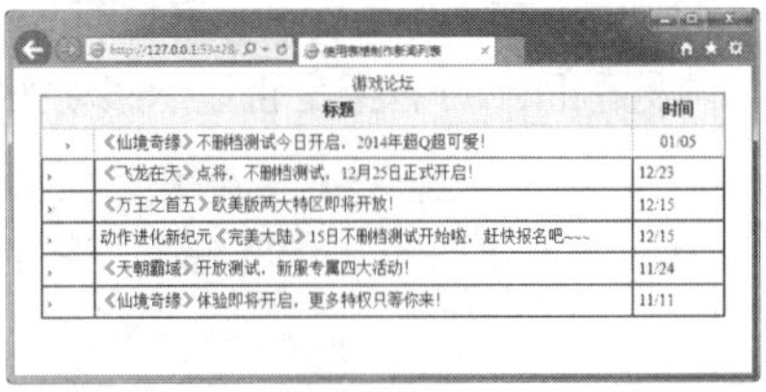

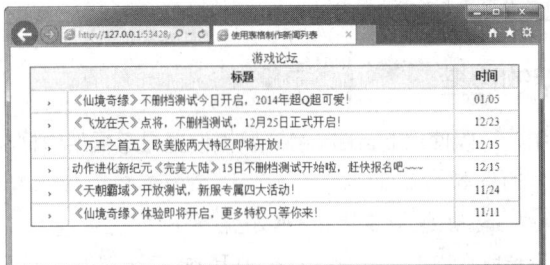

## 9.6.1 IFrame 框架源文件

IFrame 框架中最基本的属性就是 src 属性，用来指定 IFrame 框架页面的源文件地址。
IFrame 框架的基本语法如下。

```
<iframe src="url"></iframe>
```

src 属性用于指定当前框架页面的路径地址和文件名。

## 9.6.2 IFrame 框架的宽度和高度

IFrame 框架可以完全自由地指定宽度和高度。
设置 IFrame 框架的宽度和高度的基本语法如下。

```
<iframe src="url" width=" 宽度值 " height=" 高度值 "></iframe>
```

IFrame 框架的宽度和高度值都是以像素为单位的。

## 9.6.3 IFrame 框架的对齐方式

IFrame 框架的对齐方式用于设置 IFrame 框架页面相对于浏览器窗口的水平位置。
IFrame 框架的对齐方式的基本语法如下。

```
<iframe src="url" align=" 对齐方式 "></iframe>
```

align 属性的取值包括左对齐 left、右对齐 right、居中对齐 middle 和底部对齐 bottom。

## 9.6.4 IFrame 框架是否显示滚动条

IFrame 框架的 scrolling 属性有 3 种情况，包括不显示、根据需要显示和总显示滚动条。
设置 IFrame 框架是否显示滚动条的基本语法如下。

```
<iframe src="url" scrolling=" 是否显示滚动条 "></iframe>
```

scrolling 属性有 3 个属性值，分别是 auto、yes 和 no，如表 9-3 所示。

表 9-3   &lt;iframe&gt; 标签中 scrolling 属性值说明

| 属性值 | 说明 |
| --- | --- |
| auto | 该属性值为默认值，根据窗口内容的宽度和高度决定是否显示滚动条 |
| yes | 总显示滚动条，即使页面内容不足以撑满框架范围。滚动条的位置也预留 |
| no | 在任何情况下都不显示滚动条 |

## 9.6.5 IFrame 框架的边框

在 IFrame 框架页面中，可以使用 frameborder 属性设置显示框架边框。
设置 IFrame 框架边框的基本语法如下。

```
<iframe src="url" frameborder=" 是否显示框架边框 "></iframe>
```

frameborder 属性值只能取 0 和 1，或 yes 和 no。0 和 no 表示框架边框不显示，1 和 yes 为默认值，表示显示框架边框。

 设置 IFrame 框架属性

最终文件：最终文件 \ 第 9 章 \9-6-5.html     视频：视频 \ 第 9 章 \9-6-5.mp4

01 执行"文件">"打开"命令，打开页面"源文件 \ 第 9 章 \9-6-5.html"，可以看到该页面的 HTML 代码，如图 9-52 所示。在浏览器中预览该页面，可以看到页面背景效果，如图 9-53 所示。

```
<!doctype html>
<html>
<head>
<meta charset="utf-8">
<title>设置IFrame框架属性</title>
<link href="style/9-6-5.css" rel="stylesheet" type="text/css">
</head>

<body>
<div id="box">
  <div id="top">
      <img src="images/96502.jpg" width="142" height="39" alt="">
      <img src="images/96503.jpg" width="142" height="39" alt="">
      <img src="images/96504.jpg" width="142" height="39" alt="">
  </div>
  <div id="main">

  </div>
</div>
</body>
</html>
```

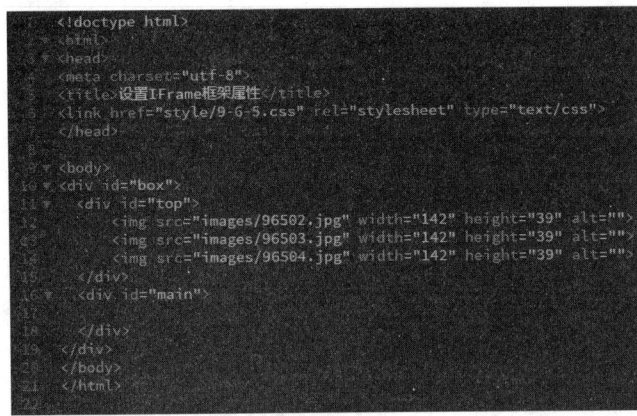

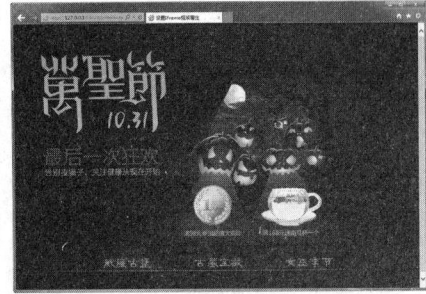

图 9-52

图 9-53

02 返回网页的 HTML 代码中，在 id 名称为 main 的 Div 之间添加 <iframe> 和 </iframe> 标签，如图 9-54 所示。然后在 <iframe> 标签中添加高度和宽度等属性设置，如图 9-55 所示。

```
<div id="main">
    <iframe></iframe>
</div>
```

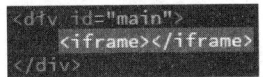

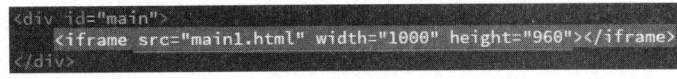

图 9-54

```
<div id="main">
    <iframe src="main1.html" width="1000" height="960"></iframe>
</div>
```

图 9-55

03 继续在 <iframe> 标签中添加浮动框架对齐方式 align 的属性设置，如图 9-56 所示。继续在 <iframe> 标签中添加 scrolling 与 frameborder 属性设置，如图 9-57 所示。

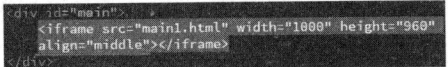

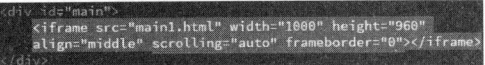

```
<div id="main">
    <iframe src="main1.html" width="1000" height="960"
    align="middle"></iframe>
</div>
```

图 9-56

```
<div id="main">
    <iframe src="main1.html" width="1000" height="960"
    align="middle" scrolling="auto" frameborder="0"></iframe>
</div>
```

图 9-57

04 保存页面，在浏览器中预览页面，可以看到页面中浮动框架的效果，如图 9-58 所示。

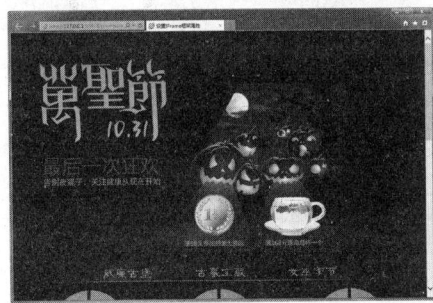

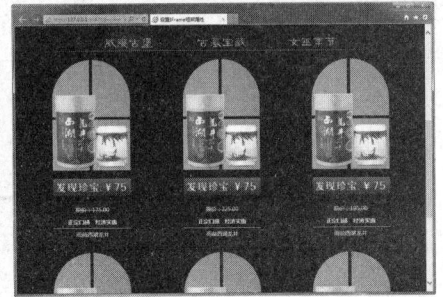

图 9-58

**技巧**

在使用框架所制作的网页中，通常情况下，都不显示框架的边框，这样可以使整个框架页面看起来更流畅，是一个有机的整体，显示框架的边框可以更好地区分各框架页面。

## 9.7 插入 Div

Div 是网页制作中用于定位元素或者布局的一种技术，Div 比表格更加灵活。在一个网页中可以使用多个 Div，Div 与 Div 之间可以重叠，在网页制作中，使用 Div 可以将网页中的任何元素布局到网页的任意位置，同时可以任何方式重叠。

## 9.7.1 <div> 标签

div 全称为 division，意为"区分"。<div> 标签被称为区隔标签，表示一块可显示 HTML 的区域，用于设置文字、图片、多媒体等的摆放位置。<div> 标签是块元素，需要关闭标签。

<div> 标签的基本语法如下。

```
<div>
…
</div>
```

例如，下面的例子使用了两个 <div> 标签对两段文字进行了不同的对齐处理，代码如下。

```
<div>
此文本代表一段。
</div>
<div align="center">
此文本代表一段，其中文本居中显示。
</div>
```

<div align="center"> 的作用和居中标签 <center> 一样，前者是由 HTML3 开始的标准，后者是通用已久的标签法。

<div> 应用于 stylesheet（样式表）方面会更显威力，它最终的目的是为设计者提供另一种组织形式有 class、style、title、ID 等属性。

## 9.7.2 设置 Div 属性

在网页中插入 Div 时，可以对 Div 的相关属性进行设置，常用的属性说明如表 9-4 所示。

表 9-4　Div 常用属性说明

| 属性 | 说明 |
| --- | --- |
| id | 该属性用于设置 Div 的 id 名称 |
| style | 该属性用于设置 Div 的样式 |
| position | 该属性是定义在 style 属性中的，用于设置 Div 的定位方式 |
| width | 该属性是定义在 style 属性中的，用于设置 Div 的宽度 |
| height | 该属性是定义在 style 属性中的，用于设置 Div 的高度 |
| background-color | 该属性是定义在 style 属性中的，用于设置 Div 的背景颜色 |
| background-image | 该属性是定义在 style 属性中的，用于设置 Div 的背景图像 |

## 9.7.3 <span> 与 <div> 标签

HTML 中的 <div> 和 <span> 是 CSS 布局中两个常用的标签。通过这两个标签，再加上 CSS 样式对其进行控制，可以很方便地实现各种效果。

<div> 标签简单而言是一个区块容器标签，即 <div> 与 </div> 之间相当于一个容器，可以容纳段落、表格和图片等各种 HTML 元素。

<span> 标签与 <div> 标签一样，作为容器标签而被广泛地应用在 HTML 语言中，在 <span> 与 </span> 中间同样可以容纳各种 HTML 元素，从而形成独立的对象。

在使用上，<div> 与 <span> 标签的属性几乎相同，但是在实际的页面应用中，<div> 与 <span> 标签在使用方式上有很大差别，它们的差别从以下实例中就可以看出。

HTML 代码如下。

```
<div id="box1">div 容器 1</div>
<div id="box2">div 容器 2</div></br>
<span id="span1">span 容器 1</span>
<span id="span2">span 容器 2</span>
```

CSS 代码如下。

```
#box1,#box2,#span1,#span2{
    border:1px solid #00f;
    padding:10px;
}
```

在浏览器中预览的效果如图 9-59 所示。

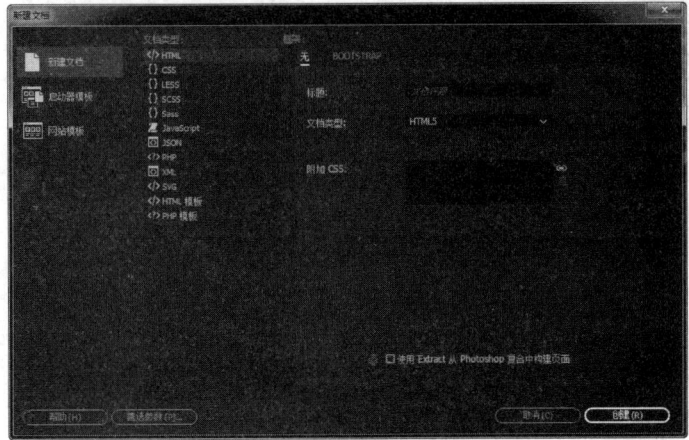

图 9-59

从预览效果中可以看到，在相同的 CSS 样式的情况下，两个 div 之间出现了换行关系，而两个 span 对象则是同行左右关系。div 与 span 元素在显示上的不同，是因为其默认的显示模式（display）不同。

对于 HTML 中的每一个对象而言，都用于自己默认的显示模式，div 对象的默认显示模式是块级元素，而 span 作为一个行间内联对象显示时是以行内元素的方式进行显示的。

因为两个对象不同的显示模式，所以在实际的页面使用中两个对象有着不同的用途。div 对象是一个块状的内容，如导航区域等显示为块状的内容进行结构编码并进行样式设计。而作为内联对象的 <span> 标签，可以对行内元素进行结构编码以方便样式表设计，span 默认状态下是不会破坏行中元素顺序的，例如，在一大段文本中，需要将其中的一段或几个文字修改为其他颜色，可以将这一部分内容使用 <span> 标签，再进行样式设计，这并不会改变一整段文本的显示方式。

**实战　制作欢迎页面**

最终文件：最终文件 \ 第 9 章 \9-7-3.html　　视频：视频 \ 第 9 章 \9-7-3.mp4

01 执行"文件" > "新建"命令，弹出"新建文档"对话框，选择 HTML 选项，如图 9-60 所示。单击"创建"按钮，新建 HTML5 文件，将该页面保存为"源文件 \ 第 9 章 \9-7-3.html"。转换到代码视图中，在 <title> 与 </title> 标签之间输入网页的标题，如图 9-61 所示。

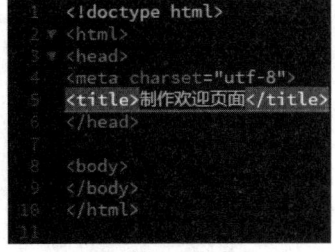

图 9-60

图 9-61

**02** 在 <body> 标签中添加相应的属性设置，如图 9-62 所示。保存页面，在浏览器中预览页面，可以看到页面的效果，如图 9-63 所示。

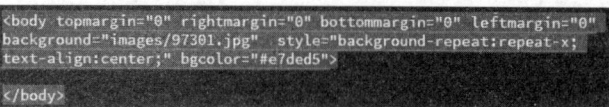

图 9-62

图 9-63

**03** 返回网页的 HTML 代码中，在 <body> 与 </body> 标签之间添加 <div> 标签，输入相应的文字并插入图像，如图 9-64 所示。在浏览器中预览页面，可以看到页面的效果，如图 9-65 所示。

图 9-64

图 9-65

**04** 在 <div> 标签中添加 style 属性，设置相应的属性代码，如图 9-66 所示。完成该页面的制作，保存页面，在浏览器中预览页面，可以看到页面的效果，如图 9-67 所示。

图 9-66

图 9-67

# 第 10 章　HTML5 文档结构

为了增强网页的实用性，在 HTML5 中新增了许多用于描述文档结构的相关标签，通过这些新增的文档结构标签对 HTML 文档进行标识，能够使 HTML 文档的结构更加清晰明确，减少复杂性，容易阅读，这样既方便了浏览者的访问，也能够提高网页设计人员的开发速度。本章将向读者详细介绍 HTML5 中新增的文档结构标签的设置和使用方法，掌握如何通过 HTML5 的文档结构标签来制作 HTML 页面。

**本章知识点:**
➢ 理解 <article> 和 <section> 标签的作用和使用方法
➢ 理解使用 <nav> 标签标识导航的方法
➢ 理解使用 <aside> 标签标识辅助信息内容的方法
➢ 理解各种语义模块标签的使用方法
➢ 掌握 HTML5 结构标签在 HTML 文档中的应用

## 10.1　认识 HTML5 文档结构

为了帮助读者更好地对 HTML5 文档有一个简单的理解与认识，也为了让读者能够顺利读懂 HTML5 网页代码的准确意义，下面给出一个详细的、符合标准的 HTML5 文档结构代码，并在代码中进行了注释。

```
<!doctype html>
<!-- 声明文档结构类型 -->
<html>
<!-- 声明文档区域 -->
<head>
<!-- 文档的头部区域 -->
<meta charset="utf-8">
<!-- 文档的头部区域中元数据区的字符集定义，utf-8 表示国际通用的字符集编码格式 -->
<title> 网页标题 </title>
<!-- 文档的头部区域的标题 -->
</head>
<body>
<!-- 文档的主体内容区域 -->
<header>HTML5 文档的头部区域 </header>
<nav>HTML5 文档的导航区域 </nav>
<section>HTML5 文档的主要内容区域
    <aside>HTML5 文档的主要内容区域的侧边导航或菜单区 </aside>
    <article>HTML5 文档的主要内容区域的内容区
        <section> 以下是一个 section 和 article 的嵌套
            <aside></aside>
            <article>
                <header> 嵌套内容的标题 </header>
```

HTML5 文档的嵌套区域，可以对某个 article 区域进行头部和脚部的定义。这样做，可以有非常清晰和严谨的文档目录结构关系。

```
        <footer> 嵌套内容的页脚 </footer>
    </article>
  </section>
 </article>
</section>
<footer>HTML5 文档的页脚区域 </footer>
</body>
</html>
```

当然，并不是每个 HTML5 文档都需要包含以上代码中的所有部分，一个最简单的 HTML5 文档需要的内容如下。

```
<!DOCTYPE html>
```

该代码声明了 HTML 文档的类型，除了字母的大小写可以任意变化外，其他的任何内容都不能变动。

HTML5 文档扩展名为 .html 或 .htm。现在主流浏览器都能够正确解析 HTML5 文档，如 Chrome、Firefox、IE9+ 和 Safari 等。下面是一个最基础的 HTML5 文档代码。

```
<!doctype html>
<html>
<head>
<meta charset="utf-8">
<title>HTML5</title>
</head>
<body>
</body>
</html>
```

HTML5 文档以 <!doctype html> 开头，这是一个文档类型声明，并且必须位于 HTML5 文档的第一行，该行代码用来告诉浏览器或任何其他分析程序所查看的文档类型。

<html> 标签是 HTML5 的根标签，紧跟在 <!doctype html> 之后，<html> 标签支持 HTML5 全局属性和 manifest 属性，manifest 属性主要在创建 HTML5 离线应用的时候使用。

<head> 标签是所有头部元素的容器，位于 <head> 与 </head> 标签之间的元素可以包含元信息、JavaScript 脚本、CSS 样式表等。<head> 标签支持 HTML5 全局属性。

<meta> 标签位于文档的头部，不包含任何内容。标签的属性定义了与文档相关联的名称 / 值对。该标签提供页面的元信息，如针对搜索引擎的描述和关键词。

<meta charset="utf-8"> 定义了 HTML5 文档的字符编码是 utf-8。这里 charset 是 <meta> 标签的属性，而 utf-8 是该属性的值。HTML5 中的很多标签都有属性，从而扩展了标签的功能。

<title> 标签位于 <head> 与 </head> 标签之间，定义了 HTML 文档的标题。该标签定义了浏览器工具栏中的标题，提供页面被添加到收藏夹时的标题和显示在搜索引擎结果中的页面标题。所以该标签非常重要，在编写 HTML5 文档时一定要添加该标签。<title> 标签支持 HTML5 全局属性。

<body> 标签定义文档的主体和所有内容，如文本、超链接、图像、列表、多媒体等都包含在该标签中。

## 10.2　HTML5 元素分类

在 HTML5 中新增了许多新的、有意义的元素，为了方便学习和记忆，在本节中将 HTML5 中新增的元素进行分类介绍。

## 10.2.1　结构片段元素

结构片段元素主要用于对 HTML 文档的结构进行定义，确保 HTML 文档的完整性，HTML5 新增的结构片段元素介绍如表 10-1 所示。

表 10-1　HTML5 新增的结构片段元素

| 名称 | 说明 |
| --- | --- |
| \<article\> | \<article\> 标签用于在网页中标识独立的主体内容区域，可用于论坛帖子、报纸文章、博客条目和用户评论等 |
| \<aside\> | \<aside\> 标签用于在网页中标识非主体内容区域，该区域中的内容应与附近的主体内容相关 |
| \<section\> | \<section\> 标签用于在网页中标识文档的小节或部分 |
| \<nav\> | \<nav\> 标签用于在网页中标识导航部分 |
| \<header\> | \<header\> 标签用于在网页中标识页首部分，或者内容区域的头部 |
| \<footer\> | \<footer\> 标签用于在网页中标识页脚部分，或者内容区块的脚注 |

## 10.2.2　进度信息元素

进度信息元素主要用于定义 HTML 文档中的进度信息，HTML5 新增的进度信息元素介绍如表 10-2 所示。

表 10-2　HTML5 新增的进度信息元素

| 名称 | 说明 |
| --- | --- |
| \<progress\> | \<progress\> 标签用于在网页中标识任务进度显示的进度条 |
| \<meter\> | 在网页中使用 \<meter\> 标签，可以通过对 \<meter\> 标签中的 min 属性和 max 属性进行设置，从而实现已知最小和最大值的进度条 |

## 10.2.3　交互性元素

交互性元素主要用于 HTML 文档中功能性内容的表达，会有一定的内容和数据的关联，是各种事件的基础，HTML5 新增的交互性元素介绍如表 10-3 所示。

表 10-3　HTML5 新增的交互性元素

| 名称 | 说明 |
| --- | --- |
| \<command\> | \<command\> 标签用于在网页中标识一个命令元素（单选、复选或者按钮），而且仅当这个元素出现在 \<menu\> 标签里面时才会被显示，否则将只能作为键盘快捷方式的一个载体 |
| \<datalist\> | \<datalist\> 标签用于在网页中标识一个选项组，与 \<input\> 标签配合使用该标签，来定义 input 元素可能的值 |

## 10.2.4　内嵌应用元素和辅助元素

内嵌应用元素和辅助元素主要完成 HTML 页面中具体内容的引用和表述，是丰富内容展示的基础，HTML5 新增的内嵌应用和辅助元素介绍如表 10-4 所示。

表 10-4　HTML5 新增的内嵌应用和辅助元素

| 名称 | 说明 |
| --- | --- |
| \<audio\> | \<audio\> 标签用于在网页中定义声音，如背景音乐或其他音频流 |
| \<video\> | \<video\> 标签用于在网页中定义视频，如电影片段或其他视频流 |
| \<source\> | \<source\> 标签为媒介标签（如 video 和 audio），在网页中用于定义媒介资源 |
| \<track\> | \<track\> 标签在网页中为例如 video 元素之类的媒介规定外部文本轨道 |
| \<canvas\> | \<canvas\> 标签用于在网页中定义图形，该标签只是图形容器，必须使用脚本来绘制图形 |
| \<embed\> | \<embed\> 标签用于在网页中标识来自外部的互动内容或插件 |

## 10.2.5 文档和应用中使用的元素

文档和应用中使用的元素主要用于在 HTML 页面中对内容区域进行划分,确保内容的有效分隔,HTML5 新增的文档和应用中使用的元素如表 10–5 所示。

表 10-5 HTML5 新增的文档和应用中使用的元素

| 名称 | 说明 |
|---|---|
| \<details> | \<details> 标签用于标识描述文档或者文档某个部分的细节 |
| \<summary> | \<summary> 标签用于标识 \<details> 标签内容的标题 |
| \<figcaption> | \<figcaption> 标签用于标识 \<figure> 标签内容的标题 |
| \<figure> | \<figure> 标签用于标识一块独立的流内容 ( 图像、图表、照片和代码等 ) |
| \<hgroup> | \<hgroup> 标签用于标识文档或内容的多个标题。用于将 h1 至 h6 元素打包,优化页面结构在 SEO 中的表现 |

## 10.2.6 注释元素

注释元素用于在 HTML 页面中标识内容的注释部分,HTML5 新增的注释元素如表 10–6 所示。

表 10-6 HTML5 新增的注释元素

| 名称 | 说明 |
|---|---|
| \<ruby> | \<ruby> 标签用于标识 ruby 注释 ( 中文注音或字符 )。在东亚使用,显示的是东亚字符的发音 |
| \<rp> | \<rp> 标签在 ruby 注释中使用,以定义不支持 \<ruby> 标签的浏览器所显示的内容 |
| \<rt> | \<rt> 标签用于标识字符 ( 中文注音或字符 ) 的解释或发音 |

## 10.2.7 文本和文本标记元素

文本和文本标记元素用于在 HTML 页面中为相应的文字添加特殊的标记或标识,HTML5 新增的文本和文本标记元素如表 10–7 所示。

表 10-7 HTML5 新增的文本和文本标记元素

| 名称 | 说明 |
|---|---|
| \<bdi> | \<bdi> 标签在网页中允许设置一段文本,使其脱离其父元素的文本方向设置 |
| \<mark> | \<mark> 标签用于标识需要高亮显示的文本 |
| \<time> | \<time> 标签用于标识日期或时间 |
| \<output> | \<output> 标签用于标识一个输出的结果 |

## 10.2.8 其他元素

HTML5 新增的其他元素如表 10–8 所示。

表 10-8 HTML5 新增的其他元素

| 名称 | 说明 |
|---|---|
| \<keygen> | \<keygen> 标签用于标识表单密钥生成器元素。当提交表单时,私密钥存储在本地,公密钥发送到服务器 |
| \<wbr> | \<wbr> 标签用于标识单词中适当的换行位置。可以用该标签为一个长单词指定合适的换行位置 |
| \<code> | \<code> 标签用于在 HTML 页面中标识出一段代码块 |
| \<dialog> | \<dialog> 标签用于表达人与人之间的对话。可以将 \<dialog> 标签与 \<dt> 和 \<dd> 标签组合使用,\<dt> 标签用于表示说话者,而 \<dd> 标签则用于表示说话者说的内容 |

## 10.3　创建 HTML5 主体内容　🔍

在 HTML5 页面中，为了使文档的结构更加清晰明确，新增了几个与页眉、页脚、内容区块等文档结构相关联的文档结构标签，通过使用这些文档结构标签，可以在 HTML 文档中清晰地划分不同的内容区块。在本节中将向读者详细介绍 HTML5 中在页面的主体结构方面新增的结构标签。

### 10.3.1　文章——<article> 标签　⟩

网页中常常出现大段的文章内容，通过文章结构元素可以将网页中大段的文章内容标识出来，使网页的代码结构更加整齐。在 HTML5 中新增了 <article> 标签，使用该标签可以在网页中定义独立的内容，包括文章、博客和用户评论等内容。

<article> 标签的基本语法格式如下。

```
<article> 文章内容 </article>
```

一个 article 元素通常有它自己的标题，一般放在一个 <header> 标签中，有时还有自己的脚注。例如下面的网页 HTML 代码。

```
...
<body>
<article>
  <header>
    <h1> 新闻标题 </h1>
    <time pubdate="pubdate">2017 年 12 月 12 日 </time>
  </header>
  <p> 新闻正文内容 </p>
  <footer>
    新闻版底信息
  </footer>
</article>
</body>
...
```

在以上的 HTML 页面代码中，在 <header> 标签中嵌入文章的标题，在这部分中，文章的标题使用 <h1> 标签包含，使用 <time> 标签包含文章的发布日期。在 <header> 标签的结束标签之后使用 <p> 标签包含新闻的正文内容，在结尾外使用 <footer> 标签嵌入文章的版底信息，作为脚注。整个示例的内容相对比较独立、完整，因此，对这部分使用了 <article> 标签。

<article> 标签是可以嵌套使用的，当 <article> 标签进行嵌套使用时，内部的 <article> 标签中的内容必须和外部的 <article> 标签中的内容相关。

例如下面的网页 HTML 代码。

```
...
<body>
<article>
  <header>
    <h1> 新闻标题 </h1>
    <time pubdate="pubdate">2015 年 11 月 12 日 </time>
  </header>
  <p> 新闻正文内容 </p>
  <footer>
    新闻版底信息
  </footer>
  <section>
```

```
    <h2> 评论 </h2>
    <article>
      <header><h3> 用户 1</h3></header>
      <p> 评论内容 </p>
    </article>
    <article>
      <header><h3> 用户 2</h3></header>
      <p> 评论内容 </p>
    </article>
  </section>
</article>
</body>
...
```

以上的 HTML 代码中通过结构标签将内容分为几个部分，文章标题放在 <header> 标签中，文章正文放在 <header> 标签的结束标签后的 <p> 标签中，然后使用 <section> 标签将正文与评论部分进行了区分，在 <section> 标签中嵌入了评论的内容，评论中每一个人的评论相对来说又是比较独立、完整的，因此对它们都使用了一个 <article> 标签，在评论的 <article> 标签中，又分为标题与评论内容部分，分别放在 <header> 与 <p> 标签中。

另外，<article> 标签也可以用来表示插件，它的作用是使插件看起来好像内嵌在页面中的一样。使用 <article> 标签表示插件的代码如下所示。

```
<article>
  <h1> 使用插件 </h1>
  <object>
    <param name="allowFullScreen" value="true">
    <embed src=" 文件地址 " width=" 宽度 " height=" 高度 "> </embed>
  </object>
</article>
```

### 10.3.2 章节——<section> 标签

在 HTML 文档中常常需要定义章节等特定的区域。在 HTML5 中新增了 <section> 标签，该标签用于对页面中的内容进行分区。一个 section 元素通常由内容及其标题组成。<div> 标签也可以用来对页面进行分区，但是 <section> 标签并不是一个普通的容器元素，当一个容器需要被直接定义样式或通过脚本定义行为时，推荐使用 <div> 标签，而非 <section> 标签。

<section> 标签的基本语法格式如下。

```
<section> 文章内容 </section>
```

<div> 标签关注结构的独立性，而 <section> 标签关注内容的独立性。<section> 标签包含的内容可以单独存储到数据库中输出到 Word 文档中。

例如下面的 HTML 代码中使用 <section> 标签将新闻列表的内容单独分隔，在 HTML5 之前，通常使用 <div> 标签来分隔该块内容。

```
...
<body>
<section>
  <h1> 网站新闻 </h1>
  <ul>
    <li> 新闻标题 1</li>
    <li> 新闻标题 2</li>
    <li> 新闻标题 3</li>
```

```
...
    </ul>
  </section>
</body>
...
```

　　<article> 标签和 <section> 标签都是 HTML5 新增的标签，它们的功能与 <div> 标签类似，都是用来区分页面中不同的区域，它们的使用方法也相似，因此很多初学者会将其混用。HTML5 之所以新增这两种标签，就是为了更好地描述 HTML 文档的内容，所以它们之间是存在一定区别的。

　　<article> 标签代表 HTML 文档中独立完整地可以被外部引用的内容。例如，博客中的一篇文章，论坛中的一个帖子或者一段用户评论等。因为 <article> 标签是一段独立的内容，所以 <article> 标签中通常包含头部 (<header> 标签 ) 和底部 (<footer> 标签 )。

　　<section> 标签用于对 HTML 文档中的内容进行分块，一个 <section> 标签中通常由内容及标题组成。<section> 标签中需要包含一个 <h$_n$> 标签，一般不包含头部 (<header> 标签 ) 或者底部 (<footer> 标签 )。通常使用 <section> 标签为那些有标题的内容进行分段。

　　<section> 标签的作用是对页面中的内容进行分块处理，相邻的 <section> 标签中的内容应该是相关的，而不是像 <article> 标签中的内容是独立的。

　　例如下面的 HTML 代码。

```
<article>
  <header>
    <h1> 网页设计介绍 </h1>
  </header>
  <p> 这里是网页设计的介绍内容，介绍有关网页设计的相关知识……</p>
  <section>
    <h2> 评论 </h2>
    <article>
      <h3> 评论者：用户 1</h3>
      <p> 这里是评论内容 </p>
    </article>
    <article>
      <h3> 评论者：用户 2</h3>
      <p> 这里是评论内容 </p>
    </article>
  </section>
</article>
```

　　在以上这段 HTML 代码中，可以观察到 <article> 标签与 <section> 标签的区别。事实上 <article> 标签可以看作特殊的 <section> 标签。<article> 标签更强调独立性、完整性，<section> 标签更强调相关性。

　　既然 <article> 和 <section> 标签是用来划分区域的，又是 HTML5 的新增标签，那么是否可以使用 <article> 和 <section> 标签来取代 <div> 标签进行网页布局呢？答案是否定的，<div> 标签的作用就是用来布局网页，划分大的区域的。在 HTML4 中只有 <div> 和 <span> 标签用来在 HTML 页面中划分区域，所以我们习惯性地把 <div> 当成一个容器。而 HTML5 改变了这种用法，它让 <div> 的工作更纯正，<div> 标签就是用来布局大块，在不同的内容块中，按照需求添加 <article>、<section> 等内容块，并且显示其中的内容，这样才是合理地使用这些元素。

　　因此，在使用 <section> 标签时需要注意以下几个问题。

　　❷ 不要将 <section> 标签当作设置样式的页面容器，对于此类操作应该使用 <div> 标签来实现。

　　❷ 如果 <article> 标签、<aside> 标签或者 <nav> 标签更符合使用条件，不要使用 <section> 标签。

　　❷ 不要为没有标题的内容区块使用 <section> 标签。

通常不推荐为没有标题的内容使用 <section> 标签，但是 <nav> 标签和 <aside> 标签中的内容没有标题是合理的。

<section> 标签的作用是对页面中的内容进行分块，类似于对文章进行分段，<article> 标签的作用是标识页面中具有完整独立的内容模块，两者是不同的。

例如，在下面的 HTML 代码中综合使用 <article> 标签与 <section> 标签。

```
<article>
  <h1> 什么是万维网？ </h1>
  <p> 万维网英文全称为 World Wide Web，简称 WWW。万维网是因特网的一个子集，为全世界用户提供信息。WWW 共享资源共有 3 种机制，分别为 "协议" "地址" 和 HTML。</p>
  <section>
    <h2>1、协议 </h2>
    <p> 超文本传输协议 (Hyper Text Transfer Protocol, HTTP)，是访问 Web 资源必须遵循的规范。</p>
  </section>
  <section>
    <h2>2、地址 </h2>
    <p> 统一定位符 (Uniform Resource Locators, URL) 用来标识 Web 页面上的资源，WWW 按照统一命名方案访问 Web 页面资源。</p>
  </section>
  <section>
    <h2>3、HTML</h2>
    <p> 超文本标记语言，用于创建可以通过 Web 访问的文档。HTML 文档使用 HTML 标记和元素建立页面，保存到服务器上。扩展名为 .htm 或 .html。</p>
  </section>
</article>
```

在以上的 HTML 代码中，首先可看到整个板块是一个独立完整的内容，因此使用 <article> 标签包含内容。该内容中是一篇关于 "万维网" 的介绍，该文章分为 4 段，每一段都有一个独立的标题，因此使用了 3 个 <section> 标签。

---

**提示**

为什么没有对第一段使用 <section> 标签，其实是可以使用的，但是由于其结构比较清晰，分析器可以识别第一段内容在一个 section 元素中，所以也可以将第一个 <section> 标签省略，但是如果第一个 <section> 标签中还要包含子 <section> 标签或子 <article> 标签，那么就必须写明第一个 <section> 标签。

---

在 HTML5 中，<article> 标签可以看作一种特殊种类的 <section> 标签，它比 <section> 标签更强调独立性，即 <section> 标签强调分段或分块，而 <article> 标签则强调独立性。具体来说，如果一块内容相对来说比较独立、完整的时候，应该使用 <article> 标签，但是如果想将一块内容分成几段时，应该使用 <section> 标签。另外，在 HTML5 中，<div> 标签只是一个容器，当使用 CSS 样式时，可以对这个容器进行一个总体的 CSS 样式的套用。

## 10.3.3 导航——<nav> 标签

导航是每个网页中都包含的重要元素之一，通过网站导航可以在网站中各页面之间进行跳转。在 HTML5 中新增了 <nav> 标签，使用该标签可以在网页中定义网页的导航部分。

<nav> 标签的基本语法格式如下。

```
<nav> 导航内容 </nav>
```

<nav> 标签标识的是一个可以用作页面导航的链接组，其中的导航元素链接到其他页面或当前页面的其他部分。并不是所有的链接组都要被放置在 <nav> 标签中，只需将主要、基本的链接组放

进 <nav> 标签中即可。

一个页面中可以拥有多个 <nav> 标签，作为页面整体或不同部分的导航。具体来说，<nav> 标签可以用于以下位置。

🔽 传统导航条：常规网站都设置有不同层级的导航条，其作用是将当前页面跳转到网站的其他主要页面上去。

🔽 侧边栏导航：现在主流博客网站及商品网站上都有侧边栏导航，其作用是将页面从当前页面跳转到其他页面上去。

🔽 页内导航：页面导航的作用是在本页面几个主要的组成部分之间进行跳转。

🔽 翻页操作：翻页操作是指在多个页面的前后页或博客网站的前后篇文章滚动。

在 HTML5 中，只要是导航性质的链接，就可以很方便地将其放入 <nav> 标签中，该标签可以在一个 HTML 文档中出现多次，作为整个页面的导航或部分区域内容的导航。

例如下面的 HTML 代码。

```
...
<body>
<nav>
  <ul>
    <li><a href="#">网站首页 </a></li>
    <li><a href="#">关于我们 </a></li>
    <li><a href="#">设计作品 </a></li>
    <li><a href="#">联系我们 </a></li>
  </ul>
</nav>
</body>
...
```

在以上的 HTML 代码中，<nav> 标签中包含 4 个用于导航的超链接，该导航可以用于网页全局导航，也可以放在某个段落，作为区域导航。

如下的 HTML 代码中，页面由几个部分组成，每个部分都带有链接，将主要的链接放入 <nav> 标签中。

```
...
<body>
<nav>
  <ul>
    <li><a href="#">网站首页 </a></li>
    <li><a href="#">关于我们 </a></li>
    <li><a href="#">设计作品 </a></li>
    <li><a href="#">联系我们 </a></li>
  </ul>
</nav>
<article>
  <header>
    <h1>企业简介和荣誉 </h1>
    <nav>
      <ul>
        <li><a href="#about">介绍 </a></li>
        <li><a href="#honor">荣誉 </a></li>
      </ul>
    </nav>
```

```
</header>
<section id="about">
  <h1> 介绍 </h1>
  <p> 关于企业介绍的内容 </p>
</section>
<section id="honor">
  <h1> 荣誉 </h1>
  <p> 关于企业荣誉的内容 </p>
</section>
<footer>
  <a href="#"> 子公司 </a> | <a href="#"> 行业协会 </a>
</footer>
</article>
<footer>
  <p> 版权信息 </p>
</footer>
</body>
...
```

在以上的 HTML 代码中，第一个 <nav> 标签用于页面整体导航，将页面跳转到网站中其他页面，如跳转到"网站首页"或"设计作品"页面。第二个 <nav> 标签放置在 <article> 标签中，表示在文章中进行导航。

> **提示**
>
> 很多用户喜欢使用 <menu> 标签进行导航，<menu> 标签主要用于一系列交互命令的菜单上。例如，使用在 Web 应用程序中。在 HTML5 中不要使用 <menu> 标签代替 <nav> 标签。

## 10.3.4 辅助信息——<aside> 标签

侧边结构元素可用于创建网页中文章内容的侧边栏内容。在 HTML5 中新增了 <aside> 标签，<aside> 标签用于创建其主要内容之外的辅助信息内容，<aside> 标签中的内容应该与其附近的内容相关。

<aside> 标签的基本语法格式如下。

```
<aside> 辅助信息内容 </aside>
```

<aside> 标签用来表示当前页面或文章的辅助信息内容部分，它可以包含与当前页面或主要内容相关的引用、侧边栏、广告、导航条及其他类似的有别于主要内容的部分。<aside> 标签主要有以下两种使用方法。

🡗 <aside> 标签被包含在 <article> 标签中，作为主要内容的辅助信息部分，其中的内容可以是与当前文章有关的资料、名词解释等。其基本应用格式如下。

```
<article>
  <h1> 文章标题 </h1>
  <p> 文章主体内容 </p>
  <aside> 文章内容的辅助信息内容 </aside>
</article>
```

🡗 在 <article> 标签之外使用 <aside> 标签，作为页面或全局的辅助信息部分。最典型的是侧边栏，其中的内容可以是友情链接，博客中的其他文章列表、广告等。其基本应用格式如下。

```
<aside>
<h2> 列表标题 1</h2>
<ul>
```

```
<li> 列表项 1</li>
<li> 列表项 2</li>
</ul>
<h2> 列表标题 2</h2>
<ul>
<li> 列表项 1</li>
<li> 列表项 2</li>
</ul>
</aside>
```

例如下面的 HTML 代码，使用 <aside> 标签为网站添加一个友情链接板块。

```
...
<body>
<aside>
  <nav>
    <h2> 友情链接 </h2>
    <ul>
      <li><a href="#"> 网站 1</a></li>
      <li><a href="#"> 网站 2</a></li>
      <li><a href="#"> 网站 3</a></li>
    </ul>
  </nav>
</aside>
</body>
...
```

友情链接在博客网站中比较典型，一般在左右两侧的侧边栏中，因此可以使用 <aside> 标签来实现，但是该侧边栏又具有导航作用的，因此嵌套一个 <nav> 标签，该侧边栏的标题是"友情链接"，放在 <h2> 标签中，在标题之后使用一个 <ul> 项目列表，用来存放具体的导航链接。

## 10.3.5　发布日期——<time> 标签与微格式

微格式是一种利用 HTML 的 class 属性为网页添加附加信息的方法，附加信息如新闻事件发生的日期和时间、个人电话号码、企业邮箱等。

微格式并不是在 HTML5 之后才有的，在 HTML5 之前就和 HTML 结合使用，但是，在使用过程中发现在日期和时间的机器编码上出现了一些问题，编码过程中会产生一些歧义。HTML5 新增了 <time> 标签，通过该标签可以无歧义、明确地对机器的日期和时间进行编码，并且以让人易读的方式展现出来。这个元素就是 <time> 标签。

<time> 标签用于表示 24 小时中的某个时期或某个时间，使用该标签表示时间时允许带有时差设置。它可以定义很多格式的日期和时间，其语法格式如下。

```
<time datetime="2017-12-12">2017 年 12 月 12 日 </time>
<time datetime="2017-12-12">12 月 12 日 </time>
<time datetime="2017-12-12"> 我的生日 </time>
<time datetime="2017-12-12T18:00"> 我生日的晚上 6 点 </time>
<time datetime="2017-12-12T18:00Z"> 我生日的晚上 6 点 </time>
<time datetime="2017-12-12T18:00+09:00"> 我生日的晚上 8 点的美国时间 </time>
```

编码时引擎读到的部分在 datetime 属性中，而元素的开始标签与结束标签中间的部分内容是显示在网页上的。datetime 属性中日期与时间之间要使用字母"T"分隔，"T"表示时间。

注意倒数第 2 行，时间加上字母"Z"表示机器编码时使用 UTC 标准时间，倒数第一行则加上时差，表示向机器编码另一地区时间，如果是编码本地时间，则不需要添加时差。

pubdate 属性是一个可选择的布尔值属性，可以添加在 <time> 标签中，用于表示文章或者整个网页的发布日期。使用格式如下。

```
<time datetime="2015-11-12" pubdate>2015 年 11 月 12 日 </time>
```

由于 <time> 标签不仅仅表示发布时间，而且还可以表示其他用途的时间，如通知、约会等。为了避免引擎误解发布日期，使用 pubdate 属性可以显式地告诉引擎文章中哪个时间是真正的发布时间。

# 10.4　添加语义模块

除了以上几个主要的结构元素之外，在 HTML5 中还新增了一些表示逻辑结构或附加信息的非主体结构元素。

## 10.4.1　页眉——<header> 标签

<header> 标签是一种具有引导和导航作用的结构元素，通常用来放置整个页面或页面内的一个内容区块的标题，但也可以包含其他内容，如数据表格、搜索表单或相关的 logo 图片，因此整个页面的标题应该放在页面的开头。

<header> 标签的基本语法格式如下。

```
<header> 网页或文章的标题信息</header>
```

例如下面的网页 HTML 代码。

```
...
<body>
<header>
  <h1> 网页标题 </h1>
</header>
<article>
  <header>
    <h1> 文章标题 </h1>
  </header>
  <p> 文章正文内容 </p>
</article>
</body>
...
```

在一个网页中可以多次使用 <header> 标签。在 <header> 标签中通常包含 <h1> 至 <h6> 标签，也可以包含 <hgroup>、<table>、<form> 和 <nav> 等标签，只要应该显示在头部区域的语义标签，都可以包含在 <header> 标签中。

例如下面的 HTML 代码，在 <header> 页眉区域中包含 logo 和导航元素。

```
<header>
  <hgroup>
    <div id="logo"><img src="images/4303.png" width="191" height="60"  alt=""/></
div>
    <h1> 工作室网站 </h1>
  </hgroup>
  <nav>
    <ul>
      <li> 网站首页 </li>
      <li> 关于我们 </li>
      <li> 我们的服务 </li>
      <li> 我们的作品 </li>
```

```
        <li> 联系我们 </li>
      </ul>
    </nav>
  </header>
```

## 10.4.2　标题组——<hgroup> 标签

<hgroup> 标签可以为标题或子标题进行分组，通常它与 <h1> 至 <h6> 标签组合使用，一个内容块中的标题及子标题可以通过 <hgroup> 标签组成一组。但是，如果文章只有一个主标题，则不需要使用 <hgroup> 标签。

<hgroup> 标签的基本语法格式如下。

```
<hgroup>
标题 1
标题 2
…
</hgroup>
```

例如下面的网页 HTML 代码。

```
…
<body>
<article>
  <header>
    <hgroup>
      <h1> 文章主标题 </h1>
      <h2> 文章副标题 </h2>
      <h3> 文章标题说明 </h3>
    </hgroup>
    <p>
      <time datetime="2017-12-12"> 发布时间：2017 年 12 月 12 日 </time>
    </p>
  </header>
  <p> 文章正文内容 </p>
</article>
</body>
…
```

在该 HTML 代码中，使用 <hgroup> 标签将文章的主标题、副标题和文章的标题说明进行分组，以便让搜索引擎更容易识别标题块。

## 10.4.3　页脚——<footer> 标签

HTML5 中新增了 <footer> 标签，<footer> 标签中的内容可能作为网页或文章的注脚，如在父级内容块中添加注释，或者在网页中添加版权信息等。页脚信息有很多形式，如作者、相关阅读链接及版权信息等。

在 HTML5 之前，要描述页脚信息，通常使用 <div id="footer"> 标签定义包含框。自从 HTML5 新增了 <footer> 标签，这种方式将不再使用，而是使用更加语义化的 <footer> 元素来替代。

<footer> 标签的基本语法格式如下。

```
<footer> 页脚信息内容 </footer>
```

例如，在下面的 HTML 代码中使用 <footer> 标签分别为页面中的文章和整个页面添加相应的脚注信息。

```
...
<body>
<article>
  <header>
    <h1> 文章标题 </h1>
    <p>
      <time datetime="2017-12-12"> 发布时间：2017 年 12 月 12 日 </time>
    </p>
  </header>
  <p> 文章正文内容 </p>
  <footer> 文章注释信息 </footer>
</article>
<footer> 网页版权信息 </footer>
</body>
...
```

与 <header> 标签一样，页面中也可以重复使用 <footer> 标签。同时，可以为 <article> 标签所标注的文章或 <section> 标签所标注的章节内容添加 <footer> 标签，添加相应的文章或章节注释信息。

### 10.4.4  联系信息——<address> 标签

HTML5 中新增了 <address> 标签，<address> 标签用来在 HTML 文档中定义联系信息，包括文档作者、电子邮箱、地址、电话号码等信息。

<address> 标签的基本语法格式如下。

<address> 联系信息内容 </address>

<address> 标签的用途不仅仅用来描述电子邮箱或地址等联系信息，还可以用来描述与文档相关的联系人信息。例如下面的 HTML 代码。

```
...
<body>
<article>
  <header>
    <h1> 文章标题 </h1>
    <p>
      <time datetime="2017-13-12"> 发布时间：2017 年 12 月 12 日 </time>
    </p>
  </header>
  <p> 文章正文内容 </p>
  <footer> 文章注释信息 </footer>
</article>
<address>
  <a href="#"> 网页设计资讯 </a>
  <a href="#">Web 技术 </a>
</address>
</body>
...
```

## 10.5  使用文档结构元素制作页面

HTML5 中新增的文档结构元素非常适合制作文章或博客类的网站页面。通过使用 HTML5 的结构元素，HTML5 的文档结构比大量使用 <div> 标签的 HTML 文档结构清晰、明确了很多。本节将综合使用前面所介绍的 HTML5 结构元素制作一个简单的企业网站首页。

## 实 战 制作企业网站首页面

最终文件：最终文件 \ 第 10 章 \10-5.html 视频：视频 \ 第 10 章 \10-5.mp4

**01** 执行"文件 > 新建"命令，弹出"新建文档"对话框，创建一个 HTML5
页面，如图 10-1 所示，将该页面保存为"源文件 \ 第 10 章 \10-5.html"。新建外部 CSS 样式表文件，
将其保存为"源文件 \ 第 10 章 \style\10-5.css"，如图 10-2 所示。

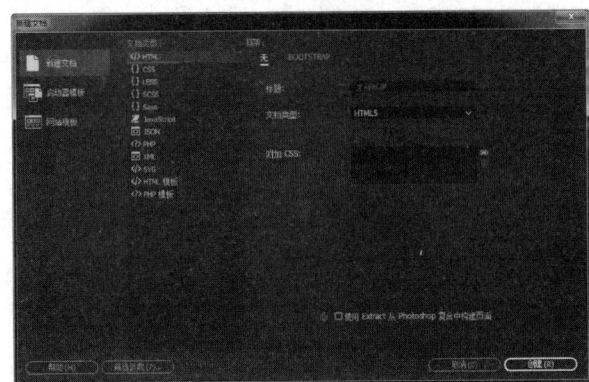

图 10-1 图 10-2

**02** 在外部 CSS 样式表文件中创建名为 * 的通配符 CSS 样式和名为 body 的标签 CSS 样式，如
图 10-3 所示。返回所制作的 HTML 页面中，在 <head> 与 </head> 标签之间添加 <link> 标签链接
外部 CSS 样式表文件，如图 10-4 所示。

图 10-3 图 10-4

**03** 首先制作页面的头部，在 <body> 与 </body> 标签之间编写如下的 HTML 代码。

```html
<body>
<header>
  <div id="logo">
<img src="images/10501.png" width="150" height="90" alt="">
</div>
  <nav>
   <ul>
    <li>网站首页 </li>
    <li>关于我们 </li>
    <li>我们的服务 </li>
    <li>我们的作品 </li>
    <li>联系我们 </li>
   </ul>
  </nav>
</header>
</body>
```

> **提示**
>
> 通过编写 HTML 代码可以看出，使用 <header> 标签标识出页面的头部区域，在头部区域中放置网站的 Logo 图像，并使用 <nav> 标签标识出网页的导航内容。默认情况下，HTML 代码中的标签仅用于表现文档的结构，并不会在页面中显示出特殊的表现效果。

**04** 接下来通过 CSS 样式对页面头部的显示效果进行设置。转换到外部 CSS 样式表文件中，创建名为 .header01 的类 CSS 样式，如图 10-5 所示。返回网页的 HTML 代码中，在 <header> 标签中添加 class 属性应用名为 .header01 的类 CSS 样式，如图 10-6 所示。

```
.header01 {
    width: 1000px;
    height: 90px;
    margin: 0px auto;
}
```

图 10-5

```
<header class="header01">
<div id="logo">
    <img src="images/10501.png" width="150" height="90" alt="">
</div>
<nav>
    <ul>
        <li>网站首页</li>
        <li>关于我们</li>
        <li>我们的服务</li>
        <li>我们的作品</li>
        <li>联系我们</li>
    </ul>
</nav>
</header>
```

图 10-6

> **提示**
>
> HTML 代码中的结构标签仅仅是在 HTML 文档中提供一种良好的文档内容表现结构，本身并没有任何的外观样式，还需要通过 CSS 样式对其外观的显示效果进行控制。

**05** 转换到外部 CSS 样式表文件中，创建名为 #logo 的 CSS 样式和名为 .nav01 的类 CSS 样式，如图 10-7 所示。返回网页的 HTML 代码中，在 <nav> 标签中添加 class 属性应用名为 .nav01 的类 CSS 样式，如图 10-8 所示。

```
#logo {
    width: 150px;
    height: 90px;
    float: left;
}
.nav01 {
    height: 90px;
    display: inline-block;
    float: right;
}
```

图 10-7

```
<header class="header01">
<div id="logo">
    <img src="images/10501.png" width="150" height="90" alt="">
</div>
<nav class="nav01">
    <ul>
        <li>网站首页</li>
        <li>关于我们</li>
        <li>我们的服务</li>
        <li>我们的作品</li>
        <li>联系我们</li>
    </ul>
</nav>
</header>
```

图 10-8

**06** 转换到外部 CSS 样式表文件中，创建名为 .nav01 li 的 CSS 样式，如图 10-9 所示。完成使用 CSS 样式对页面头部外观效果的设置，保存外部 CSS 样式表文件并保存 HTML 页面，在浏览器中预览页面，可以看到页面头部的显示效果，如图 10-10 所示。

```
.nav01 li {
    list-style-type: none;
    width: 120px;
    text-align: center;
    line-height: 90px;
    font-weight: bold;
    float: left;
}
```

图 10-9

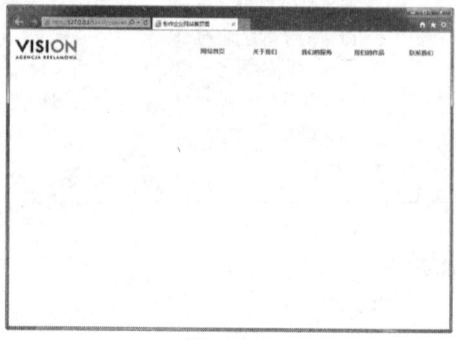

图 10-10

**07** 接下来制作页面的主体内容部分，转换到网页的 HTML 代码中，在页面头部的 <header> 标签的结束标签之后编写如下的 HTML 代码。

```
<div id="banner">
  <article>
    <img src="images/10503.png" width="678" height="393" alt="">
    <hgroup>
      <h1>完美的设计解决方案 </h1>
      <h2>兼容全媒体 </h2>
    </hgroup>
    <p>基于对市场和客群的分析，我们只生产解决问题的创意。</p>
    <p>追求动人的设计，我们追求完美的体验，我们关注设计情感，为客户提供商业和视觉完美融合的设计方案，
让我们的工作更加实用，更加具有商业价值！</p>
  </article>
</div>
```

> **提示**
>
> 　　在页面内容部分，首先使用 <div> 标签来划分页面区域，然后在该 <div> 标签中添加文章标签 <article> 标识出文章部分，该文章的标题有主标题和副标题，则使用 <hgroup> 标签来包含主标题和副标题，使其成为一个标题组结构。

**08** 转换到外部 CSS 样式表文件中，创建名为 #banner 的 CSS 样式，如图 10-11 所示。保存页面，在浏览器中预览页面，可以看到该部分内容的效果，如图 10-12 所示。

```
#banner {
  width: 100%;
  height: 507px;
  background-image: url(../images/10502.jpg);
  background-repeat: no-repeat;
  background-position: center top;
}
```

图 10-11

图 10-12

**09** 转换到外部 CSS 样式表文件中，创建名为 .article01 和名为 .article01 img 的 CSS 样式，如图 10-13 所示。返回网页的 HTML 代码中，在 <article> 标签中添加 class 属性应用名为 .article01 的类 CSS 样式，如图 10-14 所示。

```
.article01 {
  width: 1000px;
  height: auto;
  overflow: hidden;
  margin: 0px auto;
  padding-top: 100px;
  color: #FFF;
}
.article01 img {
  float: right;
}
```

图 10-13

```
<div id="banner">
  <article class="article01">
    <img src="images/10503.png" width="678" height="393" alt="">
    <hgroup>
      <h1>完美的设计解决方案</h1>
      <h2>兼容全媒体</h2>
    </hgroup>
    <p>基于对市场和客群的分析，我们只生产解决问题的创意。</p>
    <p>追求动人的设计，我们追求完美的体验，我们关注设计情感，为客户提供商业和视
觉完美融合的设计方案，让我们的工作更加实用，更加具有商业价值！</p>
  </article>
</div>
```

图 10-14

**10** 保存页面，在浏览器中预览页面，可以看到该部分内容的效果，如图 10-15 所示。转换到外部 CSS 样式表文件中，创建名为 .article01 h1 和名为 .article01 h2 的 CSS 样式，如图 10-16 所示。

**11** 转换到外部 CSS 样式表文件中，创建名为 .article01 p 的 CSS 样式，如图 10-17 所示。保存页面，在浏览器中预览页面，可以看到该部分内容的效果，如图 10-18 所示。

图 10-15

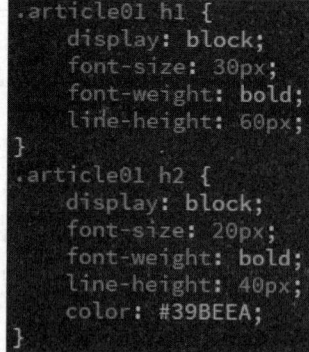

图 10-16

```
.article01 h1 {
    display: block;
    font-size: 30px;
    font-weight: bold;
    line-height: 60px;
}
.article01 h2 {
    display: block;
    font-size: 20px;
    font-weight: bold;
    line-height: 40px;
    color: #39BEEA;
}
```

```
.article01 p {
    margin-top: 14px;
    text-indent: 28px;
}
```

图 10-17

图 10-18

**12** 接下来制作页面的版底信息内容部分，转换到网页的 HTML 代码中，在页面中 id 名称为 banner 的 Div 结束标签之后编写如下的 HTML 代码。

```
<footer>
  Copyright © 2015 VISION.com.by:VISION<br>
  <address>
  联系电话：010-xxxxxxxx  E-Mail:xxxxx@163.com
  </address>
</footer>
```

**13** 转换到外部 CSS 样式表文件中，创建名为 .footer01 的类 CSS 样式，如图 10-19 所示。返回网页的 HTML 代码中，在 <footer> 标签中添加 class 属性应用名为 .footer01 的类 CSS 样式，如图 10-20 所示。

```
.footer01 {
    width: 100%;
    height: 50px;
    padding-top: 10px;
    background-color: #000;
    font-size: 12px;
    color: #CCC;
    position: absolute;
    bottom: 0px;
    text-align: center;
}
```

图 10-19

```
<footer class="footer01">
  Copyright © 2015 VISION.com.by:VISION<br>
  <address>
  联系电话:010-xxxxxxxx  E-Mail:xxxxx@163.com
  </address>
</footer>
```

图 10-20

14 完成该页面的制作，保存页面，并保存外部 CSS 样式表文件，在浏览器中预览页面，可以看到页面的效果，如图 10-21 所示。

图 10-21

# 第 11 章　使用 HTML5 画布绘图

在 HTML5 中提供了在网页中实现绘图功能的 canvas 元素。使用该元素，可以像使用其他 HTML 标签一样简单，然后利用 JavaScript 脚本调用绘图 API，绘制出各种图形，并且还能够实现动画效果。在本章中将向读者介绍 HTML5 中的 canvas 元素，并讲解使用 canvas 元素与 JavaScript 脚本相结合在网页中绘制各种图形的方法。

**本章知识点：**

- ➤ 了解 canvas 元素的相关知识
- ➤ 理解使用 canvas 元素在网页中实现绘图的方法和流程
- ➤ 掌握使用 canvas 元素在网页中绘制各种基本图形的方法
- ➤ 掌握使用 canvas 元素在网页中绘制文本的方法
- ➤ 掌握使用不同方法在网页中绘制弧线和曲线的方法
- ➤ 掌握图形组合与裁切路径的方法
- ➤ 掌握图形的移动、缩放和旋转操作方法
- ➤ 掌握为图形设置渐变颜色和添加阴影的方法

## 11.1　使用 HTML5 画布绘图

HTML5 新增的 canvas 元素有一套绘图 API（接口函数），JavaScript 就是通过调用这些绘图 API 来实现在 canvas 元素区域内绘制图形的。canvas 拥有多种绘制路径、矩形、圆形、字符及添加图形的方法。

### 11.1.1　了解 canvas 元素

在 HTML5 以前的标准中，都有一个缺陷，就是不能直接动态地在 HTML 页面中绘制图形。在互联网应用不断发展中，页面绘图使用越来越多，未来的发展趋势也需要 HTML 自己完成绘图功能，因此，在 HTML5 中新增了用于网页绘图的 canvas 元素。

canvas 元素是为了客户端矢量图形而设计的。它自己没有行为，但却把一个绘图 API 展现给客户端 JavaScript，从而使脚本能够把想绘制的东西都绘制到一块画布上。canvas 的概念最初是由苹果公司提出的，并在 Safari 1.3 浏览器中首次引入，随后 Firefox 1.5 和 Opera 9 两款浏览器都开始支持使用 canvas 元素绘图，目前 IE 9 以上版本的 IE 浏览器也已经支持这项功能。canvas 的标准化由一个 Web 浏览器厂商的非正式协会推进，目前，<canvas> 标签已经成为 HTML5 草案中一个正式的标签。

<canvas> 标签有一个基于 JavaScript 的绘图 API，而 SVG 和 VML 使用一个 XML 文档来描述绘图。Canvas 与 SVG 和 VML 的实现方式不同，但在实现上可以相互模拟。<canvas> 标签有自己的优势，由于不存储文档对象，性能较好。但如果需要移除画布中的图形元素，往往需要擦掉绘图重新绘制它。

### 11.1.2　在网页中插入 canvas 元素

canvas 元素是以标签的形式应用到 HTML5 页面中的。在 HTML5 页面中 <canvas> 标签的应用

格式如下。

```
<canvas>...</canvas>
```

<canvas> 标签是 HTML5 新增的标签，很多旧浏览器都不支持，为了增加用户体验，可以提供替代文字，放在 <canvas> 标签中，例如下面的代码。

```
<canvas> 你的浏览器不支持该功能！</canvas>
```

当浏览器不支持 <canvas> 标签时，标签中的文字就会显示出来。与其他 HTML 标签一样，<canvas> 标签有一些共同的属性。

```
<canvas id="canvas" width="300" height="200"> 你的浏览器不支持该功能！</canvas>
```

其中，id 属性决定了 <canvas> 标签的唯一性，方便查找。width 和 height 属性分别决定了 canvas 的宽和高，其数值代表 <canvas> 标签内包含多少像素。

<canvas> 标签可以像其他标签一样应用 CSS 样式表。如果在 CSS 样式表中添加如下的 CSS 样式设置代码。

```
canvas{
    border:1px solid #CCC;
}
```

那么该页面中的 <canvas> 标签将会显示为 1 像素的浅灰色边框，在 IE 11 浏览器中预览效果如图 11-1 所示。旧版本 IE 7 浏览器不支持 <canvas> 标签，则会在网页中显示 <canvas> 标签之间的提示文字，如图 11-2 所示。

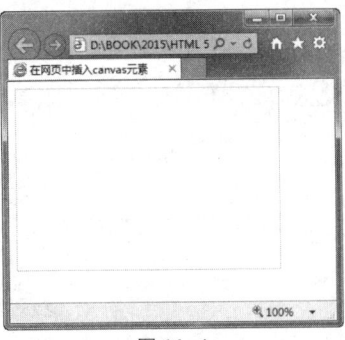
图 11-1

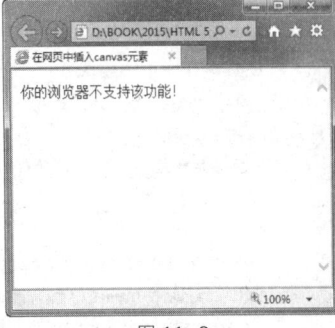
图 11-2

> **提示**
>
> 可以使用 CSS 样式来控制 canvas 的宽和高，但 canvas 内部的像素还是根据 canvas 自身的 width 和 height 属性确定，默认的宽是 300 像素，高是 150 像素，用 CSS 设置 canvas 尺寸只能体现 canvas 占用的页面空间，但是 canvas 内部的绘图像素还是由 width 和 height 属性来决定的，这样会导致整个 canvas 内部的图像变形。

### 11.1.3 如何使用 canvas 元素实现绘图

canvas 元素本身是没有绘图能力的，所有绘制工作必须在 JavaScript 内部完成。前面讲过，canvas 元素提供了一套绘图 API，那么，实现使用 <canvas> 标签绘图的流程是先要获取 canvas 元素的对象，再获取一个绘图上下文，接下来就可以使用绘图 API 中丰富的功能了。

#### 1. 获取 canvas 对象

在绘图之前，首先需要从页面中获取 canvas 对象。通常使用 document 对象的 getElementById() 方法获取。例如，以下代码获取页面中 id 名称为 canvas1 的 canvas 对象。

```
var canvas=document.getElementById("canvas1");
```

开发者还可以使用通过标签名称来获取对象的 getElementByTagName 方法。

#### 2. 创建二维的绘图上下文对象

canvas 对象包含不同类型的绘图 API，还需要使用 getContext() 方法来获取接下来要使用的绘图上下文对象。

```
var context=canvas.getContext("2d");
```

getContext 对象是内建的 HTML5 对象，拥有多种绘制路径、矩形、圆形、字符及添加图像的方法。参数为 2d，说明接下来将绘制的是一个二维图形。

### 3. 在 Canvas 上绘制文字

设置绘制文字的字体样式、颜色和对齐方式。

```
// 设置字体样式、颜色及对齐方式
context.font="160px 黑体 ";
context.fillStyle="#0FF0000";
context.textAlign="center";
// 绘制文字
context.fillText(" 中 ",150,150,200);
```

font 属性设置了字体样式。fillStyle 属性设置了字体颜色。textAlign 属性设置了对齐方式。fillText() 方法用填充的方式在 Canvas 上绘制了文字。

例如下面的 HTML 代码。

```
<!doctype html>
<html>
<head>
<meta charset="utf-8">
<title> 在网页中插入 canvas 元素 </title>
<style type="text/css">
canvas{
    border:1px solid #CCC;
}
</style>
<script type="text/javascript">
function DrawText() {
    var canvas=document.getElementById("canvas1");
    var context=canvas.getContext("2d");
    // 设置字体样式、颜色及对齐方式
    context.font="160px 黑体 ";
    context.fillStyle="#FF0000";
    context.textAlign="center";
    // 绘制文字
    context.fillText(" 中 ",150,150,200);
}
window.addEventListener("load",DrawText,true);
</script>
</head>
<body>
<canvas id="canvas1" width="300" height="200"> 你的浏览器不支持该功能! </canvas>
</body>
</html>
```

使用 CSS 样式为页面中的 canvas 元素设置 1 像素的浅灰色边框，并使用 JavaScript 代码在其中绘制一个 "中" 字，在浏览器中预览效果，如图 11-3 所示。

图 11-3

## 11.2　绘制基本图形

使用 HTML5 中新增的 <canvas> 标签能够实现最简单直接的绘图，也能够通过编写脚本实现极为复杂的应用。本节将向读者介绍如何使用 <canvas> 标签与 JavaScript 脚本相结合实现一些简单的基本图形绘制。

### 11.2.1　绘制直线

使用 <canvas> 标签绘制直线，需要通过 <canvas> 标签与 JavaScript 中的 moveTo() 和 lineTo() 方法相结合。

moveTo() 方法用于创建新的子路径，并设置其起始点，其使用方法如下。

```
context.moveTo(x,y)
```

lineTo() 方法用于从 moveTo() 方法设置的起始点开始绘制一条到设置坐标的直线，如果前面没有用 moveTo() 方法设置路径的起始点，则 lineTo() 方法等同于 moveTo() 方法。

lineTo() 方法的用法如下。

```
context.lineTo(x,y)
```

通过 moveTo() 和 lineTo() 方法设置了直线路径的起点和终点，而 stroke() 方法用于沿该路径绘制一条直线。

### 实战　在网页中绘制直线

最终文件：最终文件 \ 第 11 章 \11-2-1.html　　　视频：视频 \ 第 11 章 \11-2-1.mp4

**01** 打开页面"源文件 \ 第 11 章 \11-2-1.html"，在浏览器中预览该页面，可以看到页面的背景效果，如图 11-4 所示。返回网页的 HTML 代码中，在 <body> 与 </body> 标签之间添加 <canvas> 标签，并对相关属性进行设置，如图 11-5 所示。

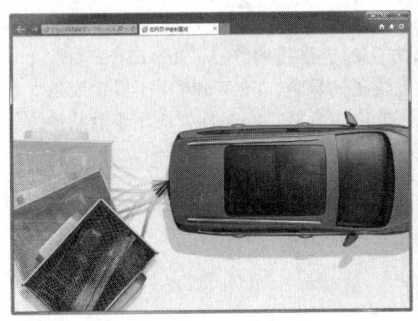

图 11-4

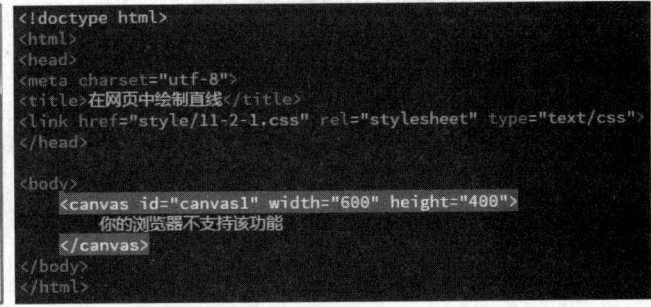

图 11-5

**02** 转换到该网页所链接的外部 CSS 样式表文件中，创建名为 #canvas1 的 CSS 样式，如图 11-6 所示。保存页面并保存外部 CSS 样式表文件，在浏览器中预览页面，可以看到通过 CSS 样式为 canvas 元素设置边框的效果，如图 11-7 所示。

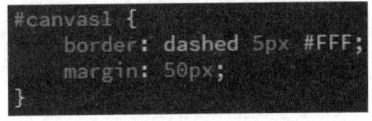

图 11-6

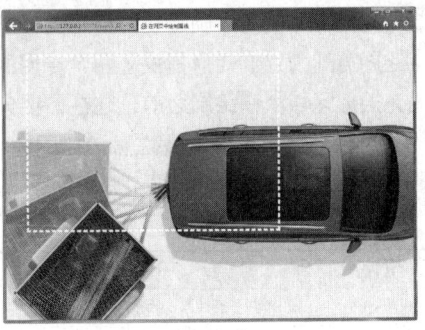

图 11-7

> **提示**
>
> 在所创建的名为 #canvas1 的 CSS 样式中主要设置了对象的边框为 5 像素的白色虚线边框，并且对象四周的边距均为 50 像素。在这里主要是通过 CSS 样式使页面中的 canvas 对象更容易看清楚。

**03** 返回网页的 HTML 代码中，在 <canvas> 结束标签之后添加相应的 JavaScript 脚本代码。

```
<script type="text/javascript">
var myCanvas=document.getElementById("canvas1");
var context=myCanvas.getContext("2d");
// 绘制第一条直线
context.moveTo(0,0);
context.lineTo(600,400);
context.strokeStyle="#FF3300";
context.lineWidth=5;
context.stroke();
// 绘制第二条直线
context.moveTo(600,0);
context.lineTo(0,400);
context.strokeStyle="#FF3300";
context.lineWidth=5;
context.stroke();
</script>
```

**04** 保存页面，在浏览器中预览页面，可以看到使用 <canvas> 标签与 JavaScript 脚本相结合绘制的直线效果，如图 11-8 所示。

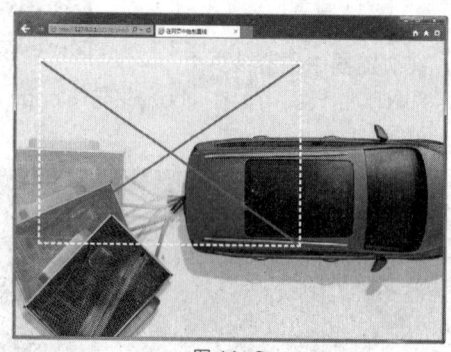

图 11-8

> **提示**
>
> 在所编写的 JavaScript 脚本代码中，通过 moveTo() 方法确定所绘制路径的起点，通过 lineTo() 方法确定路径的终点，strokeStyle 属性用于设置线条的颜色，lineWidth 用于设置线条的宽度，单位为像素。stroke() 方法用于沿路径起点和终点绘制一条直线。

## 11.2.2 绘制矩形

矩形属于一种特殊而又普遍使用的一种图形，矩形的宽和高就确定了图形的样子，再给予一个绘制起始坐标，就可以确定其位置，这样整个矩形就确定下来了。

绘图 API 为绘制矩形提供了两个专用的方法：strokeRect() 和 fillRect()，可分别用于绘制矩形边框和填充矩形区域。在绘制之前，往往需要先设置样式，然后才能进行绘制。

关于矩形可以设置的属性有边框颜色、边框宽度、填充颜色等。绘图 API 提供了几个属性可以设置这些样式，属性说明如表 11-1 所示。

表 11-1 绘制矩形可以设置的属性

| 属性 | 属性值 | 说明 |
| --- | --- | --- |
| strokeStyle | 符合 CSS 规范的颜色值及对象 | 设置线条的颜色 |
| lineWidth | 数字 | 设置线条宽度，默认宽度为 1，单位是像素 |
| fillStyle | 符合 CSS 规范的颜色值 | 设置区域或文字的填充颜色 |

### 1. 绘制矩形边框

绘制矩形边框需要使用 strokeRect 方法，其使用方法如下。

```
strokeRect (x,y,width,height);
```

其中，width 表示矩形的宽度，height 表示矩形的高度，x 和 y 分别是矩形起点的横坐标和纵坐标。例如，以下代码以 (50,50) 为起点绘制一个宽度为 150、高度为 100 的矩形。

```
context.strokeRect(50,50,150,100);
```

这里仅绘制了矩形的边框，且边框的颜色和宽度由属性 strokeStyle 和 lineWidth 来指定。

### 2. 填充矩形区域

填充矩形区域需要使用 fillRect() 方法，其使用方法如下。

```
fillRect(x,y,width,height);
```

该方法的参数和 strokeRect() 方法的参数是一样的，用于确定矩形的位置及大小。例如，以下代码以 (50,50) 为起点填充一个宽度为 150、高度为 100 的矩形。

```
context.fillRect(50,50,150,100);
```

这里填充了一个矩形区域，颜色由属性 fillStyle 属性来设置。

---

**实 战 在网页中绘制矩形**

最终文件：最终文件 \ 第 11 章 \11-2-2.html   视频：视频 \ 第 11 章 \11-2-2.mp4

`01` 打开页面"源文件 \ 第 11 章 \11-2-2.html"，在浏览器中预览该页面，可以看到页面的背景效果，如图 11-9 所示。返回网页的 HTML 代码中，在 <body> 与 </body> 标签之间添加 <canvas> 标签，并对相关属性进行设置，如图 11-10 所示。

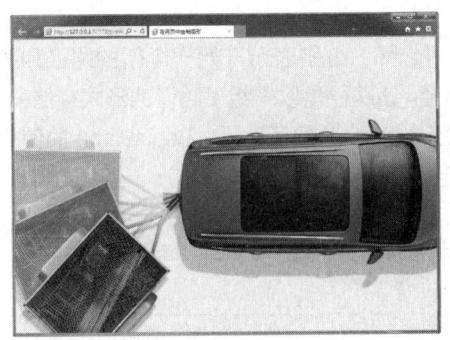

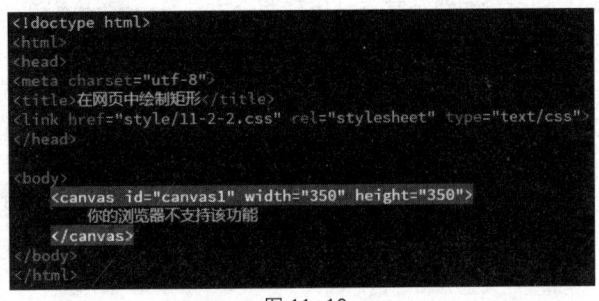

图 11-9                                    图 11-10

`02` 在 <canvas> 结束标签之后添加相应的 JavaScript 脚本代码。

```html
<script type="text/javascript">
var myCanvas=document.getElementById("canvas1");
var context=myCanvas.getContext("2d");
// 绘制矩形边框
context.strokeStyle="#FFF";                // 设置边框颜色
context.lineWidth=10;                      // 设置边框宽度
context.strokeRect(30,30,280,280);         // 绘制矩形边框
// 填充矩形区域
context.fillStyle="rgba(63,156,187,0.6)";  // 设置填充颜色
context.fillRect(60,60,300,300);           // 填充矩形区域
</script>
```

`03` 保存页面，在浏览器中预览页面，可以看到使用 <canvas> 标签与 JavaScript 脚本相结合绘制的矩形效果，如图 11-11 所示。

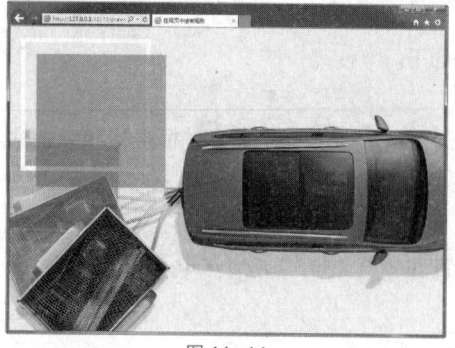

本实例绘制矩形使用了两种绘图方式：绘制线条和填充区域。绘制线条，无论是绘制矩形还是其他图形，都是类似的用法，有共同的属性设置。填充区域，也有共同的属性设置，如属性 fillStyle，在其他填充方式中也需要用到这个属性，并且在该实例中设置填充颜色使用了 RGBA 的颜色设置方式，将填充颜色设置为半透明的蓝色。

图 11-11

## 11.2.3 绘制圆形

圆形的绘制是采用绘制路径并填充颜色的方法来实现的。路径可以在实际绘图前勾勒出图形的轮廓，这样就可以绘制复杂的图形。

在 canvas 中，所有基本图形都是以路径为基础的，通常会调用 linTo()、rect()、arc() 等方法来设置一些路径。在最后使用 fill() 或 stroke() 方法进行绘制边框或填充区时，都是参照这个路径来进行的。使用路径绘图基本上分为如下 3 个步骤。

(1) 创建绘图路径。

(2) 设置绘图样式。

(3) 绘制图形。

### 1. 创建绘图路径

创建绘图路径常常会用到两个方法 beginPath() 和 closePath()，分别表示开始一个新的路径和关闭当前的路径。首先，使用 beginPath() 方法创建一个新的路径。该路径是以一组子路径的形式存储的，它们共同构成一个图形。每次调用 beginPath() 方法，都会产生一个新的子路径。beginPath() 的使用方法如下。

```
context.beginPath();
```

接着就可以使用多种设置路径的方法，绘图 API 为用户提供了多种路径方法，如表 11-2 所示。

表 11-2　常用路径方法

| 方法 | 参数 | 说明 |
|---|---|---|
| moveTo(x,y) | x 和 y 确定了起始坐标 | 绘图开始的坐标 |
| lineTo(x,y) | x 和 y 确定了直线路径的终点坐标 | 绘制直线到终点坐标 |
| arc(x,y,radius,startAngle,endAngle,counterclockwise) | x 和 y 设置圆形的圆心坐标；radius 设置圆形的半径；startAngle 设置圆弧开始点的角度；endAngle 设置圆弧结束点的角度；counterclockwise 逆时针方向为 true，顺时针方向为 false | 使用一个中心点和半径，为一个画布的当前路径添加一条弧线。圆形为弧形的特例 |
| rect(x,y,width,height) | x 和 y 设置矩形起点坐标；width 和 height 设置矩形的宽度和高度 | 矩形路径方法 |

最好使用 closePath() 方法关闭当前路径，使用方法如下。

```
context.closePath();
```

它会尝试用直线连接当前端点与起始端点来闭合当前路径，但是如果当前路径已经闭合或者只有一个点，则什么都不做。

### 2. 设置绘图样式

设置绘图样式包括边框样式和填充样式，其形式如下。

▶ 使用 strokeStyle 属性设置边框颜色，代码如下。

```
context.strokeStyle="#000";
```

⬇ 使用 lineWidth 属性设置边框宽度，代码如下。

```
context.lineWidth=3;
```

⬇ 使用 fillStyle 属性设置填充颜色，代码如下。

```
context.fillstyle="#F90";
```

### 3. 绘制图形

路径和样式都设置好了，最好使用调用方法 stroke() 绘制边框，或调用方法 fill() 填充区域，代码如下。

```
context.stroke();              // 绘制边框
context.fill();                // 填充区域
```

经过以上的操作，图形才绘制到 canvas 对象中。

---

**实 战　在网页中绘制圆形**

最终文件：最终文件 \ 第 11 章 \11-2-3.html　　视频：视频 \ 第 11 章 \11-2-3.mp4

**01** 打开页面 "源文件 \ 第 11 章 \11-2-3.html"，在浏览器中预览该页面，可以看到页面的背景效果，如图 11-12 所示。返回网页的 HTML 代码中，在 <body> 与 </body> 标签之间添加 <canvas> 标签，并对相关属性进行设置，如图 11-13 所示。

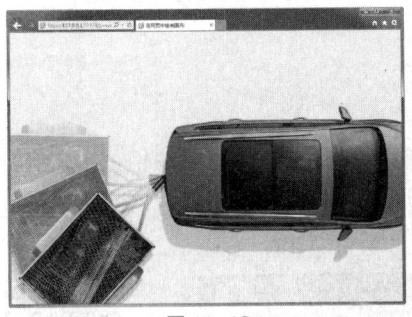

图 11-12

```
<!doctype html>
<html>
<head>
<meta charset="utf-8">
<title>在网页中绘制圆形</title>
<link href="style/11-2-3.css" rel="stylesheet" type="text/css">
</head>

<body>
<canvas id="canvas1" width="360" height="360">
        你的浏览器不支持该功能
    </canvas>
</body>
</html>
```

图 11-13

**02** 转换到该网页所链接的外部 CSS 样式表文件中，创建名为 #canvas1 的 CSS 样式，如图 11-14 所示。转换到网页设计视图，可以看到通过 CSS 样式的设置使插入的画布在网页居中显示，如图 11-15 所示。

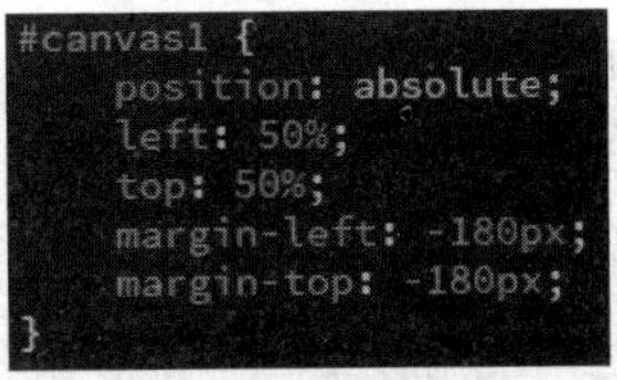

```
#canvas1 {
    position: absolute;
    left: 50%;
    top: 50%;
    margin-left: -180px;
    margin-top: -180px;
}
```

图 11-14

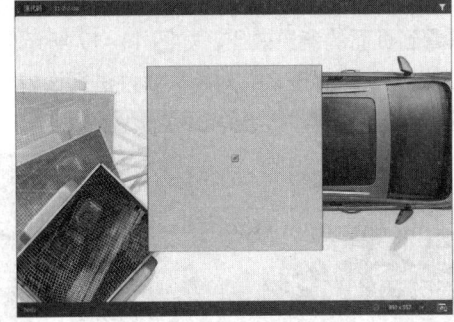

图 11-15

**03** 转换到网页 HTML 代码中，在 <canvas> 结束标签之后添加相应的 JavaScript 脚本代码。

```
<script type="text/javascript">
var myCanvas=document.getElementById("canvas1");
var context=myCanvas.getContext("2d");
// 创建绘图路径
context.beginPath();                           // 创建新路径
context.arc(180,180,160,0,Math.PI*2,true);     // 圆形路径
context.closePath();                           // 闭合路径
```

```
// 设置样式
context.strokeStyle="#FFF";                           // 设置边框颜色
context.lineWidth=20;                                 // 设置边框宽度
context.fillStyle="rgba(255,51,0,0.4)";               // 设置填充颜色
// 绘制图形
context.stroke();                                     // 绘制边框
context.fill();                                       // 绘制填充
</script>
```

**04** 保存页面，在浏览器中预览页面，可以看到使用 <canvas> 标签与 JavaScript 脚本相结合绘制的圆形效果，如图 11-16 所示。

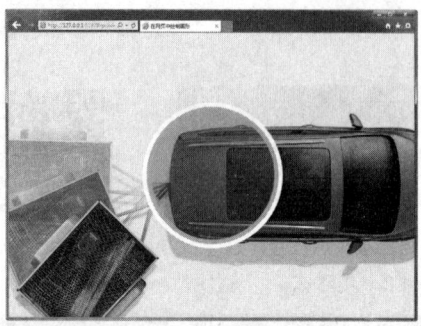

图 11-16

 **提示**

在 JavaScript 脚本代码中，使用 arc() 方法创建一个圆形路径，设置了其 $x$ 轴和 $y$ 轴的位置和正圆形的半径，并且为该圆形设置了边框和填充。

## 11.2.4 绘制三角形

三角形同样需要通过绘制路径的方法来实现，了解了前面讲解的绘制图形的相关方法和属性，使用绘制路径的方法就能够自由地绘制出其他形状图形，本节将带领读者在网页中绘制一个三角形。

**实战** 在网页中绘制三角形

最终文件：最终文件 \ 第 11 章 \11-2-4.html          视频：视频 \ 第 11 章 \11-2-4.mp4

**01** 打开页面"源文件 \ 第 11 章 \11-2-4.html"，在浏览器中预览该页面，可以看到页面的背景效果，如图 11-17 所示。转换到代码视图中，在 <body> 与 </body> 标签之间添加 <canvas> 标签，并对相关属性进行设置，如图 11-18 所示。

图 11-17

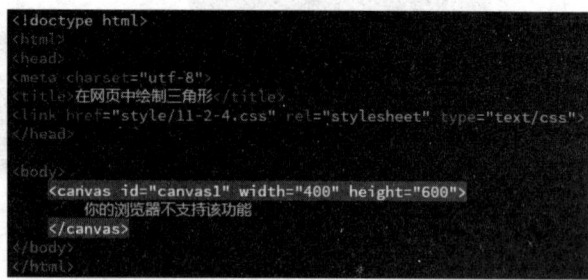

图 11-18

**02** 在 <canvas> 结束标签之后添加相应的 JavaScript 脚本代码。

```
<script type="text/javascript">
var myCanvas=document.getElementById("canvas1");
var context=myCanvas.getContext("2d");
```

```
// 创建绘图路径
context.beginPath();                              // 创建新路径
context.moveTo(0,0);                              // 确定起始坐标
context.lineTo(400,0);                            // 目标坐标
context.lineTo(0,600);                            // 目标坐标
context.closePath();                             // 闭合路径
// 设置样式
context.fillStyle="rgba(88,191,224,0.5)";        // 设置填充颜色
// 绘制图形
context.fill();                                  // 绘制填充
</script>
```

03 保存页面，在浏览器中预览页面，可以看到使用 <canvas> 标签与 JavaScript 脚本相结合绘制的三角形效果，如图 11-19 所示。

图 11-19

> **提示**
> closePath() 方法习惯性地放在路径设置的最后一步，切勿认为这是路径设置的结束，因为在此之后，还可以继续设置路径。

## 11.2.5 清除图形

在网页中使用 canvas 元素绘制相应的图形后，如果需要清除所绘制的图形，可以使用 clearRect() 方法，通过该方法可以清除指定的矩形区域中的所有图形，显示出画布的背景，就像使用图像处理软件中的橡皮擦工具擦除的效果。

clearRect() 的使用方法如下。

```
context.clearRect(x,y,width,height);
```

**实战　清除使用 canvas 元素所绘制的部分图形**

最终文件：最终文件 \ 第 11 章 \11-2-5.html　　　视频：视频 \ 第 11 章 \11-2-5.mp4

01 打开页面"源文件 \ 第 11 章 \11-2-5.html"，可以看到该页面的 HTML 代码，如图 11-20 所示。在浏览器中预览页面，可以看到页面中使用 canvas 元素与 JavaScript 相结合绘制的圆形效果，如图 11-21 所示。

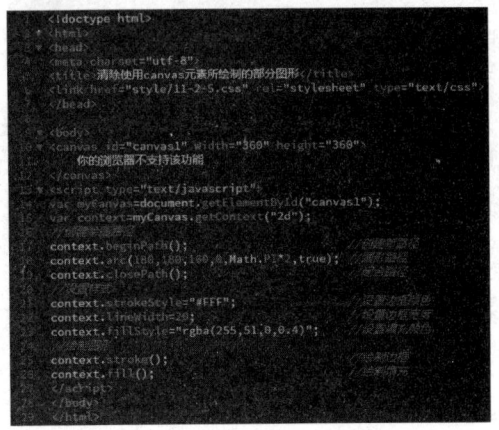

图 11-20

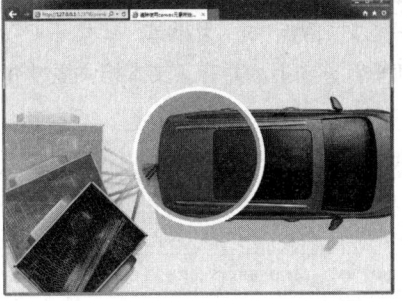

图 11-21

```
<script type="text/javascript">
var myCanvas=document.getElementById("canvas1");
var context=myCanvas.getContext("2d");
//创建绘图路径
context.beginPath();                        //创建新路径
context.arc(180,180,160,0,Math.PI*2,true);  //圆形路径
context.closePath();                        //闭合路径
//设置样式
context.strokeStyle="#FFF";                 //设置边框颜色
context.lineWidth=20;                       //设置边框宽度
context.fillStyle="rgba(255,51,0,0.4)";     //设置填充颜色
//绘制图形
context.stroke();                           //绘制边框
context.fill();                             //绘制填充
</script>
```

图 11-22

02 返回网页的 HTML 代码中，找到实现绘图的相关 JavaScript 代码，如图 11-22 所示。在 JavaScript 脚本代码中添加 clearRect() 方法设置，清除圆形的一部分，如图 11-23 所示。

```
context.stroke();
context.fill();
context.clearRect(180,180,180,180);
</script>
```

图 11-23

03 保存页面，在浏览器中预览页面，可以看到圆形图形的右下角部分被清除，如图 11-24 所示。

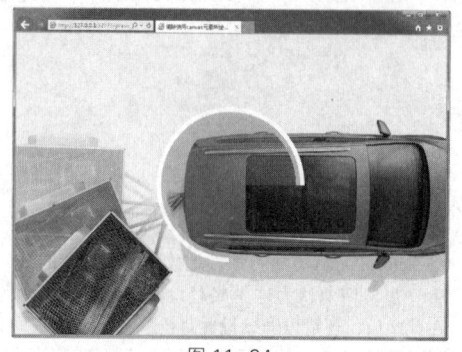

图 11-24

**提示**

在 clearRect() 方法的参数中，前两个参数值用于确定清除的起始坐标点，后两个参数值用于确定清除的矩形区域的宽度和高度。

# 11.3 绘制文本

使用 HTML5 中新增的 <canvas> 标签，除了可以绘制基本的图形以外，还可以绘制文字的效果。本节将向读者介绍如何使用 <canvas> 标签与 JavaScript 脚本相结合在网页中绘制文字效果。

## 11.3.1 使用文本

通过 <canvas> 标签，可以使用填充的方法绘制文本，也可以使用描边的方法绘制文本，在绘制文本之前，还可以设置文字的字体样式和对齐方式。绘制文本有两种方法，一种是填充绘制方法 fillText() 和描边绘制方法 strokeText()，其使用方法如下。

```
fillText(text,x,y,maxwidth);
strokeText(text,x,y,maxwidth);
```

参数 text 表示需要绘制的文本；参数 x 表示绘制文本的起点 x 轴坐标；参数 y 表示绘制文本的起点 y 轴坐标；参数 maxwidth 为可选参数，表示显示文本的最大宽度，可以防止文本溢出。

在绘制文本之前，可以先对文本进行样式设置。绘图 API 提供了专门用于设置文本样式的属性，可以设置文本的字体、大小等，类似于 CSS 的字体属性。也可以设置对齐方式，包括水平方向上的对齐和垂直方向上的对齐。文本相关属性介绍如表 11-3 所示。

表 11-3 文本的相关属性

| 属性 | 值 | 说明 |
| --- | --- | --- |
| font | CSS 字体样式字符串 | 设置字体样式 |
| textAlign | start\|end\|left\|right\|center | 设置水平对齐方式，默认为 start |
| textBaseline | top\|hanging\|middle\|alphabetic\|bottom | 设置垂直对齐方式，默认为 alphabetic |

**实战**　**在网页中绘制文字**

最终文件：最终文件 \ 第 11 章 \11-3-1.html　　　　视频：视频 \ 第 11 章 \11-3-1.mp4

[01] 打开页面"源文件 \ 第 11 章 \11-3-1.html"，在浏览器中预览该页面，可以看到页面的背景效果，如图 11-25 所示。返回网页的 HTML 代码中，在 <body> 与 </body> 标签之间添加 <canvas> 标签，并对相关属性进行设置，如图 11-26 所示。

图 11-25

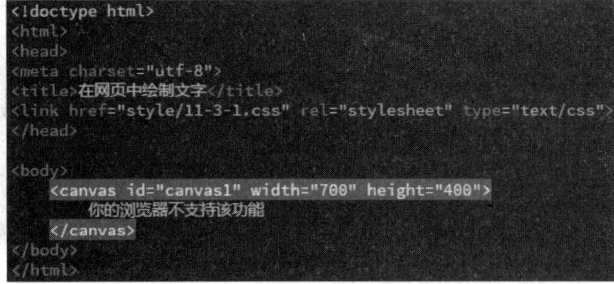

图 11-26

[02] 返回网页的 HTML 代码中，在 <canvas> 结束标签之后添加相应的 JavaScript 脚本代码。

```
<script type="text/javascript">
var myCanvas=document.getElementById("canvas1");
var context=myCanvas.getContext("2d");
// 填充方式绘制文本
context.fillStyle="#FFFFFF";
context.font="bold 60px 微软雅黑 ";
context.fillText(" 旅行的意义！ ",60,80);
// 描边方式绘制文本
context.strokeStyle="#00384F";
context.font="bold italic 48px Arial Black";
context.strokeText("Perfect Journey",60,160);
</script>
```

[03] 保存页面，在浏览器中预览页面，可以看到使用 <canvas> 标签与 JavaScript 脚本相结合绘制的填充文字和描边文字的效果，如图 11-27 所示。

图 11-27

> **提示**
>
> 　　font 属性设置了文字相关样式：字体为"微软雅黑"和"Arial Black"，字体加粗效果 bold，文字大小为 60px，字体倾斜效果 italic。其填充样式仍然使用 fillStyle 来设置，描边样式仍然使用 strokeStyle 来设置。

## 11.3.2　获取文字宽度

　　有些时候，开发人员需要知道所绘制的文本的宽度，以方便进行布局。绘图 API 提供了获取绘制文本宽度的方法，measureText() 方法就是用来获取文本宽度的，其使用方法如下。

```
measureText(text);
```

　　参数 text 表示所要绘制的文本。该方法返回一个 TextMetrics 对象，表示文本的空间度量，可以通过该对象的 width 属性获取文本的宽度。

## 实 战　获取所绘制文字宽度

最终文件：最终文件 \ 第 11 章 \11-3-2.html　　视频：视频 \ 第 11 章 \11-3-2.mp4

**01** 打开页面"源文件 \ 第 11 章 \11-3-2.html"，可以看到该页面的 HTML 代码，如图 11-28 所示。转换到网页的设计视图中，可以看到页面中画布区域的位置，如图 11-29 所示。

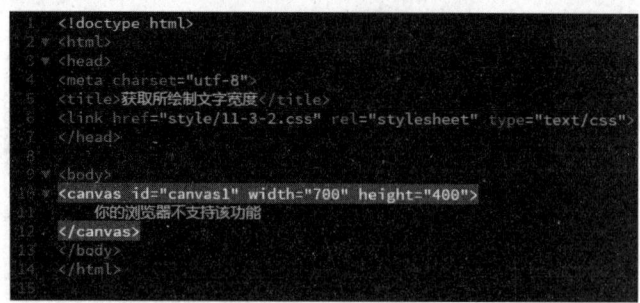
图 11-28

图 11-29

**02** 在 <canvas> 结束标签之后添加相应的 JavaScript 脚本代码。

```
<script type="text/javascript">
var myCanvas=document.getElementById("canvas1");
var context=myCanvas.getContext("2d");
// 填充方式绘制文本
context.fillStyle="#FFFFFF";
context.font="bold 60px 微软雅黑 ";
// 根据已设置的文本样式度量文本
var tm=context.measureText(" 旅行的意义！ ");
context.fillText(" 旅行的意义！ ",60,80);
context.fillText(tm.width,tm.width+60,80);
// 描边方式绘制文本
context.strokeStyle="#00384F";
context.font="bold italic 48px impact";
// 根据已设置的文本样式度量文本
var tm=context.measureText("Perfect Journey");
context.strokeText("Perfect Journey",60,160);
context.strokeText(tm.width,tm.width+60,160);
</script>
```

**03** 保存页面，在浏览器中预览页面，可以看到所绘制的文本度量宽度的效果，如图 11-30 所示。

图 11-30

> **提示**
> 度量文本是以当前设置的文本样式为基础的，即文本样式确定之后，即可获取文本的度量，不需要等待绘制文本完成后再去度量。

## 11.4　绘制弧线和曲线

在实际的绘图中，绘制曲线是常用的一种绘图形式。在设置路径时，需要使用一些曲线方法来勾勒出曲线路径，以完成曲线的绘制。在 canvas 中，绘图 API 提供了多种曲线的绘制方法，主要的曲线绘制方法有 arc()、arcTo()、quadraticCurveTo() 和 bezierCurveTo()。

## 11.4.1　使用 arc() 方法

在前面已经讲解了如何使用 arc() 方法绘制圆形，arc() 方法使用中心点和半径，为一个 canvas 对象的当前路径添加一条弧线。

arc() 使用方法如下。

```
arc(x,y,radius,startAngle,endAngle,counterclockwise);
```

x 和 y 描述弧的圆形的圆心坐标；radius 描述弧的圆形的半径；startAngle 是圆弧的开始点的角度；endAngle 是圆弧的结束点的角度；counterclockwise 逆时针方向为 true，顺时针方向为 false。

如图 11-31 所示，圆心由参数 x 和 y 来确定，半径由参数 radius 确定，圆弧的开始点的角度 startAngle 和结束点的角度 endAngle 如图中所示，体现的是一个逆时针方向的绘制。

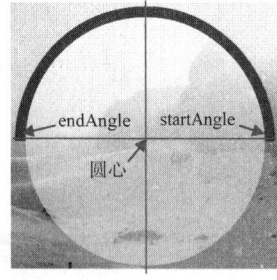

图 11-31

**实　战　通过中心点和半径绘制弧线**

最终文件：最终文件 \ 第 11 章\11-4-1.html　　　视频：视频 \ 第 11 章\11-4-1.mp4

01 打开页面"源文件 \ 第 11 章\11-4-1.html"，在浏览器中预览该页面，可以看到页面的背景效果，如图 11-32 所示。返回网页的 HTML 代码中，在 <body> 与 </body> 标签之间添加 <canvas> 标签，并对相关属性进行设置，如图 11-33 所示。

图 11-32

```
<!doctype html>
<html>
<head>
<meta charset="utf-8">
<title>通过中心点和半径绘制弧线</title>
<link href="style/11-4-1.css" rel="stylesheet" type="text/css">
</head>

<body>
<canvas id="canvas1" width="500" height="500">
        你的浏览器不支持该功能
</canvas>
</body>
</html>
```

图 11-33

02 转换到该网页所链接的外部 CSS 样式表文件中，创建名为 #canvas1 的 CSS 样式，如图 11-34 所示。切换到网页设计视图，可以看到通过 CSS 样式的设置使插入的画布在网页居中显示，如图 11-35 所示。

03 返回网页的 HTML 代码中，在 <canvas> 结束标签之后添加相应的 JavaScript 脚本代码。

```
#canvas1 {
    position: absolute;
    left: 50%;
    top: 50%;
    margin-left: -250px;
    margin-top: -250px;
}
```

图 11-34

图 11-35

```
<script type="text/javascript">
var myCanvas=document.getElementById("canvas1");
var context=myCanvas.getContext("2d");
// 先绘制一个圆形
context.beginPath();
```

```
context.arc(250,250,230,0,Math.PI*2,true);
context.closePath();
context.fillStyle="rgba(255,255,255,0.5)";
context.fill();
// 再绘制一条圆弧
context.beginPath();
context.arc(250,250,240,0,(-Math.PI*1),true);
context.strokeStyle="#C4122F";
context.lineWidth=20;
context.stroke();
</script>
```

**04** 保存页面，在浏览器中预览页面，可以看到通过中心点和半径绘制弧线的效果，如图 11-36 所示。

图 11-36

> **提示**
>
> 为了更好地说明，同时绘制一个半透明白色的圆形，圆形的圆心坐标与弧线相同，弧线的线条宽为 20 像素，线条颜色为红色。在绘制弧线时，仅使用 arc() 方法就完成路径的设置，与其他路径的绘制一样，需要先设置填充样式或边框样式，最后执行填充或绘制。

## 11.4.2 使用 arcTo() 方法

arcTo() 方法使用切线的方法绘制弧线，使用两个目标点和一个半径，为当前的子路径添加一条弧线。与 arc() 方法相比，同样是绘制弧线，绘制思路和侧重点不同。

arcTo() 的使用方法如下。

```
arcTo(x1,y1,x2,y2,radius);
```

x1 和 y1 描述了一个坐标点，用 p1 表示。x2 和 y2 描述另一个坐标点，用 p2 表示。radius 描述弧的圆形的半径。如图 11-37 所示，有一个绘制的起点 ( 当前位置 )，通常会使用 moveTo() 方法来指定。p1 点由参数 x1 和 y1 确定。p2 点由参数 x2 和 y2 确定。半径由参数 radius 确定。

添加给路径的圆弧是具有指定 radius 的圆的一部分。圆弧有一个点与起点到 p1 的线段相切，还有一个点和从 p1 到 p2 的线段相切。这两个切点就是圆弧的起点和终点，圆弧绘制的方向就是连接这两个点的最短圆弧的方向。

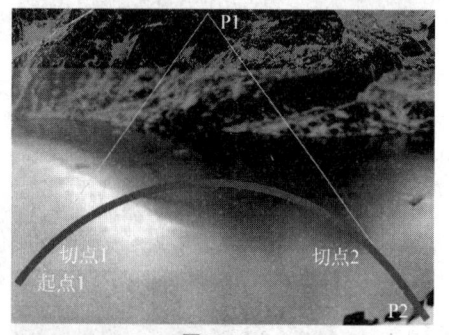
图 11-37

**实战** 通过辅助线绘制弧线

最终文件：最终文件 \ 第 11 章 \11-4-2.html     视频：视频 \ 第 11 章 \11-4-2.mp4

**01** 打开页面 "源文件 \ 第 11 章 \11-4-2.html"，在浏览器中预览该页面，可以看到页面的背景效果，如图 11-38 所示。返回网页的 HTML 代码中，在 <body> 与 </body> 标签之间添加 <canvas> 标签，并对相关属性进行设置，如图 11-39 所示。

图 11-38

```html
<!doctype html>
<html>
<head>
<meta charset="utf-8">
<title>绘制辅助线绘制弧线</title>
<link href="style/11-4-2.css" rel="stylesheet" type="text/css">
</head>

<body>
    <canvas id="canvas1" width="900" height="600">
            你的浏览器不支持该功能
    </canvas>
</body>
</html>
```

图 11-39

**02** 在 <canvas> 结束标签之后添加相应的 JavaScript 脚本代码。

```javascript
<script type="text/javascript">
var myCanvas=document.getElementById("canvas1");
var context=myCanvas.getContext("2d");
// 先绘制灰色的辅助线段
context.beginPath();
context.moveTo(150,450);
context.lineTo(400,100);
context.lineTo(700,500);
context.strokeStyle="#CCCCCC";
context.lineWidth=1;
context.stroke();
// 再绘制一条圆弧
context.beginPath();
context.moveTo(150,450);
context.arcTo(400, 100, 700, 500, 320);
context.strokeStyle="#C4122F";
context.lineWidth=10;
context.stroke();
context.lineTo(700,500);
context.stroke();
</script>
```

**03** 保存页面，在浏览器中预览页面，可以看到通过辅助线绘制弧线的效果，如图 11-40 所示。

图 11-40

> **提示**
>
> 　　由于本实例绘制弧线的方法是通过与辅助
> 线段相切来完成的，所以在本实例中将与弧线
> 相切的辅助线段也绘制出来，便于读者更好地
> 理解。在绘制弧线时，先通过 moveTo() 方法确
> 定绘制起点，该起点会与圆弧的终点从切点连
> 接起来。

### 11.4.3　使用 quadraticCurveTo() 方法

　　二次样条曲线是曲线的一种，canvas 绘图 API 专门提供了此曲线的绘制方法。quadraticCurveTo() 方法为当前的子路径添加一条二次样条曲线，其使用方法如下。

```
quadraticCurveTo(cpX,cpY,x,y);
```

cpX 和 cpY 描述了控制点的坐标，x 和 y 描述了曲线的终点坐标。

如图 11-41 所示，起点即当前的位置，控制点由参数 cpX 和 xpY 确定，终点由参数 x 和 y 确定。所绘制的曲线就是从起点连接到终点，而控制点可以控制起点和终点之间曲线的形状。

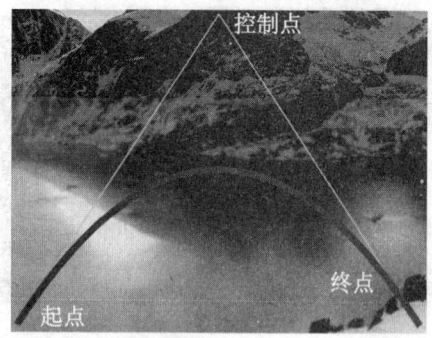
图 11-41

## 实战 绘制二次样条曲线

最终文件：最终文件 \ 第 11 章 \11-4-3.html　　　视频：视频 \ 第 11 章 \11-4-3.mp4

**01** 打开页面"源文件 \ 第 11 章 \11-4-3.html"，在浏览器中预览该页面，可以看到页面的背景效果，如图 11-42 所示。返回网页的 HTML 代码中，在 <body> 与 </body> 标签之间添加 <canvas> 标签，并对相关属性进行设置，如图 11-43 所示。

图 11-42

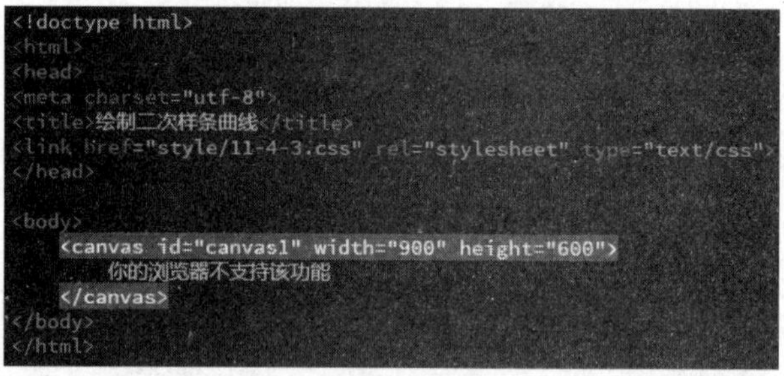

```
<!doctype html>
<html>
<head>
<meta charset="utf-8">
<title>绘制二次样条曲线</title>
<link href="style/11-4-3.css" rel="stylesheet" type="text/css">
</head>

<body>
<canvas id="canvas1" width="900" height="600">
        你的浏览器不支持该功能
    </canvas>
</body>
</html>
```
图 11-43

**02** 在 <canvas> 结束标签之后添加相应的 JavaScript 脚本代码。

```
<script type="text/javascript">
var myCanvas=document.getElementById("canvas1");
var context=myCanvas.getContext("2d");
// 先绘制灰色的辅助线段
context.beginPath();                              // 添加第一个子路径
context.moveTo(150,500);                          // 确定当前位置，即绘图起始的位置
context.lineTo(450,50);                           // 直线连接控制点
context.lineTo(750,500);                          // 直线连接终点
context.strokeStyle="#CCCCCC";
context.lineWidth=2;
context.stroke();
// 再绘制一条曲线
context.beginPath();                              // 添加第二个子路径
context.moveTo(150, 500);                         // 确定当前位置，与第一个子路径一致
context.quadraticCurveTo(450, 50, 750, 500);      // 确定曲线轮廓
context.lineWidth = 10;
context.strokeStyle="#C4122F";
context.stroke();
</script>
```

**03** 保存页面，在浏览器中预览页面，可以看到所绘制的二次样条曲线的效果，如图 11-44 所示。

图 11-44

> **提示**
>
> 由于该方法使用了两个坐标点，我们将这两个坐标点用直线连接起来，以帮助理解。在绘制曲线时，通过 moveTo() 方法确定绘制起点，使用曲线连接起点和终点，曲线的弯曲形状由控制点控制。

## 11.4.4 使用 bezierCurveTo() 方法

canvas 绘图 API 也提供了贝塞尔曲线的绘制方法 bezierCurveTo()，贝塞尔曲线是应用于二维图形应用程序中的数学曲线。与二次样条曲线相比，贝塞尔曲线使用了两个控制点，从而可以创建更复杂的曲线图形。

bezierCurveTo() 的使用方法如下。

```
bezierCurveTo(cp1X,cp1Y,cp2X,cp2Y,x,y);
```

cp1X 和 cp1Y 描述了第一个控制点的坐标，cp2X 和 cp2Y 描述了第二个控制点的坐标，x 和 y 描述了曲线的终点坐标。

图 11-45

如图 11-45 所示，起点即当前的位置，控制点 1 由参数 cp1X 和 cp1Y 确定，控制点 2 由参数 xp2X 和 cp2Y 确定，终点由参数 x 和 y 确定。所绘制的曲线是从起点连接到终点，由两个控制点联合控制的曲线形状。

### 实战 绘制贝塞尔曲线

最终文件：最终文件 \ 第 11 章 \11-4-4.html    视频：视频 \ 第 11 章 \11-4-4.mp4

01 打开页面"源文件 \ 第 11 章 \11-4-4.html"，在浏览器中预览该页面，可以看到页面的背景效果，如图 11-46 所示。返回网页的 HTML 代码中，在 <body> 与 </body> 标签之间添加 <canvas> 标签，并对相关属性进行设置，如图 11-47 所示。

图 11-46

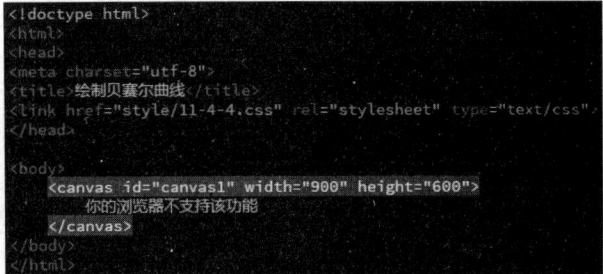

图 11-47

02 在 <canvas> 结束标签之后添加相应的 JavaScript 脚本代码。

```
<script type="text/javascript">
var myCanvas=document.getElementById("canvas1");
var context=myCanvas.getContext("2d");
// 先绘制灰色的辅助线段
context.beginPath();                                    // 添加第一个子路径
context.moveTo(50,600);                                 // 确定当前位置，即绘图起始的位置
context.lineTo(120,100);                                // 直线连接控制点
context.moveTo(800,400);                                // 移动当前位置
context.lineTo(400,150);                                // 直线连接终点
context.strokeStyle="#CCCCCC";                          // 线框颜色为灰色
context.lineWidth=2;
context.stroke();
// 再绘制一条曲线
context.beginPath();                                    // 添加第二个子路径
context.moveTo(50, 600);                                // 确定当前位置，与第一个子路径一致
context.bezierCurveTo(120, 100, 400, 150, 800, 400);    // 确定曲线轮廓
context.lineWidth = 10;
context.strokeStyle="#C4122F";                          // 线框颜色为橙色
context.stroke();
</script>
```

03 保存页面，在浏览器中预览页面，可以看到所绘制的贝塞尔曲线效果，如图 11-48 所示。

图 11-48

> **提示**
>
> 在绘制辅助线时，连接起点和第一个控制点，第二个控制点和起点。图中为所绘制的贝塞尔曲线，连接曲线的起点和终点，曲线的弯曲形状由其中的两个控制点共同控制。

# 11.5 图形的组合与裁切

使用 canvas 元素在网页中绘制多个图形时，如果所绘制的图形之间相互重叠，则可以通过设置图形的组合方式，使图形重叠部分呈现出不同的效果。并且使用 canvas 元素还可以对图像等元素进行裁切操作，从而在网页中实现圆形或三角形等形状的图片效果。

## 11.5.1 图形组合

通常会把一个图形绘制在另一个图形之上，称为图形组合。默认情况是上面的图形覆盖了下面的图形，这是由于图形组合默认了设置的 source-over 属性值。

在 canvas 中，可通过 globalCompositeOperation 属性来设置如何在两个图形叠加情况下的组合颜色，其用法如下。

```
globalCompositeOperation= [value];
```

参数 value 的合法值有 12 个，决定了 12 种图形组合类型，默认值是 source-over。12 种组合类型如表 11-4 所示。

表 11-4　图形组合属性值说明

| 属性值 | 说明 |
|---|---|
| copy | 只绘制新图形，删除其他所有内容 |
| darker | 在图形重叠的地方，颜色由两个颜色值相减后决定 |
| destination-atop | 已有内容只在它和新的图形重叠的地方保留，新图形绘制于内容之后 |
| destination-in | 在新图形及已有画布重叠的地方，已有内容都保留。所有其他内容成为透明的 |
| destination-out | 在已有内容和新图形不重叠的地方，已有内容保留，所有其他内容成为透明的 |
| destination-over | 新图形绘制于已有内容的后面 |
| lighter | 在图形重叠的地方，颜色由两种颜色值的加值来决定 |
| source-atop | 只有在新图形和已有内容重叠的地方，才绘制新图形 |
| source-in | 只有在新图形和已有内容重叠的地方，才绘制新图形，所有其他内容成为透明的 |
| source-out | 只有在和已有图形不重叠的地方，才绘制新图形 |
| source-over | 新图形绘制于已有图形的顶部，这是默认的行为 |
| xor | 在重叠和正常绘制的其他地方，图形都成为透明的 |

**实战　绘制组合图形效果**

最终文件：最终文件 \ 第 11 章 \11-5-1.html　　　视频：视频 \ 第 11 章 \11-5-1.mp4

**01** 打开页面 "源文件 \ 第 11 章 \11-5-1.html"，在浏览器中预览该页面，可以看到页面的背景效果，如图 11-49 所示。返回网页的 HTML 代码中，在 <body> 与 </body> 标签之间添加 <canvas> 标签，并对相关属性进行设置，如图 11-50 所示。

图 11-49

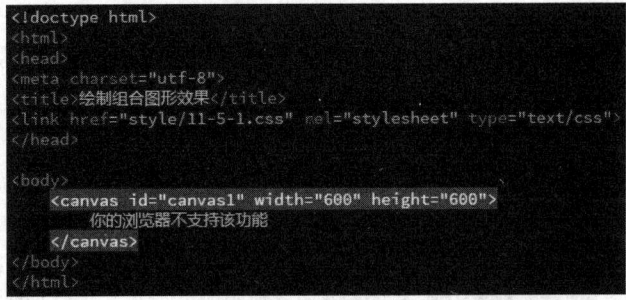
图 11-50

**02** 转换到该网页所链接的外部 CSS 样式表文件中，创建名为 #canvas1 的 CSS 样式，如图 11-51 所示。返回网页设计视图中，可以看到通过 CSS 样式的设置使插入的画布在网页居中显示，如图 11-52 所示。

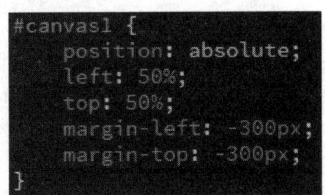
图 11-51

图 11-52

**03** 返回网页的 HTML 代码中，在 <canvas> 结束标签之后添加相应的 JavaScript 脚本代码。

```
<script type="text/javascript">
var myCanvas=document.getElementById("canvas1");
var context=myCanvas.getContext("2d");
// 绘制组合图形
function RectArc(context){
```

```
    context.beginPath();
    context.rect(0,0,150,150);
    context.fillStyle = "#C4122F";
    context.fill();
    context.beginPath();
    context.arc(150,150,100,0,Math.PI*2,true);
    context.fillStyle = "#1294C4";
    context.fill();
}
// 设置不同的图形组合方式
// source-over
context.globalCompositeOperation = "source-over";
RectArc(context);
// lighter
context.globalCompositeOperation = "lighter";
context.translate(300,0);
RectArc(context);
// xor
context.globalCompositeOperation = "xor";
context.translate(-300,300);
RectArc(context);
// destination-over
context.globalCompositeOperation = "destination-over";
context.translate(300,0);
RectArc(context);
</script>
```

**04** 保存页面，在浏览器中预览页面，可以看到所设置的 4 种图形组合效果，如图 11-53 所示。

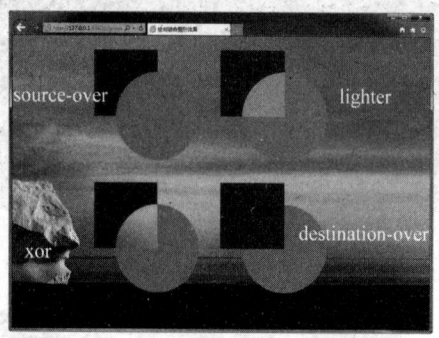

图 11-53

> **提示**
>
> 在所添加的 JavaScript 代码中，RectAct (context) 函数是用来绘制组合图形的，使用 translate() 方法将所绘制的组合图形移动至不同的位置，连续绘制了 4 种组合图形：source-over、lighter、xor 和 destination-over。

## 11.5.2 使用图像

使用 drawImage() 方法可以将图像添加到 canvas 画布中，即绘制一幅图像，有 3 种使用方法。

(1) 把整个图像复制到画布，将其放置到画布原点的左上角，并且将每个图像像素映射成画布坐标系统的一个单元，其使用格式如下。

```
drawImage(image,x,y);
```
image 表示所要绘制的图像对象，x 和 y 表示要绘制图像的左上角的位置。

(2) 把整个图像复制到画布，但是允许用画布单位来指定想要图像的宽度和高度，其使用格式如下。

```
drawImage(image,x,y,width,height);
```
image 表示所要绘制的图像对象，x 和 y 表示要绘制图像的左上角的位置，width 和 height 表示图像所应该绘制的尺寸，指定这些参数使图像可以缩放。

(3) 该方法是完全通用的，它允许指定图像的任何矩形区域并复制它，对画布中的任何位置都可以进行任意缩放,其使用格式如下。

```
drawImage(image,sourceX,sourceY,sourceWidth,sourceHeight,destX,destY,destWidth,destHeight);
```

image 表示所要绘制的图像对象;sourceX 和 sourceY 表示图像将要被绘制区域的左上角,使用图像像素来度量;sourceWidth 和 sourceHieght 表示图像所要绘制区域的大小,使用图像像素表示。destX 和 destY 表示所要绘制图像区域的左上角的画布坐标;destWidth 和 destHeight 表示图像区域所要绘制的画布大小。

以上 3 种方法中的 image 参数都表示所要绘制的图像对象,必须是 Image 对象或 canvas 元素。一个 Image 对象能表示文档中的一个 <img> 标签或者使用 Image() 构造函数所创建的一个屏幕外图像。

**实战　使用 canvas 元素绘制图像**

最终文件:最终文件\第 11 章\11-5-2.html　　视频:视频\第 11 章\11-5-2.mp4

01 打开页面"源文件\第 11 章\11-5-2.html",在浏览器中预览该页面,可以看到页面的背景效果,如图 11-54 所示。返回网页的 HTML 代码中,在 <body> 与 </body> 标签之间添加 <canvas> 标签,并对相关属性进行设置,如图 11-55 所示。

图 11-54　　　　　　　　　　　图 11-55

02 转换到该网页所链接的外部 CSS 样式表文件中,创建名为 #canvas1 的 CSS 样式,如图 11-56 所示。返回网页设计视图中,使刚添加的 id 名称为 canvas1 的 canvas 元素定位在页面水平居中的位置,如图 11-57 所示。

图 11-56　　　　　　　　　　　图 11-57

03 返回网页的 HTML 代码中,在 <canvas> 结束标签之后添加相应的 JavaScript 脚本代码。

```
<script type="text/javascript">
var myCanvas=document.getElementById("canvas1");
var context=myCanvas.getContext("2d");
var newImg=new Image();                      // 使用 Image() 构造函数创建图像对象
newImg.src="images/115302.png";              // 指定图像的文件地址
newImg.onload=function() {
    context.drawImage(newImg,0,0);           // 从左上角开始绘制图像
}
</script>
```

**04** 保存页面，在浏览器中预览页面，可以看到使用 <canvas> 标签与 JavaScript 脚本代码相结合绘制图像的效果，如图 11-58 所示。

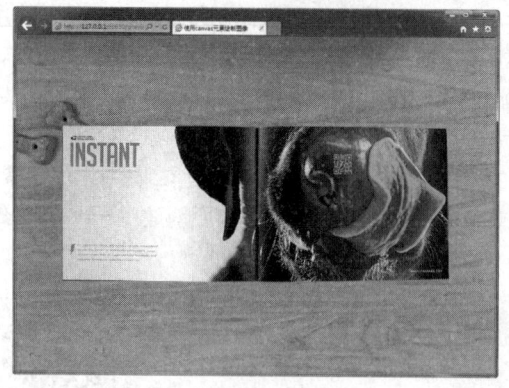

**技巧**

　　在插入图像之前，需要考虑图像加载时间。如果图像没有加载完成就已经执行了 drawImage() 方法，则不会显示任何图片。为图像对象添加了 onload 处理函数，从而保证在图像加载完成之后执行 drawImage() 方法。

图 11-58

## 11.5.3　使用图像模式

　　模式是一个抽象的概念，描述的是一种规律。在 canvas 中，通常会为贴图图像创建一个模式，用于描边样式和填充样式，可以绘制出带图案的边框和背景图。在 canvas 中，模式是一个对象，使用 createPattern() 方法可以为贴图图像创建一个模式。

　　createPattern() 的使用方法如下。

```
createpattern(image,repetitionStyle)
```

　　image 描述了一个贴图图像，可以是一个图像对象，也可以是一个 canvas 对象。repetitionStyle 描述了该贴图图像的循环平铺方式，有 4 个值分别为：repeat、repeat-x、repeat-y 和 no-repeat。repeat 表示图像在水平和垂直方面上循环平铺；repeat-x 表示图像只在水平方向上循环平铺；repeat-y 表示图像只在垂直方向上循环平铺；no-repeat 表示图像只使用一次，不进行循环平铺。

**实战　设置图像平铺效果**

最终文件：最终文件 \ 第 11 章 \11-5-3.html　　　视频：视频 \ 第 11 章 \11-5-3.mp4

　　**01** 打开页面"源文件 \ 第 11 章 \11-5-3.html"，在浏览器中预览该页面，可以看到页面的背景效果，如图 11-59 所示。返回网页的 HTML 代码中，在 <body> 与 </body> 标签之间添加 <canvas> 标签，并对相关属性进行设置，如图 11-60 所示。

图 11-59

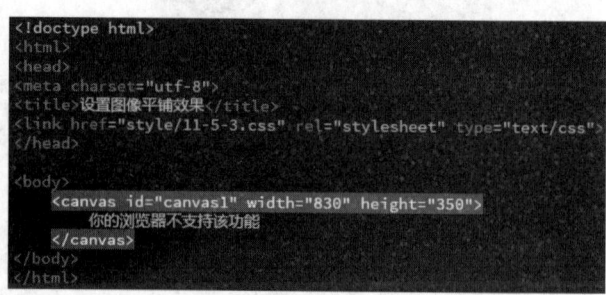

图 11-60

　　**02** 转换到该网页所链接的外部 CSS 样式表文件中，创建名为 #canvas1 的 CSS 样式，如图 11-61 所示。返回网页设计视图中，使刚添加的 id 名称为 canvas1 的 canvas 元素定位在页面居中的位置，如图 11-62 所示。

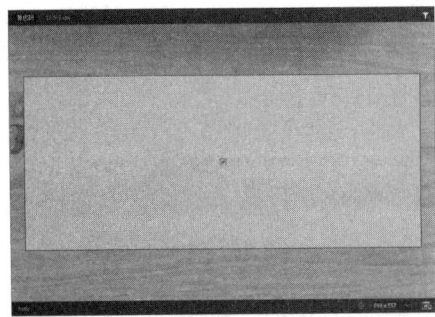

```
#canvas1 {
    position: absolute;
    left: 50%;
    top: 50%;
    margin-left: -415px;
    margin-top: -175px;
}
```

图 11-61　　　　　　　　　　　图 11-62

`03` 返回网页的 HTML 代码中，在 <canvas> 结束标签之后添加相应的 JavaScript 脚本代码。

```
<script type="text/javascript">
var myCanvas=document.getElementById("canvas1");
var context=myCanvas.getContext("2d");
var newImg=new Image();                    // 使用 Image() 构造函数创建图像对象
newImg.src="images/115401.png";            // 指定图像的文件地址
newImg.onload=function() {
    var ptrn=context.createPattern(newImg,"repeat"); // 创建贴图模式，循环平铺图像
    context.fillStyle=ptrn;                // 设置填充样式为贴图模式
    context.fillRect(0,0,830,350);         // 填充矩形
}
</script>
```

`04` 保存页面，在浏览器中预览页面，可以看到使用 <canvas> 标签与 JavaScript 脚本代码相结合在矩形区域平铺图像的效果，如图 11-63 所示。

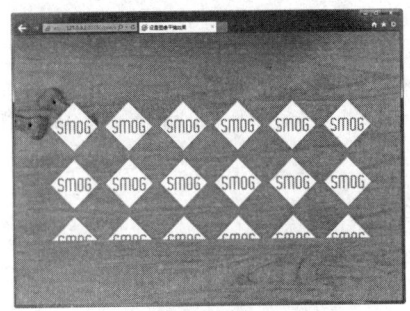

图 11-63

> **提示**
>
> 使用贴图模式的代码包含在 onload() 处理函数中，是因为图像本身需要时间加载，在加载完成之前，创建出来的贴图模式是无效的。贴图模式也可以用于描边样式。

## 11.5.4　裁切路径

在路径绘图中使用了两种绘图方法，即用于绘制线条的 stroke() 方法和用于填充区域的 fill() 方法。关于路径的处理，还有一种方法称为裁切方法 clip()。

说到裁切，大多数人会想到裁切图片，即保留图片的一部分。裁切区域是通过路径来确定的。与绘制线条和填充区域的方法一样，也需要预先确定绘图路径，再执行裁切区域路径方法 clip()，这样就确定了裁切区域。裁切区域的使用方法如下。

```
clip();
```
该方法没有参数，在设置路径之后执行。

**实战　在网页中实现圆形裁切图像效果**

最终文件：最终文件 \ 第 11 章 \11-5-4.html　　　视频：视频 \ 第 11 章 \11-5-4.mp4

`01` 打开页面"源文件 \ 第 11 章 \11-5-4.html"，在浏览器中预览该页面，

可以看到页面的背景效果，如图 11-64 所示。返回网页的 HTML 代码中，在 `<body>` 与 `</body>` 标签之间添加 `<canvas>` 标签，并对相关属性进行设置，注意两个 `<canvas>` 标签的 id 名称不同，如图 11-65 所示。

图 11-64

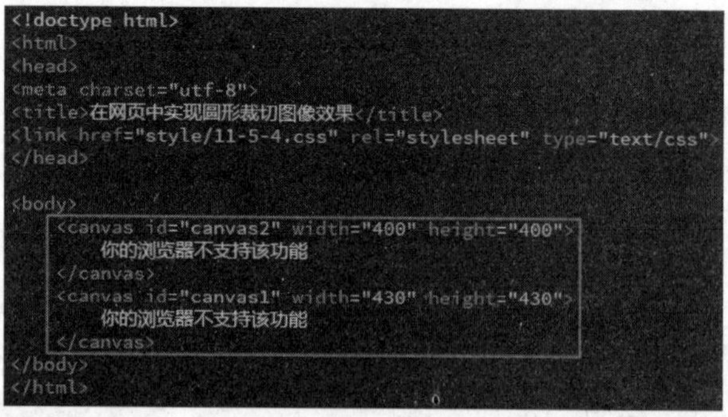

图 11-65

02 转换到该网页所链接的外部 CSS 样式表文件中，创建名为 #canvas1 和 #canvas2 的 CSS 样式，如图 11-66 所示。返回网页设计视图中，使刚添加的 id 名称为 canvas1 和 canvas2 的两个 canvas 元素定位在页面水平居中的位置，如图 11-67 所示。

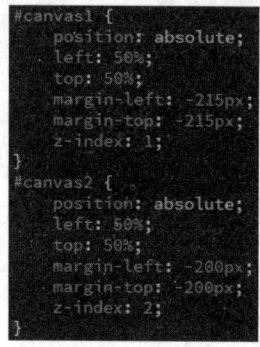

图 11-66

图 11-67

**提示**

在页面中添加两个 `<canvas>` 标签，一个用于绘制白色的圆形；另一个用于将图像裁切为圆形。通过 CSS 样式进行设置，使两个 canvas 元素相互重叠，通过 z-index 属性设置，设置这两个 canvas 元素之间的叠加顺序。

03 在 `<canvas>` 结束标签之后添加相应的 JavaScript 脚本代码。

```
<script type="text/javascript">
var canvas=document.getElementById("canvas1");
var context=canvas.getContext("2d");
// 绘制底部白色圆形
context.arc(215,215,215,0,Math.PI*2,true);
context.fillStyle="#FFFFFF";
context.fill();
function Draw(){
    var canvas=document.getElementById("canvas2");
    var context=canvas.getContext("2d");
    // 在画布对象中绘制图像
    var newImg=new Image();
    newImg.src="images/115202.jpg";
    newImg.onload=function(){
        ArcClip(context);
        context.drawImage(newImg,-20,0);
        }
}
function ArcClip(context) {
    // 裁切路径
```

```
        context.beginPath();
        context.arc(200,200,200,0,Math.PI*2,true);      // 设置一个圆形绘图路径
        context.clip();                                  // 裁剪区域
    }
    window.addEventListener("load",Draw,true);
</script>
```

**04** 保存页面，在浏览器中预览页面，可以看到使用 <canvas> 标签与 JavaScript 脚本代码相结合在网页中实现的圆形图像效果，如图 11-68 所示。

图 11-68

> **提示**
>
> 　　在绘制图片之前，首先使用方法 ArcClip (context) 设置一个圆形裁剪区域。先设置一个圆形的绘图路径，再调用 clip() 方法，即可完成区域的裁剪。

## 11.6　图形变换处理

　　canvas 元素的绘图 API 提供了多种图形变换的处理方法，为实现复杂的绘图操作提供了便捷的方法。常见的变换操作包括平移、缩放、旋转和变形等。

　　在默认情况下，canvas 元素的坐标空间是以左上角 (0,0) 作为原点，x 值向右增加，y 值向下增加，坐标空间中的每一个单位通常转换为像素。也就是说，坐标空间默认包含一些基本属性。所以，可以把变换理解为改变了坐标空间的一些属性设置。

### 11.6.1　移动变换操作

　　移动变换操作是指将整个坐标系统设置一定的偏移值，绘制出来的图像也会跟着偏移。为坐标系统添加水平的偏移和垂直的偏移实现移动。

　　移动变换的使用方法如下。

```
translate(dx,dy);
```

　　dx 为水平方向上的偏移量；dy 为垂直方向上的偏移量。添加偏移后，会将偏移量附加给后续的所有坐标点。

**实 战　移动所绘制图形位置**

最终文件：最终文件 \ 第 11 章 \11-6-1.html　　　视频：视频 \ 第 11 章 \11-6-1.mp4

**01** 打开页面"源文件 \ 第 11 章 \11-6-1.html"，在浏览器中预览该页面，可以看到页面的背景效果，如图 11-69 所示。返回网页的 HTML 代码中，在 <body> 与 </body> 标签之间添加 <canvas> 标签，并对相关属性进行设置，如图 11-70 所示。

**02** 转换到该网页所链接的外部 CSS 样式表文件中，创建名为 #canvas1 的 CSS 样式，如图 11-71 所示。返回网页设计视图中，使刚添加的 id 名称为 canvas1 的 canvas 元素定位在页面水平居中的位置，如图 11-72 所示。

图 11-69

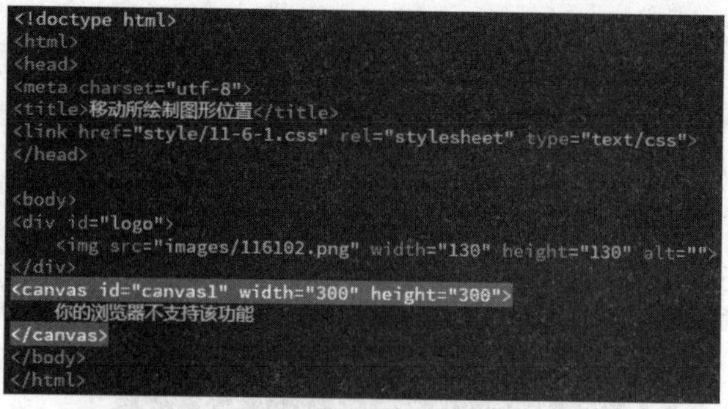

```
<!doctype html>
<html>
<head>
<meta charset="utf-8">
<title>移动所绘制图形位置</title>
<link href="style/11-6-1.css" rel="stylesheet" type="text/css">
</head>

<body>
<div id="logo">
    <img src="images/116102.png" width="130" height="130" alt="">
</div>
<canvas id="canvas1" width="300" height="300">
    你的浏览器不支持该功能
</canvas>
</body>
</html>
```

图 11-70

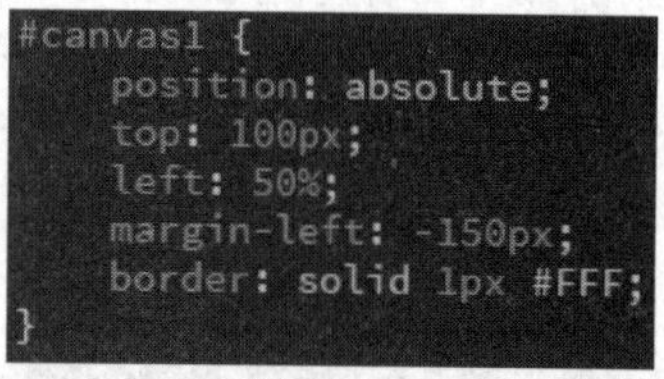

```
#canvas1 {
    position: absolute;
    top: 100px;
    left: 50%;
    margin-left: -150px;
    border: solid 1px #FFF;
}
```

图 11-71

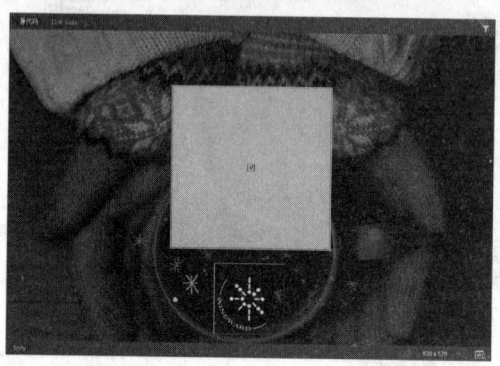

图 11-72

> **提示**
>
> 在此处的 CSS 样式设置中，不但设置了 id 名称为 canvas1 的 canvas 元素在页面中水平居中显示，并且还为该元素设置了 1 像素的白色边框，便于用户能更清晰地看到元素位置移动的效果。

**03** 返回网页的 HTML 代码中，在 <canvas> 结束标签之后添加相应的 JavaScript 脚本代码。

```
<script type="text/javascript">
var myCanvas=document.getElementById("canvas1");
var context=myCanvas.getContext("2d");
// 创建绘图路径
context.beginPath();                              // 创建新路径
context.arc(150,150,150,0,Math.PI*2,true);        // 圆形路径
context.closePath();                              // 闭合路径
// 设置样式
context.fillStyle="rgba(255,255,255,0.5)";        // 设置填充颜色
// 绘制图形
context.stroke();                                 // 绘制边框
context.fill();                                   // 绘制填充
</script>
```

**04** 此处添加的 JavaScript 脚本代码用于在页面中绘制一个半透明白色正圆形，在浏览器中预览该页面，可以看到所绘制正圆形的效果，如图 11-73 所示。返回网页的 HTML 代码中，在刚添加的 JavaScript 脚本代码中添加坐标移动的属性设置，如图 11-74 所示。

**05** 保存页面，在浏览器中预览页面，可以看到移动图形位置后的效果，超出 canvas 元素区域的部分被隐藏，如图 11-75 所示。

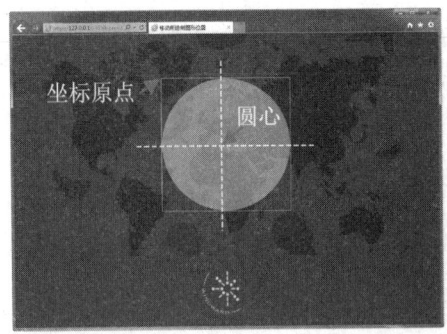

图 11-73

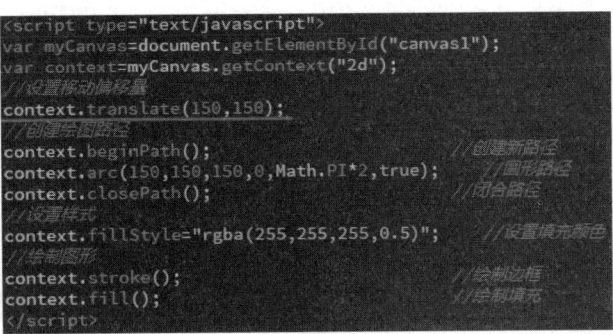

图 11-74

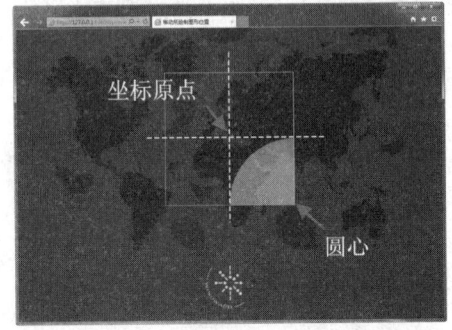

图 11-75

> **提示**
>
> 如果需要移动所绘制图形的位置，只需要调整坐标系统的偏移量即可，不需要在新的位置重新绘图，很直观地实现了图像的移动。如果图像移动后超出 canvas 元素的大小区域，则超出部分将不会被显示。

## 11.6.2 缩放变换操作

缩放变换是指将整个坐标系统设置一个缩放因子，绘制出来的图形会相应缩放。为坐标系统添加一个缩放变换，设置独立的水平和垂直缩放因子实现图形的缩放。

缩放变换的使用方法如下。

```
scale(sx,sy);
```

sx 为水平方向上的缩放因子；sy 为垂直方向上的缩放因子。sx 和 sy 为大于 0 的数字，当其值大于 1 时，为放大图像；小于 1 时，为缩小图像。

**实 战** 使用缩放操作绘制椭圆形

最终文件：最终文件 \ 第 11 章 \11-6-2.html　　视频：视频 \ 第 11 章 \11-6-2.mp4

**01** 打开页面 "源文件 \ 第 11 章 \11-6-2.html"，在浏览器中预览该页面，可以看到页面的背景效果，如图 11-76 所示。返回网页的 HTML 代码中，在 <body> 与 </body> 标签之间添加 <canvas> 标签，并对相关属性进行设置，如图 11-77 所示。

图 11-76

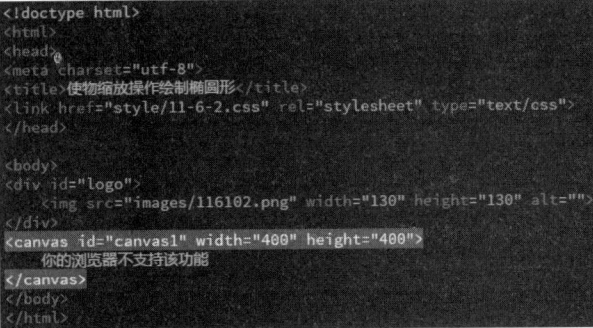

图 11-77

02 转换到该网页所链接的外部CSS样式表文件中，创建名为 #canvas1 的 CSS 样式，如图 11-78 所示。返回网页设计视图中，使刚添加的 id 名称为 canvas1 的 canvas 元素定位在页面水平居中的位置,如图 11-79 所示。

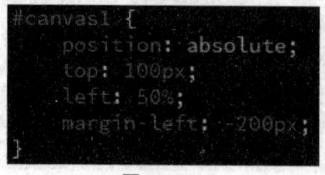

图 11-78

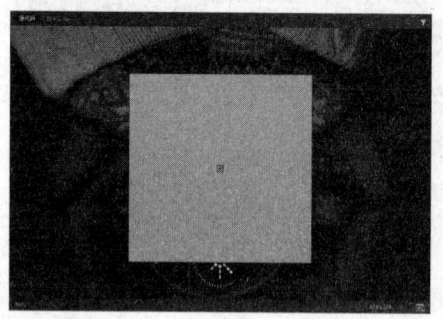

图 11-79

03 返回网页的 HTML 代码中，在 <canvas> 结束标签之后添加相应的 JavaScript 脚本代码。

```
<script type="text/javascript">
var myCanvas=document.getElementById("canvas1");
var context=myCanvas.getContext("2d");
// 设置缩放
context.scale(1,0.6);
// 创建绘图路径
context.beginPath();                          // 创建新路径
context.arc(200,200,200,0,Math.PI*2,true);    // 圆形路径
context.closePath();                          // 闭合路径
// 设置样式
context.fillStyle="rgba(255,255,255,0.5)";    // 设置填充颜色
// 绘制图形
context.stroke();                             // 绘制边框
context.fill();                               // 绘制填充
</script>
```

04 保存页面，在浏览器中预览页面，可以看到对所绘制的圆形进行缩放操作，从而得到椭圆形的效果，如图 11-80 所示。

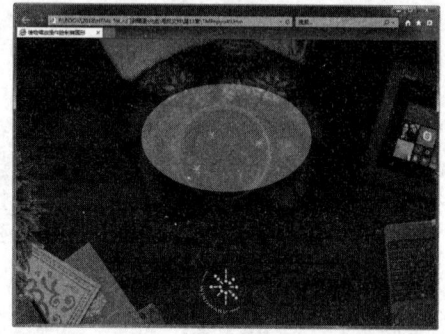

图 11-80

> **提示**
>
> 在所添加的 JavaScript 代码中，在绘制圆形之前为坐标系统添加了缩放操作，在 X 坐标方向缩放为实际大小的 1 倍，即水平方向不进行缩放操作，Y 坐标方向缩放为实际大小的 0.6 倍，即垂直方向上进行缩小。

## 11.6.3 旋转变换操作

旋转变换是指将整个坐标系统设置一个旋转的角度，绘制出来的图形会相应地旋转。
旋转变换的使用方法如下。

```
rotate(angle);
```

angle 参数表示旋转量，使用弧度表示。正值表示顺时针方向旋转，负值表示逆时针方向旋转，旋转的中心点为坐标系统的原点。

旋转量是使用弧度表示的，如果需要将角度转换为弧度，可以使用角度值乘以 Math.PI 再除以 180。

**实 战　绘制矩形并进行旋转**

最终文件：最终文件 \ 第 11 章 \11-6-3.html　　　视频：视频 \ 第 11 章 \11-6-3.mp4

**01** 打开页面"源文件 \ 第 11 章 \11-6-3.html"，在浏览器中预览该页面，可以看到页面的背景效果，如图 11-81 所示。返回网页的 HTML 代码中，在 <body> 与 </body> 标签之间添加 <canvas> 标签，并对相关属性进行设置，如图 11-82 所示。

图 11-81

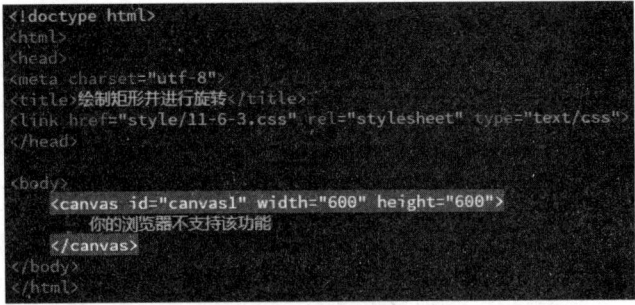

图 11-82

**02** 转换到该网页所链接的外部 CSS 样式表文件中，创建名为 #canvas1 的 CSS 样式，如图 11-83 所示。返回网页设计视图中，使刚添加的 id 名称为 canvas1 的 canvas 元素定位在页面水平居中的位置，如图 11-84 所示。

```
#canvas1 {
    position: absolute;
    top: 0px;
    left: 50%;
    margin-left: -300px;
}
```

图 11-83

图 11-84

**03** 返回网页的 HTML 代码中，在 <canvas> 结束标签之后添加相应的 JavaScript 脚本代码。

```
<script type="text/javascript">
var myCanvas=document.getElementById("canvas1");
var context=myCanvas.getContext("2d");
// 旋转图形，顺时针旋转 90 度
context.rotate(Math.PI/4);
// 填充矩形区域
context.fillStyle="rgba(255,51,0,0.5)";        // 设置填充颜色
context.fillRect(280,-150,300,300);            // 填充矩形区域
</script>
```

图 11-85

**04** 保存页面，在浏览器中预览页面，可以看到对所绘制的矩形进行旋转操作的效果，如图 11-85 所示。

> **提示**
>
> 在所添加的 JavaScript 代码中，在绘制矩形之前，为坐标系统添加旋转变换，沿顺时针方向旋转 90 度，再绘制半透明的矩形。注意，所有的变换操作不是针对图形，而是针对坐标系统。

### 11.6.4 矩阵变形操作

通过使用矩阵变形可以使所绘制的图形更加复杂。在默认绘图的坐标系统中，事实上存在一个默认的矩阵，当用户对这个矩阵进行修改时，就会造成图形的变形。

矩阵变形的使用方法如下。

```
transform(m11,m12,m21,m22,dx,dy);
```

在该方法中有 6 个参数组成一个变形矩阵，与当前矩阵进行乘法运算，形成新的矩阵系统。该变形矩阵的形式如下。

```
m11    m21    dx
m12    m22    dy
0      0      1
```

前面介绍的移动、缩放和旋转这 3 种变换操作，相对比较容易理解，其实都可以看作矩阵变形的特例。

移动 translate(dx,dy)，也可以使用 transform(1,0,0,1,dx,dy) 或 transform(0,1,1,0,dx,dy) 来实现。

缩放 scale(sx,sy)，也可以使用 transform(sx,0,0,sy,0,0) 或 transform(0,sy,sx,0,0,0) 来实现。

旋转 rotate(angle)，也可以使用 transform(cosA,sinA,−sinaA,cosA,0,0) 或 transform(−sinA,cosA,sinA,0,0,0) 来实现。

可以通过 transform() 方法实现更加复杂的图形变形操作，具体可以参考数学及图形学相关资料，这里不做深入讲解。

> **提示**
>
> 由于所有的变换操作都是以原点为基点进行的，所以绘制的图形最好以原点为中心，然后再进行变换操作，否则图形的位置会变得很难控制。

## 11.7 图形颜色与样式设置

在前面已经向读者介绍了如何为图形设置填充颜色和描边颜色，本节将向读者介绍如何为图形填充线性和径向渐变颜色，以及边框样式的设置，从而使所绘制的图形更加多样化。

### 11.7.1 绘制线性渐变

渐变是一种很普遍的视觉形象，能够带来视觉上的舒适感。在 canvas 中，绘图 API 提供了两个原生的渐变方法，包括线性渐变和径向渐变，可以应用在描边样式和填充样式中。

使用渐变需要 3 个步骤：首先是创建渐变对象；其次是设置渐变颜色和过渡方式；最后将渐变对象赋值给填充样式或描边样式。

线性渐变是指起始点和结束点之间线性的内插颜色值。绘图 API 提供的创建线性渐变的方法是 createLinearGradient()，该方法的使用格式如下。

```
createLinearGradient(xStart, yStart, xEnd, yEnd);
```

xStart、yStart 表示渐变的起始点的坐标。xEnd、yEnd 表示渐变的结束点的坐标。返回一个渐变对象。

设置渐变颜色需要在渐变对象上使用 addColorStop() 方法，在渐变中的某一点添加一个颜色变化，addColorStop() 方法的使用格式如下。

```
addColorStop(offset,color);
```

offset 是一个范围在 0.0~1.0 的浮点值，表示渐变的开始点和结束点之间的一部分，offset 为 0

对应开始点，offset 为 1 对应结束点。color 是一个颜色值，表示在指定 offset 显示的颜色。

**实 战　在网页中绘制矩形并填充线性渐变**

最终文件：最终文件\第 11 章\11-7-1.html　　　视频：视频\第 11 章\11-7-1.mp4

01　打开页面"源文件\第 11 章\11-7-1.html"，在浏览器中预览该页面，可以看到页面的背景效果，如图 11-86 所示。返回网页的 HTML 代码中，在 <body> 与 </body> 标签之间添加 <canvas> 标签，并对相关属性进行设置，如图 11-87 所示。

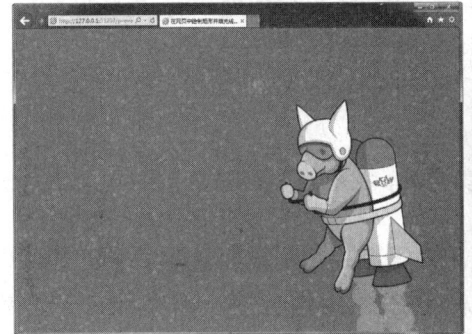

图 11-86　　　　　　　　　　　　　　　图 11-87

02　转换到该网页所链接的外部 CSS 样式表文件中，创建名为 #canvas1 的 CSS 样式，如图 11-88 所示。返回网页设计视图中，使刚添加的 id 名称为 canvas1 的 canvas 元素定位在页面水平居中的位置，如图 11-89 所示。

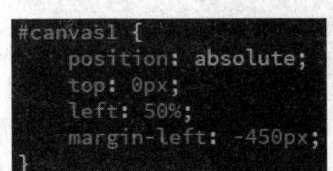

图 11-88

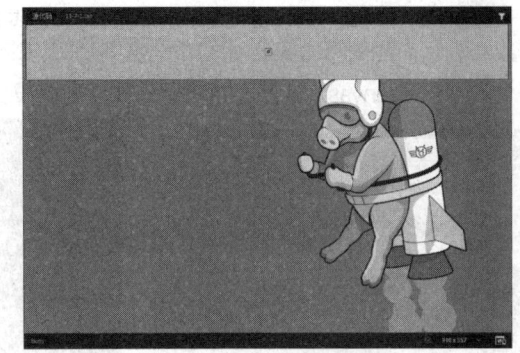

图 11-89

03　返回网页的 HTML 代码中，在 <canvas> 结束标签之后添加相应的 JavaScript 脚本代码。

```
<script type="text/javascript">
var myCanvas=document.getElementById("canvas1");
var context=myCanvas.getContext("2d");
// 创建线性渐变
var grd=context.createLinearGradient(0,0,00,100);
// 设置渐变颜色
grd.addColorStop(0,"#09E6F9");
grd.addColorStop(1,"#0085A9");
// 绘制矩形并将填充设置为渐变
context.fillStyle=grd;
context.fillRect(0,0,900,100);
</script>
```

04　保存页面，在浏览器中预览页面，可以看到为所绘制的矩形填充线性渐变颜色的效果，如图 11-90 所示。

197

图 11-90

> **提示**
>
> 从预览效果图可以看到起始点到结束点的渐变从浅蓝色到深蓝色的渐变颜色；起始点到结束点可以确定一条线段，渐变会沿着该线段的垂直方向扩展。设置渐变颜色和过渡方式时，可以增加使用 addColorStop() 方法，以便实现更多颜色的线性渐变。

## 11.7.2 绘制径向渐变

径向渐变是指两个指定圆的圆周之间放射性地插入颜色值。绘图 API 提供的创建径向渐变的方法是 createRadialGradient()，该方法的使用格式如下。

```
createRadialGradient(xStart, yStart, radiusStart, xEnd, yEnd, radiusEnd);
```

xStart 和 yStart 表示开始圆的圆心坐标；radiusStart 表示开始圆的半径；xEnd 和 yEnd 表示结束圆的圆心坐标；radiusEnd 表示结束圆的半径。返回一个渐变对象 gradient。

### 实战 在网页中绘制圆形并填充径向渐变

最终文件：最终文件 \ 第 11 章 \11-7-2.html    视频：视频 \ 第 11 章 \11-7-2.mp4

**01** 打开页面"源文件 \ 第 11 章 \11-7-2.html"，在浏览器中预览该页面，可以看到页面的背景效果，如图 11-91 所示。返回网页的 HTML 代码中，在 <body> 与 </body> 标签之间添加 <canvas> 标签，并对相关属性进行设置，如图 11-92 所示。

图 11-91

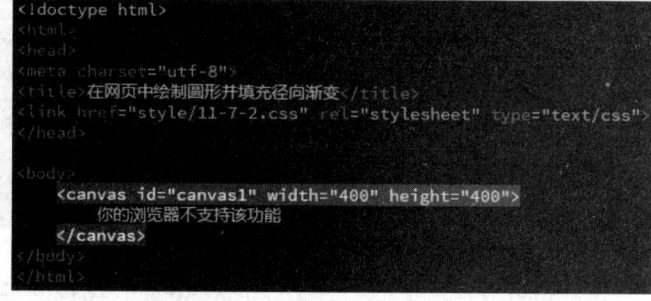

图 11-92

**02** 转换到该网页所链接的外部 CSS 样式表文件中，创建名为 #canvas1 的 CSS 样式，如图 11-93 所示。返回网页设计视图中，使刚添加的 id 名称为 canvas1 的 canvas 元素定位在页面水平居中的位置，如图 11-94 所示。

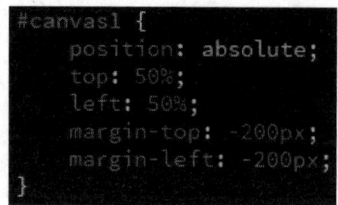

图 11-93

图 11-94

**03** 返回网页的 HTML 代码中，在 <canvas> 结束标签之后添加相应的 JavaScript 脚本代码。

```
<script type="text/javascript">
var myCanvas=document.getElementById("canvas1");
var context=myCanvas.getContext("2d");
// 创建径向渐变
var grd=context.createRadialGradient(200,200,0,200,200,200);
// 设置渐变颜色
grd.addColorStop(0,"#FFFC20");
grd.addColorStop(1,"#FFA100");
// 绘制圆形并将填充设置为渐变
context.fillStyle=grd;
context.beginPath();
context.arc(200,200,200,0,Math.PI*2,true);
context.fill();
</script>
```

图 11-95

 保存页面，在浏览器中预览页面，可以看到为所绘制的圆形填充径向渐变颜色的效果，如图 11-95 所示。

> **提示**
>
> 在本实例中设置起始圆的圆心坐标与结束圆的圆心坐标为相同的值，则表示起始圆与结束圆的中心点重合，设置起始圆的半径为 0，即为一个点，结束圆的半径为 200，则可以填充出一个从中心向四周的径向渐变。

## 11.7.3　不同的线型

在前面的讲解过程中已经多次绘制了线条，绘制线条的过程也称为描边的过程，绘制出来的图形是有一定宽度、带有颜色的线条。描边常用的属性除了 lineWidth 和 strokeStyle 之外，还包括线条的末端控制属性 lineCap、线条之间的连接属性 lineJoin 和 miterLimit。

### 1. 线条宽度——lineWidth 属性

该属性用于设置所绘制的线条宽度，该属性的属性值必须大于 0.0。较宽度的线条在路径上居中，每边有线条宽度的一半。

lineWidth 属性的使用方法如下。

```
lineWidth=[value];
```

参数 value 为数字，单位为像素，默认为 1。

### 2. 线条样式——strokeStyle 属性

该属性用于设置所绘制线条的样式，该样式可以设置为颜色、渐变和模式。

strokeStyle 属性的使用方法如下。

```
strokeStyle=[value];
```

参数 value 可以设置为字符串表示的颜色，可以是一个渐变对象，也可以是模式对象。

> **提示**
>
> strokeStyle 属性和 fillStyle 属性分别用于绘制线条和绘制区域，它们可以接受的值范围是一样的，分别是颜色、渐变和模式。

### 3. 线条端点——lineCap 属性

该属性用于设置线条末端的端点形式。

lineCap 属性的使用方法如下。

```
lineCap=[value];
```

参数 value 的合法值是 butt、round 和 square，默认值是 butt。只有当线条具有一定的宽度时，才能表现出不同端点之间的差异，如图 11-96 所示。

lineCap 属性的属性值说明如表 11-5 所示。

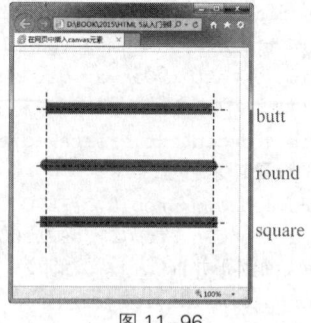

图 11-96

表 11-5　lineCap 属性的属性值说明

| 属性值 | 说明 |
| --- | --- |
| butt | 线条的端点是平直的而且和线条的方向正交，这条线段在其端点之外没有扩展 |
| round | 线条的端点呈现为半圆形，半圆的直径等于线段的宽度，并且线段在端点之外扩展了线段宽度的一半 |
| square | 线条的端点呈现为矩形，该属性值和 butt 有着同样的形状效果，但是线段扩展了自己的宽度的一半 |

### 4. 线条连接——lineJoin 属性

该属性用于设置两条线连接点的连接方式。

lineJoin 属性的使用方法如下。

```
lineJoin=[value];
```

参数 value 的合法值是 round、bevel 和 miter，默认值是 miter。当一个路径包含线段或曲线相交的交点时，lineJoin 属性可以表现这些交点的连接方式。不过只有当线条较宽时，才能表现出不同连接方式的差异，如图 11-97 所示。

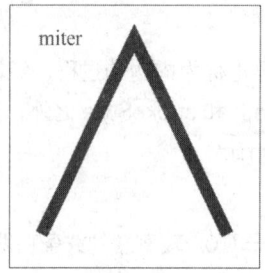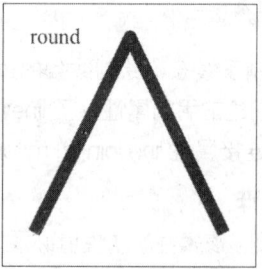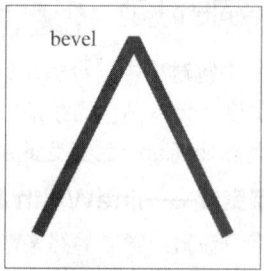

图 11-97

lineJoin 属性的属性值说明如表 11-6 所示。

表 11-6　lineJoin 属性的属性值说明

| 属性值 | 说明 |
| --- | --- |
| miter | 定义两条线段的外边缘一直延伸到它们相交。当两条线段以一个锐角相交时，连接的地方可能会延伸到很长 |
| round | 定义了两条线段的外边缘应该和一个填充的弧接合，这个弧的直径等于线段的宽度 |
| bevel | 定义了两条线段的外边缘应该和一个填充的三角形相交 |

### 5. 扩展线条连接——miterLimit

该属性用于进一步设置如何绘制两条线段的交点。

miterLimit 属性的使用方法如下。

```
miterLimit=[value];
```

参数 value 为数值。当宽线条的 lineJoin 属性值为 miter 时，并且两条线段以锐角相交时，连接的地方可能会相当长。miterLimit 属性可以为该延伸的长度设置一个上限。这个属性表示延伸的长度和线条长度的比值。默认是 10，表示延伸的长度不应该超过线条宽度的 10 倍。如果延伸的长度超过这个长度，就变成斜角了。当属性 lineJooin 的属性值为 round 或 bevel 时，属性 miterLimit 是无效的。

## 11.7.4 创建对象阴影

阴影效果可以增加图像的立体感，为所绘制的图形或文字添加阴影效果，可以利用绘图 API 提供的绘制阴影的属性。阴影属性不会单独去绘制阴影，只需要在绘制任何图形或文字之前添加阴影属性，就能绘制出带有阴影效果的图形或文字。

如表 11-7 所示为设置阴影的 4 个属性。

表 11-7 阴影属性说明

| 属性 | 值 | 说明 |
| --- | --- | --- |
| shadowColor | 符合 CSS 规范的颜色值 | 可以使用半透明颜色 |
| shadowOffsetX | 数值 | 阴影的横向位移量，向右为正，向左为负 |
| shadowOffsetY | 数值 | 阴影的纵向位移量，向下为正，向上为负 |
| shadowBlur | 数值 | 高斯模糊，值越大，阴影边缘越模糊 |

**实战 为图形添加阴影效果**

最终文件：最终文件 \ 第 11 章 \11-7-4.html　　视频：视频 \ 第 11 章 \11-7-4.mp4

**01** 打开页面"源文件 \ 第 11 章 \11-7-4.html"，在浏览器中预览该页面，可以看到页面的背景效果，如图 11-98 所示。返回网页的 HTML 代码中，在 <body> 与 </body> 标签之间添加 <canvas> 标签，并对相关属性进行设置，如图 11-99 所示。

图 11-98

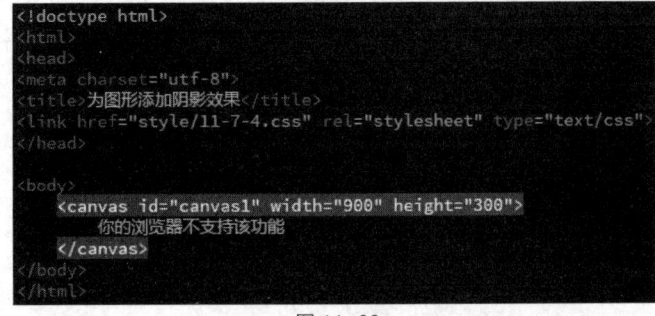

```
<!doctype html>
<html>
<head>
<meta charset="utf-8">
<title>为图形添加阴影效果</title>
<link href="style/11-7-4.css" rel="stylesheet" type="text/css">
</head>

<body>
    <canvas id="canvas1" width="900" height="300">
        你的浏览器不支持该功能
    </canvas>
</body>
</html>
```

图 11-99

**02** 转换到该网页所链接的外部 CSS 样式表文件中，创建名为 #canvas1 的 CSS 样式，如图 11-100 所示。切换到设计视图中，使刚添加的 id 名称为 canvas1 的 canvas 元素定位在页面水平居中的位置，如图 11-101 所示。

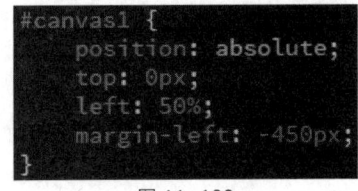

```
#canvas1 {
    position: absolute;
    top: 0px;
    left: 50%;
    margin-left: -450px;
}
```

图 11-100

图 11-101

**03** 返回网页的 HTML 代码中，在所添加的 JavaScript 脚本代码中添加实现阴影效果的代码。

```
<script type="text/javascript">
var myCanvas=document.getElementById("canvas1");
var context=myCanvas.getContext("2d");
// 设置阴影属性
context.shadowColor="#F4F4F4";
context.shadowOffsetX=5;
context.shadowOffsetY=5;
context.shadowBlur=5.5;
// 绘制矩形
context.fillStyle="rgba(255,255,255,0.2)";
context.fillRect(0,0,890,100);
// 填充方式绘制文本
context.fillStyle="#01435D";
context.font="bold 60px 微软雅黑 ";
context.fillText(" 全新旅行车震撼上市! ",150,65);
</script>
```

图 11-102

**04** 保存页面，在浏览器中预览页面，可以看到所绘制的图形和文本添加阴影的效果，如图 11-102 所示。

提示

在绘制文本和图形之前，设置了阴影属性，其后所绘制的所有文本和图形都会附带阴影效果。阴影属性可以应用于任何绘制的对象，也包括图片。

# 第 12 章　HTML5 的音频和视频

在 HTML5 中为用户提供了在网页中嵌入音频和视频简单便捷的解决方案，只需要使用 HTML5 中新增的 <audio> 和 <video> 标签即可在网页中嵌入音频和视频，不需要任何插件的支持。并且 HTML5 还为开发者提供了标准的接口属性和方法，大大方便了开发者对嵌入网页中的音频和视频进行控制。在本章中将向读者介绍 HTML5 新增的音频和视频功能的使用和设置方法。

**本章知识点:**
- 了解 HTML5 多媒体的基础知识
- 了解 HTML5 音频和视频的优势与不足
- 理解检查浏览器是否支持 HTML5 音频和视频的方法
- 掌握 HTML5 音频的使用和设置方法
- 掌握 HTML5 视频的使用和设置方法
- 理解 <audio> 与 <video> 的标签属性和接口属性
- 理解 <audio> 与 <video> 标签的方法和事件

## 12.1　HTML5 多媒体基础

　　HTML5 对多媒体的支持是顺势发展，但是目前还没有完整的规范，所以不同的浏览器对于 HTML5 新增的多媒体标签的支持情况还有较大的差别，如何深入理解 HTML5 的多媒体内容，有必要对其相关的多媒体技术有一定的了解。

### 12.1.1　视频文件格式

　　无论是音频还是视频，都只是一个压缩的容器文件。关于视频文件，包含音频轨道、视频轨道和一些元数据 ( 封面、标题、字幕等 )。不同视频格式的文件，所属的视频容器也不一样，目前比较流行的视频格式主要有以下几种。
- Audio Video Interleaved(.avi)
- Flash Video(.flv)
- MPEG-4(.mp4)
- Matroska(.mkv)
- Ogg(.ogv)

### 12.1.2　在线多媒体的发展

　　早在 2000 年，在线视频都是借助第三方工具实现的，如 RealPlayer 和 QuickTime 等，但它们存在隐私保护问题或兼容性问题。

　　HTML 规范的发展与浏览器息息相关，当 Microsoft 公司赢得了 2001 年的浏览器大战时，即停止了对 IE 浏览器功能的改进。而 W3C 也声明了 HTML 规范已经 "过时"，转而关注 XHTML 和 XHTML 2，严谨的数据规范和验证，弱化了 HTML 本身的功能。此时没有人认为，在 HTML 中实现视频播放是个好主意。

然而根据实际的需要，开发人员仍然要在网页上实现多媒体功能，进而转向 Flash 的改进功能。2002 年，Macromedia 为了满足使用 Flash Video 开发人员的需要，引入了 Sorenson Spark。2003 年，该公司使用 VP6 编解码器 (codec) 引入了外部视频 FLV 格式。在当时，这是高质量、高压缩的。由此使用 Flash 开发的在线视频，有了近十年的发展，Flash Player 的安装库也变得越来越大，Flash Video 几乎没有缺点，并且已经发展成为事实上的 Web 标准。

在 HTML5 之前，要在网页中添加音频和视频，最简单、最直接的方法就是使用 Flash。这种实现方式的缺点是代码较长，最重要的是需要安装 Flash 插件，并非所有浏览器都拥有同样的插件。

如下所示为在网页中嵌入 Flash Video 视频的代码。

```
<object classid="clsid:D27CDB6E-AE6D-11cf-96B8-444553540000" width="479" height="314" id="FLVPlayer">
  <param name="movie" value="FLVPlayer_Progressive.swf" >
  <param name="quality" value="high">
  <param name="wmode" value="opaque">
  <param name="scale" value="noscale">
  <param name="salign" value="lt">
   <param name="FlashVars" value="&amp;MM_ComponentVersion=1&amp;skinName=Clear_Skin_1&amp;streamName=images/flv15203&amp;autoPlay=false&amp;autoRewind=false" >
  <param name="swfversion" value="8,0,0,0">
  <!-- 此 param 标签提示使用 Flash Player 6.0 r65 和更高版本的用户下载最新版本的 Flash Player.
如果您不想让用户看到该提示，请将其删除。 -->
  <param name="expressinstall" value="../Scripts/expressInstall.swf">
</object>
```

## 12.1.3 HTML5 音频和视频的优势

在 HTML5 中，不但不需要安装其他插件，而且实现还很简单。播放一个视频只需要一行代码，如下为使用 HTML5 在网页中插入音频和视频的代码。

```
<audio src="images\music.mp3" autoplay></audio>
<video src="images\movie.mp4" autoplay></video>
```

由此可见，在 HTML5 中省去了许多不必要的信息。

在 HTML5 中实现多媒体，不需要知道数据的类型，因为标签已经指明；也不需要设置版本信息，因为不涉及这方面的信息；可以由 CSS 样式来控制尺寸，因为它们是页面元素。这些原生的优势，是其他任何第三方插件都无法企及的。

## 12.1.4 音频和视频编解码器

编解码器是一个算法代码，用来处理视频、音频或者其元素数据的编码格式。对音频或视频文件进行编码，可使文件大大缩小，方便在互联网上传输，因为在网络多媒体发展方面，网络宽带是一个很大的瓶颈。

HTML5 音频文件格式及其各自的编解码器说明如表 12-1 所示。

表 12-1　HTML5 音频文件格式及其各自的编解码器说明

| 音频格式 | 编解码器 |
|---|---|
| MP3 | 文件扩展名为 .mp3，使用 ACC 音频 |
| WAV | 文件扩展名为 .wav，使用 WAV 音频 |
| OGG | 文件扩展名为 .ogg，使用 OggVorbis 音频 |

HTML5 视频文件格式及其各自的编解码器说明如表 12-2 所示。

表 12-2　HTML5 视频文件格式及其各自的编解码器说明

| 视频格式 | 编解码器 |
| --- | --- |
| MP4 | 文件扩展名为 .mp4，使用 H.264 视频、ACC 音频 |
| WebM | 文件扩展名为 .mkv，使用 VP8 视频、OggVorbis 音频 |
| OGG | 文件扩展名为 .ogg，使用 Theora 视频、OggVorbis 音频 |

H.264 编解码器被广泛采用，因此读者所使用的大多数编码软件都可以编码一个 MP4 视频。WebM 是新兴的，但是工具都已经可以使用。OGG 是开源的，但是还没有广泛使用，因此只有少数几个工具可供其使用。

提示

MP4 容器、H.264 视频、AAC 视频编解码器及 ACC 音频编解码器都是 MPEG LA Group 专利的专有格式。对于个人网站或者仅有少量视频的公司，这不是问题。然而，对于那些有大量视频的公司要特别注意许可证和费用，因为这可能会影响他们盈亏的底线，MP4 容器及其编解码器对终端用户通常是免费的。

WebM 和 OGG 容器，VP8 和 Theora 视频编码器及 Vorbis 音频编码器都是 Berkeley Software Distribution License 授权的、免版费和开放源码的。

## 12.1.5　HTML5 音频和视频的不足

直到现在，仍然不存在完整的音频和视频标准。尽管 HTML5 提供了音频和视频的规范，但其中所涉及的内容还不够完善。

### 1. 流式音频和视频

因为目前 HTML5 视频规范中，还没有比特率切换标准，所以对视频的支持只限于先全部加载完毕再播放的方式。但流式媒体格式是比较理想的格式，在未来的设计中，肯定会在这方面进行规范。

### 2. 跨源资源的共享

HTML5 的媒体受到 HTTP 跨源资源共享的限制。HTML5 针对跨源资源的共享，提供了专门的规范，这种规范不仅仅局限于音频和视频。

### 3. 全屏控制

从安全角度讲，浏览器中的脚本控制范围不会超出浏览器之外。如果需要控制全屏操作，可能还需要浏览器提供相关的控制功能。

### 4. 字幕支持

如果在 HTML5 中对音频和视频进行编程，可能还需要对字幕的控制。基于流行的字幕格式 SRT 的字幕支持规范 (WebSRT) 仍在编写中，尚未完全纳入规范。

### 5. 编解码支持

使用 HTML5 媒体标签的最大确定在于缺少通用编解码的支持。随着时间的推移，最终会形成一个通用、高效的编解码器，到时候多媒体的应用形式会比现在更加丰富。未来的发展趋势，一定是我们所期待的那样，或许还会给我们意外的惊喜。

## 12.1.6　检查浏览器是否支持 HTML5 音频和视频

使用脚本代码可以判断浏览器是否支持 HTML5 中新增的 audio 元素或 video 元素。可以使用脚本代码动态地创建它，并检测是否存在，脚本代码如下。

```
var support = !!document.createElement("audio").canPlayType;
```

这段脚本代码会动态创建 audio 元素，然后检查 canPlayType() 函数是否存在。通过执行两次逻

辑非运算符 "!"，将其结果转换成布尔值，就可以确定音频对象是否创建成功。同样，video 元素也可以这样去检查。

# 12.2 使用 HTML5 音频

网络上有许多不同格式的音频文件，但 HTML 标签所支持的音乐格式并不是很多，并且不同的浏览器支持的格式也不相同。HTML5 针对这种情况，新增了 <audio> 标签来统一网页音频格式，可以直接使用该标签在网页中添加相应格式的音乐。

## 12.2.1 <audio> 标签所支持的音频格式

目前，HTML5 新增的 Audio 元素所支持的音频格式主要是 WAV、MP3 和 OGG，在各种主要浏览器中的支持情况如表 12-3 所示。

表 12-3　HTML5 音频在浏览器中的支持情况

| 格式 | IE 11 | Firefox 28.0 | Opera 20.0 | Chrome 34.0 | Safari 5.34 |
|---|---|---|---|---|---|
| WAV | × | √ | √ | √ | √ |
| MP3 | √ | √ | × | √ | √ |
| OGG | × | √ | √ | √ | × |

## 12.2.2 使用 <audio> 标签

在 HTML5 中新增了 <audio> 标签，通过该标签可以在网页中嵌入音频并播放。在网页中使用 HTML5 中的 <audio> 标签嵌入音频时，只需要指定 <audio> 标签中的 src 属性值为一个音频源文件的路径即可，代码如下。

```
<audio src="images/music.mp3">
    你的浏览器不支持 audio 元素
</audio>
```

通过这种方法可以将音频文件嵌入网页中，如果浏览器不支持 HTML5 的 <audio> 标签，将会在网页中显示替代文字 "你的浏览器不支持audio 元素"。这种不兼容的提示与 <canvas> 标签是一样的，也是 HTML5 处理不兼容的统一方法。

**实战　在网页中嵌入音频播放**

最终文件：最终文件\第 12 章\12-2-2.html　　视频：视频\第 12 章\12-2-2.mp4

**01** 执行 "文件" > "打开" 命令，打开页面 "源文件\第 12 章\12-2-2.html"，可以看到该页面的 HTML 代码，如图 12-1 所示。在浏览器中预览该页面，可以看到页面背景效果，如图 12-2 所示。

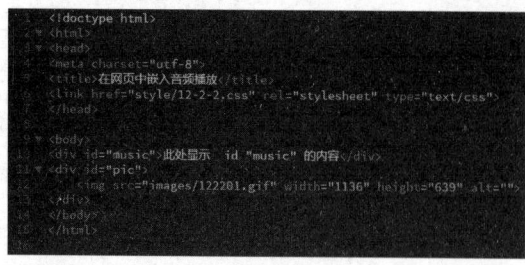

图 12-1　　　　　　　　　　　　　图 12-2

**02** 返回网页的 HTML 代码中，将名为 music 的 Div 中多余的文字删除并加入 <audio> 标签，并为其设置相应的属性，如图 12-3 所示。在 <audio> 与 </audio> 标签之间添加当浏览器不支持

<audio> 标签时的提示文字，如图 12-4 所示。

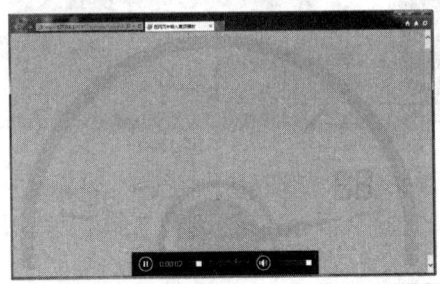

图 12-3

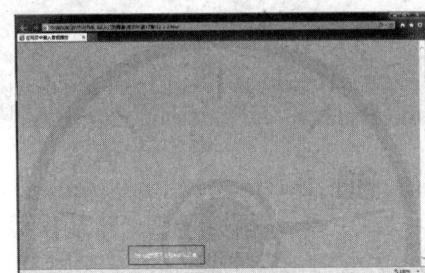

图 12-4

**技巧**

在 <audio> 标签中加入 controls 属性设置，使嵌入网页中的音频文件显示音频播放控制条，可以对音频的播放、停止及音量等进行控制。

**03** 保存页面，在浏览器中预览该页面的效果，可以看到播放器控件并播放音乐，如图 12-5 所示。如果使用 IE 9 以下版本浏览器预览该页面，则会显示不支持 HTML5<audio> 标签的提示文字，如图 12-6 所示。

图 12-5

图 12-6

## 12.3　使用 HTML5 视频

视频标签的出现无疑是 HTML5 的一大亮点，但是旧的浏览器不支持 HTML5 Video，并且涉及视频文件的格式问题，Firefox、Safari 和 Chrome 的支持方式并不相同，所以在现阶段使用 HTML5 的视频功能，浏览器兼容性是一个不得不考虑的问题。

### 12.3.1　<video> 标签所支持的视频格式

目前，HTML5 新增的 Video 元素所支持的视频格式主要是 MPEG4、WebM 和 OGG，在各种主要浏览器中的支持情况如表 12-4 所示。

表 12-4　HTML5 视频在浏览器中的支持情况

| 格式 | IE 11 | Firefox 28.0 | Opera 20.0 | Chrome 34.0 | Safari 5.34 |
|------|-------|--------------|------------|-------------|-------------|
| MPEG4 | √ | √ | × | √ | √ |
| WebM | × | √ | √ | √ | × |
| OGG | × | √ | √ | √ | × |

### 12.3.2　使用 <video> 标签

在网页中可以使用 HTML5 新增的 Video 元素嵌入视频，其方法与 Audio 元素相似，还可以在 <video> 标签中添加 width 和 height 属性设置，从而控制视频的宽度和高度，代码如下。

```
<video src="images/movie.mp4" width="600" height="400">
    你的浏览器不支持 video 元素
</video>
```

通过这种方法即可将视频添加到网页中，浏览器不兼容时，显示替代文字"你的浏览器不支持video 元素"。对于兼容性的处理方法，也可以增加丰富的标签内容，或者增加 Flash 的替代方案。

**实 战　在网页中嵌入视频播放**

最终文件：最终文件 \ 第 12 章\12-3-2.html　　　视频：视频 \ 第 12 章\12-3-2.mp4

**01** 执行"文件" > "打开"命令，打开页面"源文件 \ 第 12 章\12-3-2.html"，可以看到该页面的 HTML 代码，如图 12-7 所示。在浏览器中预览页面，可以看到页面的背景效果，如图 12-8 所示。

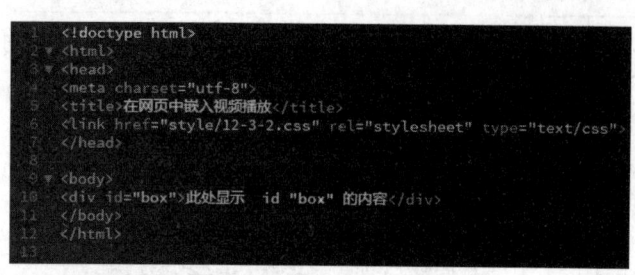
图 12-7

图 12-8

**02** 返回网页的 HTML 代码中，将名称为 box 的 Div 中多余的文字删除，在该 Div 标签中加入 <video> 标签，并设置相关属性，如图 12-9 所示。在 <video> 与 </video> 标签之间添加当浏览器不支持 <video> 标签时的提示文字，如图 12-10 所示。

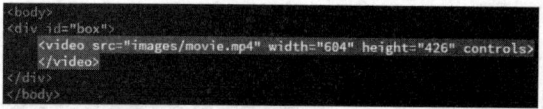
图 12-9

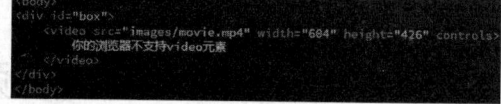
图 12-10

**技巧**

在 <video> 标签中的 controls 属性是一个布尔值，显示 play/stop 按钮；width 属性用于设置视频所需要的宽度，默认情况下，浏览器会自动检测所提供的视频尺寸；height 属性用于设置视频所需要的高度。

**03** 切换到设计视图中，可以看到 <video> 标签在网页中显示为一个灰色区域，如图 12-11 所示。保存页面，在浏览器中预览页面，可以看到使用 HTML5 所实现的嵌入视频播放的效果，如图 12-12 所示。

图 12-11

图 12-12

**提示**

HTML5 的 <video> 标签，每个浏览器的支持情况不同，Firefox 浏览器只支持 .ogg 格式的视频文件，Safari 和 Chrome 浏览器只支持 .mp4 格式的视频文件，而 IE 11 以下版本不支持 <video> 标签，IE 11 版本浏览器支持 <video> 标签，所以在使用该标签时一定要注意。

### 12.3.3　使用 <source> 标签

由于各种浏览器对音频和视频的编解码器的支持不一样，为了在各种浏览器中都能正常显示音频和视频效果，可以提供多种不同格式的音频和视频文件。这就需要使用 <source> 标签为 audio 元素或 video 元素提供多个备用多媒体文件，代码如下。

```
<audio src="images/music.mp3">
  <source src="images/music.ogg" type="audio/ogg">
  <source src="images/music.mp3" type="audio/mpeg">
  你的浏览器不支持 audio 元素
</audio>
```

或

```
<video src="images/movie.mp4" width="562" height="423" controls>
  <source src="images/movie.ogg" type="video/ogg" codes="theora,vorbis">
  <source src="images/movie.mp4" type="video/mp4">
  你的浏览器不支持 video 元素
</video>
```

由上面可以看出，使用 source 元素代替了 <audio> 或 <video> 标签中的 src 属性，这样浏览器可以根据自身的播放能力，按照顺序自动选择最佳的源文件进行播放。

此外，<source> 标签有几个属性，分别介绍如下。

#### 1. src 属性

src 属性用于指定媒体文件的 URL 地址，可以是相对路径地址，也可以是绝对路径地址。

#### 2. type 属性

type 属性用于指定媒体文件的类型，属性值为媒体文件的 MIME 类型，该属性值还可以通过 codes 参数指定编码格式。为了提高执行效率，定义详细的 type 属性是非常必要的。

## 12.4　<audio> 与 <video> 标签的属性

在 HTML5 新增的 <audio> 与 <video> 标签中都提供了相应的属性，通过在标签中添加相应的属性设置，可以对页面中的音频和视频进行设置。在 <audio> 与 <video> 标签中所提供的属性大致分为标签属性和接口属性。

### 12.4.1　元素的标签属性

<audio> 与 <video> 标签所提供的元素标签属性基本相同，主要用于对插入网页中的音频或视频进行控制。<audio> 与 <video> 标签的相关属性说明如表 12-5 所示。

表 12-5　<audio> 与 <video> 标签的相关属性说明

| 属性 | 说明 |
| --- | --- |
| src | 用于指定媒体文件的 URL 地址，可以是相对路径地址，也可以是绝对路径地址 |
| autoplay | 用于设置媒体文件加载后自动播放，该属性在标签中使用方法如下。<br>　　`<audio src="images/music.mp3" autoplay></video>`<br>或<br>　　`<video src="resources/video.mp4" autoplay></video>` |
| controls | 用于为视频和音频添加自带的播放控制条，控制条中包括播放 / 暂停、进度条、进度时间和音量控制等。该属性在标签中的使用方法如下。<br>　　`<audio src="images/music.mp3" controls></video>`<br>或<br>　　`<video src="images/video.mp4" controls></video>` |

（续表）

| 属性 | 说明 |
|---|---|
| loop | 用于设置音频或视频循环播放。该属性在标签中的使用方法如下。<br>　　`<audio src="images/music.mp3" controls loop></video>`<br>或<br>　　`<video src="images/video.mp4" controls loop></video>` |
| preload | 表示页面加载完成后，如何加载视频数据。该属性有 3 个值：none 表示不进行预加载；metadata 表示只加载媒体文件的元数据；auto 表示加载全部视频或音频。默认值为 auto。用法如下<br>　　`<audio src="images/music.mp3" controls preload="auto"></video>`<br>或<br>　　`<video src="images/video.mp4" controls preload="auto"></video>`<br>如果在标签中设置了 autoplay 属性，则忽略 preload 属性 |
| poster | 该属性是 `<video>` 标签的属性，`<audio>` 标签没有该属性<br>该属性用于指定一幅替代图片的 URL 地址，当视频不可用时，会显示该替代图片。用法如下<br>　　`<video src="images/video.mp4" controls poster="images/none.jpg"></video>` |
| width 和 height | 这两个属性是 `<video>` 标签的属性，`<audio>` 标签没有这两个属性。该属性用于设置视频的宽度和高度，单位是像素，使用方法如下<br>　　`<video src="images/video.mp4" controls width="800" height="600"></video>` |

## 12.4.2　元素的接口属性

　　`<audio>` 与 `<video>` 标签除了提供标签属性外，还提供了一些接口属性，用于针对音频和视频文件的编程。`<audio>` 与 `<video>` 标签的接口属性说明如表 12-6 所示。

表 12-6　`<audio>` 与 `<video>` 标签的接口属性说明

| 属性 | 说明 |
|---|---|
| currentSrc | 该属性为只读属性，获取当前正在播放或已加载的媒体文件的 URL 地址 |
| videoWidth | 该属性为只读属性，video 元素特有属性，获取视频原始的宽度 |
| videoHeight | 该属性为只读属性，video 元素特有属性，获取视频原始的高度 |
| currentTime | 该属性用于获取 / 设置当前媒体播放位置的时间点，单位为 s(秒) |
| starTime | 该属性为只读属性，获取当前媒体播放的开始时间，通常是 0 |
| duration | 该属性为只读属性，获取整个媒体文件的播放时长，单位为 s(秒)。如果无法获取，则返回 NaN |
| volume | 该属性用于获取 / 设置媒体文件播放时的音量，取值范围为 0.0~0.1 |
| muted | 该属性用于获取 / 设置媒体文件播放时是否静音。true 表示静音，false 表示消除静音 |
| ended | 该属性为只读属性，如果媒体文件已经播放完毕，则返回 true，否则返回 false |
| played | 该属性为只读属性，获取已播放媒体的 TimesRanges 对象，该对象内容包括已播放部分的开始时间和结束时间 |
| paused | 该属性为只读属性，如果媒体文件当前是暂停的或未播放，则返回 true，否则返回 false |
| error | 该属性为只读属性，读取媒体文件的错误代码。正常情况下，error 属性值为 null；有错误时，返回 MediaError 对象 code。<br>code 有 4 个错误状态值。<br>① MEDIA_ERR_ABORTED( 值为 1)：中止。媒体资源下载过程中，由于用户操作原因而被中止<br>② MEDIA_ERR_NETWORK( 值为 2)：网络中断。媒体资源可用，但下载出现网络错误而中止<br>③ MEDIA_ERR_DECODE( 值为 3)：解码错误。媒体资源可用，但解码时发生了错误<br>④ MEDIA_ERR_SRC_NOT_SUPPORTED( 值为 4)：不支持格式。媒体格式不被支持 |
| seeking | 该属性为只读属性，获取浏览器是否正在请求媒体数据。true 表示正在请求，false 表示停止请求 |
| seekable | 该属性为只读属性，获取媒体资源已请求的 TimesRanges 对象，该对象内容包括已请求部分的开始时间和结束时间 |
| networkState | 该属性为只读属性，获取媒体资源的加载状态。该状态有如下 4 个值。<br>① NETWORK_EMPTY( 值为 0)：加载的初始状态<br>② NETWORK_IDLE( 值为 1)：已确定编码格式，但尚未建立网络连接<br>③ NETWORK_LOADING( 值为 2)：媒体文件加载中<br>④ NETWORK_NO_SOURCE( 值为 3)：没有支持的编码格式，不加载 |

（续表）

| 属性 | 说明 |
| --- | --- |
| buffered | 该属性为只读属性，获取本地缓存的媒体数据的 TimesRanges 对象。TimesRanges 对象可以是个数组 |
| readyState | 该属性为只读属性，获取当前媒体播放的就绪状态。共有如下 5 个值。<br>① HAVE_NOTHING( 值为 0)：还没有获取到媒体文件的任何信息<br>② HAVE_METADATA( 值为 1)：已获取到媒体文件的元数据<br>③ HAVE_CURRENT_DATA( 值为 2)：已获取到当前播放位置的数据，但没有下一帧数据<br>④ HAVE_FUTURE_DATA( 值为 3)：已获取到当前播放位置的数据，且包含下一帧的数据<br>⑤ HAVE_ENOUGH_DATA( 值为 4)：已获取足够的媒体数据，可以正常播放 |
| playbackRate | 该属性用于获取 / 设置媒体当前的播放速率 |
| defaultPlaybackRate | 该属性用于获取 / 设置媒体默认的播放速率 |

**实战　为网页文本进行分段处理**

最终文件：最终文件 \ 第 12 章 \12-4-2.html　　视频：视频 \ 第 12 章 \12-4-2.mp4

**01** 执行 "文件" > "打开" 命令，打开页面 "源文件 \ 第 12 章 \12-4-2.html"，可以看到该页面的 HTML 代码，如图 12-13 所示。在浏览器中预览页面，可以看到在页面中使用 <video> 标签所嵌入的视频效果，如图 12-14 所示。

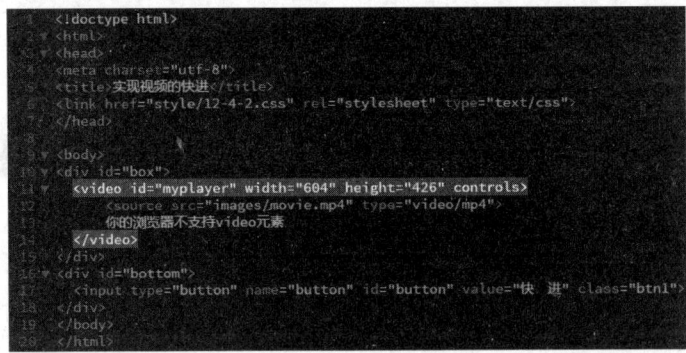

图 12-13

图 12-14

**提示**

此处需要为页面嵌入的视频设置 id 名称，在本实例中为视频设置的 id 名称为 myplayer，后面需要添加 JavaScript 对指定 id 名称的视频进行控制。

**02** 在网页的 <head> 与 </head> 标签之间添加 JavaScript 脚本代码，如图 12-15 所示。在 id 名为 button 的按钮中添加触发事件 onClick，调用 JavaScript 脚本代码，如图 12-16 所示。

```html
<head>
<meta charset="utf-8">
<title>实现视频的快进</title>
<link href="style/12-4-2.css" rel="stylesheet" type="text/css">
<script type="text/javascript">
function Forward() {
    var el=document.getElementById("myplayer");
    var time=el.currentTime;
    el.currentTime=time+6;
}
</script>
</head>
```

图 12-15

```html
<div id="bottom">
    <input type="button" name="button" id="button" value="快 进" class="btn1"
onClick="Forward()">
</div>
```

图 12-16

> **提示**
>
> 　　首先通过脚本获取 video 对象的 currentTime，加上 6 秒后再赋值给对象的 currentTime 属性，即可实现每次快进 6 秒。由于 currentTime 属性是可读可写的，因此可以给该属性赋值。

　　**03** 保存页面，在浏览器中预览页面，可以看到页面中的视频效果，如图 12-17 所示。单击"快进"按钮，可以看到视频快进 6 秒的效果，如图 12-18 所示。

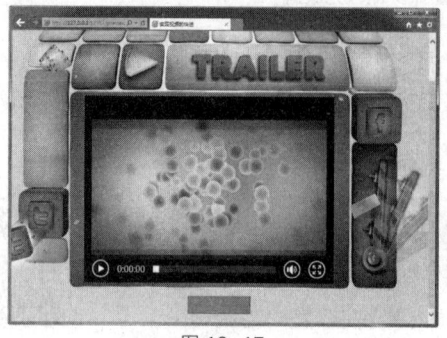
图 12-17

图 12-18

> **提示**
>
> 　　如果接口属性是只读属性，则只能获取该属性的值，不能给该属性赋值。接口属性不能用于 <video> 标签中，只能通过脚本访问。

# 12.5　<audio> 与 <video> 标签的接口方法和事件

　　HTML5 为 audio 与 video 元素还提供了接口方法和一系列接口事件，方便通过脚本代码对嵌入网页中的音频和视频进行控制，本节将向读者介绍 audio 和 video 元素的接口方法和接口事件。

## 12.5.1　<audio> 与 <video> 标签的接口方法

　　HTML5 为 audio 和 video 元素提供了相同的接口方法，如表 12-7 所示。

表 12-7　<audio> 与 <video> 标签的接口方法

| 接口方法 | 说明 |
| --- | --- |
| Load() | 该方法用于加载媒体文件，为播放做准备。通常用于播放前的预加载，还会用于重新加载媒体文件 |
| Play() | 该方法用于播放媒体文件。如果媒体文件没有加载，则加载并播放；如果是暂停的，则变为播放，自动改变 paused 属性为 false |
| Pause() | 该方法用于暂停播放媒体文件，自动改变 paused 属性为 true |
| canPlayType() | 该方法用于测试浏览器是否支持指定的媒体类型，语法格式如下。<br>canPlayType(<type>)<br><type> 用于指定的媒体类型，与 source 元素的 type 参数的指定方法相同。指定方式如 "video/mp4"，指定媒体文件的 MIME 类型，该属性值还可以通过 codes 参数指定编码格式。<br>该方法可以有如下 3 个返回值。<br>① 空字符串：表示浏览器不支持指定的媒体类型<br>② maybe：表示浏览器可能支持指定的媒体类型<br>③ probably：表示浏览器确定支持指定的媒体类型 |

> **实战　控制视频的播放和暂停**
>
> 最终文件：最终文件 \ 第 12 章 \12-5-1.html　　视频：视频 \ 第 12 章 \12-5-1mp4

　　**01** 执行"文件" > "打开"命令，打开页面"源文件 \ 第 12 章 \12-5-1.html"，可以看到该页面的 HTML 代码，如图 12-19 所示。在浏览器中预览页面，可以看到使用 <video> 标

<video> 标签在网页中嵌入的视频效果，如图 12-20 所示。

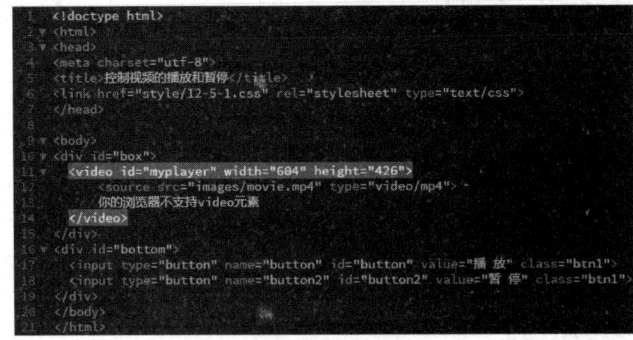

图 12-19　　　　　　　　　　　　　　　　　　　图 12-20

> **提示**
>
> 　　此处在 <video> 标签中添加了 id 属性设置，便于使用 JavaScript 脚本对其进行控制，在该标签中并没有添加 controls 属性设置，则所嵌入的视频并不会显示默认的播放控制条。

**02** 在 <head> 与 </head> 标签之间添加 JavaScript 脚本代码。

```
<script type="text/javascript">
 var videoEl=null;
 function play() {
     videoEl.play();      /* 播放视频 */
 }
 function pause() {
     videoEl.pause();   /* 暂停视频 */
 }
 window.onload=function() {
     videoEl=document.getElementById("myplayer");
 }
</script>
```

**03** 分别在 id 名为 button 和 button2 的按钮中添加触发事件，调用 JavaScript 脚本代码。

```
    <input type="button" name="button" id="button" value=" 播放 "class="btn1" onClick=
"play()">
    <input type="button" name="button2" id="button2" value=" 暂停 "class="btn1" onClick=
"pause()">
```

> **提示**
>
> 　　设置了两个按钮，分别控制视频的播放与暂停。"播放"按钮通过定义的 play() 函数执行视频的接口方法 play()；"暂停"按钮通过定义的 pause() 函数执行视频的接口方法 puase()。

**04** 保存页面，在浏览器中预览页面，单击"播放"按钮，可以看到页面中视频开始播放，如图 12-21 所示。单击"暂停"按钮，可以看到页面中视频暂停播放，如图 12-22 所示。

图 12-21　　　　　　　　　　　　　　　　　　　图 12-22

## 12.5.2 &lt;audio&gt; 与 &lt;video&gt; 标签的接口事件

HTML5 为 audio 和 video 元素提供了相同的接口事件，如表 12-8 所示。

表 12-8　&lt;audio&gt; 与 &lt;video&gt; 标签的接口事件

| 接口事件 | 说明 |
| --- | --- |
| play | 当执行 play() 方法时触发该事件 |
| playing | 当多媒体文件正在播放时触发 |
| pause | 当执行了 pause() 方法时触发 |
| timeupdate | 当多媒体文件的播放位置被改变时触发，可能是播放过程中的自然改变，也可能是人为改变 |
| ended | 当多媒体文件播放结束后停止播放时触发 |
| waiting | 在等待加载多媒体文件的下一帧时触发 |
| ratechange | 在多媒体文件的当前播放速率改变时触发 |
| volumechange | 在多媒体文件的音量改变时触发 |
| canplay | 多媒体文件以当前播放速率，需要缓冲时触发 |
| canplaythrough | 多媒体文件以当前播放速率，不需要缓冲时触发 |
| durationchange | 当多媒体文件的播放时长改变时触发 |
| loadstart | 当浏览器开始在网上寻找数据时触发 |
| progress | 当浏览器正在获取媒体文件时触发 |
| suspend | 当浏览器暂停获取媒体文件，且文件获取并没有正常结束时触发 |
| abort | 当中止获取媒体数据时触发。但这种中止不是由错误引起的 |
| error | 当获取媒体文件过程中出错时触发 |
| emptied | 当所在网络变为初始化状态时触发 |
| stalled | 浏览器尝试获取媒体数据失败时触发 |
| loadedmetadata | 在加载完媒体文件元数据时触发 |
| loadeddata | 在加载完当前位置的媒体播放数据时触发 |
| seeking | 浏览器正在请求数据时触发 |
| seeked | 浏览器停止请求数据时触发 |

## 12.5.3 &lt;audio&gt; 与 &lt;video&gt; 标签接口事件的使用方法

HTML5 还为 audio 和 video 元素提供了一系列的接口事件。在使用 audio 和 video 元素读取或播放媒体文件时，会触发一系列的事件，可以用 JavaScript 脚本来捕获这些事件，并进行相应的处理。

捕获事件有两种方法：一种是添加事件句柄；另一种是监听。

在网页的 &lt;audio&gt; 和 &lt;video&gt; 标签中添加事件句柄，如下所示。

```
<video id="myplayer" src="images/movie.mp4" onplay="video_playing()"></video>
```

然后在函数 video_playing() 中，添加需要的代码。监听方式如下。

```
var videoEl=document.getElementById("myPlayer");
videoEl.addEventListener("play",video_playing);  /* 添加监听事件 */
```

## 12.5.4 自定义视频播放控制组件

在网页中通过 &lt;audio&gt; 或 &lt;video&gt; 标签嵌入视频时，如果在标签中设置 controls 属性，则会在网页中显示音频或视频的播放控制条，使用起来非常方便，但对于设计者来说，播放控制条的外观风格千篇一律，没有太大的新意。通过对 &lt;audio&gt; 和 &lt;video&gt; 标签的接口方法和接口事件的设置，可以自定义出不同风格的播放控制条，使元素在网页中的应用更加个性化。

**实 战 自定义视频播放控制组件**

最终文件：最终文件\第 12 章\12-5-4.html　　视频：视频\第 12 章\12-5-4.mp4

`01` 执行"文件">"打开"命令，打开页面"源文件\第 12 章\12-5-4.html"，可以看到该页面的 HTML 代码，如图 12-23 所示。在浏览器中预览页面，可以看到使用 <video> 标签在网页中嵌入视频的效果，如图 12-24 所示。

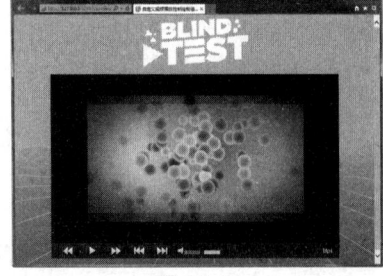

图 12-23　　　　　　　　　　　　图 12-24

`02` 为方便调用视频对象，把视频对象定义为全局变量，返回网页的 HTML 代码中，在 <head> 与 </head> 标签之间添加 JavaScript 脚本代码，代码如下。

```
<script type="text/javascript">
/* 定义全局视频对象 */
var videoEl=null;
/* 网页加载完毕后，读取视频对象 */
window.addEventListener("load",function() {
    videoEl=document.getElementById("myplayer")
});
</script>
```

`03` 继续在 JavaScript 脚本代码中添加实现视频播放和暂停功能的 JavaScript 脚本代码，代码如下。

```
/* 播放 / 暂停 */
function play(e) {
    if(videoEl.paused) {
     videoEl.play();
     document.getElementById("play").innerHTML="<img src='images/125407.png'>"
    }else {
     videoEl.pause();
     document.getElementById("play").innerHTML="<img src='images/125406.png'>"
    }
}
```

`04` 在 id 名称为 play 的 <div> 标签中添加触发事件，输入相应的脚本代码，如图 12-25 所示。保存页面，在 Chrome 浏览器中预览页面，单击播放按钮开始播放视频，并且播放按钮变为暂停按钮，单击可以暂停视频的播放，如图 12-26 所示。

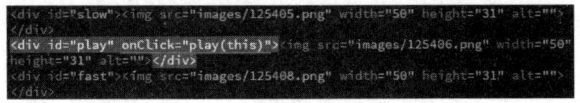

图 12-25

图 12-26

215

> **提示**
>
> 此处播放和暂停使用同一个按钮，使用 if 语句来实现，暂停时，播放功能有效，可单击播放视频；播放时，暂停功能有效，可单击暂停播放。

**05** 继续在 JavaScript 脚本代码中添加实现视频前进和后退功能的 JavaScript 脚本代码，代码如下。

```
/* 后退：后退 10s*/
function prev() {
    videoEl.currentTime-=10;
}
/* 前进：前进 10s*/
function next() {
    videoEl.currentTime+=10;
}
```

**06** 分别在 id 名称为 prev 和 next 的 <div> 标签中添加触发事件，输入相应的脚本代码，如图 12-27 所示。保存页面，在 Chrome 浏览器中预览页面，在视频播放过程中，每单击前进或后退按钮一次，则会向前或向后跳 10 秒，如图 12-28 所示。

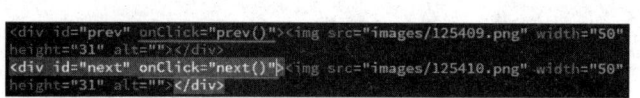

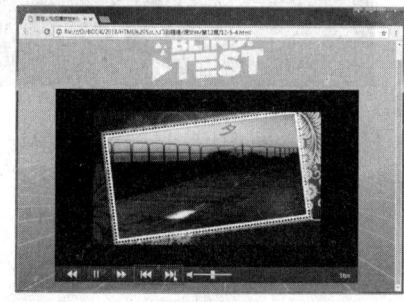

图 12-27

图 12-28

**07** 继续在 JavaScript 脚本代码中添加实现视频慢放和快放功能的 JavaScript 脚本代码，代码如下。

```
/* 慢放：小于等于 1 时，每次只减慢 0.2 的速率；大于 1 时，每次减 1*/
function slow() {
    if(videoEl.playbackRate<=1)
        videoEl.playbackRate-=0.2;
    else {
        videoEl.playbackRate-=1;
    }
    document.getElementById("rate").innerHTML=fps2fps(videoEl.playbackRate);
}
/* 快放：小于 1 时，每次只加快 0.2 的速率；大于 1 时，每次加 1*/
function fast() {
    if(videoEl.playbackRate<1)
        videoEl.playbackRate+=0.2;
    else {
        videoEl.playbackRate+=1;
    }
    document.getElementById("rate").innerHTML=fps2fps(videoEl.playbackRate);
}
/* 速率数值处理 */
function fps2fps(fps) {
    if(fps<1)
        return fps.toFixed(1);
    else
        return fps
}
```

08 分别在 id 名称为 slow 和 fast 的 <div> 标签中添加触发事件,输入相应的脚本代码,如图 12-29 所示。保存页面,在 Chrome 浏览器中预览页面,在视频播放过程中,可以单击慢放或快放按钮,查看慢放和快放的效果,如图 12-30 所示。

```
<div id="slow" onClick="slow()"><img src="images/125405.png" width="50"
height="31" alt=""></div>
<div id="play" onClick="play(this)"><img src="images/125406.png" width="50"
height="31" alt=""></div>
<div id="fast" onClick="fast()"><img src="images/125408.png" width="50"
height="31" alt=""></div>
```

图 12-29

图 12-30

> **提示**
>
> 　　此处慢放和快放是通过改变速率来实现的。默认速率为 1。当速率小于 1 时,每次改变 0.2 的速率;当速率大于 1 时,每次改变的速率为 1。速率改变后,会在播放工具条中显示出来。

09 继续在 JavaScript 脚本代码中添加实现视频静音和音量功能的 JavaScript 脚本代码,代码如下。

```
/* 静音 */
function muted(e) {
    if(videoEl.muted) {
        videoEl.muted=false;
        e.innerHTML="<img src='images/125411.png'>";
        document.getElementById("volume").value=videoEl.volume;
    }else {
        videoEl.muted=true;
        e.innerHTML="<img src='images/125412.png'>";
        document.getElementById("volume").value=0;
    }
}
/* 调整音量 */
function volume(e) {
    video.volume=e.value;/* 修改音量的值 */
}
```

10 分别在 id 名称为 muted 的 <div> 标签和 id 名称为 volume 的 <input> 标签中添加触发事件,输入相应的脚本代码,如图 12-31 所示。保存页面,在 Chrome 浏览器中预览页面,在视频播放过程中,单击静音按钮,可以实现静音效果,再次单击该按钮,消除静音,如图 12-32 所示。

```
<div id="muted" onClick="muted(this)"><img src="images/125411.png"
width="20" height="24" alt=""/></div>
<div class="volume">
    <input id="volume" type="range" min="0" max="1" step="0.1"
    onClick="volume(this)">
</div>
```

图 12-31

图 12-32

11 继续在 JavaScript 脚本代码中添加显示视频时长功能的 JavaScript 脚本代码,代码如下。

```
function progress() {
    document.getElementById("info").innerHTML=s2time(videoEl.currentTime)
+"/"+s2time(videoEl.duration);
}
```

```
/* 把秒处理为时间格式 */
function s2time(s) {
    var m=parseFloat(s/60).toFixed(0);
    s=parseFloat(s%60).toFixed(0);
    return (m<10?"0"+m:m) +":"+ (s<10?"0"+s:s);
}
window.addEventListener("load",function(){videoEl.addEvenListener("timeupdate",progr
esss)});
window.addEventListener("load",progresss);
```

12 保存页面，在 Chrome 浏览器中预览页面，通过自定义的播放控制按钮，可以对视频的播放、暂停、前进、后退、音量等进行控制，效果如图 12-33 所示。

图 12-33

# 第 13 章 　使用 HTML5 的表单元素 🔍

一直以来，表单都是 Web 的核心技术之一，多数在线应用都是通过表单来交互完成的。作为交互的数据载体，有必要为用户提供更加友好的操作和严谨的表单验证，这对于大多数 Web 开发人员来说，是一直在做的事情。如今，HTML5 正在努力地简化设计师的工作。为此，HTML5 不但增加了一系列功能性的表单、表单元素、表单属性，还增加了自动验证表单的功能。

**本章知识点：**
➤ 了解 HTML5 表单的发展及作用
➤ 认识并掌握 HTML5 新增的表单输入类型
➤ 认识并掌握 HTML5 新增的其他表单元素
➤ 理解 HTML5 中新增的表单属性
➤ 掌握 HTML5 中表单验证标签属性
➤ 理解 HTML5 表单验证 API

## 13.1 　了解 HTML5 表单 🔍

HTML5 对表单的发展，是适应互联网发展的需要，也是适应开发者的需要。相比以前，HTML5 的表单功能有了革命性的改变。

### 13.1.1 　HTML 表单的发展 〉

早在 20 世纪 90 年代的 HTML4 的规范中，表单功能已经发展得非常完善。HTML4 的表单很单纯，支持最基本的数据输入，所有的表单应用都可以使用，时至今日，我们仍然在使用它。

随着 Web 应用的发展，表单功能太过简单，在处理复杂业务的过程中，显得能力有限，而且还受到网络设备的限制。基于这个原因，出现了基于 XML 的 XHTML 规范，与此同时出现了 XForm 表单，基于 HTML4 的表单也停止了发展。

XForm 试图突破当前 HTML Form 模型的一些限制，而且 XForm 的最大特色是包含客户端验证的功能，避免使用大量的 JavaScript 脚本验证。在当时，XForm 被称为"下一代 Web 表单"。

由于 XForm 是基于 XML 的，在一定程度上弱化了标签本身的功能，由于其比较灵活，表单也跟着复杂了。这在实际的使用过程中，并没有得到广泛的发展。

### 13.1.2 　HTML5 新增表单元素的作用 〉

在实际的表单应用中，一些特殊的数据输入需要一个独立的规则，如邮件、网址等，都会提供一个特定的格式限定和验证。

由于移动互联网的快速发展，在面向移动设备时，通过识别表单类型，可以提供更友好的用户体验，如可以呈现不同的屏幕键盘等。

HTML5 的表单，在原有表单的基础上，参照 XForm 的一些验证功能，再结合实际发展的需要，制定了新型的功能性表单，并且支持表单验证。

在进行表单处理时，最常用的就是表单验证。一般的验证会写很多冗长的 JavaScript 代码，或者借助一些基于 JavaScript 的验证框架，如目前比较流行的 jQuery 的验证框架。HTML5 发展了这些表单，将具有特定规则意义的表单扩展一些特有的特性，作为表单的原始功能；验证表单的功能，也作为表单本身应具备的功能，原生地被支持。

HTML5 的表单，无论是在表现方面还是在功能方面都非常优越，开发起来不用那么复杂。HTML5 的表单的目的就是让这一切友好的应用变得简单。

### 13.1.3 浏览器对 HTML5 表单的支持情况

由于 HTML5 的规范还在渐进发展中，各个浏览器的支持程度也不一样，因此在使用 HTML5 表单功能时，应尽量避免滥用，最好再提供替代解决方案。

根据 HTML5 的设计原则，在旧的浏览器中，新的表单空间会平滑降级，不需要判断浏览器的支持情况。

虽然 HTML5 表单的一些规范还没有获得浏览器的支持，但仍然可以借鉴表单规范的设计思想，如果浏览器不支持，还可以通过其他方式帮助实现。

## 13.2　HTML5 新增表单输入类型

HTML5 大幅度地改进了 <input> 标签的类型。不同类型的表单元素所附加的功能也不相同。到目前为止，对 HTML5 新增表单元素支持最多、最全面的浏览器是 Opera 浏览器。对于不支持新增表单类型的浏览器来说，会默认识别为 text 类型，即显示为普通文本域。

### 13.2.1　url 类型

url 类型的 input 元素，是专门为输入 url 地址定义的文本框。在验证输入文本的格式时，如果该文本框中的内容不符合 url 地址的格式，会提示验证错误。

url 表单类型的使用方法如下。

```
<input type="url" name="weburl" id="weburl" value="http://www.baidu.com">
```

### 13.2.2　email 类型

email 类型的 input 元素，是专门为输入 E-mail 地址定义的文本框。在验证输入文本的格式时，如果该文本框中的内容不符合 E-mail 地址的格式时，会提示验证错误。

email 表单类型的使用方法如下。

```
<input type="email" name="myEmail" id=" myEmail" value="xxxxxx@163.com">
```

此外，email 类型的 input 元素还有一个 multiple 属性，表示在该文本框中可输入用逗号隔开的多个邮件地址。

### 13.2.3　range 类型

range 类型的 input 元素将输入框显示为滑动条，为某一特定范围内的数值选择器。它还具有 min 和 max 属性，表示选择范围的最小值 ( 默认为 0) 和最大值 ( 默认为 100)；还有 step 属性，表示拖动步长 ( 默认为 1)。

range 表单类型的使用方法如下。

```
<input type="range" name="volume" id="volume" min="0" max="10" step="2">
```

range 表单类型在 IE 浏览器中的显示效果如图 13-1 所示。

## 13.2.4　number 类型

number 类型的 input 元素是专门为输入特定的数字而定义的文本框。与 range 类型类似，都具有 min、max 和 step 属性，表示允许范围的最小值、最大值和调整步长。

number 表单类型的使用方法如下。

```
<input type="number" name="score" id="score" min="0" max="10" step="0.5">
```

number 表单类型在 IE 浏览器中的显示效果如图 13-2 所示。

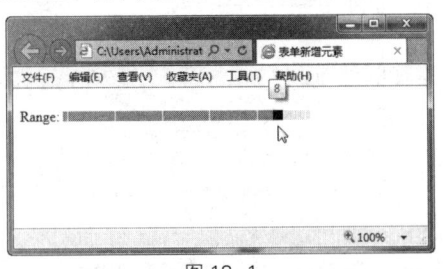

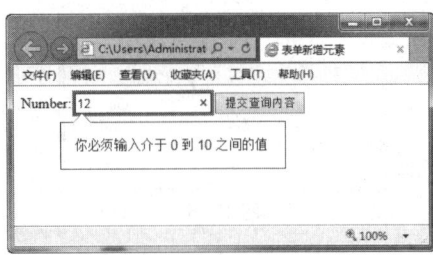

| 图 13-1 | 图 13-2 |

## 13.2.5　tel 类型

tel 类型的 input 元素是专门为输入电话号码而定义的文本框，没有特殊的验证规则。

tel 表单类型的使用方法如下。

```
<input type="tel" name="tel" id="tel">
```

## 13.2.6　search 类型

search 类型的 input 元素是专门为输入搜索引擎关键词定义的文本框，没有特殊的验证规则。

search 表单类型的使用方法如下。

```
<input type="search" name="search" id="search">
```

## 13.2.7　color 类型

color 类型的 input 元素，默认会提供一个颜色选择器，主流浏览器还没有支持它。

color 表单类型的使用方法如下。

```
<input type="color" name="color" id="color">
```

在 Chrome 浏览器中预览页面，可以看到颜色表单元素的效果，如图 13-3 所示。单击颜色表单元素的颜色块，弹出"颜色"对话框，可以选择颜色，如图 13-4 所示。选中颜色后，单击"确定"按钮，如图 13-5 所示。

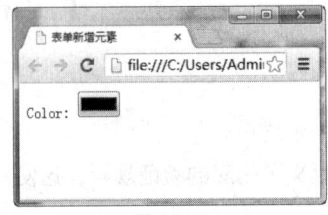

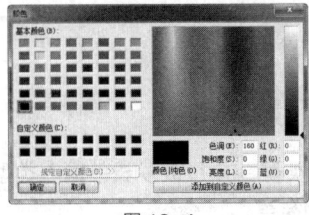

| 图 13-3 | 图 13-4 | 图 13-5 |

## 13.2.8　date 类型

date 类型的 input 元素是专门用于输入日期的文本框，默认为带日期选择器的输入框。

date 表单类型的使用方法如下。

```
<input type="date" name="date" id="date">
```

在 Chrome 浏览器中预览页面，可以看到 date 表单类型的显示效果，如图 13-6 所示。可以单击在文本框右侧的向下箭头图标，在弹出的面板中选择相应的日期，如图 13-7 所示。

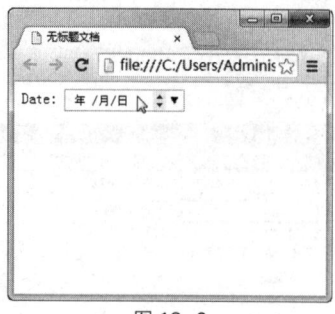

图 13-6

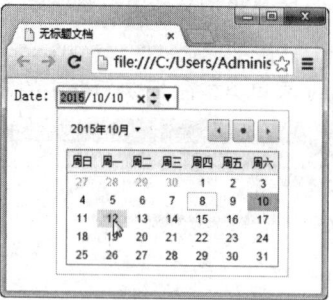

图 13-7

## 13.2.9　month、week、time、datetime、datetime-local 类型

month、week、time、datetime、datetime-local 类型的 input 元素与 date 类型的 input 元素类似，都会提供一个相应的选择器。其中，month 会提供一个月选择器；week 会提供一个周选择器；time 会提供时间选择器；datetime 会提供完整的日期和时间（包含时区）的选择器；datetime-local 也会提供完整的日期和时间（不包含时区）选择器。

month、week、time、datetime、datetime-local 表单类型的使用方法如下。

```
<input type="month" name="month" id="month">
<input type="week" name="week" id="week">
<input type="time" name="time" id="time">
<input type="datetime" name="datetime" id="datetime">
<input type="datetime-local" name="datetime-local" id="datetime-local">
```

在 Chrome 浏览器中预览页面，可以看到 HTML5 中时间和日期表单元素的效果，如图 13-8 所示。可以通过在文本框中输入时间和日期或者在不同类型的时间和日期选择器中选择时间和日期，如图 13-9 所示。

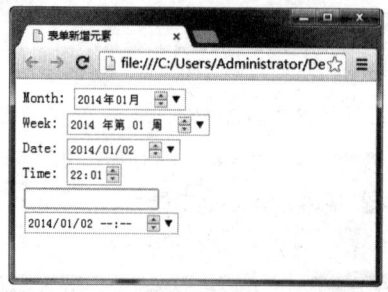

图 13-8

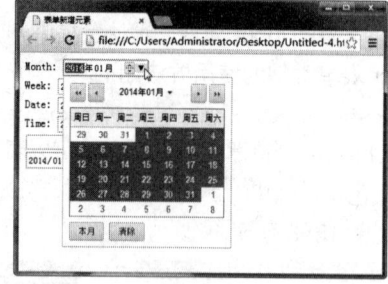

图 13-9

## 13.2.10　使用 HTML5 表单元素

了解了 HTML5 新增的表单输入类型，并且很多表单输入类型都定义了相应的验证规则，这使开发制作各种表单页面变得更加轻松和简单。

**实　战　制作留言表单页面**

最终文件：最终文件\第 13 章\13-2-10.html　　　视频：视频\第 13 章\13-2-10.mp4

**01** 执行"文件" > "打开"命令，打开页面"源文件\第 13 章\13-2-10.html"，

可以看到页面的 HTML 代码，如图 13-10 所示。在浏览器中预览页面，可以看到该页面的背景效果，如图 13-11 所示。

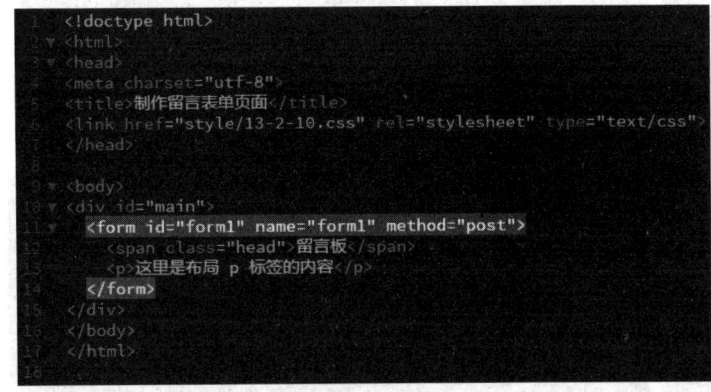

图 13-10　　　　　　　　　　　　　　　　　　　　　　图 13-11

**02** 返回网页的 HTML 代码中，将光标移至 <p> 与 </p> 标签之间，将多余文字删除，输入相应的文字并添加 <input> 标签插入文本域，如图 13-12 所示。切换到网页设计视图中，可以看到所插入的文本域的显示效果，如图 13-13 所示。

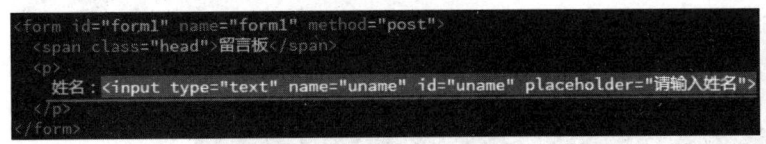
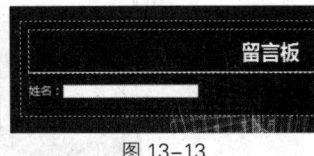

图 13-12　　　　　　　　　　　　　　　　　　　　　图 13-13

**03** 切换到该网页所链接的外部 CSS 样式表文件中，创建名为 .input01 的类 CSS 样式，如图 13-14 所示。返回网页的 HTML 代码中，在刚添加的文本域 <input> 标签中添加 class 属性应用名为 input01 的类 CSS 样式，如图 13-15 所示。

```
.input01 {
    margin-left: 100px;
    width: 260px;
    height: 30px;
    background-color: rgba(255,255,255,0.2);
    border: solid 1px #0066CC;
    color: #F4F4F4;
    padding-left: 10px;
    border-radius: 3px;
}
```

图 13-14

```
<form id="form1" name="form1" method="post">
  <span class="head">留言板</span>
  <p>
    姓名：<input type="text" name="uname" id="uname" placeholder="请输入姓名"
    class="input01">
  </p>
</form>
```

图 13-15

**04** 切换到网页设计视图中，可以看到文本域的显示效果，如图 13-16 所示。返回网页的 HTML 代码中，在文本域所在的段落之后添加段落标签，输入相应的文字并添加 <input> 标签插入电子邮件表单元素，如图 13-17 所示。

**05** 切换到网页设计视图中，可以看到电子邮件表单元素的显示效果，如图 13-18 所示。转换到网页 HTML 代码中，在电子邮件表单元素所在的段落之后添加段落标签，分别添加 url 表单元素和 tel 表单元素，如图 13-19 所示。

图 13-16

```
<form id="form1" name="form1" method="post">
<span class="head">留言板</span>
<p>
  姓名：<input type="text" name="uname" id="uname" placeholder="请输入姓名"
  class="input01">
</p>
<p>
  邮箱：<input type="email" name="umail" id="umail" placeholder="请输入EMail
  地址" class="input01">
</p>
</form>
```

图 13-17

图 13-18

```
<form id="form1" name="form1" method="post">
<span class="head">留言板</span>
<p>
  姓名：<input type="text" name="uname" id="uname" placeholder="请输入姓名"
  class="input01">
</p>
<p>
  邮箱：<input type="email" name="umail" id="umail" placeholder="请输入EMail
  地址" class="input01">
</p>
<p>
  网址：<input type="url" name="myurl" id="myurl" placeholder="请输入您的网
  址" class="input01">
</p>
<p>
  电话：<input type="tel" name="utel" id="utel" placeholder="请输入您的电话"
  class="input01">
</p>
</form>
```

图 13-19

06 在 tel 表单元素所在的段落之后添加段落标签，添加 range 表单元素，如图 13-20 所示。使用相同的制作方法，编写其他的表单元素代码，并创建相应的 CSS 样式为其应用，如图 13-21 所示。

```
<form id="form1" name="form1" method="post">
<span class="head">留言板</span>
<p>
  姓名：<input type="text" name="uname" id="uname" placeholder="请输入姓名"
  class="input01">
</p>
<p>
  邮箱：<input type="email" name="umail" id="umail" placeholder="请输入EMail
  地址" class="input01">
</p>
<p>
  网址：<input type="url" name="myurl" id="myurl" placeholder="请输入您的网
  址" class="input01">
</p>
<p>
  电话：<input type="tel" name="utel" id="utel" placeholder="请输入您的电话"
  class="input01">
</p>
<p>
  年龄：<input name="range" type="range" id="range" max="40" min="20"
  step="1" class="input02">
</p>
</form>
```

图 13-20

```
<p>
  网址：<input type="url" name="myurl" id="myurl" placeholder="请输入您的网
  址" class="input01">
</p>
<p>
  电话：<input type="tel" name="utel" id="utel" placeholder="请输入您的电话"
  class="input01">
</p>
<p>
  年龄：<input name="range" type="range" id="range" max="40" min="20"
  step="1" class="input02">
</p>
<p>
  日期：<input type="date" name="udate" id="udate" class="input01">
</p>
<p>
  留言：<textarea name="textarea" id="textarea" cols="40" rows="10"
  class="input03"></textarea>
</p>
<input id="submit" name="submit" type="image" src="images/132102.gif" >
</form>
```

图 13-21

07 完成该页面表单内容的制作，完整的表单 HTML 代码如下。

```
<form id="form1" name="form1" method="post">
  <span class="head">留言板 </span>
  <p>
      姓名:<input type="text" name="uname" id="uname" placeholder="请输入姓名" class=
"input01">
  </p>
  <p>
      邮箱:<input type="email" name="umail" id="umail" placeholder="请输入 EMail 地址"
class="input01">
  </p>
  <p>
      网址:<input type="url" name="myurl" id="myurl" placeholder="请输入您的网址"
class="input01">
  </p>
  <p>
      电话:<input type="tel" name="utel" id="utel" placeholder="请输入您的电话" class=
"input01">
  </p>
  <p>
      年 龄:<input name="range" type="range" id="range" max="40" min="20" step="1"
class="input02">
  </p>
  <p>
      日期:<input type="date" name="udate" id="udate" class="input01">
  </p>
  <p>
      留言:<textarea name="textarea" id="textarea" cols="40" rows="10" class="input03">
</textarea>
  </p>
  <input id="submit" name="submit" type="image" src="images/132102.gif" >
</form>
```

08 保存页面，在 Chrome 浏览器中预览页面，可以看到页面中 HTML5 表单元素的效果，如图 13-22 所示。如果在电子邮件表单元素中填写的电子邮箱格式不正确，单击"提交"按钮，网页会弹出相应的提示信息，如图 13-23 所示。

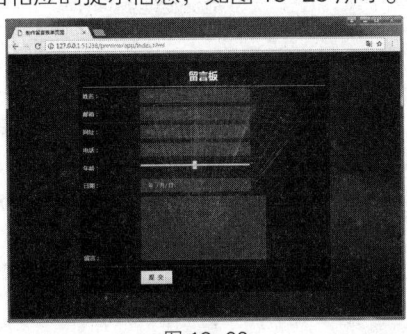

图 13-22

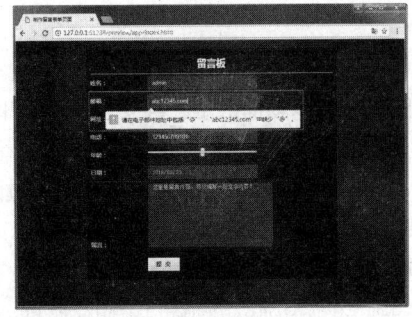

图 13-23

09 如果在网址表单元素中填写的 URL 地址格式不正确，单击"提交"按钮，网页会弹出相应的提示信息，如图 13-24 所示。可以在日期表单元素的选择器中选择需要的日期，如图 13-25 所示。

提示

url 类型的表单元素要求所输入的内容必须是包含协议的完整 URL 地址，例如，http://www.xxx.com 或 ftp://129.0.0.1 等。

图 13-24

图 13-25

# 13.3 HTML5 新增其他表单元素

除了前面介绍的 HTML5 新增表单输入类型外，在 HTML5 中还新增了 3 种表单元素，分别是 datalist 元素、keygen 元素和 output 元素，通过使用这些元素，可以在传统的基础上开发出更加精美、精致的页面效果。

## 13.3.1 datalist 元素和 list 属性

通过组合使用 list 属性和 <datalist> 标签，可以为某个可输入的 input 元素定义一个可选值列表。使用 <datalist> 标签构造选值列表；设置 input 元素的 list 属性值为 <datalist> 标签的 id 名称，即可实现二者的绑定。

例如下面的 HTML 代码。

```
<input type="email" id="umail" name="umail" list="emaillist">
<datalist id="emaillist">
  <option value="test1@test.com">test1@test.com</option>
  <option value="test2@test.com">test2@test.com</option>
</datalist>
```

在以上的 HTML 代码中，使用 <datalist> 标签构造了一个可选值列表，id 名称为 emaillist；在 <input> 标签中通过将 list 属性值设置为 emaillist，绑定了该选值列表，运行结果如图 13-26 所示。

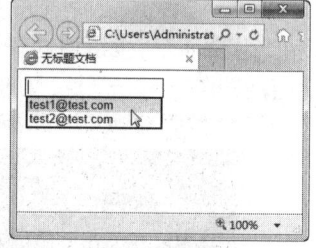

图 13-26

## 13.3.2 keygen 元素

<keygen> 标签提供了一种安全的方式来验证用户。该标签有密钥生成的功能，当提交表单时，会分别生成一个私人密钥和公共密钥。其中私人密钥保存在客户端，公共密钥则通过网络传输至服务器。这种非对称加密的方式，为网页的数据安全提供了更大的保障。

<keygen> 标签的使用方法如下。

```
<form id="form1" name="form1" method="post">
  <input type="text" id="uname" name="uname"><br>
  Encryption:
  <keygen name="security"><!-- 加入密钥安全 -->
  <br>
  <input type="submit" value=" 提交 ">
</form>
```

<keygen> 标签提供了中级和高级的加密算法，显示一个类似 <select> 标签的下拉框，可以选择加密等级。

目前，<keygen> 标签已获得主流浏览器的支持。

### 13.3.3　output 元素 ▶

<output> 标签用于不同类型的输出，例如，用于计算结果或脚本的输出等。<output> 标签必须从属于某个表单，即写在表单域的内部。

<output> 标签的使用方法如下。

```
<form oninput="x.value=volume.value">
  <input type="range" id="volume" name="volume" value="50">
  <output name="x"></output>
</form>
```

由于 range 类型的 input 元素表现为一个滑块，不显示数值，因此这时使用 <output> 标签协助显示其值。

目前，<output> 标签已获得主流浏览器的支持。

## 13.4　HTML5 新增表单属性 🔍

如果开发一个用户体验非常好的页面，一般情况下需要编写大量的代码，而且还需要考虑兼容性问题。使用 HTML5 表单的某些特性，可以开发出优秀的页面效果，可以写更少的代码，并能解决传统开发中碰到的一些问题。

### 13.4.1　form 属性 ▶

通常情况下，从属于表单的元素必须放在表单域内部。但是在 HTML5 中，可以把从属于表单的元素放在任何地方，然后指定该元素的 form 属性值为表单域的 id 名称，这样该元素就从属于指定的表单域了。

例如下面的 HTML 代码。

```
<input type="text" id="uname" name="uname" form="form1">
<form id="form1" name="form1" method="post">
  <input type="submit" value=" 提交 ">
</form>
```

在以上这段 HTML 代码中，使用 <input> 标签实现的文本域放置在表单 <form> 与 </form> 标签之外，由于 <input> 标签中的 form 属性值指定了表单域的 id 名称，说明该表单元素从属于页面中 id 名称为 form1 的表单域。当单击提交按钮时，会验证该从属元素。

目前，form 属性已获得主流浏览器的支持。

### 13.4.2　formaction 属性 ▶

每个表单都会通过 action 属性把表单内容提交到另一个页面。在 HTML5 中，为不同的提交按钮分别添加 formaction 属性，该属性会覆盖表单的 action 属性，将表单提交至不同的页面。

例如下面的 HTML 代码。

```
<form id="form1" name="form1" method="post">
  <input type="text" id="uname" name="uname" form="form1">
  <input type="submit" value=" 提交到页面1" formaction="?page=1">
  <input type="submit" value=" 提交到页面2" formaction="?page=2">
  <input type="submit" value=" 提交到页面3" formaction="?page=3">
  <input type="submit" value=" 提交 ">
</form>
```

在以上的 HTML 代码中，添加了 4 个提交按钮，其中前 3 个提交按钮设置了 formaction 属性，提交表单时，会优先使用 formaction 属性值作为表单提交的目标页面。

目前，formaction 属性已获得主流浏览器的支持。

### 13.4.3　formmethod、formenctype、formnovalidate、formtarget 属性

这 4 个属性的使用方法与 formaction 属性一致，设置在提交按钮上，可以覆盖表单的相关属性。

formmethod 属性可覆盖表单的 method 属性，设置用于传递表单数据的方法，属性值包括 get 和 post 两种。

formenctype 属性可覆盖表单的 enctype 属性，设置在传递表单数据之前如何对表单数据进行编码。

formnovalidate 属性可覆盖表单的 novalidate 属性，如果添加该属性，则在提交表单时不会对表单数据进行验证。

formtarget 属性可覆盖表单的 target 属性，设置表单数据所提交页面的打开方式。

### 13.4.4　placeholder 属性

当用户还没有把焦点定位到输入文本框时，可以使用 placeholder 属性向用户提示描述的信息，当该输入文本框获取焦点时，该提示信息就会消失。

placeholder 属性的使用方法如下。

```
<input type="text" id="uname" name="uname" placeholder=" 请输入用户名 ">
```

placeholder 属性还可用于其他输入类型的 input 元素，如 url、email、number、search、tel 和 password 等。

目前，placeholder 属性已获得主流浏览器的支持。

**实 战　为表单元素设置默认提示内容**

最终文件：最终文件 \ 第 13 章 \13-4-4.html　　视频：视频 \ 第 13 章 \13-4-4.mp4

01 打开页面"源文件 \ 第 13 章 \13-4-4.html"，可以看到页面的 HTML 代码，如图 13-27 所示。在浏览器中预览该页面，可以看到页面中表单元素的默认显示效果，如图 13-28 所示。

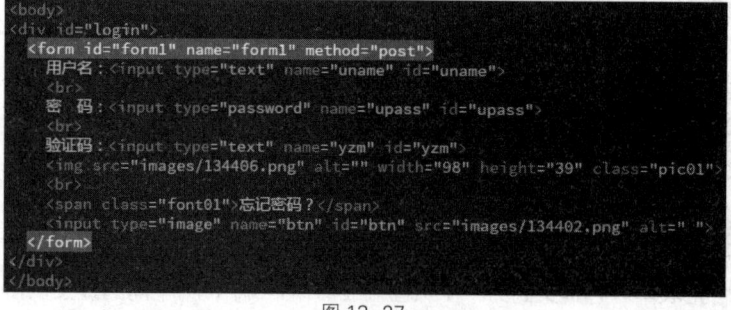

图 13-27

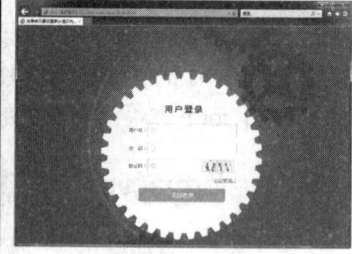

图 13-28

02 返回网页的 HTML 代码中，在"用户名"文字后面的 <input> 标签中添加 placeholder 属性设置，如图 13-29 所示。保存页面，在浏览器中预览页面，可以看到为该文本域所设置的默认提示内容，如图 13-30 所示。

03 返回网页的 HTML 代码中，分别在"密码"和"验证码"文字后面的 <input> 标签中添加 placeholder 属性设置，如图 13-31 所示。保存页面，在浏览器中预览页面，可以看到为表单元素设置默认提示内容的效果，如图 13-32 所示。

```
<form id="form1" name="form1" method="post">
用户名:<input type="text" name="uname" id="uname" placeholder="请输入用户名">
<br>
密 码:<input type="password" name="upass" id="upass">
<br>
验证码:<input type="text" name="yzm" id="yzm">
<img src="images/134406.png" alt="" width="98" height="39" class="pic01">
<br>
<span class="font01">忘记密码?</span>
<input type="image" name="btn" src="images/134402.png" alt=" ">
</form>
```

图 13-29

图 13-30

```
<form id="form1" name="form1" method="post">
用户名:<input type="text" name="uname" id="uname" placeholder="请输入用户名">
<br>
密 码:<input type="password" name="upass" id="upass" placeholder="请输入密
码">
<br>
验证码:<input type="text" name="yzm" id="yzm" placeholder="请输入验证码">
<img src="images/134406.png" alt="" width="98" height="39" class="pic01">
<br>
<span class="font01">忘记密码?</span>
<input type="image" name="btn" src="images/134402.png" alt=" ">
</form>
```

图 13-31

图 13-32

### 13.4.5　autofocus 属性

使用 autofocus 属性可用于所有类型的 input 元素,当页面加载完成时,可自动获取焦点。每个页面只允许出现一个有 autofocus 属性的 input 元素。如果为多个 input 元素设置了 autofocus 属性,则相当于未指定该行为。

autofocus 属性的使用方法如下。

```
<input type="text" id="key" name="key" autofocus>
```

自动获取焦点的功能也要防止滥用。如果页面加载缓慢,用户又做了一部分操作,这时如果焦点发生莫名其妙的转移,用户体验是非常不好的。

目前,autofocus 属性已获得主流浏览器的支持。

### 13.4.6　autocomplete 属性

IE 早期版本浏览器就已经支持 autocomplete 属性。autocomplete 属性可应用于 form 元素和输入型的 input 元素,用于表单的自动完成。autocomplete 属性会把输入的历史记录下来,当再次输入时,会把输入的历史记录显示在一个下拉列表中,以实现自动完成输入。

autocomplete 属性的使用方法如下。

```
<input type="text" id="uname" name="uname" autocomplete="on">
```

autocomplete 属性有 3 个属性值,分别是 on、off 和 " " ( 不指定值 )。不指定值时,使用浏览器的默认设置。由于不同的浏览器默认值不相同,因此当需要使用自动完成的功能时,最好指定该属性值。

目前,autofocus 属性已获得主流浏览器的支持。

## 13.5　HTML5 表单验证标签属性

HTML5 提供了用于辅助表单验证的标签属性。利用这些属性,可以为后续的表单自动验证提供验证依据。下面就对这些新的属性进行讲解。

### 13.5.1　required 属性

一旦在某个表单元素标签中添加了 required 属性，则该表单元素的值不能为空，否则无法提交表单。以文本域为例，只需要添加 required 属性即可。

required 属性的使用方法如下。

```
<input type="text" id="uname" name="uname" placeholder="请输入用户名" required>
```

如果该文本域为空，则无法提交。required 属性可用于大多数输入或选择元素，隐藏的元素除外。

### 13.5.2　pattern 属性

pattern 属性用于为 input 元素定义一个验证模式。该属性值是一个正则表达式，提交时，会检查输入的内容是否符合给定表达式的格式，如果输入内容不符合格式，则不能提交。

pattern 属性的使用方法如下。

```
<input type="text" id="code" name="code" value="" placeholder="6位邮政编码" pattern=
"[0-9]{6}" >
```

使用 pattern 属性验证表单非常灵活。例如，前面讲到的 email 类型的 input 元素，使用 pattern 属性完全可以实现相同的验证功能。

### 13.5.3　min、max 和 step 属性

min、max 和 step 属性专门用于设置针对数字或日期的限制。min 属性表示允许的最小值；max 属性表示允许的最大值；step 属性表示合法数据的间隔步长。

min、max 和 step 属性的使用方法如下。

```
<input type="range" name="volume" id="volume" min="0" max="1" step="0.2">
```

在该 HTML 代码中，最小值是 0，最大值是 1，步长为 0.2，合法的取值有 0、0.2、0.4、0.6、0.8 和 1。

### 13.5.4　novalidate 属性

novalidate 属性用于指定表单或表单内的元素在提交时不验证。如果在 <form> 标签中添加 novalidate 属性，则表单中的所有元素在提交时都不再验证。

novalidate 属性的使用方法如下。

```
<form id="form1" name="form1" method="post" novalidate="novalidate">
  <input type="email" id="umail" name="umail" placeholder="请输入电子邮箱" >
  <input type="submit" value="提交" >
</form>
```

在该 HTML 代码中，提交该表单时，不会对表单中的表单元素进行验证。

**实 战　对网页表单进行验证**

最终文件：最终文件 \ 第 13 章 \13-5-4.html　　　视频：视频 \ 第 13 章 \13-5-4.mp4

01 打开页面"源文件 \ 第 13 章 \13-5-4.html"，可以看到页面中表单部分的 HTML 代码，如图 13-33 所示。在 Chrome 浏览器中预览该页面，可以看到该留言表单页面的效果，如图 13-34 所示。

02 返回网页的 HTML 代码中，在"姓名"文字后面的 <input> 标签中添加 required 属性设置，如图 13-35 所示。设置该表单元素为必填项，保存页面，在 Chrome 浏览器中预览页面，没有在文本域中填写内容直接单击"提交"按钮，将显示错误提示，如图 13-36 所示。

```html
<form id="form1" name="form1" method="post">
  <span class="head">留言板</span>
  <p>
    姓名：<input type="text" name="uname" id="uname" placeholder="请输入姓名" class="input01">
  </p>
  <p>
    邮箱：<input type="email" name="umail" id="umail" placeholder="请输入EMail地址"
    class="input01">
  </p>
  <p>
    网址：<input type="url" name="myurl" id="myurl" placeholder="请输入您的网址" class="input01">
  </p>
  <p>
    电话：<input type="tel" name="utel" id="utel" placeholder="请输入您的电话" class="input01">
  </p>
  <p>
    年龄：<input name="range" type="range" id="range" max="40" min="20" step="1" class="input02">
  </p>
  <p>
    日期：<input type="date" name="udate" id="udate" class="input01">
  </p>
  <p>
    留言：<textarea name="textarea" id="textarea" cols="40" rows="10" class="input03"></textarea>
  </p>
  <input id="submit" name="submit" type="image" src="images/132102.gif" alt=" ">
</form>
```

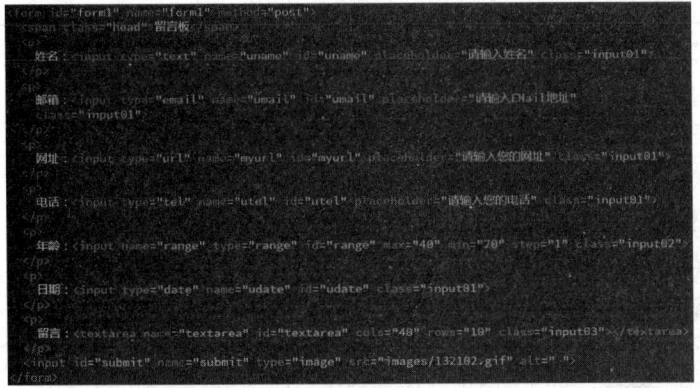

图 13-33

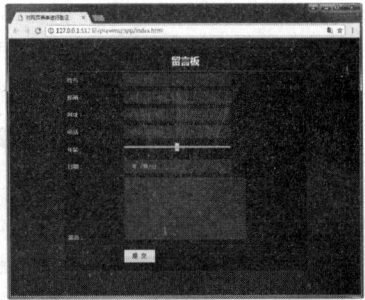

图 13-34

03 返回网页的 HTML 代码中，在“电话”文字后面的 <input> 标签中添加 pattern 属性设置，如图 13-37 所示。设置该表单元素中填写的内容必须为 11 位的数字，保存页面，在 Chrome 浏览器中预览页面，当在电话表单元素中填充的并非 11 位数字时，单击“提交”按钮，将显示错误提示，如图 13-38 所示。

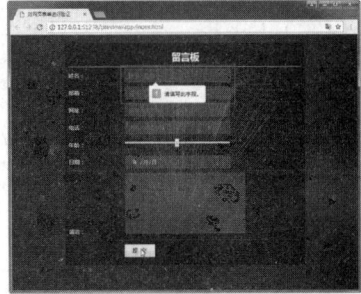

图 13-36

```html
<p>
  姓名：<input type="text" name="uname" id="uname" placeholder="请输入姓名"
  class="input01" required>
</p>
<p>
  邮箱：<input type="email" name="umail" id="umail" placeholder="请输入EMail
  地址" class="input01">
</p>
```

图 13-35

```html
<p>
  网址：<input type="url" name="myurl" id="myurl" placeholder="请输入您的网
  址" class="input01">
</p>
<p>
  电话：<input type="tel" name="utel" id="utel" placeholder="请输入您的电话"
  class="input01" pattern="[0-9]{11}">
</p>
```

图 13-37

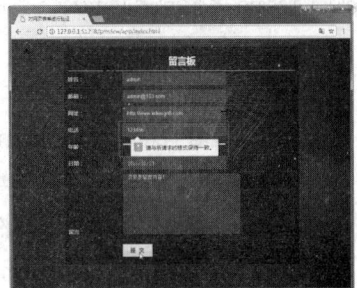

图 13-38

# 13.6 HTML5 表单验证 API

HTML5 为表单验证提供了极大的方便，在验证表单的方式上显得更加灵活。表单验证，首先会基于前面讲解的表单类型的规则进行验证；其次是为表单元素提供一些用于辅助表单验证的属性；更重要的是，HTML5 还提供了专门用于表单验证的属性、方法和事件。

## 13.6.1 表单验证的属性

表单验证的属性均为只读属性，用于获取表单验证的信息。

### 1. validity 属性

该属性获取表单元素的 ValiditysState 对象，该对象包含 8 个方面的验证结果。ValiditysState 对象会持续存在，每次获取 validity 属性时，返回的是同一个 ValiditysState 对象。

以一个 id 属性为 username 的表单元素为例，validity 属性的使用方法如下。

```
var validitystate=document.getElementByid("username").validity;
```

### 2. willValidate 属性

该属性获取一个布尔值，表示表单元素是否需要验证。如果表单元素设置了 required 属性或 pattern 属性，则 willValidate 属性的值为 true，即表单的验证将会执行。

以一个 id 属性为 username 的表单元素为例，willValidate 属性的使用方法如下。

```
var willValidate=document.getElementByid("username"). willValidate;
```

### 3. validationMessage 属性

该属性获取当前表单元素的错误提示信息。一般设置 required 属性的表单元素，其 validationMessage 属性值一般为"请填写此字段"。

以一个 id 属性为 username 的表单元素为例，validationMessage 属性的使用方法如下：

```
var validationMessage=document. getElementByid("username"). validationMessage;
```

该属性为只读属性，不能直接更改。但可以使用 setCustomValidity() 方法来改变该值。

## 13.6.2 ValidityState 对象

ValidityState 对象是通过 validity 属性获取的，该对象有 8 个属性，分别针对 8 个方面的错误验证，属性值均为布尔值。

### 1. valueMissing 属性

必填的表单元素的值为空。

如果表单元素设置了 required 属性，则为必填项。如果必填项的值为空，就无法通过表单验证，valueMissing 属性会返回 true，否则返回 false。

### 2. typeMismatch 属性

输入值与 type 类型不匹配。

HTML5 新增的表单类型如 email、number、url 等，都包含一个原始的类型验证。如果用户输入的内容与表单类型不符合，则 typeMismatch 属性将返回 true，否则返回 false。

### 3. patternMismatch 属性

输入值与 pattern 属性的正则不匹配。

表单元素可通过 pattern 属性设置正则表达式的验证模式。如果输入的内容不符合验证模式的规则，则 patternMismatch 属性将返回 true，否则返回 false。

### 4. tooLong 属性

输入的内容超过表单元素的 maxLength 属性限定的字符长度。

表单元素可使用 maxLength 属性设置输入内容的最大长度。虽然在输入时会限制表单内容的长度，但在某种情况下，如通过程序设置，还是会超出最大长度限制。如果输入的内容超过最大长度限制，则 tooLong 属性将返回 true，否则返回 false。

### 5. rangeUnderflow 属性

输入的值小于 min 属性的值。

一般用于填写数值的表单元素，都可能会使用 min 属性设置数值范围的最小值。如果输入的数值小于最小值，则 rangeUnderflow 属性返回 true，否则返回 false。

### 6. rangeOverflow 属性

输入的值大于 max 属性的值。

一般用于填写数值的表单元素，也可能会使用 max 属性设置数值范围的最大值。如果输入的数值大于最大值，则 rangeOverflow 属性返回 true，否则返回 false。

### 7. stepMismatch 属性

输入的值不符合 step 属性所推算出的规则。

用于填写数值的表单元素，可能需要同时设置 min、max 和 step 属性，这就限制了输入的值必须是最小值与 step 属性值的倍数之和。如范围从 0 到 10，step 属性值为 2，因为合法值为该范围内的偶数，其他数值均无法通过验证。如果输入值不符合要求，则 stepMismatch 属性返回 true，否则返回 false。

### 8. customError 属性

使用自定义的验证错误提示信息。

有时候，不太适合使用浏览器内置的验证错误提示信息，需要自己定义。当输入值不符合语义规则时，会提示自定义的错误提示信息。

通常使用 setCustomValidity() 方法自定义错误提示信息：setCustomValidity(message) 会把错误提示信息自定义为 message，此时 customError 属性值为 true；setCustomValidity("") 会清除自定义的错误信息，此时 customError 属性值为 false。

## 13.6.3　checkValidity() 方法验证表单

checkValidity() 方法是一种显式验证方法，每个表单元素都可以调用 checkValidity() 方法 ( 包括 form)，它返回一个布尔值，表示是否通过验证。默认情况下，表单的验证发生在表单提交时，如果使用 checkValidity() 方法，可以在需要的任何地方验证表单。一旦表单没有通过验证，则会触发 invalid 事件。

**实　战　使用 checkValidity() 方法验证表单**

最终文件：最终文件 \ 第 13 章 \13-6-3.html　　　视频：视频 \ 第 13 章 \13-6-3.mp4

**01** 打开页面 "源文件 \ 第 13 章 \13-6-3.html"，可以看到页面的 HTML 代码，如图 13-39 所示。在浏览器中预览页面,可以看到页面中表单元素的效果,如图 13-40 所示。

图 13-39

图 13-40

**02** 转换到网页的 HTML 代码中，可以看到页面中表单部分的 HTML 代码，在提交按钮的 <input> 标签中添加 onClick 事件，调用相应的验证 JavaScript 函数，代码如下。

```
<form id="form1" name="form1" method="post">
    <input name="umail" type="email" id="umail" placeholder=" 请输入 EMail 地址 " required>
    <br>
    <input name="upass" type="password" id="upass" placeholder=" 请输入密码 ">
    <br>
```

```
    <input type="image" name="btn" id="btn" src="images/136302.png" alt=" "
onClick="return CheckForm(this.form)">
    <br>
    还没有账户？单击此处 <span class="font01"> 注册 </span> 成为我们的用户！
</form>
```

**03** 在页面头部的 <head> 与 </head> 标签之间编写 JavaScript 脚本代码，使用 checkValidity() 方法对 id 名称为 umail 的表单元素进行验证。

```
<script type="text/javascript">
function CheckForm(frm) {
    if(frm.umail.checkValidity()) {
        alert(" 电子邮件格式正确！ ");
    } else {
        alert(" 电子邮件格式错误！ ");
    }
}
</script>
```

**04** 保存页面，在浏览器中预览该页面，直接单击"登录"按钮，提交表单，可以看到弹出的验证信息，如图 13-41 所示。在各表单元素中输入相应的内容，单击"登录"按钮，提交表单，可以看到弹出的验证信息，如图 13-42 所示。

图 13-41

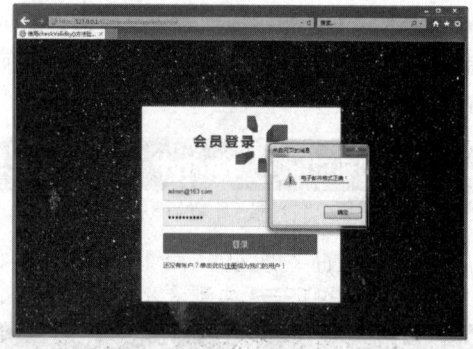
图 13-42

单击"提交"按钮时，会先调用 CheckForm() 函数进行验证，再使用浏览器内置的验证功能进行验证。CheckForm() 函数包含 checkValidity() 方法的显式验证。在使用 checkValidity() 进行显式验证时，还会触发所有的结果事件和 UI 触发器，就好像表单提交了一样。

### 13.6.4　setCustomValidity() 方法验证表单

setCustomValidity() 是自定义错误提示信息的方法。当默认的提示错误满足不了需求时，可以通过该方法自定义错误提示。当通过该方法自定义错误提示信息时，元素的 validationMessage 属性值会更改为定义的错误提示信息，同时 ValiditysState 对象的 customError 属性值变成 true。

**实 战　使用 setCustomValidity() 方法验证表单**

最终文件：最终文件 \ 第 13 章 \13-6-4.html　　视频：视频 \ 第 13 章 \13-6-4.mp4

**01** 打开页面"源文件\第13章\13-6-4.html"，可以看到页面的 HTML 代码，如图 13-43 所示。在浏览器中预览页面，可以看到页面中表单元素的效果，如图 13-44 所示。

图 13-43　　　　　　　　　　　　　图 13-44

**02** 转换到网页的 HTML 代码中，可以看到页面中表单部分的 HTML 代码，在提交按钮的 <input> 标签中添加 onClick 事件，调用相应的验证 JavaScript 函数，代码如下。

```
<form id="form1" name="form1" method="post">
    <input name="uname" type="text" id=" uname" placeholder="请输入用户名" required>
    <br>
    <input name="upass" type="password" id="upass" placeholder=" 请输入密码">
    <br>
    <input type="image" name="btn" id="btn" src="images/136302.png" alt=" "
onClick="return CheckForm(this.form)">
    <br>
    还没有账户？单击此处 <span class="font01">注册</span> 成为我们的用户！
</form>
```

**03** 在页面头部的 <head> 与 </head> 标签之间编写 JavaScript 脚本代码，使用 setCustomValidity() 方法对 id 名称为 uname 的表单元素进行验证。

```
<script type="text/javascript">
function CheckForm(frm) {
    var uname=frm.uname;
    if(uname.value=="") {
        uname.setCustomValidity(" 必须要填写用户名哦！ ");      /* 自定义错误提示 */
    } else {
        uname.setCustomValidity("');                          /* 取消自定义错误提示 */
    }
}
</script>
```

**04** 保存页面，在浏览器中预览该页面，如果不在文本域中输入内容，直接单击"登录"按钮，提交表单，可以看到显示的自定义验证信息，如图 13-45 所示。如果在表单元素中输入用户名和密码，单击"登录"按钮，则取消自定义错误，如图 13-46 所示。

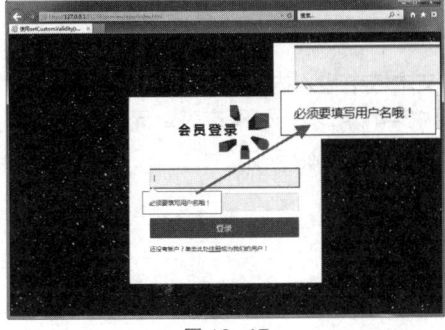
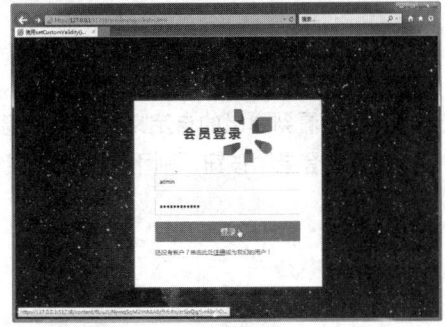

图 13-45　　　　　　　　　　　　　图 13-46

在提交表单时，如果用户名为空，则自定义一个提示信息；如果用户名不为空，则取消自定义错误信息。

## 13.6.5 表单验证事件

invalid 事件是 HTML5 为用户提供的表单验证事件。表单元素为通过验证时触发。无论是提交表单还是直接调用 checkValidity 方法，只要有表单元素没有通过验证，就会触发 invalid 事件。invalid 事件本身不处理任何事情，我们可以监听该事件，自定义事件处理。

**实 战 使用 invalid 事件验证表单**

最终文件：最终文件 \ 第 13 章 \13-6-5.html　　视频：视频 \ 第 13 章 \13-6-5.mp4

**01** 打开页面"源文件 \ 第 13 章 \13-6-5.html"，转换到网页的 HTML 代码中，可以看到表单部分的 HTML 代码。

```
<form id="form1" name="form1" method="post">
    <input name="uname" type="text" id="uname" placeholder="请输入用户名" required>
    <br>
    <input name="upass" type="password" id="upass" placeholder="请输入密码">
    <br>
    <input type="image" name="btn" id="btn" src="images/136302.png" alt=" ">
    <br>
    还没有账户？单击此处 <span class="font01">注册 </span> 成为我们的用户！
</form>
```

**02** 在页面头部的 <head> 与 </head> 标签之间编写 JavaScript 脚本代码，使用 invalid 事件对 id 名称为 uname 的表单元素进行验证。

```
<script type="text/javascript">
function invalidHandler(evt) {
    // 获取当前被验证的对象
    var validity = evt.srcElement.validity;
    // 检测 ValidityState 对象的 valueMissing 属性
    if(validity.valueMissing) {
        alert("姓名是必填项，不能为空 ")
    }
    // 如果不希望看到浏览器默认的错误提示方式，可以使用下面的方式取消
    evt.preventDefault();
}
window.onload=function() {
    var uname=document.getElementById("uname");
    // 注册监听 invalid 事件
    uname.addEventListener("invalid",invalidHandler,false);
}
</script>
```

**03** 保存页面，在浏览器中预览该页面，如果不在文本域中输入内容，直接单击"登录"按钮，提交表单，可以看到弹出的自定义错误信息窗口，如图 13-47 所示。如果在表单元素中输入用户名和密码，单击"登录"按钮，则不会弹出错误信息窗口，如图 13-48 所示。

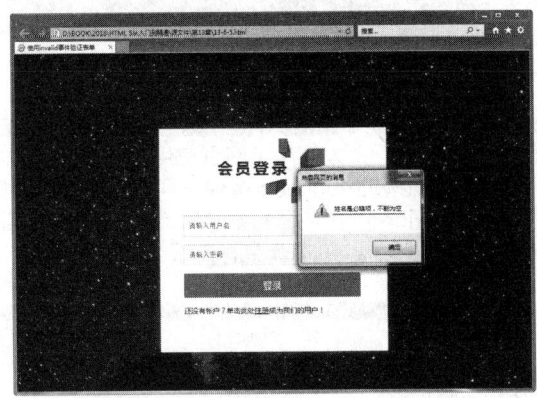
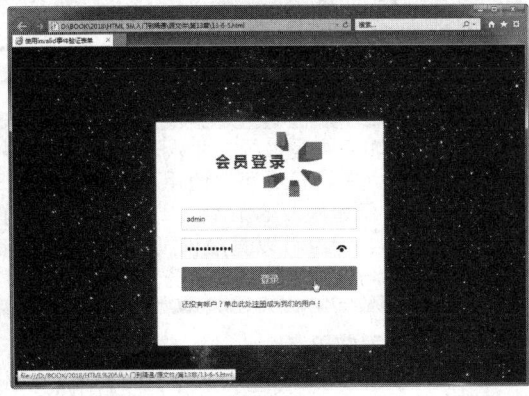

图 13-47　　　　　　　　　　　　　　图 13-48

　　页面初始化时，为用户名文本框添加了一个监听的 invalid 事件。当表单验证没有通过时，会触发 invalid 事件，invalid 事件会调用注册到事件中的函数 invalidHandler()，这样就可以在自定义的函数 invalidHandler() 中做任何事情了。

　　一般情况下，在 invalid 事件处理完成后，还是会触发浏览器默认的错误提示。必要的时候，可以屏蔽浏览器后续的错误提示，可以使用事件的 preventDefault() 方法，阻止浏览器的默认行为，并自行处理错误提示信息。

　　通过使用 invalid 事件使表单开发更加灵活。如果需要取消验证，可以使用前面介绍的 novalidate 属性。

# 第 14 章  文件与拖放处理

在 HTML5 中提供了文件 API，支持拖入多个文件并上传，大大提高了网页应用的开发效率。在 HTML5 之前，已经可以使用 mousedown、mousemove 和 mouseup 事件来实现页面内部的拖放操作，但是拖放的范围只局限在浏览器内部，在 HTML5 中提供了拖放 API，不但能直接实现拖放操作，而且可以直接将浏览器窗口外的内容拖入网页中。在本章中将向读者介绍 HTML5 新增的文件与拖放 API 的使用方法。

**本章知识点：**
- 理解 file 类型表单元素在 HTML5 中新增的属性
- 理解 File 对象和 FileList 对象及其使用方法
- 了解 Blob 对象
- 理解 FileReader 接口的属性、方法和事件
- 了解拖放 API 的属性和事件
- 理解 DataTransfer 对象的属性和方法

## 14.1  文件 API

HTML5 提供了一个关于文件操作的文件 API，可以通过编程的方式选择和访问文件数据，使得从网页中访问本地文件系统变得十分简单。文件 API 主要涉及 FileList 对象、File 对象、Blob 接口和 FileReader 接口。

### 14.1.1 新增的上传表单元素属性

HTML5 仍然沿用传统的文件上传方式，借助 file 类型的表单元素来实现网页中文件的上传操作。与之前不同的是，在 HTML5 中为 file 类型的表单元素新增了 multiple 属性和 accept 属性。

#### 1. multiple 属性

在 HTML5 之前，file 类型的表单元素只允许选择一个上传文件。而在 HTML5 中，可以通过在 file 类型的表单元素中添加 multiple 属性，从而实现同时选择多个上传文件的功能。

multiple 属性的使用方法如下。

```
<input type="file" name="fileField" id="fileField" multiple>
```

同时选择多个上传文件，得到的是一个 FileList 对象，该对象是一个 File 对象的列表。关于 File 对象和 FileList 对象将在下一节中进行介绍。

#### 2. accept 属性

HTML5 规范使用 accept 属性限制文件上传只能接受指定的文件类型，但目前各主流浏览器并没有做这样的限制，仅实现了在打开文件窗口时，默认选择指定的文件类型。

accept 属性的使用方法如下。

```
<input type="file" name="fileField" id="fileField" accept="image/jpg">
```

这行代码说明了上传文件时只接收 JPG 格式的图片，实际中在选择上传文件时，默认仅显示 JPG 格式的文件。当然也可以选择其他类型的文件进行上传，没有实际的限制。

## 14.1.2　File 对象与 FileList 对象

当用户在 file 类型的表单元素中同时选择多个上传文件时，可以通过编程的方式获得一个上传列表，即 FileList 对象。FileList 对象里的每一个文件又是一个 File 对象。

FileList 对象是 File 对象的一个集合，可以使用数组的方式遍历 FileList 对象里的每一个 File 对象。

**实　战　同时上传多个文件并显示文件名称**

最终文件：最终文件 \ 第 14 章 \14-1-2.html　　视频：视频 \ 第 14 章 \14-1-2.mp4

**01** 执行"文件" > "打开"命令，打开页面"源文件 \ 第 14 章 \14-1-2. html"，可以看到页面的 HTML 代码，如图 14-1 所示。在浏览器中预览该页面，可以看到页面中文件上传表单的效果，如图 14-2 所示。

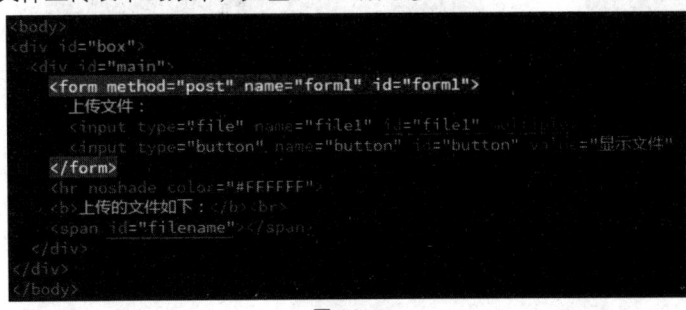
图 14-1

图 14-2

> **提示**
>
> 在文件域表单元素代码中设置 id 名称为 file1，并且添加 multiple 属性，使该文件域可以同时选择上传多个文件。页面中 id 名称为 filename 的元素用于显示所上传的多个文件名称。

**02** 在页面的 <head> 与 </head> 标签之间编写 JavaScript 脚本代码。

```
<script type="text/javascript">
function ShowFiles(){
    var fileList=document.getElementById("file1").files; // 获取 FileList 对象
    var filename=document.getElementById("filename");
    var file;
    for(var i=0;i<fileList.length;i++){
        file=fileList[i];                    // 获取单个 File 对象
        filename.innerHTML+=file.name+"<br>";
    }
}
</script>
```

> **提示**
>
> 在 file 类型的表单元素中添加 multiple 属性，可以同时选择多个需要上传的文件，这样就可以在 JavaScript 脚本代码中获取 FileList 对象。

**03** 在 id 名称为 button 的 <input> 标签中添加 onclick 事件，调用所定义了 ShowFiles() 函数，如图 14-3 所示。保存页面，在浏览器中预览该页面，效果如图 14-4 所示。

**04** 单击"浏览"按钮，在弹出的对话框中选择多个需要同时上传的文件，如图 14-5 所示。单击"显示文件"按钮，即可在页面中相应的位置显示出所上传的多个文件的名称，如图 14-6 所示。

```
<div id="main">
<form method="post" name="form1" id="form1">
    上传文件：
<input type="file" name="file1" id="file1" multiple>
<input type="button" name="button" id="button" value="显示文件"
onClick="ShowFiles();">
</form>
<hr noshade color="#FFFFFF">
<b>上传的文件如下：</b><br>
<span id="filename"></span>
</div>
```

图 14-3                                              图 14-4

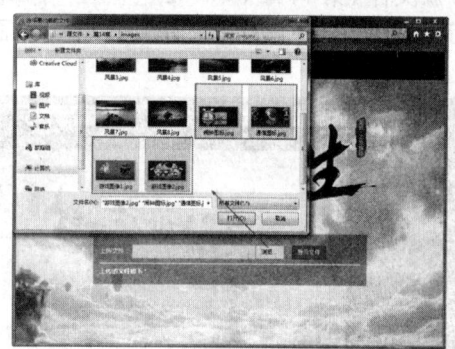

图 14-5                                              图 14-6

> **提示**
> 单击 "显示文件" 按钮，会执行 ShowFiles() 函数，在该函数中把 FileList 对象中的所有 File 对象名称显示出来。

### 14.1.3  Blob 对象

Blob 接口代表原始二进制数据，通过 Blob 对象的 slice() 方法，可以访问里面的字节数据。Blob 接口还有两个属性：size 和 type。

#### 1. size 属性

size 属性表示 Blob 对象的字节长度。Blob 对象的二进制数据可以借助 FileReader 接口读取。如果 Blob 对象没有字节数，则 size 属性为 0。

#### 2. type 属性

type 属性表示 Blob 对象的 MIME 类型，如果是未知数，则返回一个空字符串。使用 type 属性获取文件的 MIME 类型，可以更加精确地确定文件的类型，避免因为更改文件的扩展名而造成文件类型的误判。

#### 3. slice() 方法

使用 slice() 方法可以实现文件的切割，并返回一个新的 Blob 对象。

#### 4. File 对象与 Blob 对象

File 对象继承了 Blob 对象，所以 File 对象也可以使用 Blob 对象的属性和方法。

**实战  获取所上传文件数据**

最终文件：最终文件 \ 第 14 章 \14-1-3.html          视频：视频 \ 第 14 章 \14-1-3.mp4

**01** 执行 "文件" > "打开" 命令，打开页面 "源文件 \ 第 14 章 \14-1-3.html"，可以看到页面的 HTML 代码，如图 14-7 所示。在浏览器中预览该页面，可以看到页面中文件上传表单的效果，页面效果如图 14-8 所示。

```
<body>
<div id="box">
  <div id="main">
    <form method="post" name="form1" id="form1">
      上传文件：
      <input type="file" name="file1" id="file1">
      <input type="button" name="button" id="button" value="显示文件信息">
    </form>
    <hr noshade color="#FFFFFF">
    上传的文件类型：<span id="type"></span>
    <br>
    文件的字节长度：<span id="size"></span>
  </div>
</div>
</body>
```

图 14-7

图 14-8

**提示**

接下来需要编写相应的 JavaScript 脚本代码，从页面中 id 名称为 file1 的文件域中获取所上传的文件，并对该文件进行分析，将文件的类型输出到页面中 id 名称为 type 的元素中，将文件的大小输出到页面中 id 名称为 size 的元素中。

**02** 在页面的 <head> 与 </head> 标签之间编写 JavaScript 脚本代码。

```
<script type="text/javascript">
function ShowFileType() {
    var file;
    file = document.getElementById("file1").files[0];       // 获取上传的第一个文件
    var type = document.getElementById("type");
    type.innerHTML = file.type;                              // 显示文件类型
    var size = document.getElementById("size");
    size.innerHTML = file.size;                              // 显示文件字节长度
}
</script>
```

**03** 在 id 名称为 button 的 <input> 标签中添加 onclick 事件，调用所定义了 ShowFileType() 函数，如图 14-9 所示。保存页面，在浏览器中预览该页面，效果如图 14-10 所示。

```
<div id="main">
  <form method="post" name="form1" id="form1">
    上传文件：
    <input type="file" name="file1" id="file1">
    <input type="button" name="button" id="button" value="显示文件信息"
    onClick="ShowFileType();">
  </form>
  <hr noshade color="#FFFFFF">
  上传的文件类型：<span id="type"></span>
  <br>
  文件的字节长度：<span id="size"></span>
</div>
```

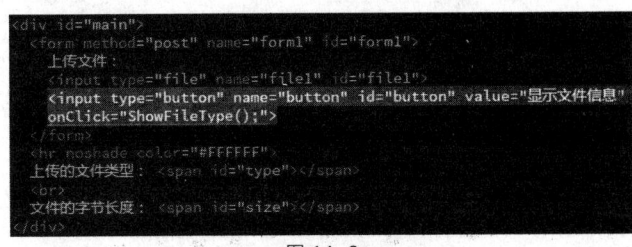

图 14-9

图 14-10

**04** 单击“浏览”按钮，在弹出的对话框中选择需要上传的文件，如图 14-11 所示。单击“显示文件信息”按钮，即可在页面中相应的位置显示出所上传文件的类型和字节长度，如图 14-12 所示。

图 14-11

图 14-12

对于图像类型文件,Blob 对象的 type 属性都是以"image/"开头的,后面紧跟着图像的类型,利用该特性可以在 JavaScript 中判断用户选择的文件是否为图像文件,如果在批量上传时,只允许上传图像文件,可以利用该属性,如果用户选择的多个文件中有的不是图像文件时,会弹出错误提示信息,并停止后面的文件上传,或者跳过这个文件,不将该文件上传。

## 14.2　FileReader 接口　

FileReader 接口提供了一些读取文件的方法与一个包含读取结果的事件模型。作为文件 API 的一部分,FileReader 接口主要是把文件读入内存,并读取文件中的数据。

### 14.2.1　检查浏览器是否支持 FileReader 接口

由于部分早期版本的浏览器没有实现 FileReader 接口,因此在使用 FileReader 接口之前,需要检测一下浏览器支持的情况。

检查浏览器是否支持 FileReader 接口的代码如下。

```
<script type="text/javascript">
if(typeof FileReader=="undefined") {
    alert("浏览器不支持 FileReader 接口");
    } else {
    var reader=new FileReader();
    }
</script>
```

### 14.2.2　FileReader 接口的属性

FileReader 接口有 3 个属性,分别用于返回读取文件的状态、数据和读取时发生的错误,如表 14-1 所示。

表 14-1　FileReader 接口属性说明

| 属性 | 说明 |
| --- | --- |
| readyState 属性 | 该属性为只读属性,用于获取文件的状态,该状态有如下 3 个值。<br>➢ EMPTY(值为 0):表示新的 FileReader 接口已经构建,且没有调用任何读取方法时的默认状态<br>➢ LOADING(值为 1):表示有读取文件的方法正在读取 File 对象或 Blob 对象,且没有发生错误<br>➢ DONE(值为 2):表示读取文件结束。可能整个 File 对象或 Blob 对象已经完全读入内存中,或者在文件读取的过程中出现错误,或者读取过程中使用了 abort() 方法强行中断 |
| result 属性 | 该属性为只读属性,用于获取已经读取的文件数据。如果读取的是图片,将返回 base64 格式的图片数据 |
| error 属性 | 该属性为只读属性,用于获取读取文件过程中出现的错误,该错误包含如下 4 种类型。<br>➢ NotFoundError:找不到读取的资源文件。FileReader 接口会返回 NotFoundError 错误,同时读取文件的方法也会抛出 NotFounderror 错误异常<br>➢ SecurityError:发生安全错误。FileReader 接口会返回 SecurityError 错误,同时读取文件的方法也会抛出 SecurityError 错误异常<br>➢ NotReadableError:无法读取的错误。FileReader 接口会返回 NotReadableError 错误,同时读取文件的方法也会抛出 NotReadableError 错误异常<br>➢ EncodingError:编码限制的错误。通常是数据的 URL 表示的网址长度受到限制 |

## 14.2.3 FileReader 接口的方法

FileReader 接口有 5 个方法,其中有 4 个方法用于读取文件,有 1 个方法用来中断读取过程,如表 14-2 所示。

表 14-2 FileReader 接口方法说明

| 方法 | 说明 |
| --- | --- |
| readAsArrayBuffer() 方法 | 该方法是将文件读取为数组缓冲区。readAsArrayBuffer() 方法的使用方法如下。<br>readAsArrayBuffer(\<blob>);<br>参数 \<blob> 表示一个 Blob 对象的文件。readAsArrayBuffer() 方法就是把该 Blob 对象的文件读取为数组缓冲区 |
| readAsBinaryString() 方法 | 该方法是将文件读取为二进制字符串。readAsBinaryString() 方法的使用方法如下。<br>readAsBinaryString(\<blob>);<br>参数 \<blob> 表示一个 Blob 对象的文件。readAsBinaryString() 方法是把该 Blob 对象的文件读取为二进制字符串 |
| readAsText() 方法 | 该方法是将文件读取为文本。readAsText() 方法的使用方法如下。<br>readAsText(\<blob>,\<encoding>);<br>参数 \<blob> 表示一个 Blob 对象的文件。readAsText() 方法就是把该 Blob 对象的文件读取为文本。参数 \<encoding> 表示文本的编码方式,默认值为 UTF-8 |
| readAsDataURL() 方法 | 该方法是将文件读取为 DataURL 字符串。readAsDataURL() 方法的使用方法如下。<br>readAsDataURL(\<blob>);<br>参数 \<blob> 表示一个 Blob 对象的文件。readAsDataURL() 方法就是把该 Blob 对象的文件读取为 DataURL 字符串 |
| abort() 方法 | 该方法用于中断读取操作。abort() 方法的使用方法如下。<br>abort();<br>该方法没有参数 |

**实战** **使用 FileReader 接口方法将上传的文件读取为不同数据**

最终文件:最终文件 \ 第 14 章 \14-2-3.html 视频:视频 \ 第 14 章 \14-2-3.mp4

**01** 执行"文件" > "打开"命令,打开页面"源文件 \ 第 14 章 \14-2-3.html",可以看到页面的 HTML 代码,如图 14-13 所示。在浏览器中预览页面,可以看到页面中的表单元素效果,如图 14-14 所示。

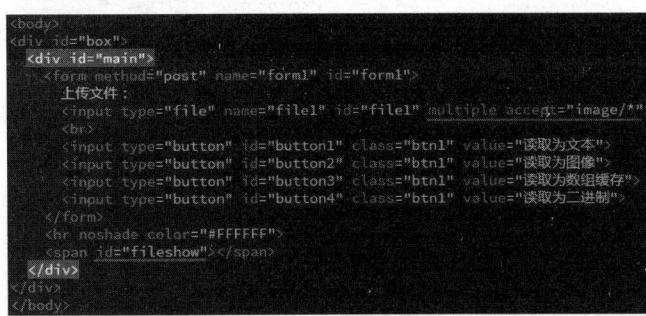

图 14-13

图 14-14

**提示**

在文件域表单元素代码中设置 id 名称为 file1,添加 multiple 属性,使该文件域可以同时选择上传多个文件,并且添加 accept 属性设置,从而控制该文件域只接收图像格式的上传文件。页面中 id 名称为 fileshow 的元素用于显示所上传的文件信息。

**02** 在页面的 \<head> 与 \</head> 标签之间编写 JavaScript 脚本代码。

```
<script type="text/javascript">
// 读取文件
function ReadAs(action){
    var blob=document.getElementById("file1").files[0];
    if(blob){
        var reader = new FileReader();                 // 声明接口对象
        // 根据参数 action, 选择读取文件的方法
        switch (action.toLowerCase()){
            case "binarystring":
                reader.readAsBinaryString(blob);    // 将文件读取为二进制字符串
                break;
            case "arraybuffer":
                reader.readAsArrayBuffer(blob);     // 将文件读取为数组缓冲区
                break;
            case "text":
                reader.readAsText(blob);            // 将文件读取为文本
                break;
            case "dataurl":
                reader.readAsDataURL(blob);         // 将文件读取为 DataURL 数据
                break;
        }
        reader.onload=function(e){
            // 访问 FileReader 的接口属性 result, 获取读取到内存里的内容
            var result = this.result;
            // 如果是图像文件, 且读取为 DataURL 数据, 那么就显示为图片
            if(/image\/\w+/.test(blob.type) && action.toLowerCase()=="dataurl"){
                document.getElementById("fileshow").innerHTML = "<img src='" + result
+ "' />";
            }else{
                document.getElementById("fileshow").innerHTML = result;
            }
        }
    }
}
</script>
```

使用 ReadAs() 函数读取 file 类型的表单元素所选择的文件。在 ReadAs() 函数中通过 action 参数的值，选择不同的读取方法，分别实现了 FileReader 接口的 4 个读取文件的方法。

**03** 在页面中 4 个按钮的 <input> 标签中添加 onclick 事件，分别调用 JavaScript 脚本代码中所定义的函数，如图 14-15 所示。保存页面，在浏览器中预览该页面，效果如图 14-16 所示。

图 14-15　　　　　　　　　　　　　图 14-16

为页面中的按钮添加 onClick 事件，调用所定义的 ReadAs() 函数，并向该函数中传递不同的 action 参数，从而响应不同的读取文件的方法。

04 单击"浏览"按钮，在弹出的对话框中选择需要上传的图像文件，单击"读取为文本"按钮，可以将所上传的图像读取为文本，如图 14-17 所示。单击"读取为图像"按钮，可以将所上传的文件显示在页面指定位置，如图 14-18 所示。

图 14-17　　　　　　　　　　　图 14-18

## 14.2.4　FileReader 接口的事件

FileReader 接口事件说明如表 14-3 所示。

表 14-3　FileReader 接口事件说明

| 事件 | 说明 |
| --- | --- |
| loadstart 事件 | 开始读取数据时触发的事件 |
| progress 事件 | 正在读取数据时触发的事件 |
| load 事件 | 成功完成数据读取时触发的事件 |
| abort 事件 | 中断读取数据时触发的事件 |
| error 事件 | 读取数据发生错误时触发的事件 |
| loadend 事件 | 结束读取数据时触发的事件，数据读取可能成功也可能失败 |

**实战　FileReader 接口的事件响应顺序**

最终文件：最终文件\第 14 章\14-2-4.html　　视频：视频\第 14 章\14-2-4.mp4

01 执行"文件">"打开"命令，打开页面"源文件\第 14 章\14-2-4.html"，可以看到页面的 HTML 代码，如图 14-19 所示。在浏览器中预览页面，可以看到页面表中单元素的效果，如图 14-20 所示。

图 14-19　　　　　　　　　　　图 14-20

提示

在文件域表单元素代码中设置 id 名称为 file1，并且添加 multiple 属性，使该文件域可以同时选择上传多个文件。
页面中 id 名称为 message 的元素用于显示事件响应的顺序信息。

**02** 在页面的 <head> 与 </head> 标签之间编写 JavaScript 脚本代码。

```
<script type="text/javascript">
function FileReaderEvent(){
    var blob=document.getElementById("file1").files[0];
    var message = document.getElementById("message");
    var reader = new FileReader();        // 声明接口对象
    // 添加 loadstart 事件
    reader.onloadstart=function(e){
        message.innerHTML+= " 事件: loadstart<br>";
    }
    // 添加 progress 事件
    reader.onprogress=function(e){
        message.innerHTML+= " 事件: progress<br>";
    }
    // 添加 load 事件
    reader.onload=function(e){
        message.innerHTML+= " 事件: load<br>";
    }
    // 添加 abort 事件
    reader.onabort=function(e){
        message.innerHTML+= " 事件: abort<br>";
    }
    // 添加 error 事件
    reader.onerror=function(e){
        message.innerHTML+= " 事件: error<br>";
    }
    // 添加 loadend 事件
    reader.onloadend=function(e){
        message.innerHTML+= " 事件: loadend<br>";
    }
    reader.readAsDataURL(blob); // 读取文件至内存
}
</script>
```

在所编写的 JavaScript 脚本代码中，为 FileReader 接口对象添加了所有的 6 个事件，每个事件的
处理仅仅是输出事件的名称。

**03** 在 id 名称为 button 的 <input> 标签中添加 onclick 事件，调用定义的 FileReaderEvent() 函数，
如图 14-21 所示。保存页面，在浏览器中预览该页面，选择需要上传的文件，单击"读取文件"按钮，
可以在页面中指定的位置显示事件的响应顺序，如图 14-22 所示。

图 14-21                    图 14-22

## 14.3　拖放 API

HTML5 中新增的拖放 API 包括 3 个方面：首先是为页面元素提供了拖放属性；其次是为鼠标事件增加了拖入事件；最重要的是提供了用于存储拖入数据的 DataTransfer 对象。本节将从这 3 个方面分别进行介绍。

### 14.3.1　新增的 draggable 属性

通常大部分的页面元素是不可以拖放的，如果要把元素变成可以拖放的，则可以在该元素的标签中添加 draggable 属性。draggable 属性用于定义页面元素是否允许用户拖放，该属性有 3 个属性值：true、false 和 auto。

draggable 属性的使用方法如下。

```
<div draggable="true">...</div>
```

另外，img 元素和 a 元素（需设置 href 属性）默认是可以拖放的。

### 14.3.2　新增的鼠标拖放事件

为了使拖放控制更加具体，HTML5 提供了 7 个与拖放相关的鼠标响应事件，而这 7 个事件会响应在不同的元素上。按照事件响应的先后顺序介绍如表 14–4 所示。

表 14-4　HTML5 中与拖放相关的鼠标响应事件说明

| 事件 | 说明 |
| --- | --- |
| dragstart 事件 | 开始拖放元素时触发的事件，事件的作用对象是被拖放的元素 |
| drag 事件 | 在元素拖放过程中触发的事件，事件的作用对象是被拖放的元素 |
| dragenter 事件 | 有拖放的元素进入本元素的范围内时触发，事件的作用对象是拖放过程中鼠标经过的元素 |
| dragover 事件 | 有拖放的元素正在本元素的范围内移动时触发，事件的作用对象是拖放过程中鼠标经过的元素 |
| dragleave 事件 | 有拖放的元素离开本元素的范围时触发，事件的作用对象是拖放过程中鼠标经过的元素 |
| drop 事件 | 有拖放的元素被拖放到本元素中时触发，事件的作用对象是拖放的目标元素 |
| dragend 事件 | 元素拖放操作结束时触发，事件的作用对象是被拖放的元素 |

### 14.3.3　DataTransfer 对象

HTML5 提供了 DataTransfer 对象，用于支持拖放数据的存储。使用拖放的目的，就是希望在拖放的过程中有数据交换，而 DataTransfer 对象就充当了这种媒介。DataTransfer 对象有其自身的属性和方法，可以完成对拖放数据的各种处理。

**1. dropEffect 属性**

该属性用于设置或获取拖放操作的类型和要显示的光标类型。如果该操作效果与起初设置的 effectAllowed 效果不符，则拖放操作失败。可以修改设置，包含这几个属性值：none、copy、link 和 move。

**2. effectAllowed 属性**

该属性用于设置或获取数据传送操作可应用于该对象的源元素。可以设置的属性值包括：none、copy、copyLink、copyMove、link、linkMove、move、all 和 uninitialized。

**3. types 属性**

该属性用于获取在 dragstart 事件触发时为元素存储数据的格式，如果是外部文件的拖放，则返回 Files。

### 4. files 属性

该属性用于获取存储在 DataTransfer 对象中的正在拖放的文件列表 FileList，可以使用数组的方式去遍历。

### 5. clearData() 方法

该方法用于清除 DataTransfer 对象中存储的数据。clearData() 方法的使用方法如下。

```
clearData([sDataFormat])
```

[sDataFormat] 为可选参数，参数可取值为：Text、URL、File、HTML、Image，即可删除指定格式的数据。如果该参数省略，则清除所有格式的数据。

### 6. setData() 方法

该方法用于向内存中的 DataTransfer 对象添加指定格式的数据。setData() 方法的使用如下。

```
setData([sDataFormat],[data])
```

[sDataFormat] 为数据参数类型，可取值为：Text、URL。[data] 数据为字符串或 url 地址。

### 7. getData() 方法

该方法用于从内存中的 DataTransfer 对象中获取数据。getData() 方法的使用如下。

```
getData([sDataFormat])
```

[sDataFormat] 为数据参数类型，可取值为：Text、URL。

### 8. setDragImage() 方法

该方法用于设置拖放时跟随鼠标移动的图片。setDragImage() 方法的使用如下。

```
setDragImage([imgElement],[x],[y])
```

[imgElement] 参数表示图片对象。[x] 和 [y] 参数分别表示相对于鼠标位置的横坐标和纵坐标。

### 9. addElement() 方法

该方法用于添加一起跟随拖放的元素，如果需要让某个元素跟随被拖放元素一起被拖放，则使用该方法。addElement() 方法的使用如下。

```
addElement([element])
```

[element] 参数表示一起跟随拖放的元素对象。

## 14.3.4　把图像拖放到网页中

在 HTML5 之前很难实现超出浏览器边界的事情，例如，直接将计算机中的文件拖放到浏览器中。而通过 HTML5 中新增的文件 API 和拖放 API 功能就能够实现直接将计算机中的文件拖放到浏览器中。

本节将综合使用本章所介绍的 HTML5 中的文件 API 和拖放 API 的功能，将本地计算机中的图像直接拖放到网页中指定的区域，并在网页中进行显示。

**实战　把图像拖放到网页中**

最终文件：最终文件\第 14 章\14-3-4.html　　视频：视频\第 14 章\14-3-4.mp4

01 执行"文件" > "打开"命令，打开页面"源文件\第 14 章\14-3-4.html"，可以看到页面的 HTML 代码，如图 14-23 所示。在浏览器中预览该页面，可以看到页面的背景效果，如图 14-24 所示。

```
1  <!doctype html>
2  <html>
3  <head>
4  <meta charset="utf-8">
5  <title>把图片拖放入网页中</title>
6  <link href="style/14-3-4.css" rel="stylesheet" type="text/css">
7  </head>
8
9  <body>
10 <div id="box">
11     <h1>将文件夹中的图片拖入到下面的容器中</h1>
12     <div id="dropTarget"></div>
13 </div>
14 </body>
15 </html>
16
```

图 14-23

图 14-24

**提示**

页面中 id 名称为 dropTarget 的 Div 是用来存放拖入图片的容器的，其显示效果可以通过 CSS 样式进行设置。

02 在页面的 `<head>` 与 `</head>` 标签之间编写 JavaScript 脚本代码。首先定义一个全局的变量，表示图片容器的对象，方便各个函数的访问。这里还定义了一个用于拖放的 drop 事件处理函数 dropHandle() 和加载单个文件的函数 loadImg()，用于对拖放进来的图片文件进行处理。

```
<script type="text/javascript">
// 定义目标元素的变量
var target;
// drop 事件处理函数
function dropHandle(e) {
    var fileList = e.dataTransfer.files,    // 获取拖曳的文件
    fileType;
    // 遍历拖曳的文件
    for(var i=0;i<fileList.length;i++){
        fileType = fileList[i].type;
        if (fileType.indexOf('image') == -1) {
            alert(' 请拖曳图片 ');
            return;
        }
        // 加载单个文件
        loadImg(fileList[i]);
    }
}
// 加载指定的图片文件，并追加至 target 对象的元素中
function loadImg(file){
    // 声明接口对象
    var reader = new FileReader();
    // 添加 load 事件处理
    reader.onload = function(e) {
        var oImg = document.createElement('img');
        oImg.src = this.result;    /* 获取读取的文件数据 */
        target.appendChild(oImg);
    }
    // 读取文件
    reader.readAsDataURL(file);
}
</script>
```

03 继续在 JavaScript 脚本中编写代码。页面加载完成后，获取 target 目标容器，用于存放拖

放进来的图片。为 target 容器添加 dragover 事件处理和 drop 事件处理，其中 drop 事件处理函数就是前面的脚本函数 dropHandle()。

```
window.onload = function() {
    // 获取目标元素
    target = document.getElementById('dropTarget');
    // 给目标元素添加 dragover 事件处理
    target.addEventListener('dragover', function(e) {
        e.preventDefault();
    }, false);
    // 给目标元素添加 drop 事件处理，处理函数为 dropHandle()
    target.addEventListener('drop', dropHandle, false);
}
```

04 完成该页面的制作，保存页面，在浏览器中预览该页面，效果如图 14-25 所示。打开本地计算机的文件夹，选择要拖入网页中的图像，如图 14-26 所示。

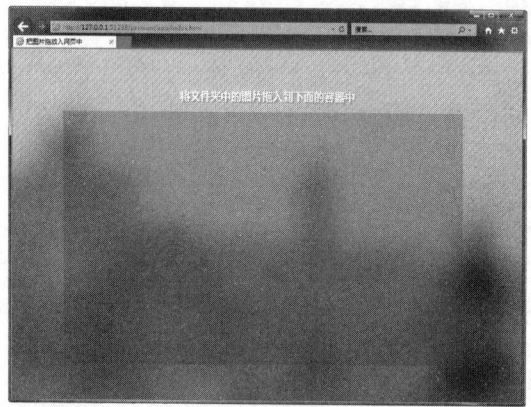

图 14-25

图 14-26

05 直接将本地计算机文件夹中的图像拖放到网页指定的容器中释放鼠标，即可将图像拖放到网页中显示，如图 14-27 所示。

图 14-27

# 第 15 章 HTML5 本地存储 🔍

　　随着 Web 应用的发展，需要在用户本地浏览器存储更多的应用数据，传统的 Cookie 存储的方案已经不能满足发展的需求，而使用服务器端存储的方案则是一种无奈的选择。HTML5 的 Web Storage 是一个理想的解决方案。如果是存储复杂的数据，则可以借助 Web SQL 数据库来实现，可以使用 SQL 语句完成复杂数据的存储与查询。本章将向读者介绍 HTML5 中的本地存储功能。

**本章知识点：**
- ➢ 了解 Web Storage 的优势
- ➢ 理解 localStorage 与 sessionStorage 的区别
- ➢ 掌握设置和获取 Storage 数据的方法
- ➢ 掌握 Storage API 的属性和方法
- ➢ 了解本地数据库 Web SQL
- ➢ 掌握 Web SQL 的基本使用方法

## 15.1 Web Storage 🔍

　　使用 HTML5 的 Web Storage 功能，可以在客户端存储更多的数据，而且可以实现数据在多个页面中共享甚至是同步。

### 15.1.1 什么是 Web Storage

　　Web Storage 是 HTML5 新增的可以在客户端本地保存数据的重要功能。在 HTML5 之前都是通过使用 Cookie 在客户端本地保存网站用户名等数据信息，但是 Cookie 在使用的过程中存在很大的局限性，因此在 HTML5 中新增了 Web Storage 的功能，便于在客户端保存本地数据。

### 15.1.2 Cookie 存储数据的不足

　　Cookie 可用于在程序员间传递少量的数据，对于 Web 应用来说，它是一个在服务器和客户端之间来回传送文本值的内置机制，服务器可以根据 Cookie 追踪用户在不同页面的访问信息。正因其卓越的表现，在目前的 Web 应用中，Cookie 得到了最为广泛的应用。

　　尽管如此，Cookie 仍然有很多不尽如人意的地方，主要表现在以下方面。

　　1）大小的限制

　　Cookie 的大小被限制在 4KB。在 Web 应用环境中，不能接收文件或邮件那样的大数据。

　　2）带宽的限制

　　只要涉及 Cookie 的请求，Cookie 数据都会在服务器和浏览器间来回传送。这样无论访问哪个页面，Cookie 数据都会消耗网络的带宽。

　　3）安全风险

　　由于 Cookie 会频繁地在网络中传送，而且数据在网络中是可见的，因此在不加密的情况下，是有安全风险的。

4）操作复杂

在客户端的浏览器中，使用 JavaScript 操作 Cookie 数据是比较复杂的，但是服务器可以很方便地操作 Cookie 数据。

### 15.1.3　使用 Web Storage 存储的优势

Web Storage 可以在客户端保存大量的数据，而且通过其提供的接口，访问数据也非常方便。然而，Web Storage 的诞生并不是为了替代 Cookie，相反，是为了弥补 Cookie 在本地存储中表现的不足。

Web Storage 本地存储的优势主要表现在以下几个方面。

1）存储容量

提供更大的存储容量。在 Firefox、Chrome、Safari 和 Opera 中，每个网域为 5MB；在 IE 8 及以上则每个网域为 10MB。

2）零带宽

Web Storage 中的数据仅仅是存储在本地，不会与服务器发生任何交互行为，所以不存在网络带宽的占用问题。

3）编程接口

Web Storage 提供了一套丰富的编程接口，使数据操作更加方便。

4）独立的存储空间

每个域（包括子域）都有独立的存储空间，各个存储空间是完全独立的，因此不会造成数据的混乱。

由此可见，Web Storage 并不能完全替代 Cookie，Cookie 能做的事情，Web Storage 并不一定能做到，如服务器可以访问 Cookie 数据，但是不能访问 Web Storage 数据。所以 Web Storage 和 Cookie 是相互补充的，会在各自不同的领域发挥作用。

随着移动互联网的发展，浏览器端的应用程序是一种必然的趋势，而 Web Storage 作为完全的浏览器客户端的本地存储，将发挥越来越重要的作用。

### 15.1.4　会话存储与本地存储的区别

Web Storage 包括 sessionStorage（会话存储）和 localStorage（本地存储）。熟悉 Web 编程的人员第一次接触 Web Storage 时，会很自然地与 session 和 cookie 去对应。不同的是，session 和 cookie 完全是服务器端可以操作的数据，但是 sessionStorage 和 localStorage 则完全是浏览器客户端操作的数据。

sessionStorage 和 localStorage 完全继承同一个 Storage API，所以 sessionStorage 和 localStorage 的编程接口是一样的，其主要区别在于数据存在的时间范围和页面范围。

sessionStorage 数据会保存到存储它的窗口或标签关闭时，而 localStorage 数据的生命周期比窗口或浏览器的生命周期长；sessionStorage 数据只在构建它们的窗口或标签页内可见，而 localStorage 数据可以被同源的每个窗口或标签页共享。

## 15.2　使用 Web Storage

了解了 Web Storage 的相关知识，接下来向读者介绍如何设置和获取 Storage 数据、Web Storage 的属性、方法和事件等相关知识。

### 15.2.1　检查浏览器是否支持 Web Storage

在 HTML5 的各项特性中，Web Storage 的浏览器支持度是比较好的。目前，所有的主流浏览器都在一定程度上支持 Web Storage。因而，Web Storage 成为 Web 应用中最安全的 API 之一。尽管如此，还是需要检查浏览器是否支持 Web Storage，因为在某种情况可能会导致浏览器不能使用 Web Storage 的功能。

**实战 检查浏览器是否支持 Web Storage**

最终文件：最终文件 \ 第 15 章 \15-2-1.html　　　视频：视频 \ 第 15 章 \15-2-1.mp4

**01** 执行"文件" > "新建"命令，新建一个 HTML5 文档，将其保存为"源文件 \ 第 15 章 \15-2-1.html"，如图 15-1 所示。转换到该网页的 HTML 代码中，输入页面标题和正文内容，如图 15-2 所示。

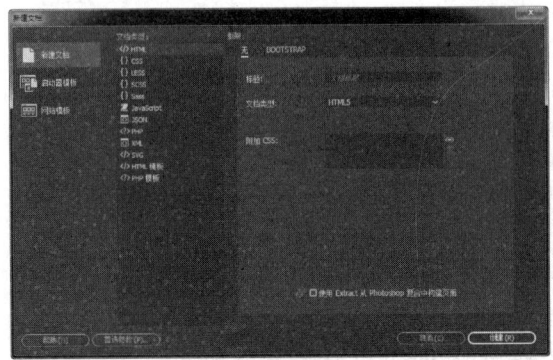
图 15-1

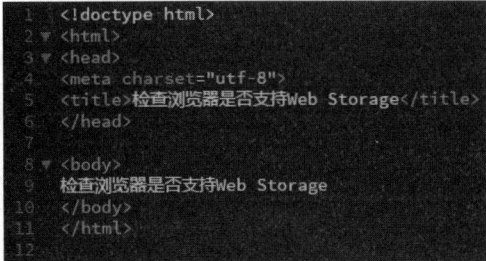
图 15-2

**02** 在 <head> 与 </head> 标签之间输入相应的 JavaScript 脚本代码。

```
<script type="text/javascript">
function CheckStorageSupport(){
    if(window.sessionStorage){
        console.log("浏览器支持 sessionStorage 特性！");
    }else{
        console.log("浏览器不支持 sessionStorage 特性！");
    }
    if(window.localStorage){
        console.log("浏览器支持 localStorage 特性！");
    }else{
        console.log("浏览器不支持 localStorage 特性！");
    }
}
window.addEventListener("load",CheckStorageSupport,false);
</script>
```

**提示**

使用 JavaScript 代码来检测浏览器是否支持 Web Storage 功能，在 JavaScript 脚本代码中使用 console.log() 方法，将 JavaScript 代码的调试内容输出到浏览器的控制台。

**03** 保存页面，在 Chrome 浏览器中预览页面，按快捷键 F12，打开浏览器控制台，可以看到 JavaScript 脚本调试的结果，如图 15-3 所示。

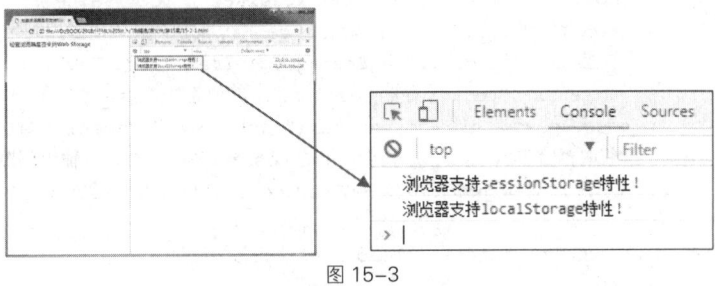
图 15-3

---


---

## 15.2.2 设置和获取 Storage 数据

sessionStorage 和 localStorage 作为 window 的属性，完全继承 Storage API，它们提供的操作数据的方法完全相同。下面以 sessionStorage 属性为例进行讲解。

### 1. 保存数据到 sessionStorage

sessionStorage 保存数据的基本语法如下。

```
window.sessionStorage.setItem("key","value");
```

key 为字符串表示的"键"，value 为字符串表示的"值"，setItem() 表示保存数据的方法。

### 2. 从 sessionStorage 中获取数据

如果知道保存到 sessionStorage 中的"键"，就可以得到对应的"值"。sessionStorage 获取数据的基本语法如下。

```
value = window.sessionStorage.getIem("key");
```

key 和 value 分别表示"键"和"值"，与保存数据的"键"和"值"对应。getItem() 为获取数据的方法。

### 3. 设置和获取数据的其他写法

对于访问 Storage 对象还有更简单的方法，根据"键"和"值"的配对关系，直接在 sessionStorage 对象上设置和获取数据，可完全避免调用 setItem() 和 getItem() 方法。

保存数据的方法也可写为如下的形式。

```
window.sessionStorage.key="value";
```

或

```
window.sessionStorage["key"] ="value";
```

获取数据的方法更加直接，可写为如下的形式。

```
value = window.sessionStorage.key;
```

或

```
value = window.sessionStorage["key"];
```

这种灵活的使用方法，给编程带来极大的灵活性。当然，对于 localStorage 来说，同样具有上述设置数据和获取数据的方法。

**实战　使用 sessionStorage 和 localStorage**

最终文件：最终文件\第 15 章\15-2-2.html　　视频：视频\第 15 章\15-2-2.mp4

**01** 新建一个 HTML5 文档，将其保存为"源文件\第 15 章\15-2-2.html"。

**02** 在 <head> 与 </head> 标签之间输入相应的 JavaScript 脚本代码。

```html
<script type="text/javascript">
function Test(){
    // 在 localStorage 存储 localKey 的值为 "localValue"
    window.localStorage.setItem("localKey","localValue");
    // 获取存储在 localStorage 中的 localKey 的值，并输出到控制台
    console.log(window.localStorage.getItem("localKey"));
    // 在 sessionStorage 存储 sessionKey 的值为 "sessionValue"
    window.sessionStorage.setItem("sessionKey","sessionValue");
    // 获取存储在 sessionStorage 中的 sessionKey 的值，并输出到控制台
    console.log(window.sessionStorage.getItem("sessionKey"));
}
window.addEventListener("load",Test,false);
</script>
```

**03** 保存页面，在 Chrome 浏览器中预览页面，按快捷键 F12，打开浏览器控制台，可以看到 JavaScript 脚本调试的结果，如图 15-4 所示。关于在 localStorage 和 sessionStorage 中存储和数据，可以借助浏览器本身的功能进行查看，如在 Chrome 浏览器中，可以在 Application 面板中查看存储的数据，如图 15-5 所示。

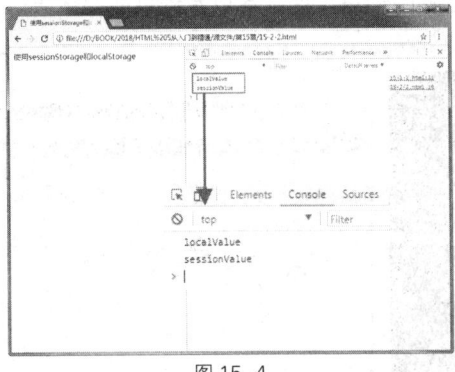

图 15-4

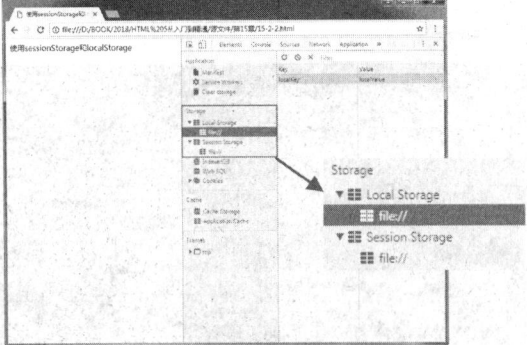

图 15-5

## 15.2.3　Storage API 的属性和方法

在上节中学习了如何使用 setItem() 方法存储数据，使用 getItem() 方法获取数据。这些方法都来源于它们所继承的 Storage API 提供的方法。

Web Storage 的接口代码如下。

```
interface Storage {
    readonly attribute unsigned long length;
    DOMString? key(unsigned long index);
    getter DOMString getItem(DOMString key);
    setter creator void setItem(DOMString key,DOMString value);
    deleter void removeItem(DOMString key);
    void clear();
};
```

在以上的代码中显示了 Storage API 中所有的属性和方法，如表 15-1 所示。

表 15-1　Storage API 中的属性和方法说明

| 属性和方法 | 说明 |
| --- | --- |
| length 属性 | 该属性表示当前 Storage 对象中存储的键 / 值对的数量。Storage 对象是同源的，length 属性只能反映同源的键 / 值对数量 |
| key(index) 方法 | 该方法用于获取指定位置的键。一般用于遍历某个 Storage 对象中所有的键，然后通过键来得到相应的值 |
| getItem(key) 方法 | 该方法用于根据键返回相应的数据。如果该键值存在，则返回值，否则返回 null |
| setItem(key,value) 方法 | 该方法用于将数据存入指定键对应的位置。如果对应的键值已经存在，则更新它 |
| removeItem(key) 方法 | 该方法用于从存储对象中移除指定的键 / 值对。如果该键 / 值对存在，则移除它，否则不执行任何操作 |
| clear() 方法 | 该方法用于从存储对象中清除所有的数据 |

 提示

在使用 sessionStorage 和 localStorage 时，以上的属性和方法都可以使用，但需要注意 sessionStorage 和 localStorage 的影响范围。

HTML5 网页设计与制作全程揭秘

**实战** 使用 storage 对象保存页面内容

最终文件：最终文件 \ 第 15 章 \15-2-3.html　　视频：视频 \ 第 15 章 \15-2-3.mp4

`01` 执行 "文件" > "打开" 命令，打开页面 "源文件 \ 第 15 章 \15-2-3.html"，可以看到页面的 HTML 代码，如图 15-6 所示。在浏览器中预览页面，可以看到页面的效果，如图 15-7 所示。

图 15-6

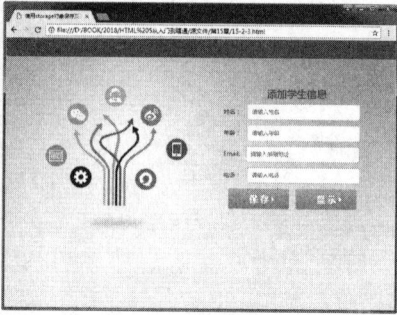

图 15-7

`02` 在页面的 <head> 与 </head> 标签之间编写 JavaScript 脚本代码。

```javascript
<script type="text/javascript">
// 保存数据到 sessionStorage
function SaveStorage(frm){
    var storage = window.sessionStorage;
    storage.setItem("uname",frm.uname.value);
    storage.setItem("age",frm.age.value);
    storage.setItem("email",frm.email.value);
    storage.setItem("phone",frm.phone.value);
}
// 遍历并显示 sessionStorage 中的数据
function Show(){
    var storage = window.sessionStorage;
    var result="";
    for(var i=0;i<storage.length;i++){
        var key = storage.key(i);              /* 获取键 key */
        var value = storage.getItem(key);      /* 通过键 key 获取值 value */
        result += key + ":" + value + "; ";
    }
    /* 在指定的地方显示获取的存储内容 */
    document.getElementById("formdata").innerHTML = result;
}
</script>
```

**提示**

在编写的 JavaScript 脚本代码中，有两个脚本处理函数 SaveStorage() 和 Show()，分别用于保存数据和显示数据。其中保存数据仅使用了 setItem() 方法，显示数据则根据索引遍历 "键"，并根据 "键" 获取对应的 "值"，使用 key() 方法和 getItem() 方法。

`03` 为表单中相应的按钮表单元素添加脚本代码，调用 JavaScript 函数，如图 15-8 所示。

```html
<br>
<input type="button" value="保存" class="btn" onClick="SaveStorage(this.form)">
<input type="button" value="显示" class="btn" onClick="Show()">
```

图 15-8

256

04　保存页面，在 Chrome 浏览器中预览页面，在各表单元素中填写相应的值，单击"保存"按钮，即可保存本地数据，如图 15-9 所示。单击"显示"按钮，即可显示刚保存的本地数据，如图 15-10 所示。

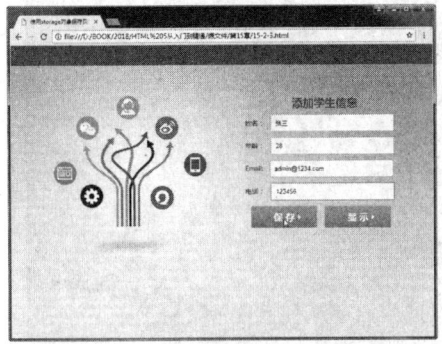
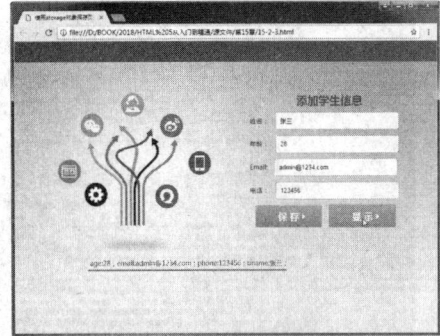

图 15-9　　　　　　　　　　　　　　　　　　图 15-10

## 15.2.4　格式化数据

虽然使用 Web Storage 可以保持任意的"键 / 值"对数据，但是一些浏览器把数据限定为字符串类型，而且对于一些复杂结构的数据，管理起来比较混乱。例如，如果要保存多个人的数据，就会变得不易于管理。

不过对于复杂结构的数据，可以使用现代浏览器都支持的 JSON 对象来处理，这也为开发人员提供了一种可行的解决方案。

### 1.　序列化 JSON 格式的数据

由于 Storage 是以字符串保存数据的，因此在保存 JSON 格式的数据之前，需要把 JSON 格式的数据转化为字符串，称为序列化。可以使用 JSON.stringify() 序列化 JSON 格式的数据为字符串数据。使用方法如下。

```
var stringData = JSON.stringify(jsonObject);
```

以上代码把 JSON 格式的数据对象 jsonObject 序列化为字符串数据 stringData。

### 2.　把数据反序列化为 JSON 格式

如果把存储的 Storage 中的数据以 JSON 格式对象的方式去访问，需要把字符串数据转换为 JSON 格式的数据，称为反序列化。可以使用 JSON.parse() 反序列化字符串数据为 JSON 格式的数据。使用方法如下。

```
var jsonObject = JSON.parse(stringData);
```

以上代码把字符串数据 stringData 反序列化为 JSON 格式的数据对象 jsonObject。

---

**技巧**

　　反序列化字符串为 JSON 格式的数据，也可以使用 eval() 函数，但 eval() 函数是把任意的字符串转化为脚本，存在很大的安全隐患，但是 JSON.parse() 只反序列化 JSON 格式的字符串数据，如果字符串数据不符合 JSON 数据格式，则会产生错误，同时也减少了安全隐患，但是在执行效率方面 eval() 函数要快很多。

---

**实战**　使用 Storage 对象存储 JOSN 数据

最终文件：最终文件 \ 第 15 章 \15-2-4.html　　视频：视频 \ 第 15 章 \15-2-4.mp4

01　执行"文件" > "打开"命令，打开页面"源文件 \ 第 15 章 \15-2-4.html"，可以看到页面的 HTML 代码，如图 15-11 所示。在浏览器中预览页面，可以看到页面的效果，如图 15-12 所示。

```
<body>
<div id="box">
  <div id="login"><span class="font01">添加学生信息</span>
    <form id="form1" name="form1" method="post">
      姓名：
      <input name="uname" type="text" class="input01" id="uname" placeholder="请输入姓名">
      <br>
      年龄：
      <input name="age" type="number" class="input01" id="age" placeholder="请输入年龄">
      <br>
      Email:
      <input name="email" type="email" class="input01" id="email" placeholder="请输入邮箱地址
      <br>
      电话：
      <input name="phone" type="tel" class="input01" id="phone" placeholder="请输入电话">
      <br>
      <input type="button" value="保 存" class="btn">
      <input type="button" value="显 示" class="btn">
    </form>
  </div>
</div>
<div id="formdata"></div>
```

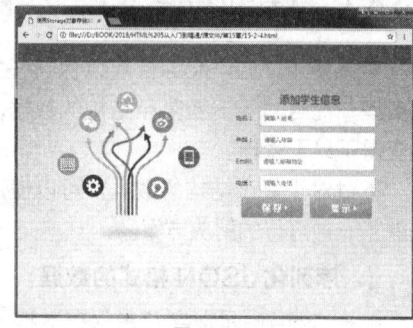

图 15-11

02 在页面的 <head> 与 </head> 标签之间编写 JavaScript 脚本代码。

图 15-12

```
<script type="text/javascript">
var flag = 1;
 window.sessionStorage.clear();
// 保存数据到 sessionStorage
function SaveStorage(frm){
    // 使用表单数据建立 json 对象
    var jsonObject = new Object();
    jsonObject.uname = frm.uname.value;
    jsonObject.age = frm.age.value;
    jsonObject.email = frm.email.value;
    jsonObject.phone = frm.phone.value;
    // 序列化 json 对象为字符串数据
    var stringData = JSON.stringify(jsonObject);
    var storage = window.sessionStorage;
    storage.setItem("key"+flag,stringData);
    flag++;
}
// 遍历并显示 sessionStorage 中的数据
function Show(){
    var storage = window.sessionStorage;
    var result = "";
    for(var i=0;i<storage.length;i++){
        var key = storage.key(i);              /* 获取键 key */
        var stringData = storage.getItem(key);    /* 通过键 key 获取值 value */
        var jsonObject = JSON.parse(stringData);
        result += "姓名: " + jsonObject.uname + "; 年龄: " + jsonObject.age + "; 邮件:
" + jsonObject.email + "; 电话: " + jsonObject.phone +"; <br>";
    }
    /* 在指定的地方显示获取的存储内容 */
    document.getElementById("formdata").innerHTML = result;
}
</script>
```

**提示**

在编写的 JavaScript 脚本代码中，保存数据时，先使用表单内容建立一个 JSON 对象，然后序列化 JSON 对象为字符串数据，保存至 Storage。显示数据时，会遍历所有存储的数据，并把读取的数据反序列化一个 JSON 对象，然后对该对象进行操作。

**03** 为表单中相应的按钮表单元素添加脚本代码，调用 JavaScript 函数，如图 15-13 所示。

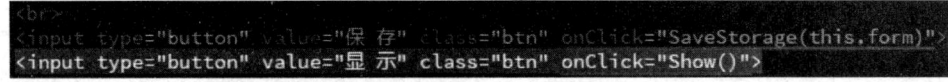

图 15-13

**04** 保存页面，在 Chrome 浏览器中预览页面，添加多条数据并进行保存，即可保存本地数据，如图 15-14 所示。单击"显示"按钮，即可显示刚保存的多条本地数据，如图 15-15 所示。

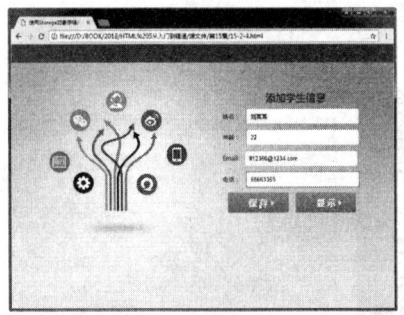

图 15-14

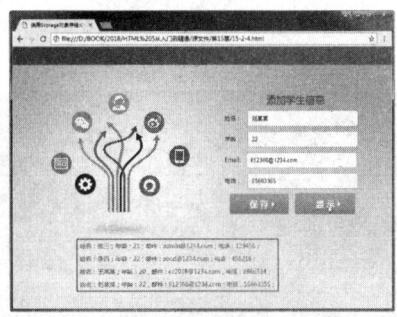

图 15-15

## 15.2.5 Storage API 事件

有时候，会存在多个网页或标签页同时访问存储数据的情况。为保证修改的数据能够及时反馈到另一个页面，HTML5 的 Web Storage 内建立一套事件通知机制，会在数据更新时触发。无论监听的窗口是否存储过该数据，只要与执行存储的窗口是同源的，都会触发 Web Storage 事件。

例如下面的代码，添加监听事件后，即可接收同源窗口的 Storage 事件。

```
window.addEventListener("storage",EventHandle,true);
```

storage 是添加的监听事件，只要是同源的 Storage 事件发生（包括 sessionStorage 和 localStorage），都能够因数据更新而触发事件。

Storage 事件的接口如下。

```
interface StorageEvent : Event {
    readonly attribute DOMString key;
    readonly attribute DOMString? oldValue;
    readonly attribute DOMString? newValue;
    readonly attribute DOMString url;
    readonly attribute Storage? storageArea;
};
```

StorageEvent 对象在事件触发时，会传递给事件处理程序，它包含存储变化有关的所有必要的信息。

1) key 属性

该属性包含存储中被更新或删除的键。

2) oldValue 属性

该属性包含更新前键对应的数据。如果是新添加的数据，则 oldValue 属性值为 null。

3) newValue 属性

该属性包含更新后的数据。如果是被删除的数据，则 newValue 属性值为 null。

4) url 属性

该属性用于指向 Storage 事件的发生源。

5) storageArea 属性

该属性用于指向值发生变化的 localStorage 或 sessionStorage。这样，处理程序可以方便地查询到 Storage 中的当前值，或者基于其他的 Storage 执行其他操作。

**实战  使用 Web Storage 制作简单留言板**

最终文件：最终文件\第 15 章\15-2-5.html    视频：视频\第 15 章\15-2-5.mp4

**01** 执行"文件" > "打开"命令，打开页面"源文件\第 15 章\15-2-5.html"，可以看到页面的 HTML 代码，如图 15-16 所示。在浏览器中预览该页面，可以看到页面的效果，如图 15-17 所示。

```
<body>
<div id="box">
  <div id="login"><span class="font01">留言板</span>
    <form id="form1" name="form1" method="post">
      <textarea name="t1" id="t1"></textarea>
      <br>
      <input type="button" value="留 言" class="btn">
      <input type="button" value="清 除" class="btn">
    </form>
  </div>
</div>
<div id="show"></div>
</body>
```

图 15-16

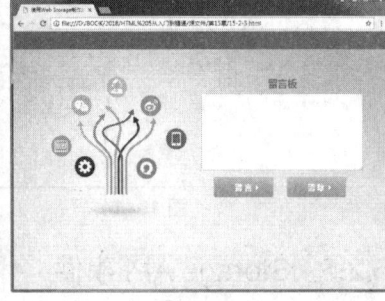

图 15-17

**提示**

此处需要注意为多行文本域设置 id 名称，并为显示留言内容的 Div 设置 id 名称。在本实例中为多行文本域设置的 id 名称为 t1，为显示留言的 Div 设置的 id 名称为 show。在 JavaScript 脚本代码中需要读取多行文本域中的内容，并将内容显示到 id 名称为 show 的 Div 中。

**02** 在页面中 id 名称为 show 的 <div> 结束标签之后编写 JavaScript 脚本代码。

```
<script type="text/javascript">
    function upInfo() {
        var lStorage = window.localStorage;
        var show = window.document.getElementById("show");
        if (window.localStorage.myBoard) {
            show.innerHTML = window.localStorage.myBoard;
        }
        else {
            var info = "还没有留言";
            show.innerHTML=" 还没有留言 ";
        }
    }
    function addInfo() {
        var info = window.document.getElementById("t1");
        var lStorage = window.localStorage;
        if (lStorage.myBoard) {
            var date = new Date();
            lStorage.myBoard += "<span> | 发表时间: " + date.toLocaleString() + "</
```

```
span>" + t1.value + "<hr>";
        }
        else {
            var date = new Date();
                lStorage.myBoard = "<span> | 发表时间: " + date.toLocaleString() + "</
span>" + t1.value + "<hr>";
        }
        upInfo();
    }
    function cleanInfo() {
        window.localStorage.removeItem("myBoard");
        upInfo();
    }
    upInfo();
</script>
```

> **提示**
>
> 在所添加的 JavaScript 脚本代码中，首先创建名称为 upInfo() 的函数，在该函数中判断 localStorage 中是否有数据，如果有则在相应的位置显示，如果没有则显示"还没有留言"文字。接着创建名称为 addInfo() 的函数，通过该函数中的代码将多行文本域中的内容写入 localStorage 中。最后创建名称为 cleanInfo() 的函数，在该函数中清除 localStorage 中的所有数据内容。

03 为表单中相应的按钮表单元素添加脚本代码，调用 JavaScript 函数，如图 15-18 所示。

```
<br>
<input type="button" value="留 言" class="btn" onClick="addInfo()">
<input type="button" value="清 除" class="btn" onClick="cleanInfo()">
```

图 15-18

04 保存页面，在 Chrome 浏览器中预览页面，默认还没有添加留言，在留言显示区域中显示"还没有留言"文字，如图 15-19 所示。在多行文本域中输入留言内容，单击"留言"按钮，即可添加留言内容，所添加的留言内容会显示在相应的位置，如图 15-20 所示。如果单击"清除"按钮，则清除所有的留言内容。

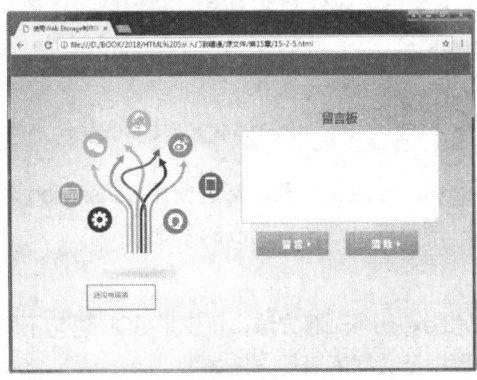

图 15-19

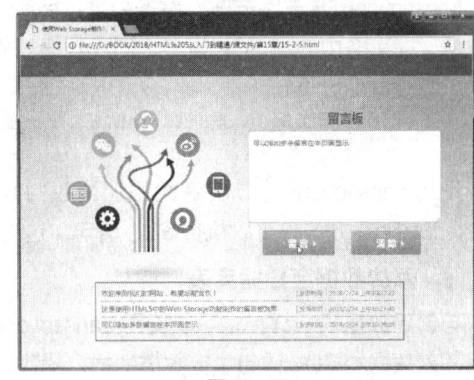

图 15-20

## 15.3　本地数据库 Web SQL 🔍

为了进一步加强客户端的存储能力，HTML5 引入了本地数据库的概念。但 HTML5 的数据库 API 的具体细节仍在完善，其中 Web SQL Database 就是数据库方案之一。实际上，Web SQL Database 并不包含在 HTML5 规范之中，它是一个独立的规范，引入了使用 SQL 操作客户端数据库的 API。最新版本的 Chrome、Safari 和 Opera 浏览器都已经实现了它。

## 15.3.1 了解 Web SQL 数据库

Web SQL Database 的规范使用的是 SQLite 数据库，它允许应用程序通过一个异步的 JavaScript 接口访问数据库。虽然 Web SQL 不属于 HTML5 规范，而且 HTML5 最终也不会选择它，但是对于移动领域是非常有用的，因为在任何情况下，SQL API 在数据库中的数据处理能力都是无法比拟的。

SQLite 是一款轻型的数据库，遵循 ACID 的关系型数据库管理系统，它的优势是嵌入式的，且占用资源非常低，只需要几百 KB 的内存即可。在跨平台方面，它支持 Windows、Linux 等主流操作系统，同时能够与很多程序语言如 C#、PHP、Java、JavaScript 等结合，并包含 ODBC 接口，在处理速度方面也非常可观。

Web SQL Database 规范中定义了 3 个核心方法，如表 15-2 所示。

表 15-2　Web SQL Database 的 3 个核心方法说明

| 方法 | 说明 |
| --- | --- |
| openDatabase() 方法 | 该方法用于使用现有的数据库或新建数据库来创建数据库对象 |
| transaction() 方法 | 该方法允许我们控制事务的提交或回滚 |
| executeSql() 方法 | 该方法用于执行真实的 SQL 查询 |

## 15.3.2 Web SQL 数据库的基本操作

### 1. 打开数据库

openDatabase() 方法可以打开一个已经存在的数据库，如果数据库不存在，它可以创建数据库。创建并打开数据库的语法如下。

```
var db = openDatabase("TestDB","1.0","测试数据库",2*1024*1024, creation Callback);
```

该方式有 5 个必需的参数，第 1 个参数表示数据库名；第 2 个参数表示版本号；第 3 个参数表示数据库的描述；第 4 个参数表示数据库的大小；第 5 个参数表示创建回调函数，其中第 5 个参数是可选的。

### 2. 创建数据表

transaction() 方法用于进行事务处理；executeSql() 方法用于执行 SQL 语句。可以同时使用这两个方法，在事务中处理 SQL 语句，创建数据表的方法如下。

```
db.transaction(function (tx){
    tx.executeSql('CREATE TABLE IF NOT EXISTS UserName(id unique,Name)');
});
```

使用 transaction() 方法传递给回调函数的 tx 是一个 transaction 对象，然后使用 transaction 对象的 executeSql() 方法，可以执行 SQL 语句，这里的 SQL 语句就是创建数据表的命令。

### 3. 添加数据至数据库表

与创建数据表一样，也可以使用 transaction() 方法和 executeSql() 方法，仅仅是 SQL 语句不同。使用插入数据的 SQL 语句执行数据的插入操作，添加数据至数据库表的方法如下。

```
db.transaction(function (tx) {
    tx.executeSql('INSERT INTO UserName (id,Name) VALUES (1, "张三")');
    tx.executeSql('INSERT INTO UserName (id,Name) VALUES (2, "李四")');
});
```

两个包含 Insert INTO 命令的 SQL 语句，表示插入数据，将会在本地数据库 TestDB 中的 UserName 表中添加两条数据。

#### 4. 读取数据库中的数据

仍然使用 transaction() 方法和 executeSql() 方法，使用查询 SQL 语句，并在 executeSql() 方法中添加匿名的回调处理函数，使用方法如下。

```
db.transaction(function (tx) {
    tx.executeSql('SELECT * FROM UserName',[ ],function(tx,results) {
        var len = results.rows.length;
for (var i=0;i<len;i++) {
    console.log(results.rows.item(i).Name);
}
        },null);
});
```

executeSql() 方法中执行包含 Select 命令的 SQL 语句，表示查询，将从本地数据库 TestDB 中的 UserName 表中查询信息。查询出来的结果会传递给匿名的回调函数，可以在回调函数中处理查询的结果，如控制台输出结果。

> **提示**
>
> Web SQL 数据库涉及 SQL 相关知识，感兴趣的读者可以查询 SQL 相关的学习资料和书籍，在本书中仅对 Web SQL 数据库进行简单介绍。

### 15.3.3　使用 Web SQL 数据库

SQL 数据库已经得到了广泛的应用，所以 HTML5 也采用了这种数据库作为本地数据库。前面已经介绍了 Web SQL 数据的基础知识和基本操作方法，在本节中将通过实例介绍如何使用 Web SQL 数据库。在本实例的制作中，将会介绍创建 Web SQL 数据库、向数据库插入数据、更新数据库中的数据等操作。

**实战**　实现选择网页背景颜色

最终文件：最终文件\第 15 章\15-3-3.html　　视频：视频\第 15 章\15-3-3.mp4

**01** 执行"文件" > "打开"命令，打开页面"源文件\第 15 章\15-3-3.html"，页面效果如图 15-21 所示。在 Chrome 浏览器中预览该页面，可以看到页面的默认效果，如图 15-22 所示。

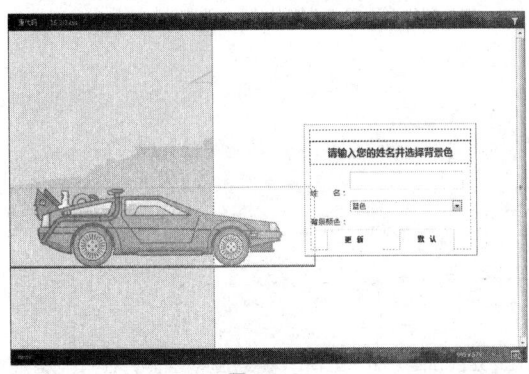

图 15-21　　　　　　　　　　　图 15-22

**02** 转换到网页的 HTML 代码中，可以看到页面主体部分的 HTML 代码。

```
<body>
<div id="bg"></div>
<div id="car"><img src="images/153302.png" alt=""/></div>
<div id="main">
```

```
<div id="greeting"></div>
<form id="form1" name="form1" method="post">
  <span class="font01">请输入您的姓名并选择背景色</span>
  姓    名:
  <input type="text" name="fname" id="fname" class="input01">
  <br>
  背景颜色:
  <select name="bg_color" id="bg_color" class="input01">
    <option value="#9BD6EE">蓝色</option>
    <option value="#EED89B">橙色</option>
    <option value="#CEEE9B">绿色</option>
    <option value="#EB9BEE">紫色</option>
  </select>
  <input type="button" id="update" value=" 更 新 " />
  <input type="button" id="clear" value=" 默 认 " />
</form>
</div>
</body>
```

> **提示**
>
> 页面中 id 名称为 greeting 的 Div 用于显示欢迎信息，其他设置 id 名称的元素读者都需要注意，这些 id 名称在 JavaScript 脚本代码中需要用到，如果所设置的 id 名称不同，则在 JavaScript 脚本代码中也需要对相应的位置进行修改。

**03** 新建外部 JavaScript 文件，在该文件中编写 JavaScript 脚本代码，将该文件保存为"源文件\第 15 章 \js\webdb.js"。

```
$(function(){
    var localDBDemo = {
        init: function () {
            this.initDatabase();
            $('#clear').on('click', function(){
                localDBDemo.dropTables();
            });
             $('#update').on('click', function(){
                localDBDemo.updateSetting();
            });
        },
        initDatabase: function() {
            try {
                if (!window.openDatabase) {
                    alert(' 您的浏览器不支持 Web SQL，请使用 Webkit 核心的浏览器! ');
                } else {
                    var shortName = 'DEMODB',
                        version = '1.0',
                        displayName = 'DEMODB Test',
                        maxSize = 100000;
                    // 创建 Web SQL 数据库
                    DEMODB = openDatabase(shortName, version, displayName, maxSize);
                    this.createTables();
                    this.selectAll();
                }
            } catch(e) {
                if (e === 2) {
                    // 版本不匹配.
```

```
                        console.log(" 无效的数据库版本 .");
                    } else {
                        console.log(" 未知错误 "+ e +".");
                    }
                    return;
                }
        },

        // 创建数据表
        createTables: function() {
            var that = this;
            DEMODB.transaction(
                function (transaction) {
                    transaction.executeSql('CREATE TABLE IF NOT EXISTS page_
settings(id INTEGER NOT NULL PRIMARY KEY, fname TEXT NOT NULL,bgcolor TEXT NOT NULL);',
[], that.nullDataHandler, that.errorHandler);
                }
            );
            this.prePopulate();
        },

        // 向数据表插入数据
        prePopulate: function() {
            DEMODB.transaction(
                function (transaction) {
                // 初始化页面时的初始数据
                var data = ['1','none','#9BD6EE'];
                transaction.executeSql("INSERT INTO page_settings(id, fname, bgcolor)
VALUES (?, ?, ?)", [data[0], data[1], data[2]]);
                }
            );
        },

        // 更新数据表中的数据
        updateSetting: function() {
            DEMODB.transaction(
                function (transaction) {
                    var fname,
                    bg    = $('#bg_color').val();
                    if($('#fname').val() != '') {
                        fname = $('#fname').val();
                    } else {
                        fname = 'none';
                    }
                    transaction.executeSql("UPDATE page_settings SET fname=?,
bgcolor=? WHERE id = 1", [fname, bg]);
                }
            );
            this.selectAll();
        },
        selectAll: function() {
            var that = this;
            DEMODB.transaction(
                function (transaction) {
                    transaction.executeSql("SELECT * FROM page_settings;", [], that.
```

```
dataSelectHandler, that.errorHandler);
                }
            );
        },
        dataSelectHandler: function( transaction, results ) {
            // 处理结果
            var i=0,
                row;
            for (i ; i<results.rows.length; i++) {
                row = results.rows.item(i);
                $('body').css('background-color',row['bgcolor']);
                if(row['fname'] != 'none') {
                        $('#greeting').html(' 欢迎, '+ row['fname'] +' ! ');
                        $('#fname').val( row['fname'] );
                }
                    $('select#bg_color').find('option[value="'+ row['bgcolor'] +'"]').
attr('selected','selected');
            }
        },

        // 将数据保存到数据库表中
        saveAll: function() {
            this.prePopulate(1);
        },
        errorHandler: function( transaction, error ) {
            if (error.code===1){
            // 数据表已经存在
            } else {
                console.log('Oops.  Error was '+error.message+' (Code '+ error.code +')');
            }
            return false;
        },
        nullDataHandler: function() {
            console.log("SQL 查询成功 ");
        },

        // 选择数据
        selectAll: function() {
            var that = this;
            DEMODB.transaction(
                function (transaction) {
                    transaction.executeSql("SELECT * FROM page_settings;", [], that.
dataSelectHandler, that.errorHandler);
                }
            );
        },

        // 删除数据库表
        dropTables: function() {
            var that = this;
            DEMODB.transaction(
                function (transaction) {
                    transaction.executeSql("DROP TABLE page_settings;", [], that.
nullDataHandler, that.errorHandler);
                }
```

```
                );
                console.log("Table 'page_settings' has been dropped.");
                //location.reload();
            }
        };
        localDBDemo.init();
});
```

提示

　　此处编写的 JavaScript 脚本代码比较多，主要是对 Web SQL 数据库进行操作，包括创建 Web SQL 数据库、创建数据表、向数据表中插入默认的数据、更新数据、保存数据和清除数据，在代码中已经进行了注释。

04　返回网页的 HTML 代码中，在 <head> 与 </head> 标签之间添加链接外部 js 文件的代码。

```
<script src="js/jquery-1.11.3.min.js"></script>
<script src="js/webdb.js"></script>
```

05　保存页面，在 Chrome 浏览器中预览页面，可以看到页面的效果，如图 15-23 所示。输入姓名，并在"背景颜色"下拉列表中选择一种背景颜色，单击"更新"按钮，可以修改页面的背景颜色，如图 15-24 所示。

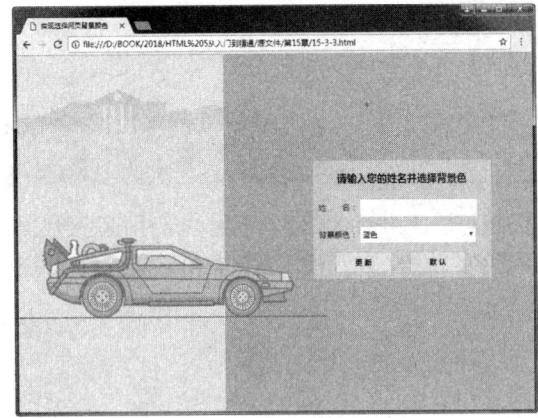

图 15-23

图 15-24

# 第 16 章  HTML5 离线应用缓存

Web 应用程序都有一个致命的缺陷，就是如果用户不能连接网络或者网络不畅通，则无法使用 Web 应用程序。为了适应网络环境不佳或减少对网络带宽的占用，HTML5 综合 Web 应用和桌面应用的优势，新增了离线缓存的功能。本章将详细向读者介绍 HTML5 的离线应用功能，以及与其相关的 manifest 缓存清单文件。

**本章知识点：**
- ➢ 了解 HTML5 的 Web 离线应用缓存功能
- ➢ 理解并掌握 manifest 缓存清单文件的结构及编写方法
- ➢ 掌握 manifest 缓存清单文件的使用方法
- ➢ 掌握不同服务器端的配置方法
- ➢ 理解应用缓存接口的属性、方法和事件
- ➢ 掌握使用 HTML5 的离线缓存功能缓存页面资源的方法

## 16.1  Web 离线应用缓存

所谓离线应用是指即使在没有网络的情况下，仍然可以使用网络资源，而离线应用则是通过离线应用缓存来实现的。在 HTML5 中新增了离线应用缓存的功能，从而使开发人员能够轻松地开发离线 Web 应用程序。

### 16.1.1  新增的离线应用缓存

传统的 Web 应用程序常常会遇到一个很大的问题，即网络不好时就无法使用网络上提供的应用程序。HTML5 借鉴了桌面应用程序的特征，引入了离线应用缓存功能。

Web 应用程序可以通过浏览器的离线应用缓存功能，提前将与应用相关的资源文件缓存到本地计算机中，当断开网络或网络环境不佳时，用户仍然可以继续浏览未浏览完的内容。

离线应用缓存功能的另一个好处是可以永久地缓存静态的内容，并且没有缓存过期的限制，这样即便在网络畅通的情况下，仍然会使用本地缓存的文件，避免了与服务器过多的交互。这样，一方面节省了网络资源；另一方面也能减轻服务器的访问压力。

离线应用缓存需要以一种方式来指明应用程序离线时所需要的资源文件。这样，浏览器才能在在线状态时把这些资源文件缓存到本地计算机中。此后，当用户离线访问应用程序时，这些资源文件会自动加载。在 HTML5 中，可以通过一个缓存清单的文件 manifest 指明需要缓存的资源，并且支持自动和手动两种更新缓存方式。

> **提示**
>
> 使用 HTML5 新增的离线应用缓存功能，可以开发出功能强大的 Web 应用程序，使用起来就如同本地计算机上的应用程序一样。

此外，HTML5 还提供了在线状态的检测，应用程序需要检测网络是否畅通，这样才能针对在线和离线的状态，做出相应的处理。在 HTML5 中提供了两种在线状态的检测方式。

## 16.1.2　离线应用缓存与传统页面缓存的区别

离线应用缓存与传统页面缓存的区别主要表现在如下两点。

1) 服务对象不同

离线应用缓存是为 Web 应用程序服务的，是通过一个缓存清单文件来缓存 Web 应用程序所需要的资源文件。而传统的网页缓存仅服务于单个页面，当浏览到该页面时，才会产生页面缓存。

2) 可靠性不同

离线应用缓存是安全可靠的。页面缓存是由浏览器自动完成的，无法确定用户在本地缓存了哪些页面。而离线应用缓存，需要开发人员来指定这些资源缓存的内容，是通过服务器端控制的，这样，一方面我们保证用户可以正确地使用 Web 应用程序；另一方面，Web 应用程序更新也非常及时。

## 16.1.3　离线应用缓存与本地数据存储的区别

离线应用缓存与本地数据存储是两个不同的概念。

离线应用缓存是把 Web 应用程序所需要的资源文件从服务器端缓存到本地计算机中的一种缓存机制。

本地数据存储是在本地存储数据，仅仅是客户端的行为，不会与服务器发生任何交互行为，是为了满足不同的存储需求而提供的一种数据存储机制。

# 16.2　manifest 缓存清单文件

为了使用户能够在离线状态下使用 Web 应用程序，需要开发者在服务器端提供一个缓存清单文件 manifest。在该缓存清单文件中，列出了离线应用程序需要的所有资源文件。访问服务器时，浏览器会把这些资源文件缓存到本地。

## 16.2.1　manifest 文件的结构

新建文本文件，将该文本文件保存为扩展名为 .manifest 的文件，即可创建一个空的 manifest 缓存清单文件。

如下所示是一个 manifest 清单文件的内容。

```
CACHE MANIFEST
# 文件的开头必须是 CACHE MANIFEST
# 可以在这里设置文件的版本号
# version1.1
CACHE:
style/style.css
js/script.js
NETWORK:
images/pictrue.jpg
*
FALLBACK:
style/style2.css style/style.css
```

关于 manifest 缓存清单文件的编写说明介绍如下。

(1) 缓存清单文件内容的第一行必须是 CACHE MANIFEST，用于告诉浏览器该文件的作用，浏览器就会把该文件中所列出的文件资源进行客户端缓存。

(2) 缓存清单文件中的注释需要另起一行，注释行必须是符号 # 开始，如果 # 号出现在 URL 中，会被认为是 URL 中的一部分。

(3) 最好为 manifest 缓存清单文件添加一个版本注释，例如 version1.1，该版本注释并没有什么意义，主要提醒浏览器更新缓存文件。

(4) 对于指定需要缓存的文件，可以是绝对路径，也可以是相对路径。在上述代码中使用的是相对路径。

(5) 缓存清单文件中有 3 个关键字用于资源的分类，分别是 CACHE、NETWORK 和 FALLBACK。

    ● CACHE 类别中指定的文件需要被缓存到本地的资源文件。

    ● NETWORK 类别中指定的文件不会缓存到本地的资源文件，只有在网络畅通的情况下才能够被访问。

    ● FALLBACK 类别中每一行指定两个资源文件，第一个文件是能够正常在线访问时的资源文件；第二个文件是不能在线访问时的资源文件。

**提示**

    CACHE、NETWORK 和 FALLBACK 这 3 个类别都是可选的，但是如果在 manifest 缓存清单文件中没有指定任何类别就列出资源文件，则所列出的资源文件属于 CACHE 类别。

## 16.2.2　如何使用 manifest 文件

    <html> 标签拥有 manifest 属性，该属性用于指定 manifest 缓存清单文件，浏览器可以通过该缓存清单文件缓存 Web 应用程序所需要的资源文件。

manifest 属性的使用方法如下。

```
<!doctype html>
<html manifest="cache.manifest">
...
</html>
```

manifest 属性指定了一个缓存清单文件 cache.manifest。浏览器通过识别该清单文件的第一行来确定文件的类型是否为用于离线应用缓存的清单文件。

**技巧**

    定义了 manifest 缓存清单文件的页面，不需要再列入 manifest 文件的缓存清单中，浏览器会默认自动对该页面进行缓存。

## 16.2.3　服务器端的配置

    manifest 文件的 MIME 类型是 text/chche-manifest，在使用之前，要确保服务器能够支持该文件。为此，我们需要在服务器端进行一些配置。下面分别对各主流服务器给出其配置方法。

### 1. IIS 服务器的配置

(1) 打开 IIS 服务器设置窗口，在左侧单击选择需要添加类型的网站，在中间选择 "MIME 类型" 选项，如图 16-1 所示。

(2) 双击 "MIME 类型" 选项，进入该选项设置界面，在右侧 "操作" 区域单击 "添加" 选项，如图 16-2 所示。

(3) 弹出 "添加 MIME 类型" 对话框，在 "文件扩展名" 文本框中输入 .manifest，在 "MIME 类型" 文本框中输入 text/cache-manifest，如图 16-3 所示。

(4) 单击 "确定" 按钮，完成 manifest 缓存清单文件 MIME 类型的添加，如图 16-4 所示。

图 16-1

图 16-2

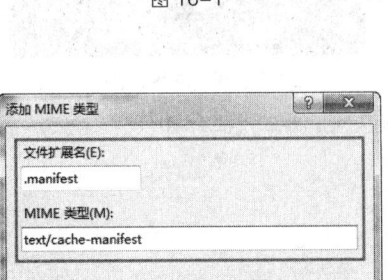

图 16-3

图 16-4

### 2. Apache 服务器的配置

找到 {apache_home}/conf/mime.types 文件，在该文件中添加如下所示的一行代码即可。

```
text/cache-manifest manifest
```

### 3. Tomcat 服务器的配置

找到 {tomcat_home}/conf/webxml 文件，在该文件中添加如下的配置代码即可。

```
<mime-mapping>
  <extension>manifest</extension>
  <mime-type>text/cache-manifest</mime-type>
</mime-mapping>
```

### 4. Python 标准库中的 SimpleHTTPServer 的配置

找到 {PYTHON_HOME}/Lib/mimetypes.py 文件，并在该文件中添加如下一行代码即可。

```
'.manifest': 'text/cache-manifest manifest',
```

有了服务器的支持，才能够正确地使用离线应用缓存的功能。

## 16.2.4　检查浏览器网络状态 >

离线的 Web 应用程序在离线状态和在线状态下，有不同的行为模式，HTML5 引入了一些新的事件，用于检测网络能否正常连接。通常使用 window.navigator 对象的 onLine 属性来检测。

window.navigator 对象的 onLine 属性是一个标明浏览器是否处于在线状态的布尔值，当 onLine 属性值为 false 时，Web 应用程序不会尝试进行网络连接；当属性值为 true 时，会尝试进行网络连接，但不一定能确保访问到相应的服务器。

**实 战　检查浏览器的网络状态**

最终文件：最终文件\第 16 章\16-2-4.html　　视频：视频\第 16 章\16-2-4.mp4

01 执行"文件">"新建"命令，新建一个 HTML5 文档，将其保存为"源文件\第 16 章\16-2-4.html"，如图 16-5 所示。转换到该网页的 HTML 代码中，输入页面标题和正文内容，如图 16-6 所示。

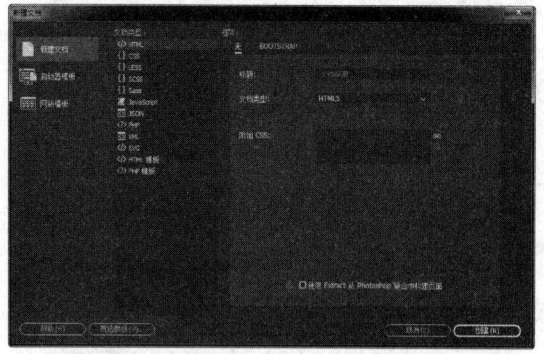

图 16-5

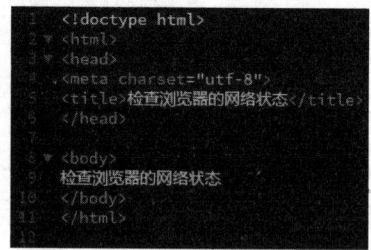

图 16-6

**02** 在 <head> 与 </head> 标签之间输入相应的 JavaScript 脚本代码，并且在 <body> 标签中添加 onLoad 事件调用所定义的 JavaScript 函数。

```html
<!doctype html>
<html>
<head>
<meta charset="utf-8">
<title> 检查浏览器的网络状态 </title>
<script type="text/javascript">
// 检测在线状态
function TestingNetwork(){
    if(window.navigator.onLine){
        console.log(" 在线状态 ");
    }else{
        console.log(" 离线状态 ");
    }
}
// 添加在线状态监听器
window.addEventListener("online",function(e){
    console.log(" 在线状态 1");
},true);
// 添加离线状态监听器
window.addEventListener("offline",function(e){
    console.log(" 离线状态 1");
},true);
</script>
</head>
<body onLoad="TestingNetwork()">
检查浏览器的网络状态
</body>
</html>
```

**提示**

在编写的 JavaScript 代码中使用两种方法检测网络状态：一种方法是通过判断 window.navigator.onLine 属性，来确定网络状态，将相应的提示信息返回浏览器控制台中；另一种方法是通过添加事件监听器的方法，来监听当前的网络状态，将相应的提示信息返回浏览器控制台中。

**03** 保存页面，在 Chrome 浏览器中预览该页面，按快捷键 F12，打开浏览器控制台，可以看到检测的结果，如图 16-7 所示。如果将计算机的网络断开，重新在 Chrome 浏览器中预览该页面，可以在控制台中看到检测的结果，如图 16-8 所示。

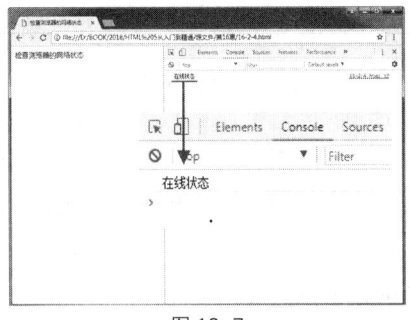

图 16-7　　　　　　　　　　　　　　　　　图 16-8

## 16.3　应用缓存接口 applicationCache

HTML5 提供了一系列操作应用缓存的接口，这些接口都包含在新增的 window.applicationCache 对象中，可以触发一系列与缓存相关的事件。

### 16.3.1　检查浏览器是否支持应用缓存接口

使用 Web 离线应用，最好先检查浏览器是否支持离线应用，这也是使用 HTML5 新增接口的好习惯，必要的支持性检测可以防止不必要的错误发生。

**实战　检查浏览器是否支持 Web 离线应用**

最终文件：最终文件 \ 第 16 章 \16-3-1.html　　　视频：视频 \ 第 16 章 \16-3-1.mp4

 执行"文件">"新建"命令，新建一个 HTML5 文档，将其保存为"源文件 \ 第 16 章 \16-3-1.html"，如图 16-9 所示。转换到该网页的 HTML 代码中，输入页面标题和正文内容，如图 16-10 所示。

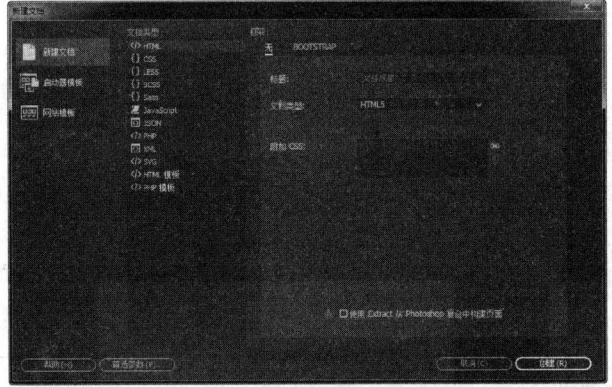

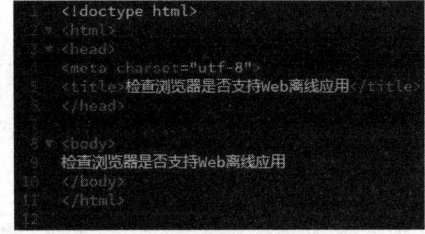

图 16-9　　　　　　　　　　　　　　　　　图 16-10

 在 <head> 与 </head> 标签之间输入相应的 JavaScript 脚本代码。

```
<script type="text/javascript">
// 检测浏览器是否支持离线应用
if(window.applicationCache){
    console.log(" 浏览器支持离线应用 ");
}else{
    console.log(" 浏览器不支持离线应用 ");
}
</script>
```

**03** 保存页面，在 Chrome 浏览器中预览该页面，按快捷键 F12，打开浏览器控制台，可以看到检测的结果，如图 16–11 所示。

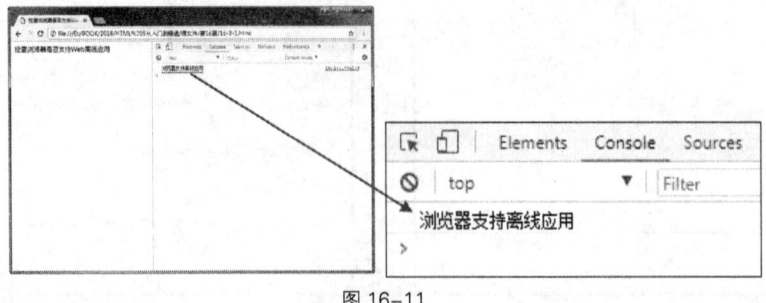

图 16–11

## 16.3.2　applicationCache 接口

离线应用缓存接口包括基本的属性、方法和事件，并且定义了离线应用的 6 种状态。关于 applicationCache 接口的相关说明如下所示。

```
interface ApplicationCache {
    // 更新状态
    const unsigned short UNCACHED = 0;
    const unsigned short IDLE = 1;
    const unsigned short CHECKING = 2;
    const unsigned short DOWNLOADING = 3;
    const unsigned short UPDATEREADY = 4;
    const unsigned short OBSOLETE = 5;
    readonly attribute unsigned short status;
    // 更新方法
    void update();
    void swapCache();
    // 事件
    attribute Function onchecking;
    attribute Function onerror;
    attribute Function onnoupdate;
    attribute Function ondownloading;
    attribute Function onprogress;
    attribute Function onupdateready;
    attribute Function oncached;
    attribute Function onobsolete;
};
ApplicationCache implements EventTarget;
```

## 16.3.3　接口的 status 属性

应用缓存接口有一个状态属性 status，该属性为只读属性，用于表现应用缓存的状态。HTML5 定义了 6 个数值分别对应不同的 6 种缓存状态，如表 16–1 所示。

表 16-1　应用缓存的 6 种状态介绍

| 数值 | 缓存状态 | 说明 |
| --- | --- | --- |
| 0 | UNCACHED | 未缓存 |
| 1 | IDLE | 空闲 |
| 2 | CHECKING | 检查中 |
| 3 | DOWNLOADING | 下载中 |

（续表）

| 数值 | 缓存状态 | 说明 |
|---|---|---|
| 4 | UPDATEREADY | 更新就绪 |
| 5 | OBSOLETE | 过期 |

　　一般的网页都没有使用离线应用的功能，这些页面的应用缓存状态就是未缓存状态
UNCACHED。空闲状态 IDLE 是离线应用的典型状态，说明应用程序所需要的所有资源文件都已经
被缓存到本地，不需要再更新。如果曾经有应用缓存，却发现 manifest 缓存清单文件丢失，则缓存
会进入过期状态 OBSOLETE。

### 16.3.4　接口的方法

　　应用缓存接口包含两个方法：update() 和 swapCache()，如表 16-2 所示。

表 16-2　应用缓存接口方法说明

| 方法 | 说明 |
|---|---|
| update() 方法 | 该方法用于请求浏览器更新缓存。当该方法被调用时，浏览器会检测 manifest 缓存清单文件，如果有更新，就会重新下载缓存的资源文件。该方法执行完成后，应用缓存状态变成 UPDATEREADY，同时会触发 updateready 事件 |
| swapCache() 方法 | 该方法用于手动执行本缓存的更新。只能在 applicationCache 的 updateready 事件被触发时调用。而 updateready 事件只有在服务器端的 manifest 缓存清单文件被更新，且把文件内的所有资源文件下载到本地后触发，而这一过程是 update() 方法所经历的。swapCache() 方法只是让本地的应用缓存能够及时更新，而不是等到下一次刷新页面时更新 |

### 16.3.5　接口的事件

　　HTML5 为应用缓存提供了 8 个事件用于编程开发，如表 16-3 所示。

表 16-3　应用缓存接口事件说明

| 事件 | 说明 |
|---|---|
| checking 事件 | 检测应用缓存时触发该事件。该事件始终是整个应用缓存过程中的第一个事件 |
| error 事件 | 发生任何错误时触发该事件 |
| noupdate 事件 | 缓存的 manifest 资源清单文件没有改变时触发该事件 |
| downloading 事件 | 浏览器发现 manifest 缓存清单文件更新并获取时，或者下载清单中第一次列入的资源时触发该事件 |
| progress 事件 | 浏览器正在下载资源文件时触发该事件 |
| updateready 事件 | 清单列表中所有资源文件都更新完成时触发该事件 |
| cached 事件 | 清单列表中所有资源文件都下载完成时触发该事件 |
| obsolete 事件 | 找不到 manifest 应用缓存清单文件时触发该事件 |

　　离线应用缓存提供了 8 个事件，如果同时为离线应用缓存应用多个处理事件，那么这些事件的
发生顺序是怎样的呢？本节将通过一个简单的案例演示离线应用缓存的发生顺序。

**实战　离线应用缓存的事件发生顺序**

最终文件：最终文件 \ 第 16 章 \16-3-5.html　　　视频：视频 \ 第 16 章 \16-3-5.mp4

01　执行"文件" > "新建"命令，新建一个 HTML5 文档，将其保存为"源
文件 \ 第 16 章 \16-3-5.html"，如图 16-12 所示。转换到该网页的 HTML 代码中，输入页面
标题和正文内容，如图 16-13 所示。

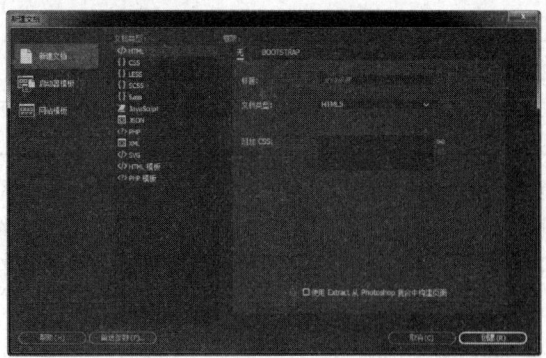

图 16-12

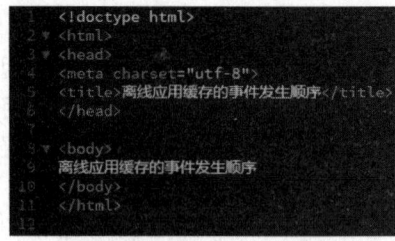

图 16-13

**02** 在 \<head\> 与 \</head\> 标签之间输入相应的 JavaScript 脚本代码。

```
<script type="text/javascript">
window.applicationCache.onchecking=function(){
    console.log(" 检查应用缓存更新 ");
}
window.applicationCache.onnoupdate=function(){
    console.log(" 没有需要更新的应用缓存 ");
}
window.applicationCache.onupdateready=function(){
    console.log(" 应用缓存更新就绪 ");
}
window.applicationCache.onobsolete=function(){
    console.log(" 应用缓存过时 / 过期 ");
}
window.applicationCache.oncached=function(){
    console.log(" 应用缓存下载完毕 ");
}
window.applicationCache.onerror=function(){
    console.log(" 应用缓存出现错误 ");
}
window.applicationCache.onprogress=function(){
    console.log(" 应用缓存下载中 ");
}
window.applicationCache.ondownloading=function(){
    console.log(" 应用缓存准备下载 ");
}
</script>
```

**03** 在 16-3-5.html 页面的同一目录中新建文本文件,将该文本文件重命名为 16-3-5.manifest,在该文件中编写缓存清单。

```
CACHE MANIFEST
# version1.0
CACHE:
style/16-3-5.css
16-3-5.html
NETWORK:
images/pictrue.jpg
FALLBACK:
style/style.css css/16-3-5.css
```

**04** 完成缓存清单文件的编写，保存文件。返回 HTML 页面中，在 <html> 标签中添加 manifest 属性设置。

```
<!doctype html>
<html manifest="16-3-5.manifest">
…

</html>
```

**05** 保存页面，在 IIS 服务器中添加虚拟网站服务器，并将根目录指向站点所在文件夹，如图 16-14 所示。通过 IIS 虚拟服务器来预览该网页，按快捷键 F12，打开浏览器控制台，可以看到各接口事件的发生顺序，如图 16-15 所示。

图 16-14

图 16-15

## 16.4　离线缓存网页内容

在前面的小节中已经向读者详细讲解了 HTML5 的离线缓存功能和 manifest 缓存清单文件的使用方法。离线缓存功能并不是很复杂，为了使读者能够更加轻松和简便地理解离线缓存功能的使用方法，本节将通过一个离线缓存网页内容案例的制作，介绍如何使用 HTML5 的离线缓存功能，使该网页在没有网络的情况下依然能够正常浏览。

**实战　离线缓存网页内容**

最终文件：最终文件 \ 第 16 章 \16-4.html　　　视频：视频 \ 第 16 章 \16-4.mp4

**01** 执行"文件">"打开"命令，打开页面"源文件 \ 第 16 章 \16-4.html"，页面效果如图 16-16 所示。在 Chrome 浏览器中预览该页面，可以看到该网页的效果，如图 16-17 所示。

图 16-16

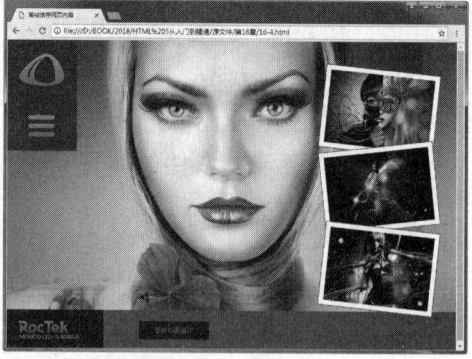

图 16-17

02 转换到该网页的 HTML 代码中，可以看到页面的 HTML 代码。

```
<!doctype html>
<html>
<head>
<meta charset="utf-8">
<title> 离线缓存网页内容 </title>
<link href="style/16-4.css" rel="stylesheet" type="text/css">
</head>
<body>
<div id="logo">
  <img src="images/16402.png" width="148" height="114" alt="">
  <img src="images/16403.png" width="148" height="114" alt="">
</div>
<div id="bottom"><img src="images/16404.jpg" width="206" height="79" alt=""></div>
<div id="pic">
  <img src="images/16405.jpg" alt="" width="224" height="150" class="rotateright">
  <img src="images/16406.jpg" alt="" width="224" height="150" class="rotateleft">
  <img src="images/16407.jpg" alt="" width="224" height="150" class="rotateright">
</div>
<div id="box"><img src="images/16401.jpg" alt=""></div>
<input type="button" id="update" value=" 更新页面缓存 ">
</body>
</html>
```

03 在 16-4.html 页面的同一目录中新建文本文件，将该文本文件重命名为 16-4.manifest，在该文件中编写缓存清单。

```
CACHE MANIFEST
# version1.0
CACHE:
style/16-4.css
images/16401.jpg
images/16402.png
images/16403.png
images/16404.jpg
images/16405.jpg
images/16406.jpg
images/16407.jpg
```

在该缓存清单文件中将页面所使用到的外部 CSS 样式表文件和页面中的所有图像文件进行了缓存处理，这样能够保证该网页在离线状态下也能正常显示。

当用户浏览该页面时，页面会先检查是否需要更新资源文件，如果 manifest 缓存清单文件没有发生过任何改变，则不会再从服务器上下载网页内容。如果 manifest 缓存清单文件发生过改变，则重新下载离线资源文件以更新本地缓存。

> **提示**
>
> 　　如果资源文件发生了改变，而 manifest 缓存清单文件并没有改变，则浏览器不会更新该资源文件，但是如果更改 manifest 缓存清单文件的版本，则被认为 manifest 缓存清单文件发生了改变，所有列出的资源文件就会更新本地缓存，这也是设置 manifest 缓存清单文件版本的好处。

**04** 完成缓存清单文件的编写，保存文件。返回 HTML 页面中，在 <html> 标签中添加 manifest 属性设置。

```
<!doctype html>
<html manifest="16-4.manifest">
…
</html>
```

**05** 为页面中的"更新页面缓存"按钮设计相应的脚本处理事件，在页面 <head> 与 </head> 标签之间添加相应的 JavaScript 脚本代码。

```
<script type="text/javascript">
window.onload=function(e){
    // 检查浏览器是否支持离线应用
    if(window.applicationCache){
        document.getElementById("update").onclick = UpdateCache;
    }else{
        document.getElementById("update").onclick = function(){
            alert(" 浏览器不支持离线应用缓存 ");
        };
    }
}
function UpdateCache(){
    // 检测是否有更新
    window.applicationCache.update();
    // 应用缓存更新完成后的事件处理
    window.applicationCache.onupdateready=function(){
        console.log(" 本地应用缓存已经更新 ");
        if(confirm(" 本地应用缓存已经更新,是否刷新页面获取最新版本? ")){
            // 更新本地应用缓存
            window.applicationCache.swapCache();
            // 重载页面
            window.location.reload();
        }
    }
}
</script>
```

在所编写的 JavaScript 脚本代码中，首先在页面加载完成后，检查浏览器是否支持离线应用缓存功能。如果支持离线应用缓存，则为该按钮事件添加缓存处理函数 UpdateCache()，否则就提示不兼容。

接下来的 UpdateCache() 函数先检测服务器端的 manifest 缓存清单文件是否更新，如果有更新则重新下载 manifest 缓存清单文件中的资源文件；否则不处理。.

最后，在 UpadteCache() 函数中添加 updateready 事件处理，并在其中通过接口方法 swapCache() 来及时更新应用程序缓存。

**06** 保存页面，通过 IIS 虚拟服务器来预览该网页，页面效果如图 16-18 所示。按快捷键 F12，打开浏览器控制台，可以看到已经将 manifest 缓存清单中的资源文件下载到本地缓存中，如图 16-19 所示。

图 16-18

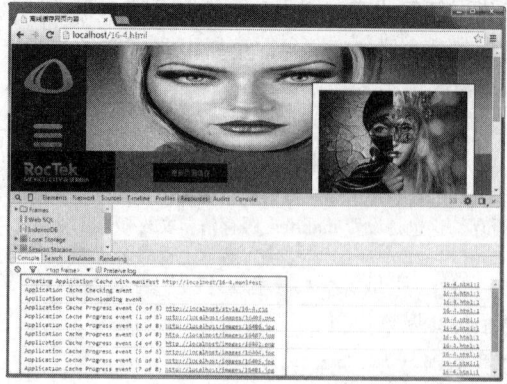

图 16-19

> **提示**
>
> 　　只要用户在网络中访问过该网站页面，当再次访问该网站页面时不再受网络的限制，仍然可以正常地浏览该网页。即使是在网络畅通的环境下，再次访问该网站页面时也不会首先从网络服务器上下载图片等资源，而是优先使用本地缓存中的资源文件，在很大程度上减少每天频繁刷新带来的对网络带宽的占用。

# 第 17 章　使用 Web Workers 处理线程

在 HTML5 中新增了 Web Workers 功能，通过该功能可以让 Web 应用具有多线程处理的能力。通过 Web Workers 可以创建一个专属的处理线程，并且可以再次嵌套子线程；也可以创建一个共享的线程，它允许同域的 Web 应用访问。在本章将向读者介绍 Web Workers 的相关知识，并讲解 Web Workers 的各种使用方法及相应的编程接口。

**本章知识点：**
- 了解什么是 Web Workers
- 了解 Web Workers 线程的特点和体系结构
- 理解并掌握专属线程的创建和使用方法
- 理解线程的嵌套
- 理解并掌握共享线程的创建和使用方法
- 了解 Web Workers 接口框架

## 17.1　了解 Web Workers

为了适应互联网的快速发展，HTML5 提出了 Web Workers 的概念，以实现 Web 应用的多线程处理。基于 Web Workers 功能，在后台创建一个运行脚本的线程，该线程的运行独立于任何页面。

### 17.1.1　什么是 Web Workers

使用 HTML5 新增的 Web Workers 功能创建的独立线程，可以长时间地去执行一个任务。在线程执行任务期间，不会因为用户的单击操作或其他用户界面的交互行为而中断。同样，也不会因为线程还在执行中，造成用户界面无法响应操作。

一般情况下，线程都是做一些重量级的处理，也是无法及时得到反馈的处理，这些交给线程处理是最适合的。因此，这样的处理常常是长时间处于执行的活跃状态，并伴随着大量的 CPU 性能消耗和大量的内存消耗。

关于线程的概念，在其他很多编程语言中都有涉及。随着越来越多的应用处理都交给 Web 页面来处理，HTML5 新增了线程处理功能，提高了 JavaScript 的编程能力。然而与很多编程语言的线程处理不同的是，使用 JavaScript 编写多线程比较简单，因为很多浏览器已经帮我们做了很多工作。

### 17.1.2　Web Workers 线程的特点

首先，Web Workers 线程不能操作 window 对象和 document 对象。如果在线程文件中使用了 window 对象或 document 对象，则会发生错误。

其次，Web Workers 线程在本质上属于系统线程，是线程执行的一种方式。

最后，HTML5 还为 Web Workers 提供了范围接口，规范了 Web Workers 线程的操作范围。例如，在 Web Workers 线程中可以使用 setTimeout()、clearTimeout()、setInterval()、clearInterval() 等函数。

### 17.1.3　Web Workers 体系结构

在最新的 Web Workers 规范中，包含两种线程：一种是专属线程 Dedicated Worker；另一种是共享线程 Shared Worker。这两种线程有着不同的用途，并且使用不同的接口来实现。

专属线程 Dedicated Worker 通常是在一个页面中创建的，并且该线程只能与创建它的页面进行通信。

共享线程 Shared Worker 通常是由其中的一个页面创建的，其他页面也可以连接到该线程，使用该线程中的资源和信息。

在 Web Workers 规范中，不仅包含专属线程和共享线程的接口，而且也包含与线程处理相关的错误处理接口，以及线程使用的导航、本地属性和工作单元等接口。

## 17.2　专属线程 Dedicated Worker

专属线程 Dedicated Worker 通常是由创建它的页面负责与之通信的，也是较早形成规范的线程处理方式，专属线程使用的是 Worker 对象。

专属线程的使用方法比较简单，只需要在页面中创建一个 Worker 对象，并指定线程脚本文件即可。在线程通信方面，仍然使用 postMessage() 方法和 message 事件。

### 17.2.1　检查浏览器是否支持 Worker 对象

与 HTML5 的其他新功能一样，在使用 Worker 对象之前，检查浏览器是否支持 HTML5 新增的 Web Workers 功能。

检查浏览器是否支持 Worker 对象的方法如下。

```
<script type="text/javascript">
if(typeof Worker=="undefined") {
    alert(" 浏览器不支持 Web Workers 功能 ");
    }
</script>
```

由于专属线程使用的是 Worker 对象，因此只需要使用 typeof 运算符来返回 window 对象的 Worker 属性即可。如果浏览器不支持专属线程处理，则返回的是 undefined。

> **提示**
>
> IE 9 及其以下版本的 IE 浏览器不支持 window 对象的 Worker 属性，也就是不支持 HTML5 新增的 Web Workers 功能。

### 17.2.2　创建专属线程

在使用 Worker 对象创建专属线程时，需要为 Worker 对象的构造函数提供一个 JavaScript 脚本文件的 URL 地址，该脚本文件中包含线程中所需要执行的代码。需要注意的是，脚本文件的 URL 地址可以是相对地址，也可以是绝对地址，但该 URL 地址受浏览器的同源策略限制。

创建专属线程的方法如下。

```
var worker = new Worker("worker.js");
```

实例化 Worker 对象，即可创建一个专属线程，worder.js 是线程执行的 JavaScript 脚本文件，在这里使用的是相对地址。

### 17.2.3　为线程添加监听消息事件

如果线程中有消息反馈，可以通过添加 Worker 对象的 message 事件来监听从线程发来的消息，代码如下。

```
worker.addEventListener('message',function(e){
    // 处理 worker 线程发来的消息
    },true);
```

也可以使用 Worker 对象的 onmessage 事件句柄的方法，代码如下。

```
worker.onmessage = function(e){
    // 处理 worker 线程发来的消息
    }
```

## 17.2.4　向线程中发送消息

使用 Worker 对象的 postMessage() 方法，可以向线程中发送消息，例如下面的代码。

```
worker.postMessage("Design");
```

上述代码是向线程发送一个名称为 Design 的字符串。

## 17.2.5　编写线程处理的脚本文件

在后台的线程中是不能访问页面文档或窗口对象的。如果使用了 window 对象或 document 对象，则会发生错误。这里，我们假设线程的脚本做这样的处理：当接收到页面发来的消息后，处理消息并把反馈的结果返回页面。

由于线程处理的 JavaScript 脚本文件中涉及消息的接收与发送，因此仍然使用 postMessage() 方法和 message 事件，代码如下。

```
onmessage = function(e){          // 监听页面发来的消息
    var val = "Hello, ";
    postMessage(val+e.data);      // 向页面发送消息
    }
```

通过在处理线程的 JavaScript 脚本文件中直接添加 message 事件，即可监听页面发送来的消息，直接使用 postMessage() 方法即可向页面返回消息。

## 17.2.6　在线程中加载多个文件

对于由多个 JavaScript 脚本文件组成的 Web 页面来说，可以通过包含 <script> 标签的方式来同步加载相关的 JavaScript 脚本文件。由于在后台的线程中不能访问 document 对象，因此不能采用包含 <script> 标签的方式来加载多个文件。

Web Workers 提供了另外一种导入其他文件的方法 importScript，使用该方法可以在脚本文件中导入其他 JavaScript 脚本文件。

importScript 的使用方法如下。

```
importScript("xxx.js");
```

导入的 JavaScript 脚本文件只会在已有的 Worker 对象中加载和执行。

也可以同时导入多个 JavaScript 脚本文件，方法如下。

```
importScript("x1.js","x2.js");
```

## 17.2.7　监听线程错误

如果执行的线程出现错误，无法直接反馈到页面上。但是，可以给 Worker 对象添加错误监听事件，来监听线程中出现的错误。特别是在调试程序时，使用这种方法监听事件非常有效。

和添加 message 事件一样，也可以给 Worker 对象添加 error 事件以监听线程中的错误，代码如下。

```
worker.addEventListener('error',function(e){
    console.warn(e.message,e);
    },true);
```

也可以使用 Worker 对象的 onerror 事件句柄的方法，代码如下。

```
worker.onerror = function(e){
    console.warn(e.message,e);
    }
```

**实战 简单的专属线程应用**

最终文件：最终文件\第 17 章\17-2-7.html  视频：视频\第 17 章\17-2-7.mp4

**01** 执行"文件" > "打开"命令，打开页面"源文件\第 17 章\17-2-7.html"，
可以看到页面的 HTML 代码，如图 17-1 所示。在浏览器中预览该页面，效果如图 17-2 所示。

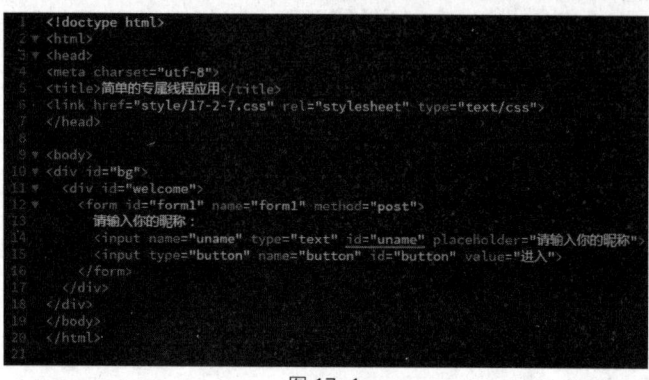

图 17-1                              图 17-2

**02** 在页面的 <head> 与 </head> 标签之间编写 JavaScript 脚本代码。

```
<script type="text/javascript">
function Greeting(){
    // 检测浏览器支持性
    if(typeof Worker === "undefined"){
        console.log("浏览器不支持 Web Workers");
        return;
    }
    // 创建专属线程
    var worker = new Worker("17-2-7.js");
    // 监听线程的消息
    worker.onmessage = function(e){
        console.log(e);
        alert(e.data);
        }
    // 监听线程的错误
    worker.onerror = function(e){
        console.warn(e.message,e);
        worker.terminate();
    }
    var val = document.getElementById("uname").value;
    // 向线程发送消息
    worker.postMessage(val);
    console.log(worker);
}
</script>
```

**03** 在页面中 id 名称为 button 的按钮表单元素中添加 onClick 事件，调整所定义的 Greeting() 函数，如图 17-3 所示。执行"文件">"新建"命令，新建外部 JavaScript 线程处理文件，如图 17-4 所示，并将该文件保存为"源文件\17 章\17-2-7.js"。

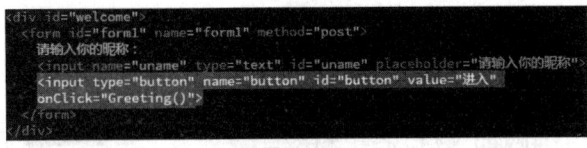

图 17-3　　　　　　　　　　　　　　　　　　　　图 17-4

**04** 在该 JavaScript 线程处理文件中编写脚本代码。

```
onmessage = function(e){
    var val = "你好，";
    postMessage(val+e.data+"\r 欢迎进入我的博客！");
}
```

**05** 保存页面，在浏览器中预览该页面，可以看到该页面的效果，如图 17-5 所示。在文本域中输入内容，单击"进入"按钮，可以看到调用外部线程处理文件并返回的信息，如图 17-6 所示。

图 17-5　　　　　　　　　　　　　　　　　　　　图 17-6

页面中有一个输入姓名的文本域和一个按钮，当单击按钮时，会调用 Greeting() 函数，该函数会新建一个线程，并把输入的姓名发送给线程，线程接收到姓名，会返回一个欢迎内容，页面监听到线程返回的消息，弹出窗口并显示所返回的消息。

## 17.2.8　多线程嵌套

线程中可以嵌套子线程，这样就可以把较大的线程处理分解成多个子线程，在每个子线程中，各自完成相对独立的部分。

线程嵌套的方法就是在一个线程中创建另外一个子线程。

在线程文件中创建子线程的方法如下。

```
var subworker = new Worker('subworker.js');
```

这样，可以像操作在页面中创建的主线程一样去操作这个线程，如添加消息监听事件和错误监听事件等。

**提示**

有些支持 Web Workers 线程的浏览器，并不一定支持线程嵌套，所以在使用线程嵌套时，有必要先检查一下浏览器是否支持线程嵌套。

## 17.2.9 单层线程嵌套

单层线程嵌套是指在一个主线程中创建另外一个子线程，以完成独立的工作。由于是多个线程同时处理，因此执行起来非常高效。

例如，在主线程中提供一组数字，分别求出小于它们的最大素数，那么这个求素数的功能就可以交给子线程来执行。这时我们需要编写 3 个文件：Web 页面、主线程文件和子线程文件。

**实 战 线程嵌套输出最大质数**

最终文件：最终文件 \ 第 17 章 \17-2-9.html　　视频：视频 \ 第 17 章 \17-2-9.mp4

**01** 执行"文件" > "新建"命令，新建一个 HTML5 文档，将其保存为"源文件 \ 第 17 章 \17-2-9.html"，如图 17-7 所示。转换到该网页的 HTML 代码中，输入页面标题和正文内容，如图 17-8 所示。

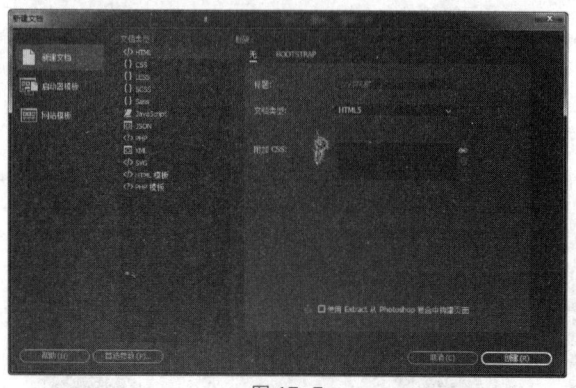

图 17-7

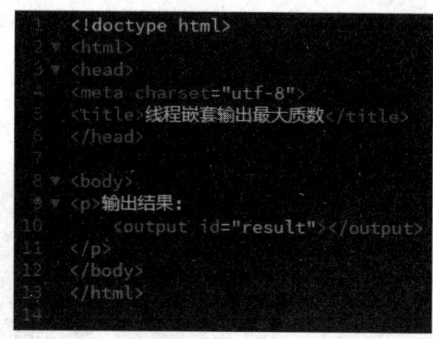

图 17-8

**02** 在页面的 <head> 与 </head> 标签之间编写 JavaScript 脚本代码。

```javascript
<script type="text/javascript">
    var worker = new Worker( '17-2-9worker.js' );
    worker.onmessage = function (evt){
        document.getElementById( 'result' ).innerHTML += "<br>" + evt.data;
    }
    worker.onerror = function(e){
        console.log(e.message);
        worker.terminate();
    }
</script>
```

此处所编写的 JavaScript 脚本代码用于创建一个 Worker 的主线程 (专属线程)，并监听从主线程中返回的消息，最终显示在页面 id 名称为 result 的元素中。

**03** 新建外部 JavaScript 脚本文件，将该文件保存为"源文件 \ 第 17 章 \17-2-9worker.js"，该文件为主线程处理文件。

```javascript
// 基本设置
var num_workers = 10;
var step = 10000;
if(typeof Worker !== "undefined"){
    // 开始添加子线程
    for (var i = 0; i <= num_workers; i += 1){
        var subworker = new Worker( '17-2-9subworker.js' );
        subworker.onmessage = storeResult;
        subworker.postMessage(i * step);
    }
```

```
    }else{
        postMessage("浏览器不支持线程嵌套！");
    }
    // 结果处理
    function storeResult(e){
        postMessage(e.data); // 向页面发送消息！
    }
```

在主线程的 JavaScript 脚本代码中，通过循环 10 次的方式提供 10 个数字，并分别创建一个子线程，用于计算小于该数字的最大质数。当收到子线程的消息时，立即发送给应用页面。

[04] 新建外部 JavaScript 脚本文件，将该文件保存为"源文件 \ 第 17 章 \17-2-9 subworker.js"，该文件为子线程处理文件。

```
// 求范围内的最大质数
onmessage = function (e) {
    var num = 1 * e.data + 1;
    search : while (num>1) {
        num --;
        isprime = false;
        for (var i = 2,x=Math.sqrt(num) ; i <= x; i++){
            if (num % i == 0){
                continue search;
            }
        }
        postMessage(e.data + " 以内的最大质数是: " + num);
        break;
    }
}
```

在子线程的 JavaScript 脚本代码中，接收主线程传送来的数字，并求出小于该数字的最大质数。

[05] 保存相关页面，在浏览器中预览 17-2-9.html 页面，可以看到运行结果，如图 17-9 所示。

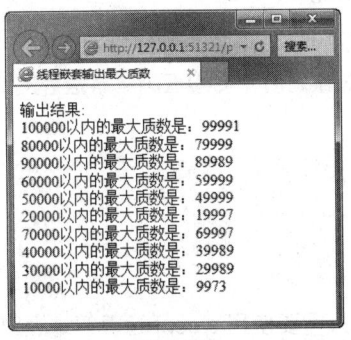

图 17-9

> **提示**
> 在主线程中连续创建了 10 个子线程，并分别添加了监听消息事件。通过执行结果可以发现，消息返回的顺序与线程创建的顺序是不一致的，说明创建的这些线程是并行执行的。

## 17.2.10　多层线程嵌套

多层线程嵌套是指主线程中会创建多个子线程，并且在子线程间进行数据交互。与单层线程嵌套相比，多层线程嵌套在代码编写方向是层层嵌套的。

要在多层线程嵌套中实现子线程之间的数据交互，基本上遵循如下的步骤。

(1) 在主线程中创建子线程，可以选择向该子线程发送数据。

(2) 执行子线程中的任务，并把执行结果发回主线程。

(3) 主线程监听到上一个子线程发来的消息数据后，即创建下一个子线程，并把上一个子线程发来的消息传递给下一个子线程，然后再执行下一个子线程，如此循环嵌套。

(4) 主线程接收最后一个子线程发来的消息。

这样就实现了多层线程嵌套，如下的代码就是一个多层线程嵌套的实现过程。

```
var subworker = new Worker('subworker.js');
subworker.postMessage(1000);
// 监听第一个子线程的消息
subworker.onmessage = function(e){
    // 创建第二个子线程
    var subworker2 = new Worker('subworker2.js');
    // 把第一个线程发来的数据发送到第二个线程
    subworker2.postMessage(e.data);
    // 监听第二个子线程的消息
    subworker2.onmessage = function(e){
        postMessage(e.data);// 向页面发送消息
        }
    }
```

值得注意的是，多层线程嵌套并不是在子线程中再创建子线程，而是所有的子线程都是在主线程中以嵌套的方式创建的，并实现一个子线程向另一个子线程传递数据。

# 17.3 共享线程 Shared Worker

共享线程 Shared Worker 可以同时有多个页面的线程连接，共享线程与专属线程的使用对象不同，它是由 Shared Worker 对象创建的。

## 17.3.1 共享线程的基本用法

要创建共享线程需要在页面中创建一个 SharedWorker 对象，并指定线程处理 JavaScript 脚本文件。在线程通信方面，仍然使用 postMessage() 方法和 message 事件。

### 1. 检查浏览器是否支持 SharedWorker 对象

与 HTML5 的其他新功能一样，在使用 SharedWorker 对象之前，要检查浏览器是否支持该对象。检查浏览器是否支持 SharedWorker 对象的方法如下。

```
<script type="text/javascript">
if(typeof SharedWorker=="undefined") {
    alert(" 浏览器不支持共享线程 ");
    }
</script>
```

由于共享线程使用的是 SharedWorker 对象，因此我们只需要使用 typeof 运算符来返回 window 对象的 SharedWorker 属性即可。如果浏览器不支持专属线程处理，则返回的是 undefined。

### 2. 创建共享线程

使用 SharedWorker 对象创建共享线程与使用 Worker 对象创建专属线程的方法基本一致，也需要提供一个 JavaScript 脚本文件的 URL，该脚本文件中包含线程中所需要执行的代码。脚本文件的 URL 地址也可以是相对地址或者绝对地址，同样受浏览器的同源策略限制。

创建共享线程的方法如下。

```
var worker = new SharedWorker("sharedworker.js");
```

实例化 SharedWorker 对象，即可创建一个共享线程，sharedworder.js 是共享线程执行的 JavaScript 脚本文件，在这里使用的是相对地址。

### 3. 为线程添加监听消息事件

与专属线程一样，共享线程也使用 message 事件监听线程消息。但不同的是，共享线程是使用 SharedWorker 对象的 port 属性来与线程通信的，如下所示。

```
worker.port.onmessage = function(e){    // 共享线程需要使用 port 属性
    // 处理 worker 线程发送来的消息
    }
```

也可以使用添加事件的方式，代码如下。

```
worker.port.addEventListener('message',function(e){
    // 处理 worker 线程发送来的消息
    },false);
worker.port.start();        // 当使用 addEventListener 时，需要启动端口
```

为共享线程添加监听消息事件时，有两点需要注意：一个是事件附加在对象的 port 属性上的；另一个是当使用 addEventListener 函数来添加事件时，需要使用 worker.port.start() 来启动端口。

### 4. 向线程中发送消息

使用 SharedWorker 对象有的 port 属性向共享线程发送消息，代码如下。

```
worker.port.postMessage("Design");
```

与共享线程的通信相同，都是由 SharedWorker 对象的 port 属性来完成的。

### 5. 编写线程处理脚本文件

在共享线程中，首先使用 connect 事件监听来自不同用户的连接，然后才能在 connect 事件处理程序中为各个连接建立各自的消息监听和消息发送的通信机制，代码如下。

```
var count = 0;                              // 全局变量
onconnect = function(e) {                   // 监听新链接
    count += 1;
    var port = e.ports[0];
    port.postMessage(" 欢迎访问，这是新的链接 #" + count);
    port.onmessage = function(e) {          // 为该链接添加消息监听
        port.postMessage(" 你好，"+ e.data);    // 向该链接的页面发送消息
        }
    }
```

在线程文件中，每个连接与线程之间的通信是在 connect 事件中进行的，所以各个通信之间是相互独立的，但是它们可以共享全局的信息，例如，以上代码中的变量 count。

另外，共享线程也可以通过 importScript 来导入其他 JavaScript 脚本文件。

## 17.3.2　使用共享线程

与专属线程相比，共享线程避免了线程的重复创建和销毁的过程，降低了系统性能的消耗，如 CPU 处理调度、内存资源的占用及回收等。在一些编程语言中会有线程池的概念，而线程池也是共享线程的一种应用。

本节将通过一个实例介绍共享线程的使用，在本实例的共享线程中将提供一个计数器以记录连接到该网页中的连接数，每当有一个新连接时，计数器就会自动加 1，并反馈到当前页面中。

**实 战** 使用共享线程显示连接数

最终文件：最终文件 \ 第 17 章 \17-3-2.html　　视频：视频 \ 第 17 章 \17-3-2.mp4

**01** 执行 "文件" > "打开" 命令，打开页面 "源文件 \ 第 17 章 \17-3-2.html"，可以看到页面的 HTML 代码，如图 17-10 所示。在浏览器中预览页面，效果如图 17-11 所示。

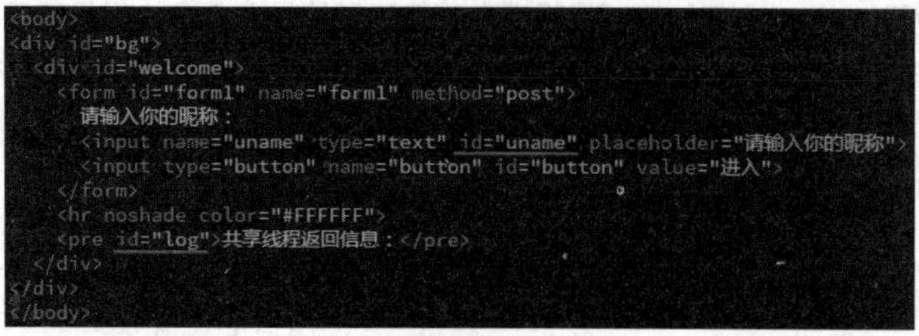

```
<body>
<div id="bg">
  <div id="welcome">
    <form id="form1" name="form1" method="post">
     请输入你的昵称：
      <input name="uname" type="text" id="uname" placeholder="请输入你的昵称">
      <input type="button" name="button" id="button" value="进入">
    </form>
    <hr noshade color="#FFFFFF">
    <pre id="log">共享线程返回信息：</pre>
  </div>
</div>
</body>
```

图 17-10

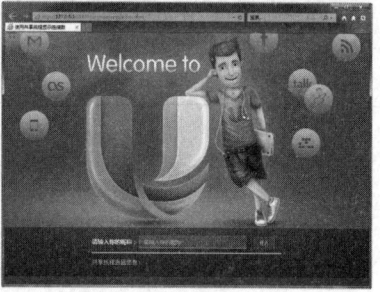

图 17-11

**提示**

页面中 id 名称为 uname 的文本域，用于向共享线程中传递在该文本中所输入的内容，id 名称为 log 的元素用于显示接收到的共享线程返回信息。

02 在页面的 <head> 与 </head> 标签之间编写 JavaScript 脚本代码。

```
<script type="text/javascript">
function Greeting(){
    // 检测浏览器是否支持共享线程
    if(typeof SharedWorker === "undefined"){
        alert(" 浏览器不支持共享线程 ");
    }
    var log = document.getElementById('log');
    //创建共享线程
    var worker = new SharedWorker("17-3-2.js");
    //监听共享线程消息
    worker.port.addEventListener('message', function(e) {  // 注意：这里使用 port 属性
        log.textContent += '\n' + e.data;
    }, false);
    worker.port.start(); // 注意：当使用 addEventListener 时，需要启动端口
    var val = document.getElementById("uname").value;
    // 向共享线程发送消息
    worker.port.postMessage(" 初始化 "); // 发送消息
    worker.port.postMessage(val);
}
</script>
```

在该部分 JavaScript 脚本代码中，首先判断浏览器是否支持共享线程，然后创建共享线程并指定共享线程处理文件，监听共享线程消息并向共享线程中发送消息。

03 在页面中 id 名称为 button 的按钮表单元素中添加 onClick 事件，调整所定义的 Greeting() 函数，如图 17-12 所示。执行"文件" > "新建"命令，新建外部 JavaScript 线程处理文件，如图 17-13 所示，并将该文件保存为"源文件\17 章\17-3-2.js"。

```
<form id="form1" name="form1" method="post">
  请输入你的昵称：
  <input name="uname" type="text" id="uname" placeholder="请输入你的昵称">
  <input type="button" name="button" id="button" value="进入"
  onClick="Greeting()">
</form>
```

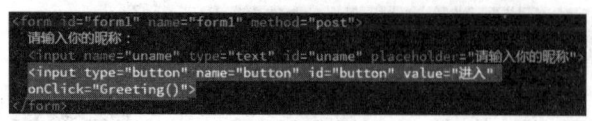

图 17-12

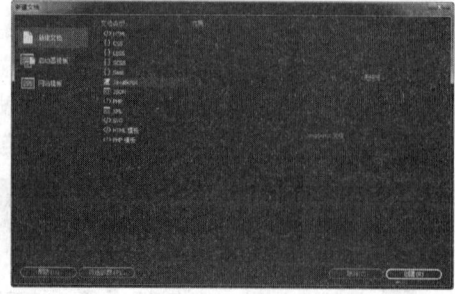

图 17-13

04 在该 JavaScript 线程处理文件中编写脚本代码。

```
var count = 0; // 计数器
// 监听新链接
onconnect = function(e) {
    count += 1;
    var port = e.ports[0];
    // 向该连接的页面发送消息
    port.postMessage(" 欢迎你，这是第 " + count + " 个连接！ ");
    // 为该连接添加消息监听事件
    port.onmessage = function(e) {
        port.postMessage("线程收到你的消息: " + e.data);
    }
}
```

05　保存页面，通过 IIS 虚拟服务器来预览该网页，在文本框中输入内容，单击 "进入" 按钮，可以看到共享线程返回的消息，如图 17-14 所示。再次打开浏览器窗口浏览该网页，同样输入名称，单击 "进入" 按钮，可以看到共享线程返回的消息，如图 17-15 所示。

图 17-14

图 17-15

由两次运行结果可以发现，再次访问该网页返回的计数器显示为 2，说明是第二个连接。由于第一次运行页面创建了共享进程，因此第二次运行页面就没有再次访问线程脚本文件，而是直接连接到已经存在的共享进程。打开的两个页面可以分别与共享进程进行通信，这些通信不会相互干扰。由于计数器是全局变量，因此可以在各个连接到该进程的页面共享该信息。

> **提示**
>
> 　　此处使用 Chrome 浏览器测试该页面，因为 IE 浏览器目前不支持共享线程，只支持专属线程。另外，需要在服务器端对共享线程进行测试，如果在本地测试共享线程会报错，本实例是使用 IIS 虚拟服务器进行测试，关于 IIS 服务器的配置和使用方法，读者可以参考相关书籍。

## 17.4　Web Workers 接口框架

　　HTML5 提供了 Web 线程的一系列接口，这些接口大致上划分为线程外部接口和线程内部接口两大类。

### 17.4.1　线程外部接口

　　线程外部接口是指操作线程的接口，主要描述了 Web 线程有哪些操作，包括专属线程接口和共享线程接口，都实现了一个共同的抽象线程接口。

#### 1. 抽象线程 AbstractWorker 接口清单

　　抽象线程接口是指抽象了专属线程和共享线程共同特点而形成的接口，定义了专属线程和共享线程的必备功能。

抽象线程 AbstractWorket 接口清单如下。

```
[NoInterfaceObject]
interface AbstractWorker {
    [TreatNonCallableAsNull] attribute Function? onerror;
};
```

抽象线程 AbstractWorket 接口定义了一个错误事件 error，表明这个事件必须被支持。

### 2. 专属线程 Dedicated Worker 接口清单

专属线程接口在实现抽象线程的基础上定义了特有的功能，例如，接收信息、发送信息及终止线程等操作。

专属线程 Dedicated Worket 接口清单如下。

```
[Constructor(DOMString scriptURL)]
interface Worker:EventTarget {
    void terminate();
    void postMessage(any message, optional sequence<Transferable>transfer);
    [TreatNonCallableAsNull] attribute Function? onmessage;
};
Worker implements AbstractWorker;
```

专属线程的 Worker 对象是一个隐含了 MessagePort 的对象，即实现了 postMessage() 方法和 message 事件等。由于专属线程实现了抽象线程接口，因此默认包含 error 事件。

1) terminate() 方法

调用该方法可以终止一个正在运行中的线程。

2) postMessage() 方法

该方法用于向线程发送消息，消息可以是字符串，也可以是结构化的数据。

3) message 事件

该事件用于监听线程发送来的消息。

### 3. 共享线程 Shared Worker 接口清单

共享线程接口在实现抽象线程的基础上，也定义了特有的功能。例如，提供了 port 属性，通过该属性可以实现消息的收发等功能。

共享线程 Shared Worker 接口清单如下。

```
[Constructor(DOMString scriptURL, optional DOMString name)]
interface SharedWorker:EventTarget {
    readonly attribute MessagePort port;
};
SharedWorker implements AbstractWorker;
```

共享线程的 SharedWorker 对象只有一个 port 属性，port 属性属于 MessagePort 类型，所以在共享线程中的通信都是基于 port 属性来实现的。另外，SharedWorker 对象实现了抽象线程接口，所以默认包含 error 事件。

### 4. MessagePort 接口清单

MessagePort 接口定义了消息的收发功能，以及消息的收发功能的开启和关闭。任何实现了 MessagePort 接口的属性，都可以独立完成消息的接收和发送，如共享线程中的 port 属性。

MessagePort 接口清单如下。

```
interface MessagePort:EventTarget {
    void postMessage(any message, optional sequence<Transferable>transfer);
    void start();
    void close();
```

```
        //event handlers
        [TreatNonCallableAsNull] attribute Function? onmessage;
    };
    MessagePort implements Transferable;
```

MessagePort 接口中包含常用的 postMessage() 方法和 message 事件，还包含 start() 方法和 close() 方法。

1) start() 方法

开始调度从端口中接收的消息。例如，在介绍共享线程的时候，使用 start() 方法来启动添加的监听事件。

2) close() 方法

close() 方法用于断开端口，使其不再活跃。这也是相对于共享线程而言的，是断开了连接，而不是终止线程。

> **提示**
>
> start() 方法和 close() 方法都可以用于共享线程，通过 port 属性调用，但是在专属线程中不能使用 start() 方法和 close() 方法。

## 17.4.2 线程内部接口

线程内部接口是指线程的全局范围或线程中可以进行的操作，主要描述在 Web 线程中（专属线程或共享线程）可以操作哪些对象，使用哪些功能。

由于 Web 线程是隐藏在背后执行的，在前面的介绍中，Web 线程是不可以访问窗体对象 window 和文档对象 document 的，因此，HTML5 专门规范了 Web 线程的作用范围。

在前面的讲解中可以发现，专属线程和共享线程的线程脚本文件在写法上有着很大的不同，主要表现在线程文件的通信方面；除此之外，线程的作用范围有很多共同之处。

线程内部接口包含三个方面：通用线程范围接口、专属线程范围接口和共享线程范围接口。其中后面两个接口都实现了通用的接口。

### 1. WorkerGlobalScope 通用线程范围接口清单

通用线程接口，是抽象的专属线程范围和共享线程范围的通用功能而形成的接口，定义了线程中一定要支持的功能。如是否在线、是否发生错误，以及 location 属性实现的功能。

WorkerGlobalScope 通用线程范围接口清单如下。

```
[NoInterfaceObject]
interface WorkerGlobalScope: EventTarget {
    readonly attribute WorkerGlobalScope self;
    readonly attribute WorkerGlobalScope location;
    void close();
    [TreatNonCallableAsNull] attribute Function? onerror;
    [TreatNonCallableAsNull] attribute Function? onoffline;
    [TreatNonCallableAsNull] attribute Function? ononline;
};
WorkerGlobalScope implements WorkerUtils;
```

WorkerGlobalScope 接口定义了线程中所有能使用的属性、方法和事件，并且实现了 WorkerUtils 接口。

1) self 属性

该属性返回的是 WorkerGlobalScope 对象本身。在线程脚本文件中，通常可以省略。

2) location 属性

该属性返回当线程被创建出来的时候与之关联的 WorkerLocation 对象，它表示用于初始化这个工作线程的脚本资源的绝对 URL，即使页面被多次重定向后，这个 URL 资源位置也不会改变。

3) close() 方法

该方法用于关闭线程。当脚本调用 WorkerGlobalScope 对象的 close() 方法时，浏览器会自动执行两个步骤：首先，丢弃工作线程事件队列中的所有任务；其次，设置工作的 WorkerGlobalScope 对象的 closing 状态为 true，这将会阻止任何新的任务被加载到队列中来。

4) error 事件

该事件用于处理错误事件。

5) online 事件

该事件用于处理在线事件。

6) offline 事件

该事件用于处理离线事件。

## 2. DedicatedWorkerGlobalScope 专属线程范围接口清单

专属线程范围接口是在实现通用线程范围接口的基础上，为专属线程范围提供专门的接口。定义了专属线程中需要增加的发送消息和监听消息的功能。

DedicatedWorkerGlobalScope 专属线程范围接口清单如下。

```
[NoInterfaceObject]
interface DedicatedWorkerGlobalScope {
    void postMessage(any message, optional sequence<Transferable>transfer);
    [TreatNonCallableAsNull] attribute Function? onmessage;
};
DedicatedWorkerGlobalScope implements WorkerGlobalScope;
```

DedicatedWorkerGlobalScope 接口实现了 WorkerGlobalScope 接口，另外隐含地实现了 MessagePort 对象，即增加了 postMessage() 方法和 message 事件，用于在专属线程中发送消息和监听消息。

## 3. SharedWorkerGlobalScope 共享线程范围接口清单

共享线程范围接口是在实现通用线程范围接口的基础上，为共享线程范围提供专门的接口。定义了共享线程中需要增加的连接事件、应用缓存和线程名称等功能。

SharedWorkerGlobalScope 共享线程范围接口清单如下。

```
[NoInterfaceObject]
interface SharedWorkerGlobalScope:WorkerGlobalScope {
    readonly attribute DOMString name;
    readonly attribute ApplicationCache applicationCache;
    [TreatNonCallableAsNull] attribute Function? onconnect;
};
SharedWorkerGlobalScope implements WorkerGlobalScope;
```

SharedWorkerGlobalScope 接口实现了 WorkerGlobalScope 接口。共享线程的消息传递是在各自的连接中进行的，每个连接可以在 connect 事件中获取。

1) name 属性

该属性是创建 SharedWorkerGlobalScope 对象时被指定的名称。该名称通常是指构造函数中指定的。

2) applicationCache 属性

该属性是一个应用缓存的网络模型，返回的是 ApplicationCache 对象，共享线程是它的缓存宿主。

3) connect 事件

当共享线程有新的连接时触发该事件。

#### 4. WorkerUtils 接口清单

WorkerUtils 接口是通用线程范围实现的接口，定义专属线程范围和共享线程范围都必须实现的功能，如 importScripts() 方法、时间控制等功能。

WorkerUtils 接口清单如下。

```
[NoInterfaceObject]
interface WorkerUtils {
    void importScripts(DOMString...urls);
    readonly attribute WorkerNavigator navigator;
};
WorkerUtils implements WindowTimers;
WorkerUtils implements WindowBase64;
```

1) importScripts() 方法

该方法用于导入其他线程的脚本文件。

2) navigator 属性

使用该属性返回的是 WorkerNavigator 对象。

文档接口（如 Node 对象和 Document 对象）是不能在线程中操作的。WorkerUtils 接口实现了 WindowTimers 和 WindowBase64。其中 WindowTimers 接口中定义了 setTimeout()、clearTimeout()、setInterval()、clearInterval() 等方法。

#### 5. WorkerLocation 接口清单

WorkerLocation 接口是通用线程范围接口中的 location 属性所属的接口，定义了工作线程脚本资源的消息信息。

WorkerLocation 接口清单如下。

```
interface WorkerLocation {
    //URL decomposition IDL attributes
    stringifier readonly attribute DOMString href;
    readonly attribute DOMString protocol;
    readonly attribute DOMString host;
    readonly attribute DOMString hostname;
    readonly attribute DOMString port;
    readonly attribute DOMString pathname;
    readonly attribute DOMString search;
    readonly attribute DOMString hash;
};
```

WorkerLocation 对象表示了工作线程脚本资源的绝对 URL 信息。我们可以使用它的 href 属性取得这个对象的绝对 URL。WorkerLocation 接口还定义了与位置信息有关的其他属性，例如，用于信息传输的协议 protocol、主机名称 hostname、端口 port、路径名称 pathname 等。

# 第 18 章　跨源通信和 WebSocket 双向通信

随着 Web 应用越来越丰富，与来自不同站点及其页面进行通信显得非常重要。由于浏览器都遵循同源策略，不同站点的网页如果需要信息交换就会非常复杂。也正是基于这种需求，HTML5 中提供了跨源通信和 WebSocket 双向通信的功能。本章将向读者介绍有关 HTML5 的跨源通息和 WebSocket 双向通信的知识。

**本章知识点：**

➤ 理解跨文档信息传输的实现
➤ 掌握 postMessage 接口的使用方法
➤ 了解信息事件接口 MessageEvent
➤ 掌握在不同页面之间传递信息的方法
➤ 了解 XMLHttpRequestLevel2 规范
➤ 了解 WebSocket 双向通信

## 18.1　了解跨文档信息传输

跨文档信息传输用于实现在不同的框架之间、窗口之间和标签之间的跨源通信。HTML5 提供了完善的接口规范，在跨源通信的同时也能够保证其足够安全。

### 18.1.1　跨文档信息传输的实现

在 HTML5 中新增了网页之间的脚本通信功能，实现了最基本的相互发送和接收信息。在实现这种通信机制前，需要保证网页之间能够获取到对方窗口对象的实例。可以实现同源网页之间的通信，也可以实现跨源网页之间的通信。

跨文档信息传输的示意图如图 18-1 所示。A 服务器中的 a 页面和 B 服务器中的 b 页面会有不同的域名和端口号。a 页面和 b 页面之间的信息通信就是本节所介绍的跨文档信息传输，一切的通信都是在浏览器客户端完成的。

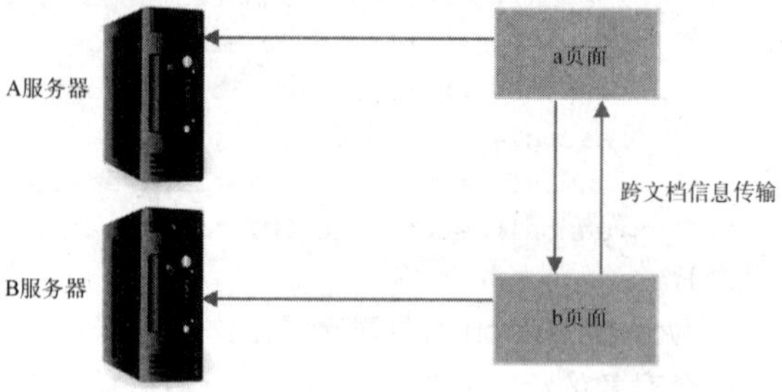

图 18-1

postMessage 接口是 HTML5 中定义的发送信息的标准方式，可以使用 window 对象的 postMessage() 方法向其他窗口发送信息。

postMessage() 方法的使用方法如下。

```
refWindow.postMessage(message, targetOrigin);
```

refWindow 表示窗口对象的引用，需要把信息传递到该窗口中。message 表示发送的消息，可以是一般的文本，也可以是转化成文本的对象；targetOrigin 表示接收信息窗口所属的源的 URL。

为了使接收信息的页面能够接收到信息，还需要给该页面增加 message 事件，以监听其他页面发送过来的信息。

使用方法如下。

```
window.addEventListener ("message" , messageListener, false);
function messageListener(e) {
    console.log(e.origin);
    console.log(e.data);
    console.log(e.source);
}
```

message 为事件名称，触发该事件后，会调用一个回调函数 messageListener，通过该函数处理接收到的信息。信息事件包含一个信息来源 (origin)、发送的数据 (data) 和源窗体对象实例 (resorce)。可以通过源信息，判断信息来源是否合法。

> **提示**
>
> 在此之前，网页之间的通信会通过脚本直接调用实现，即一个运行的页面会尝试调用另一个页面的数据。但是如果页面来源于不同的站点，会受到浏览器同源策略的限制。由于 postMessage 接口在同源页面和跨源页面中都可以使用，建议使用该接口实现跨文档的通信，以避免直接调用产生的不一致性。

## 18.1.2　网页源安全

网页源安全是 Web 应用的基础安全，浏览器基本都遵守同源策略。HTML5 打破了这种同源策略限制，在使用跨文档信息通信时，必要的安全意识一定要谨记。

### 1. 同源策略

同源策略又名同域策略，是浏览器中重要的安全策略。这里的"源"是指主机名、协议和端口号的组合，可以把一个"源"看作某个 Web 页面或浏览器所浏览的信息的创建者。同源策略，简单地说就是要求动态内容 ( 如 JavaScript) 只能阅读与之同源的信息，而不能阅读来自不同源的内容。

由于 Web 浏览器必须遵守同源策略，因此客户端的 Ajax 应用程序一般不能与第三方服务器通信。这一策略规定 JavaScript 代码只能访问其来源服务器上的数据。

### 2. 跨文档通信安全

一般情况下，会通过跨源通信的信息事件中的源来确定信息来源是否可靠。同时，也有必要增加事件监听器来监听不可信的干扰信息。一般都会提供一份白名单，以协助浏览器做安全处理，即对比信息来源 (origin) 是否在可信赖的白名单中。

另外，对于传递过来的信息数据，也应该谨慎使用，即便是可靠的信息来源，也应该像对待外部输入时一样慎重。首先要避免传递 HTML 标签数据，因为不恰当的标签数据可能会影响页面的布局。其次是应避免使用 eval() 方法来处理传递过来的数据，因为可能会发生不可预期的脚本执行，建议使用 JSON 对象的操作。

如下的 JavaScript 代码演示了安全处理传递过来的数据方法。

```
// 不安全: e.data 数据如果包含 HTML 标签，可能会造成页面布局发生变化
element.innerHTML = e.data;
// 比较安全
element.textContent = e.data;
// 不安全: e.data 数据可能会包含一些不可预期的脚本执行
eval (e.data);
// 比较安全
JSON.parse (e.data);
```

## 18.2　使用 postMessage 接口

在上一节中已经介绍了 postMessage 接口是 HTML5 中定义的发送信息的标准方式，在本节中将向读者详细介绍 postMessage 接口的使用方法及相关注意事项。

## 18.2.1 检查浏览器是否支持 postMessage 接口

在使用 HTML5 中的 postMessage 接口之前，需要检查浏览器是否支持 postMessage 接口。检查浏览器是否支持 postMessage 接口的方法如下。

```
If(typeof window.postMessage==="undefined") {
    alert(" 您的浏览器不支持 postMessage! ");
    }
```

## 18.2.2 使用 postMessage() 方法发送信息

通过调用目标页面的 window 对象中的 postMessage() 方法，可向目标页面发送信息。

```
targetWindow.postMessage(" 你好, HTML5","www.xxxxx.com");
```

postMessage() 方法中的第一个参数表示发送的数据，第二个参数表示信息传送的目标页面的域。如果对于信息传送的目标页面没有域的限制，第二个参数可以使用 "*" 号表示。

例如，发送信息给当前页面中的 iframe( 浮动框架 )，可以在相应 iframe 的 contentWindow 中调用 postMessage() 方法。

```
document.getElementsByTagName("iframe")[0].contentWindow.postMessage(" 你好,HTML5","*");
```

在该代码中，postMessage() 方法的第二个参数为 "*" 号，表示不对目标页面的域进行限制。

> **提示**
> 
> 使用 postMessage() 方法发送信息的 window 对象是目标页面的 window 对象，而不是当前页面的 window 对象。

## 18.2.3 使用 message 事件监听收到的信息

监听消息事件是在发送信息的目标页面进行的，通过在 window 对象中添加 message 事件，即可监听接收到的信息。

例如下面的 JavaScript 脚本代码，用于监听信息事件并检测有效的来源。

```
// 添加白名单
var originWhiteList = ["www.x1.com", "www.x2.com","www.x3.com"];
// 检测来源
function checkWhiteList(origin) {
    for (var i=0; i<originWhiteList.length; i++) {
        if (origin === originWhiteList[i]) {
            return true;
        }
    }
    return false;
}
// 消息事件处理
function messageHandler(e) {
    if(checkWhiteList(e.origin)) {
        processMessage(e.data);
    } else {
        // 忽略未确认的消息来源
    }
}
// 添加消息事件监听器
window.addEventListener("message", messageHandler, true);
```

在以上的 JavaScript 脚本代码中，首先设置了白名单，在接收信息时，只接收列入白名单的域传送来的信息。checkWhiteList() 函数是针对信息来源进行检测是否列入白名单。最重要的是添加了信息事件监听器 message，并把信息交给 messageHandler() 函数进行处理。messageHandler() 函数的参数 e 为信息事件 MessageEvent，通过该信息事件可以访问信息来源 (origin)、发送的数据 (data) 和源窗体对象实例 (resorce) 等信息。

> **提示**
>
> 在部署跨文档信息传输时，监听信息的页面和发送信息的页面应从属于不同的域名，然后再建立两个页面的关联（例如，通过 iframe 或弹出页面等方式），以方便这两个网页获取到对方的窗口代理，最终实现信息交换。

**实　战　实现简单的跨文档信息传输**

最终文件：最终文件 \ 第 18 章 \18-2-3.html　　　视频：视频 \ 第 18 章 \18-2-3.mp4

**01** 执行 "文件" > "打开" 命令，打开页面 "源文件 \ 第 18 章 \18-2-3.html"，可以看到页面的 HTML 代码，如图 18-2 所示。在浏览器中预览页面，效果如图 18-3 所示。

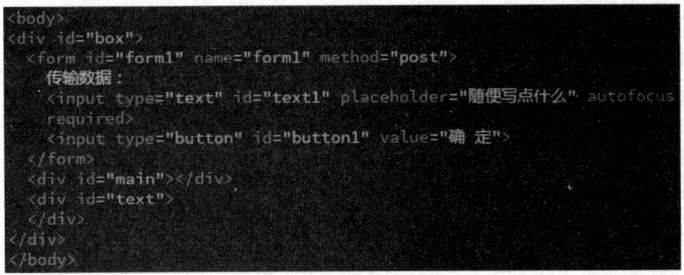

图 18-2

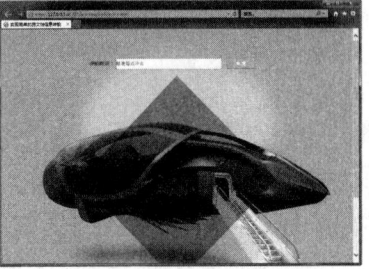

图 18-3

**02** 执行 "文件" > "打开" 命令，打开页面 "源文件 \ 第 18 章 \text.html"，可以看到页面的 HTML 代码，如图 18-4 所示。切换到设计视图中，可以看到页面效果，如图 18-5 所示。

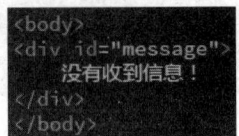

图 18-4

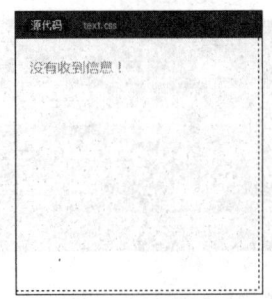

图 18-5

**03** 返回 18-2-3.html 页面的 HTML 代码中，在 id 名称为 text 的 <div> 标签之间添加 <iframe> 标签调用 text.html 页面，如图 18-6 所示。保存页面，在浏览器中预览 18-2-3.html 页面，可以看到页面的效果以及所调用的 text.html 页面的效果，如图 18-7 所示。

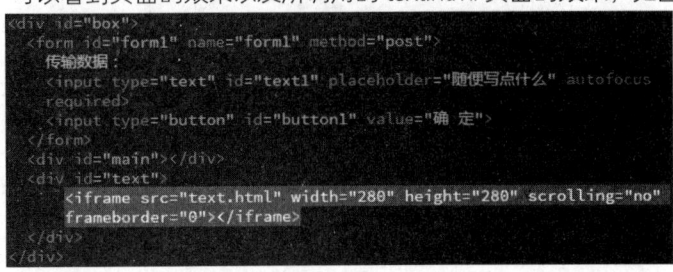

图 18-6

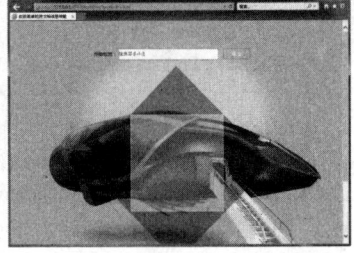

图 18-7

**04** 返回 18-2-3.html 页面中，在页面头部的 <head> 与 </head> 标签之间添加相应的 JavaScript 脚本代码，用于实现向 iframe 框架页面发送信息。

```
<script type="text/javascript">
/* 发送信息到 iframe 框架页面 */
function sendToFrame(){
    var win = document.getElementsByTagName("iframe")[0].contentWindow; // 获取 iframe
窗体对象
    var val = document.getElementById("text1").value;
    win.postMessage(val,"*");        // 使用 iframe 窗体对象发送消息给框架页面
}
/* 页面加载处理 */
window.onload=function(){
    /* 检测浏览器支持情况 */
    if(typeof window.postMessage === "undefined"){
        document.getElementById("button").onclick=function(){
            return false;
        }
        console.log("您的浏览器不支持 postMesage！");
    }else{
        window.addEventListener("message", messageMainHandler, true);  // 添加监听事件
message
    }
}
</script>
```

在上述的 JavaScript 脚本代码中，添加向 iframe 框架页面发送信息的自定义函数 sendToFrame()，并需要绑定在"确定"按钮的 onClick 事件上。在 window.onload 事件中，添加浏览器支持检测，如果浏览器支持 postMessage() 方法，则添加 message 监听事件。

**05** 在页面 HTML 代码中的按钮表单元素 <input> 标签中添加 onClick 事件，调用 sendToFrame() 函数，如图 18-8 所示。

```
<div id="box">
  <form id="form1" name="form1" method="post">
    传输数据：
    <input type="text" id="text1" placeholder="随便写点什么" autofocus required>
    <input type="button" id="button1" value="确 定" onClick="sendToFrame()">
  </form>
  <div id="main"></div>
  <div id="text">
    <iframe src="text.html" width="280" height="280" scrolling="no" frameborder="0"></iframe>
  </div>
</div>
```

图 18-8

**06** 转换到 iframe 框架的 text.html 页面的 HTML 代码中，在 <body> 与 </body> 标签之间添加相应的 JavaScript 脚本代码，用于实现接收从 18-2-3.html 页面发送来的信息，并将其显示在指定的网页元素中。

```
<script type="text/javascript">
var eleBox = document.querySelector("#message");
var messageHandle = function(e) {
    eleBox.innerHTML = "接收到的信息是：<hr>" + e.data;
};
if (window.addEventListener) {
    window.addEventListener("message", messageHandle, false);
} else if (window.attachEvent) {
    window.attachEvent('onmessage', messageHandle);
}
</script>
```

**07** 保存页面，在浏览器中预览 18-2-3.html 页面，页面效果如图 18-9 所示。在文本框中输入需要传递的信息内容，单击"确定"按钮，即可将信息传递到指定的 iFrame 框架页面中，并显示

出来，如图 18-10 所示。

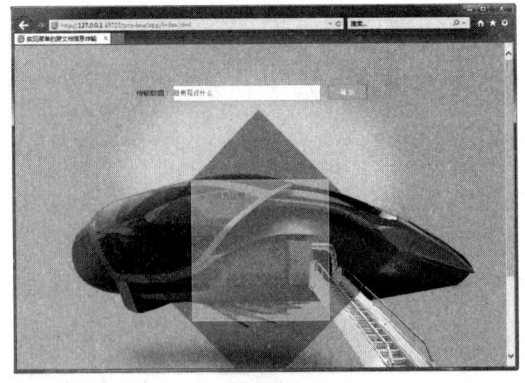

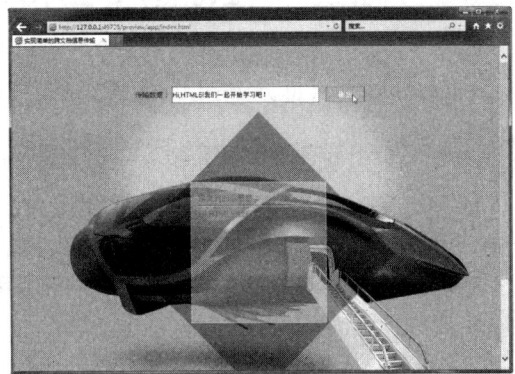

图 18-9　　　　　　　　　　　　　　　　　　　　图 18-10

## 18.3　信息事件接口 MessageEvent

在上一节中介绍了如何使用信息事件 message 来获取信息数据，并用于检测来源的安全。在 HTML5 中提供了信息事件接口 MessageEvent，用于通信过程中的信息处理，本节将向读者介绍 MessageEvent 接口的相关内容。

### 18.3.1　MessageEvent 接口清单

MessageEvent 接口清单如下。

```
Interface MessageEvent: Event {
    readonly attribute any data;
    readonly attribute DOMString origin;
readonly attribute DOMString lastEventId;
readonly attribute WindowProxy source;
readonly attribute MessagePortArray ports;
void initMessageEvent(in DOMString typeArg, in Boolean canBubbleArg,inboolean
cancelableArg,
in any dataArg, in DOMString or iginArg, in DOMString lastEventIdArg,
in WindowProxy sourceArg, in MessagePortArray portsArg);
    };
```

### 18.3.2　MessageEvent 接口属性

MessageEvent 信息事件接口的属性均为只读属性，相关属性说明如表 18-1 所示。

表 18-1　MessageEvent 接口属性说明

| 属性 | 说明 |
| --- | --- |
| data | 数据属性，该属性用于获取信息中的数据 |
| origin | 来源属性，该属性用于获取信息的来源，应用于服务器发送的事件和跨文档信息传输。信息的来源通常是一种格式，包含主机名和端口号。但不是文档源的路径或其他不完整的片段标识 |
| lastEventId | 最后事件的编号，该属性用于获取最后一个事件的 ID 编号。应用于服务器发送事件，标识最后一个事件的事件源 ID 编号 |
| source | 源代理属性，该属性用于获取源窗口的代理，应用于跨文件消息传输 |
| ports | 端口属性，该属性用于获取信息的端口数组，常用于跨文档信息传输和信息通道 |

### 18.3.3 initMessageEvent() 接口方法

信息事件接口 MessageEvent 有一个方法 initMessageEvent()。

initMessageEvent() 方法是以一定的方式，初始化为同样名称的 DOM 事件接口方法。

### 18.3.4 MessageEvent() 接口说明

HTML5 定义的 MessageEvent 接口也是 WebSockers 和 Workers 的一部分。HTML5 的通信功能中，用于接收信息的 API 与 MessageEvent 接口是一致的。

在本章的跨文档信息传输的应用中，一般会用到 MessageEvent 接口的 data 属性、origin 属性、source 属性和 ports 属性。

## 18.4　了解 XMLHttpRequestLevel2 规范

XMLHttpRequest 对象实现了 Ajax 的 Web 应用程序的关键功能，提供了对 HTTP 协议完全的访问，包括发起 POST 和 HEAD 请求以及普遍的 GET 请求的能力，可以同步或异步返回 Web 服务器的响应，并且能以文本或者一个 DOM 文档形式返回内容。

XMLHttpRequestLevel2 是 XMLHttpRequest 的增强版，添加了一些与时俱进的新功能，如跨站点的请求、进度事件、处理发送和接收字节流等。

### 18.4.1 XMLHttpRequestLevel2 规范的优势

XMLHttpRequestLevel2 仅仅是描述 XMLHttpRequest 对象的一个规范说明。在这个规范中，描述了从属于该规范的 XMLHttpRequest 对象应该具有的功能。

#### 1. 跨源请求

在过去的 XMLHttpRequest 对象中，仅限于与同源的服务器通信。XMLHttpRequestLevel2 允许通过跨源资源共享 (Cross-Origin Resource Sharing, CORS) 进行跨站点的 XMLHttpRequest 请求。

跨源请求服务器的示意图如图 18-11 所示。a 页面属于 A 服务器，如果 a 页面需要请求 B 服务器，a 页面和 B 服务器之间的信息通信就是这里所讲的跨源请求。

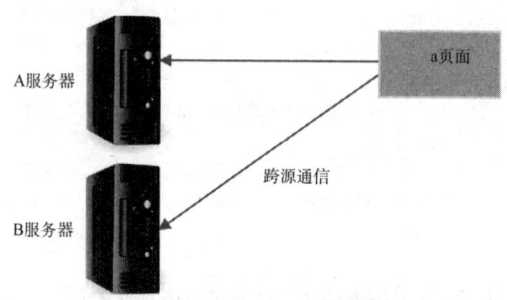

图 18-11

使用跨源的 XMLHttpRequest 请求，使浏览器中的页面可以访问不同的服务器资源，这为构建非同源服务的 Web 应用程序提供了良好的解决方案。如网站中的天气预报、股票信息、实时汇率等功能，由于自己的服务器无法直接提供如此专业的服务，最好的解决方案就是去专门提供这些服务的服务器请求资源。

另外，随着互联网的服务越来越精细化，把各种服务分别部署在不同的服务器上，不但可以提供专业化的服务，而且便于管理、维护和扩展。用户可以通过浏览器的 XMLHttpRequest 跨源请求，直接访问不同服务器的资源。

#### 2. 进度事件

XMLHttpRequestLevel2 为 XMLHttpRequest 对象新增了对进度的一系列响应事件。之前的版本中只有一个响应事件 onreadystatechange，难以为用户提供准确的进度提示服务。利用一系列新的进度事件，不但可以获取详细的请求进度信息，还可以跟踪资源上载的进度信息，使 XMLHttpRequest

对象请求资源更加细致化。

### 3. 其他功能

XMLHttpRequestLevel2 的其他新增的 XMLHttpRequest 对象功能还包括处理发送和接收字节流等功能。

## 18.4.2 XMLHttpRequestLevel2 规范的接口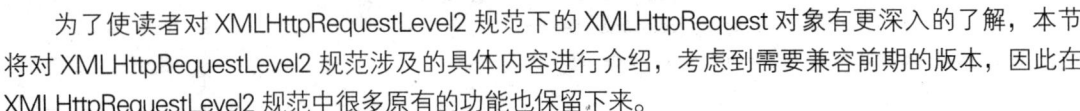

为了使读者对 XMLHttpRequestLevel2 规范下的 XMLHttpRequest 对象有更深入的了解，本节将对 XMLHttpRequestLevel2 规范涉及的具体内容进行介绍，考虑到需要兼容前期的版本，因此在 XMLHttpRequestLevel2 规范中很多原有的功能也保留下来。

XMLHttpRequestLevel2 规范中包含两个主要接口，分别是 XMLHttpRequestEventTarget 接口和 XMLHttpRequest 接口。

XMLHttpRequestEventTarget 接口清单如下。

```
Interface XMLHttpRequestEventTarget: EventTarget {
// 事件句柄（处理程序）属性
attribute EventListener onabort;
attribute EventListener onerror;
attribute EventListener onload;
attribute EventListener onloadstart;
attribute EventListener onprogress;
    };
```

XMLHttpRequest 接口清单如下。

```
[Constructor] interface XMLHttpRequest: XMLHttpRequestEventTarget {
// 事件句柄（处理程序）属性
attribute EventListener onreadystatechange;
// 就绪状态
const unsigned short UNSENT = 0;
const unsigned short OPENED = 1;
const unsigned short HEADERS_RECEIVED = 2;
const unsigned short LOADING = 3;
const unsigned short DONE = 4;
readonly attribute unsigned short readyState;
// 请求元数据
attribute boolean withCredentials;
void open(in DOMString method, in DOMString url, in boolean async);
    void open(in DOMString method, in DOMString url in boolean async,[Null=Null,
Undefined=Null] in DOMString user);
    void open(in DOMString method, in DOMString url in boolean async,[Null=Null,
Undefined=Null] in DOMString user, [Null=Null, Undefined=Null,Undefined=Null] in DOMString
password);
    void setRequestHeader (in DOMString header, in DOMString value);
    // 请求
    Readonly attribute XMLHttpRequestUpload upload;
    void send();
    void send(in ByteArray data);
    void send([Null=Null, Undefind=Null] in DOMString data);
    void send(in Document data);
    void abort();
```

```
// 响应元数据
DOMString getAllResponseHeaders();
DOMString getAllResponseHeader (in DOMString header);
readonly attribute unsigned short status;
readonly attribute DOMString srarusText;
// 响应内容体
void overrideMimeType(mime);
readonly attribute ByteArray responseBody;
readonly attribute DOMString responseText;
readonly attribute Document responseXML;
    };
```

在上述两个接口清单中，XMLHttpRequestEventTarget 接口中仅包含一系列的响应事件，而常用的 XMLHttpRequest 是继承 XMLHttpRequestEventTarget 接口的。

### 18.4.3　XMLHttpRequestLevel2 规范中新的响应事件

在 XMLHttpRequestLevel2 规范中完善了事件窗口 XMLHttpRequestEventTarget，其中包括的监听事件如表 18-2 所示。

表 18-2　XMLHttpRequestLevel2 规范中包括的监听事件说明

| 事件 | 说明 |
| --- | --- |
| abort | 当请求中断时的事件处理句柄，如调用 abort() 方法 |
| error | 当请求失败时的事件处理句柄 |
| load | 当成功完成请求时的事件处理句柄 |
| loadstart | 当请求开始时的事件处理句柄 |
| progress | 当正在加载数据或发送数据时的事件处理句柄 |

### 18.4.4　检查浏览器是否支持全新的 XMLHttpRequest 对象

如果要使用 XMLHttpRequestLevel2 下新的 XMLHttpRequest 对象功能，如跨源请求，则需要检测当前的浏览器是否支持该功能。常用的方法是检测 XMLHttpRequest 对象是否存在 withCredentials 属性。

检查浏览器是否支持全新的 XMLHttpRequest 对象的代码如下。

```
Var xmlHttp=new XMLHttpRequest();
If (typeof xmlHttp.withCredentials==="undefined") {
    alert(" 你的浏览器不支持跨源请求 ");
} else {
    alert(" 你的浏览器支持跨源请求 ");
};
```

### 18.4.5　构建跨源请求

构建跨源请求与构建同源的服务器请求在实现方面基本上类似，只需要指定一个不是同源的请求地址即可。代码如下。

```
xmlHttp.open("GET",http://www.xxx.com/about.html, true);
xmlHttp.send(null);
```

关于跨源请求的实现，没有技术上的难点，只有实现上的不同。

### 18.4.6　添加监听事件

在跨源请求发出之前，通过添加 XMLHttpRequest 对象的监听事件，可以跟踪请求的执行过程。

例如，添加 XMLHttpRequest 对象的监听事件的 JavaScript 脚本代码如下。

```
XmlHttp.onabort=function(e) {
    console.log(" 请求中断 ");
}
XmlHttp.onerror=function(e) {
    console.log(" 请求失败 ");
}
XmlHttp.onload=function(e) {
    console.log(" 请求完成，输入请求内容: ");
    console.log(xmlHttp.responseText);
}
XmlHttp.onloadstart=function(e) {
    console.log(" 请求开始 ");
}
XmlHttp.onprogress=function(e) {
    console.log(" 请求中… ");
    if(e.lengthComputable) {
        console.log(e.loaded+"/"+e.total);
    }
}
```

与之前常用的 onreadystatechange 事件相比，新增的事件可以更详细地跟踪请求的整个过程。其中通过使用 onprogress 事件，可以完成实时的进度信息，而这一功能在之前是无法做到的。

所有事件的回调函数，都可以获取 XMLHttpRequestProgressEvent 对象，这是一个进度对象，其中的信息记录了等待发送数据的总量、已发送数据的总量，以及数据总量是否已知等。

XMLHttpRequest.upload 对象也包含上述事件，以及 XMLHttpRequestProgressEvent 对象，XMLHttpRequest.upload 对象的使用方法如下。

```
XmlHttp.upload.onprogress=function(e) {
    console.log(" 上载中… ");
    if(e.lengthComputable) {
        console.log(e.loaded+"/"+e.total);
    }
}
```

## 18.4.7　部署服务器

要完成跨源的请求，需要依赖两个条件：首先，使用 XMLHttpRequest 对象访问的页面与当前页面是不能同域的；其次，请求的目标服务器能够解析跨源的 XMLHttpRequest 对象请求。所以，还需要对服务器做一些相关的配置部署。由于该部分内容已经超出本书讲解的范畴，这里不再进行深入的介绍。

# 18.5　了解 WebSocket

在传统的 Web 应用程序中，服务器无法主动地向浏览器推送数据，需要浏览器先发出请求才能返回数据。如果要获取实时的数据，通常使用轮询等方式不断地请求服务器。而使用 HTML5 新增的 WebSocket 功能可以实现浏览器与服务器之间的实时通信。

## 18.5.1　WebSocket 概述

WebSocket 是一种基于一个 TCP 连接全双工通信的技术，主要是在浏览器和服务器之间提供一种双向通信的解决方案。它通过简单的握手协议，建立一个长连接，然后按照协议的规则进行数据的传输。下面简单介绍 WebSocket 的概念及面临的问题等相关的内容。

作为 HTML5 的新特性的 WebSocket 格外吸引开发人员的注意，它使浏览器对 Socket 的支持成为可能。Web 开发人员也可以基于 WebSocket 构建一个实时的 Web 应用程序，也使 Web 应用功能更接近于桌面应用。

WebSocket 包含两个方面的内容：一方面是 WebSocket 协议，主要用于在浏览器与服务器之间建立通信；另一方面是浏览器中的 WebSocket 编程接口，用于网页的 JavaScript 脚本编程。

WebSocket 协议可以使用任何服务端的编程语言来实现。只有浏览器和服务器都遵循了同样的协议，才能建立起 TCP 链接，才可以有后续的通信。

WebSocket 编程接口主要用于浏览器客户端的 JavaScript 编程开发。前端开发人员可以通过该接口提供的一些操作，访问提供 WebSocket 的服务器，从而实现与服务器实时的通信。

## 18.5.2 WebSocket 的优势

如今，面对实时的 Web 应用，WebSocket 提供了便捷的实现方式。与传统的轮询等方式相比，使用新的 WebSocket 有着非常强大且无法超越的优势。

首先，降低了不必要的网络开销。由于每次发送 HTTP 请求都会包含大约 800B 报头信息 (HTTP 头)，如果使用 WebSocket 构建应用程序，则每个信息都是一个 WebSocket 帧，仅有 2B 的开销。随着访问用户的增加，WebSocket 网络开销的优势越来越明显。

其次，降低了服务器的压力。由于 WebSocket 只有与服务器建立连接时发送一次请求，之后的消息传递不需要再次请求，在整个过程中，服务器只处理一次请求。与处理轮询方式的大量请求相比，服务器的压力大幅度降低。

再次，信息反馈更加及时，一旦浏览器通过 WebSocket 与服务器建立连接之后，双方就可以直接相互发送信息。与使用 HTTP 请求 / 响应相比，省去了不必要的延时。

最后，穿越代理和防火墙的能力，由于 WebSocket 是使用 HTTP_CONNECT 代理协议的，浏览器向服务器发送的仍然是一个 HTTP 请求，而这个请求是一个申请协议升级的 HTTP 请求，服务器根据这个与浏览器建立连接，而 HTTP 协议是不受防火墙限制的。所以，基于 WebSocket 的应用，通常具有超强的环境适应能力。

另外，开发简单方便，WebSocket 提供的编程接口避免开发人员与复杂的协议打交道，所以不了解通道协议的开发者，仍然可以开发出基于 WebSocket 的 Web 应用。

## 18.5.3 WebSocket 编程接口

### 1. 编程接口简介

WebSocket 接口提供了一系列的属性、方法和事件。

如下所示为 WebSocket 接口清单。

```
[Construcror(DOMString url, optional DOMString protocols),
Constructor(DOMString url, optional DOMString[] protocols)]
interface WebSocket: EventTarget {
    readonly attribute DOMString url;
    // 就绪准备
    const unsigned short CONNECTINE = 0;
    const unsigned short OPEN = 1;
    const unsigned short CLOSING = 2;
    const unsigned short CLOSED = 3;
    readonly attribute unsigned short readyState;
    readonly attribute unsigned long bufferedAmount;
```

```
    // 网络
    [TreatNonCallableAsNull] attribute Function? onopen;
    [TreatNonCallableAsNull] attribute Function? onerror;
    [TreatNonCallableAsNull] attribute Function? onclose;
    readonly attribute DOMString extensions;
    readonly attribute DOMString protocol;
    void close([Clamp] optional unsigned short code, optional DOMString reason);
    // 消息
    [TreatNonCallableAsNull] attribute Function? onmessage;
    attribute DOMString binaryType;
    void send(DOMString data);
    void send(ArrayBuffer data);
    void send(Blob data);
};
```

WebSocket 接口清单功能分为三个部分,一是就绪状态,二是用于监控网络,三是发送和接收消息。下面基于 WebSocket 的接口清单,分别简单介绍其中的构造函数、属性、方法和事件。

### 2.　构造函数

由 WebSocket 接口清单可看到,该接口的构造函数 WebSocket(url,protocols) 带有一个或两个参数。可以使用该构造函数建立一个 WebSocket 的连接对象,其方法如下。

```
var socket = new WebSocket (url, protocols);
```

其中,第一参数 url 指定了要连接的 URL 地址。该连接地址是以 “ws://” 和 “wss://” 开始的,分别表示常规的 WebSocket 连接和安全的 WebSocket 连接。

第二个参数 protocols 表示建立连接使用的协议,是可选参数。该参数可以是一个字符串,也可以是一个字符串数组。如果是一个字符串,则相当于由字符串组成的数组;如果该参数省略,则默认为是空的数组。数组中的每一个字符串均为子协议名称。只有服务器选择了其中的一个子协议,连接才会建立。

### 3.　接口属性

由 WebSocket 接口清单可以看出,WebSocket 包含 6 个属性,说明如表 18-3 所示。

表 18-3　WebSocket 接口属性说明

| 属性 | 说明 |
| --- | --- |
| URL | 只读属性,获取完成构造函数解析的结果地址 |
| readyState | 只读属性,获取连接的状态,该连接状态有 4 个值。CONNECTING( 数字值 0),表示尚未构建;OPEN( 数字值 2),表示正在关闭握手连接;CLOSED( 数字值 3),表示连接已经关闭,或连接没有打开。其中,当 WebSocket 的连接对象创建完成时,readyState 值被设置为 CONNECTING(0) |
| bufferedAmount | 只读属性,获取发送前缓冲的尚未发送的应用程序的字节数。这一部分数据是指发送队列中某一项应用数据已经开始发送到网络上的部分 |
| extensions | 只读属性,获取服务器选择的扩展。该属性值初始化时是一个空的字符串,但在 WebSocket 连接建立之后,它的值可能会发生变化 |
| protocol | 只读属性,获取服务器选择的子协议。该属性值初始化时是一个空的字符串,但在 WebSocket 连接建立之后,它的值可能会发生变化 |
| binaryType | 获取 / 设置二进制类型。当 WebSocket 的连接对象创建完成时,binaryType 值被初始化为 blob |

### 4.　接口方法

由 WebSocket 接口清单可以看出,WebSocket 包含两个方法,分别用于发送消息和关闭连接,说明如表 18-4 所示。

表 18-4　WebSocket 接口方法说明

| 方法 | 说明 |
|---|---|
| send() | send() 用来发送消息，该方法的用法如下。<br>　　socket.send (data);<br>该方法中有一个参数 data，表示发送的数据。该数据类型可以是字符串数据、Blob 对象或 ArrayBuffer 对象等 |
| close() | close() 用来关闭连接，该方法的用法如下。<br>　　socket.close ();<br>在执行关闭操作时，如果 readyState 属性是在 CLOSING(2) 或 CLOSED(3) 状态，则什么都不做。否则，设置 readyState 属性的值为 CLOSING(2)，并触发 close 事件 |

### 5.　接口事件

WebSocket 还提供了 4 个可监听的事件，可以实时地跟踪消息的传递、连接的状态和产生的错误，说明如表 18–5 所示。

表 18-5　WebSocket 接口提供的可监听事件说明

| 可监听事件 | 说明 |
|---|---|
| message | 当浏览器接收到来自服务器的消息时触发的事件 |
| open | 当 WebSocket 连接已经建立，并且可以进行通信时触发的事件，即 readyState 值为 OPEN(1) 时触发 |
| close | 当关闭连接时触发的事件，即 readyState 值为 CLOSING(2) 时触发 |
| error | 当有任何的错误产生时触发的事件 |

### 6.　从协议反馈的过程

当 WebSocket 连接已经建立后，浏览器首先更改 readyState 属性的值为 OPEN(1)；其次，更新 extensions 的值和 protocol 的值 ( 如果不为空时更新 )；再次，根据服务器反馈的信息完成握手协议；最后，触发 open 事件。

当 WebSocket 的消息事件接收到数据时，浏览器首先判断 readyState 属性的值，如果不是 OPEN(1)，则中止后续的步骤；其次，使用 MessageEvent 接口，并确保 message 消息事件不取消并且没有预设动作；再次，初始化消息事件接口的 origin 属性值为 WebSocket 连接对象的 URL 属性值；最后，根据数据的类型初始化消息事件接口的 data 属性值为相应类型的数据；另外，通过 WebSocket 连接对象调用 message 事件。

## 18.6　了解 WebSocket 编程基础

本节介绍 WebSocket 的具体使用方法。

### 18.6.1　检查浏览器是否支持 WebSocket

与其他 HTML5 的新特性一样，在使用 WebSocket 之前，需要检查浏览器是否支持该特性。检查浏览器是否支持 WebSocket 的方法如下。

```
if (!window.WebSoket) {
  console.log(" 您的浏览器支持 WebSocket，您可以尝试连接到服务器！ ");
} else {
  console.log(" 您的浏览器不支持 WebSocket，请选择其他浏览器再尝试连接服务器。");
}
```

### 18.6.2　创建连接

WebSocket 建立连接非常简单。只要提供一个 URL 地址，创建一个新的 WebSocket 实例即可。

该 URL 地址是以 "ws://" 和 "wss://" 开始的。

```
socket = new websocket ("ws://www.xxx.com");
```

### 18.6.3　添加状态和消息监听事件

通过给 WebSocket 对象添加监听事件，可以及时地获取连接状态和接收消息。添加事件后，只需要等待事件的发送，而不用再去轮询。

下面的代码为 WebSocket 对象添加了 4 个监听事件。

```
socket.onopen = function() {
    console.log(" 连接已经建立 ");
}
socket.onclose = function() {
    console.log(" 连接已经关闭 ");
}
socket.onerror = function() {
    console.log(" 发送错误 ");
}
socket.onmessage = function(evt) {
    console.log(" 收到来自服务器的消息: "+evt.data);
}
```

### 18.6.4　发送信息

当 WebSocket 对象处于打开状态时，可以响应 send() 方法向服务器端发送数据。发送信息只需要如下操作。

```
socket.send ("Hello,World! ");
```

### 18.6.5　关闭连接

当需要关闭连接时，可以直接调用 WebSocket 对象的 close() 方法。在浏览器发送信息或接收消息之后，WebSocket 对象是不会主动关闭连接的，只有调用了 close() 方法，浏览器才会主动关闭连接。

```
socket.close();
```

# 第 **19** 章　使用 HTML5 获取地理位置　🔍

在传统的 Web 应用中，要想获取用户的地理位置十分困难。随着越来越多的人使用智能手机等智能移动设备，获取用户的地理位置逐渐成为一项十分常用的功能。在 HTML5 中提供了 Geolocation API，通过该功能可以直接使用 JavaScript 脚本来获取地理位置信息。在本章中将向读者介绍 HTML5 中 Geolocation API 的使用方法。

**本章知识点：**
- ➤ 了解地理位置信息的来源和应用等基础
- ➤ 了解浏览器对 Geolocation 的支持情况
- ➤ 掌握检查浏览器是否支持 Geolocation 的方法
- ➤ 掌握使用 Geolocation API 获取地理位置的方法
- ➤ 掌握重复更新地理位置信息的方法
- ➤ 理解 Geolocation 接口
- ➤ 掌握获取地理位置并在地图上显示的方法

## 19.1　Geolocation API　🔍

Geolocation API 定义了一个基于主机设备实现的高层次接口，用于获取地理位置信息，例如经度和纬度等，API 本身无法知道地理位置信息的来源。如果使用基于地理位置的应用，则需要经过用户的授权。

### 19.1.1　地理位置坐标信息 ＞

在此所介绍的地理位置坐标来自于世界大地测量系统 (World Geodetic System)，仅用于地球上的定位。

最基本的地理位置坐标包括"纬度"和"经度"。在地下位置的应用中通常是以十进制格式来表示"纬度"和"经度"的。

除了"纬度"和"经度"外，完整的地理位置坐标信息还包括"纬度和经度的精确度""海拔高度""海拔精确度""移动方向"和"移动速度"。

根据终端设备的功能不同，地理位置信息的完整性会有所差异，如果某些数据不存在，则返回 null。

### 19.1.2　地理位置信息的来源 ＞

HTML5 的 Geolocation API 并没有指定地理位置信息的来源，以及使用哪种方式获取地理位置信息，这部分工作是由浏览器完成的。浏览器收到地理位置信息的请求时，会访问地理位置信息的来源，以获取相应的地理位置信息。

常见的地理位置信息来源有以下几种。
- ⊿ GPS( 全球定位系统 )
- ⊿ 网络信号位置，如 IP 地址、RFID、Wi-Fi、蓝牙的 MAC 地址。

⬇ GSM/CDMA 手机的 ID

⬇ 用户自定义的数据。

对于使用哪种地理位置信息来源，则取决于用户终端设备的功能。有些移动设备会支持 GPS、Wi-Fi、蓝牙等功能，但台式机则一般仅支持 IP 地址。所以，在实际的应用中，并不能保证用户设备返回的实际位置是精确的。

## 19.1.3　地理位置信息的应用 ⟩

基于地理位置的应用非常广泛，下面介绍一些常见的地理位置信息应用。

1) 确定自己的位置

当用户身处在陌生的城市或区域时，可能需要检测自己所处的位置。当使用手持设备导航到一个基于 Web 地图的应用程序时，可以使用地理位置 API 来确定自己在地图上的位置。如果可能，Web 应用程序还能提供到达目的地的路线。

2) 标注内容和位置信息

经常去旅行的人，通常喜欢在走过的地方留下自己的足迹，如记录一些简短的文字或者图片并存储。每当增加新的内容时，Web 应用程序会自动把地理位置信息一起保存。如果把记录的内容自动上传到微博等，就可以把自己的足迹分享给网络中的其他用户。

3) 发现周围有趣的地方

如果去一个陌生的城市旅游，可以使用地理位置信息 API，Web 应用程序会根据用户的大致位置来呈现比较符合需要的结果。例如，想查找或浏览周边的旅游景点、饭店、宾馆等信息，就会变得非常方便。

4) 路线导航

用户可以使用实时的地理位置信息来跟踪地理位置变化，可以使用地理位置 API 来重复更新变化的位置信息。

5) 基于地理位置的社交应用

用户可以在 Web 应用中使用地理位置 API，及时地共享自己的位置信息，也可以跟踪自己的朋友网络。

6) 及时更新本地信息

如果用户到达一个地方，需要获取本地的天气预报或新闻之类的信息，则可以使用地理位置 API。如果用户的位置发生变化，则相应的天气预报或新闻之类的也随之发生变化。

## 19.1.4　Geolocation API 中的隐私保护 ⟩

地理位置信息的泄漏会损害用户的隐私，Geolocation API 规范了用户隐私的保护机制，即通过 Geolocation API 获取用户地理位置信息，如果用户没有明确许可，是不能获取位置信息的。

在 Geolocation API 的规范中，地理位置的隐私保护机制需要遵循以下的策略。

⬇ 在没有用户许可的情况下，浏览器不能向 Web 站点发送地理位置信息。

⬇ 浏览器必须通过一个用户界面向用户提示以获得许可，或者该站点已经与用户建立了信任关系。

⬇ 用户界面必须包括 URI 的主机部分。

⬇ 如果页面跳转到其他没有许可的页面，则需要撤销保存的会话和许可。

对于一些用户代理将预先建立信任关系，不再需要上述的用户界面。例如，浏览到一个网页，如果网站执行地理位置请求，VOIP 电话可能不存在任何用户界面，就产生了地理位置许可。

应用程序只能在必要时请求地理位置信息，只能在提供给它们的任务中使用地理位置信息；一旦任务完成，应用程序必须释放地理位置信息，除非用户明确许可，否则不能保存位置信息；应用程序还必须防止未经授权的访问；如果地理位置信息被保存，则应该允许用户删除或更新该信息。

## 19.2　使用 Geolocation 前的准备

Geolocation 是 HTML5 中新增的一项重要功能，在各浏览器的新版本中都已经开始陆续支持地理位置的应用。所以，在使用基于地理位置的应用时，需要检查浏览器是否支持 Geolocation 功能。

### 19.2.1　Geolocation 的浏览器支持情况

各种浏览器对 HTML5 Geolocation 功能的支持程度不同，并且还在不断更新。在 HTML5 的所有新增功能中，Geolocation 是第一批全部接受和实现的功能之一，相关的规范也已经达到相对成熟的阶段，对于开发人员来说，不用太担心未来的变化。

目前，Geolocation API 在各桌面浏览器中的支持情况如表 19-1 所示。

表 19-1　Geolocation API 在各桌面浏览器中的支持情况

| 浏览器版本 | 支持情况 | 浏览器版本 | 支持情况 |
| --- | --- | --- | --- |
| Internet Explorer 9.0+ | √ | Firefox 3.5+ | √ |
| Chrome 5.0+ | √ | Safari 5.0+ | √ |
| Opera 10.6+ | √ | | |

Geolocation API 还可以被手持设备支持，各移动设备操作系统的支持情况如表 19-2 所示。

表 19-2　移动设备操作系统对 Geolocation API 的支持情况

| 系统版本 | 支持情况 | 系统版本 | 支持情况 |
| --- | --- | --- | --- |
| Android 2.0+ | √ | iOS 3.0+ | √ |
| Opera Mobile 10.1+ | √ | Symbian | √ |
| Blackberry OS 6 | √ | Maemo | √ |

### 19.2.2　检查浏览器是否支持 Geolocation API

由于浏览器版本对 Geolocation API 的支持程度不同，因此在使用 Geolocation 功能之前，有必要检查浏览器是否支持该功能。通常直接检测 navigator.geolocation 对象是否存在，这是一种最为便捷的检测方法。

**实　战**　检查浏览器是否支持 Geolocation API

最终文件：最终文件\第 19 章\19-2-2.html　　　视频：视频\第 19 章\19-2-2.mp4

01　执行"文件">"新建"命令，新建一个 HTML5 文档，将其保存为"源文件\第 19 章\19-2-2.html"，如图 19-1 所示。转换到该网页的 HTML 代码中，输入页面标题和正文内容，如图 19-2 所示。

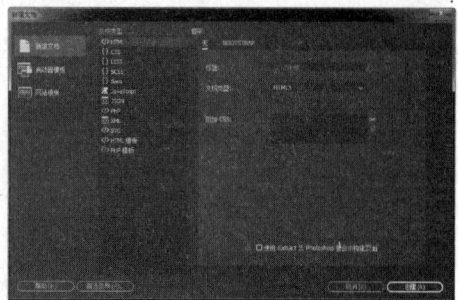
图 19-1

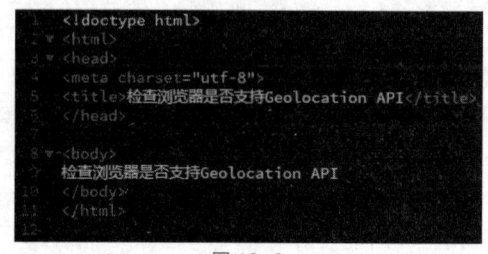
图 19-2

**02** 在 <head> 与 </head> 标签之间输入相应的 JavaScript 脚本代码。

```
<!doctype html>
<html>
<head>
<meta charset="utf-8">
<title>检查浏览器是否支持 Geolocation API</title>
<script type="text/javascript">
if (navigator.geolocation){
    alert("你的浏览器支持 Geolocation API");
} else {
    alert("你的浏览器不支持 Geolocation API");
}
</script>
</head>
<body>
检查浏览器是否支持 Geolocation API
</body>
</html>
```

**03** 保存页面，在浏览器中预览该页面，可以看到在弹出窗口中的检测结果信息，如图 19-3 所示。

图 19-3

## 19.3 　使用 Geolocation API 获取地理位置

前面已经介绍了地理位置信息和 Geolocation API 的相关基础知识，接下来将介绍 Geolocation API 的使用方法，主要包括单次地理位置请求和重复性地理位置更新。

### 19.3.1　getCurrentPosition() 方法

在许多应用中，只请求一次用户的地理位置即可。单次请求地理位置使用 navigator.geolocation 对象的 getCurrentPosition() 方法。

使用 getCurrenPositon() 方法可以直接请求地理位置。该方法至少要有一个参数，这个必需的参数是一个回调处理函数。当地理位置获取成功时，会把地理位置信息交由回调处理函数进行处理。

getCurrentPosition() 方法的完整使用方法如下。

```
<script type="text/javascript">
var options = {}; // 可选参数
if(navigator.geolocation){
    navigator.geolocation.getCurrentPosition(successCallback,errorCallback,options);
// 单次请求地理位置
}
// 成功回调函数：position 中包含所有的地理位置信息
function successCallback(position){
    // 显示 position 中的地理位置信息
}
// 错误回调函数：error 中包含错误的信息
function errorCallback(error){
    // 显示 error 中的错误信息
}
</script>
```

navigator.geolocation 对象通过 getCurrentPosition() 方法向浏览器底层设备请求地理位置信息，该方法有 3 个参数，即 successCallback、errorCallback 和 options，其中第 1 个参数是必需的，第 2

个参数和第 3 个参数是可选的。

如果请求地理位置信息成功，则调用回调函数 successCallback()；如果请求地理位置信息失败，则调用回调函数 errorCallback()；参数 options 则是在请求地理位置信息的过程中附加一些特性。

一旦调用了 getCurrentPosition() 方法，浏览器就会询问用户是否允许查询地理位置信息，如图 19-4 所示。

图 19-4

### 19.3.2 回调函数 successCallback()

在 getCurrentPosition() 方法中，successCallback() 函数是必要的回调函数。一旦地理位置信息请求成功，就会调用 successCallback() 函数，该函数中的参数 position 包含请求到的地理位置信息。

参数 position 包含一个位置坐标的 coords 属性，该属性包含 7 个方向的信息，分别是 latitude（纬度）、longitude（经度）、accuracy（纬度和经度的精确度）、altitude（海拔高度）、altitudeAccuracy（海拔精确度）、heading（移动方向）和 speed（移动速度）。

其中，latitude（纬度）、longitude（经度）和 accuracy（纬度和经度的精确度）信息是必需的数据，其他信息不能保证浏览器都能支持，如果不支持则返回 null。

例如，编写如下的回调函数 successCallback() 代码。

```
function successCallback(position){
    // 显示 position 中的地理位置信息
    var temp;
    temp += "<li><b> 纬度 :</b>" + position.coords.latitude + "</li>";
    temp += "<li><b> 经度 :</b>" + position.coords.longitude + "</li>";
    temp += "<li><b> 纬度和经度的精确度 :</b>" + position.coords.accuracy + "</li>";
    temp += "<li><b> 海拔高度 :</b>" + position.coords.altitude + "</li>";
    temp += "<li><b> 海拔精确度: </b>" + position.coords.altitudeAccuracy + "</li>";
    temp += "<li><b> 移动方向: </b>" + position.coords.heading + "</li>";
    temp += "<li><b> 移动速度: </b>" + position.coords.speed + "</li>";
    document.getElementById("msg").innerHTML = temp;
}
```

通过对回调函数 successCallback() 中代码的编写，即可将成功获取的地理位置信息进行处理，并将其输出到页面中指定的位置。

### 19.3.3 回调函数 errorCallback()

在 getCurrentPosition() 方法中，errorCallback() 函数是可选的回调函数。在地理位置信息获取过程中，如果包含 errorCallback() 函数，则只要获取地理位置不成功，都会调用 errorCallback() 函数，这其中也包括没有被用户许可的。

errorCallback() 回调函数包含一个 error 参数，该参数记录了错误的代码 (code 属性 ) 和错误信息 (message 属性 )。其中错误代码中的错误编号代表不同的意义，错误编号说明如下。

- PERMISSION_DENIED( 编号为 1)：表示用户选择拒绝浏览器获取其地理位置信息。
- POSITION_UNAVAILABLE( 编号为 2)：表示已经尝试获取用户的地理位置信息，但没有获取成功。
- TIMEOUT( 编号为 3)：如果用户设置了可选的 timeout 值，则当尝试请求用户的地理位置信息超过该时间，意味着请求超时。

在出现错误的情况下，需要让用户知道应用程序出了问题。而当获取失败或请求超时的时候，通常会希望再一次尝试请求。

例如，编写如下的回调函数 errorCallback() 代码。

```
function errorCallback(error){
    // 显示 error 中的错误信息
    var err = "";
    switch(error.code){
        case error.PERMISSION_DENIED:
            err = "用户阻止了该页面获取地理位置:" + error.message;
            alert(err);
            break;
        case error.POSITION_UNAVAILABLE:
            err = "浏览器没能获取到地理位置: " + error.message + "\n 是否尝试再次请求? ";
            confirm(err)?navigator.geolocation.getCurrentPosition(successCallback,errorCallback):"";
            break;
        case error.TIMEOUT:
            err = " 获取地理位置超时: " + error.message + "\n 是否尝试再次请求? ";
            confirm(err)?navigator.geolocation.getCurrentPosition(successCallback,errorCallback):"";
            break;
        default:
            err = " 获取地理位置时，产生了一个错误: " + error.message;
            alert(err);
            break;
    }
}
```

## 19.3.4　可选参数 options

在 getCurrentPosition() 方法中，options 参数是可选的。options 是一个对象参数，其中包括 3 个可选的属性，分别介绍如下。

1) enableHighAccuracy

该属性的属性值默认为 false，如果设置该属性的属性值为 true，则会通知浏览器启用 Geolocation 的高精确度模式。

2) timeout

该属性是可选值，用于设置当前位置信息请求所允许的最长时间，如果在所设置的时间内没有完成，则会调用错误处理的回调函数，询问用户许可的时间也是包含在内的。属性值单位为 ms( 毫秒 )，默认值为 Infinity( 无穷大 )。

3) maximumAge

该属性是可选值，用于设置浏览器重新计算地理位置的时间间隔，即更新位置信息的频率。只要浏览器在该时间段之内成功请求过位置信息，就不会重新计算位置，直接使用之前获取的位置信息。属性值单位为 ms( 毫秒 )，默认值为 0。

例如，编写如下的可选参数 options 代码。

```
var options = {
    timeout: 5000,
    maximumAge: 600000
}; // 可选参数
```

## 19.3.5　单次获取地理位置信息

在前面小节中已经详细讲解了使用 navigator.geolocation 对象的 getCurrentPosition() 方法获取用户地理位置信息的具体方法，以及回调函数和可选参数的使用方法，在本节中将通过实例讲解使用 getCurrentPosition() 方法获取用户的地理位置信息，并将获取的地理位置信息输出到网页中。

**实 战 单次获取地理位置信息**

最终文件：最终文件\第 19 章\19-3-5.html　　　视频：视频\第 19 章\19-3-5.mp4

**01** 执行"文件" > "打开"命令，打开页面"源文件\第 19 章\19-3-5.html"，可以看到该页面的 HTML 代码，如图 19-5 所示。在浏览器中预览该页面，效果如图 19-6 所示。

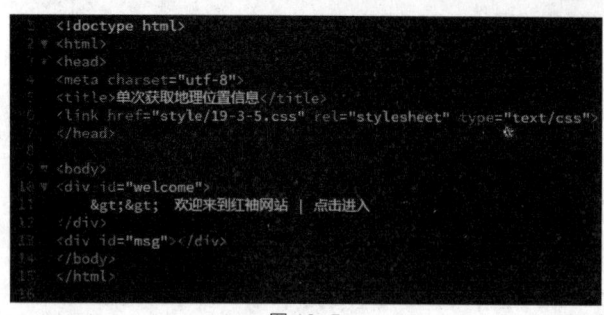

图 19-5

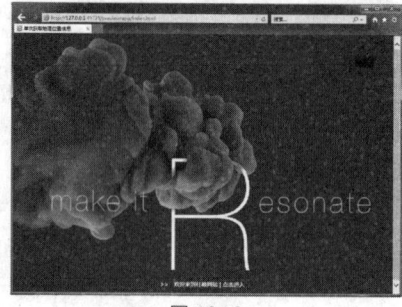

图 19-6

**02** 在页面头部的 <head> 与 </head> 标签之间添加相应的 JavaScript 脚本代码，设置可选参数 options，并使用 navigator.geolocation 方法来获取用户的地理位置信息。

```
<script type="text/javascript">
var options = {
    timeout: 5000,
    maximumAge: 600000
}; // 可选参数
if(navigator.geolocation){
    // 单次请求地理位置
    navigator.geolocation.getCurrentPosition(successCallback,errorCallback,options);
}
</script>
```

**03** 继续在 JavaScript 脚本代码中编写成功获取用户地理位置信息后的回调处理函数 successCallback()，在该回调函数中将获取的地理位置信息输入页面中 id 名称为 msg 的元素中。

```
// 成功回调函数：position 中包含所有的地理位置信息
function successCallback(position){
    // 显示 position 中的地理位置信息
    var temp;
    temp = "<p><b>纬度：</b>" + position.coords.latitude + "</p>";
    temp += "<p><b>经度：</b>" + position.coords.longitude + "</p>";
    temp += "<p><b>纬度和经度的精确度：</b>" + position.coords.accuracy + "</p>";
    temp += "<p><b>海拔高度：</b>" + position.coords.altitude + "</p>";
    temp += "<p><b>海拔精确度：</b>" + position.coords.altitudeAccuracy + "</p>";
    temp += "<p><b>移动方向：</b>" + position.coords.heading + "</p>";
    temp += "<p><b>移动速度：</b>" + position.coords.speed + "</p>";
    document.getElementById("msg").innerHTML = temp;
}
```

**04** 继续在 JavaScript 脚本代码中编写获取用户地理位置信息失败后的回调处理函数 errorCallback()，在该回调函数中针对不同的失败原因给出用户提示信息。

```
// 错误回调函数：error 中包含错误的信息
function errorCallback(error){
    // 显示 error 中的错误信息
    var err = "";
```

```
        switch(error.code){
            case error.PERMISSION_DENIED:
                err = "用户阻止了该页面获取地理位置:" + error.message;
                alert(err);
                break;
            case error.POSITION_UNAVAILABLE:
                err = "浏览器没能获取到地理位置: " + error.message + "\n 是否尝试再次请求? ";
        confirm(err)?navigator.geolocation.getCurrentPosition(successCallback,errorCallba
ck):"";
                break;
            case error.TIMEOUT:
                err = "获取地理位置超时: " + error.message + "\n 是否尝试再次请求? ";
        confirm(err)?navigator.geolocation.getCurrentPosition(successCallback,errorCallba
ck):"";
                break;
            default:
                err = "获取地理位置时，产生了一个错误: " + error.message;
                alert(err);
                break;
        }
    }
```

05 完成单次获取地理位置信息的处理，完整的页面代码如下。

```
<!doctype html>
<html>
<head>
<meta charset="utf-8">
<title> 单次获取地理位置信息 </title>
<link href="style/20-3-5.css" rel="stylesheet" type="text/css">
<script type="text/javascript">
var options = {
    timeout: 5000,
    maximumAge: 600000
}; // 可选参数
if(navigator.geolocation){
    // 单次请求地理位置
    navigator.geolocation.getCurrentPosition(successCallback,errorCallback,options);
}
// 成功回调函数: position 中包含所有的地理位置信息
function successCallback(position){
    // 显示 position 中的地理位置信息
    var temp;
    temp = "<p><b> 纬度: </b>" + position.coords.latitude + "</p>";
    temp += "<p><b> 经度: </b>" + position.coords.longitude + "</p>";
    temp += "<p><b> 纬度和经度的精确度: </b>" + position.coords.accuracy + "</p>";
    temp += "<p><b> 海拔高度: </b>" + position.coords.altitude + "</p>";
    temp += "<p><b> 海拔精确度: </b>" + position.coords.altitudeAccuracy + "</p>";
    temp += "<p><b> 移动方向: </b>" + position.coords.heading + "</p>";
    temp += "<p><b> 移动速度: </b>" + position.coords.speed + "</p>";
    document.getElementById("msg").innerHTML = temp;
}
// 错误回调函数: error 中包含错误的信息
function errorCallback(error){
```

```
    // 显示 error 中的错误信息
    var err = "";
    switch(error.code){
        case error.PERMISSION_DENIED:
            err = "用户阻止了该页面获取地理位置:" + error.message;
            alert(err);
            break;
        case error.POSITION_UNAVAILABLE:
            err = "浏览器没能获取到地理位置: " + error.message + "\n是否尝试再次请求？";
            confirm(err)?navigator.geolocation.getCurrentPosition(successCallback,err
orCallback):"";
            break;
        case error.TIMEOUT:
            err = "获取地理位置超时: " + error.message + "\n是否尝试再次请求？";
            confirm(err)?navigator.geolocation.getCurrentPosition(successCallback,err
orCallback):"";
            break;
        default:
            err = "获取地理位置时，产生了一个错误: " + error.message;
            alert(err);
            break;
    }
}
</script>
</head>
<body>
<div id="welcome">
&gt;&gt; 欢迎来到红袖网站 | 单击进入
</div>
<div id="msg"></div>
</body>
</html>
```

06 保存页面，在浏览器中预览页面，询问用户是否允许读取地理位置信息，如图 19-7 所示。如果用户拒绝读取地理位置信息，则会在页面中弹出提示对话框，如图 19-8 所示。如果用户允许读取地理位置信息，则会在页面中指定的位置输出所获取的地理位置信息，如图 19-9 所示。

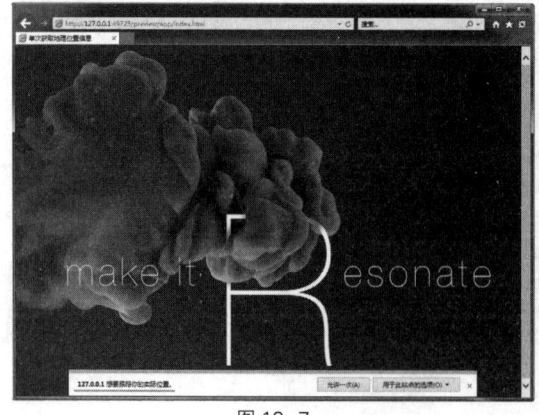

图 19-7

图 19-8

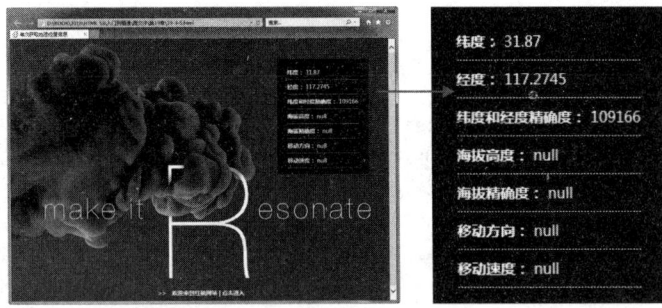

图 19-9

## 19.3.6　重复更新地理位置信息

在一些 Web 应用中需要不断地更新用户的地理位置信息，HTML5 的 Geolocation 功能为我们提供了重复更新地理位置信息的方法 watchPosition()。

watchPosition() 方法与 getCurrentPosition() 方法非常相似，其使用方法如下。

```
navigator.geolocation.getCurrentPosition(successCallback,errorCallback,options);
var watchId = navigator.geolocation.watchPosition(successCallback,errorCallback,opti
ons);
```

watchPosition() 方法与 getCurrentPosition() 方法的不同在于，使用 watchPosition() 方法会首先返回一个 watchId，然后以所设置的时间间隔不断地请求地理位置信息。

如果用户想关闭地理位置更新，可以使用 clearWatch() 方法，使用方法如下。

```
navigator.geolocation.clearWatch(watchId);
```

需要说明的是，在 watchPosition() 方法中设置的 timeout 属性是指每一次请求地理位置信息时的过期时间，而不是总的过期时间；地理位置信息更新的频率会参考 maximumAge 属性；当再次请求地理位置信息时，只有当请求的地理位置发生变化的时候，才会调用回调函数 successCallback()。

# 19.4　　Geolocation 接口

在 Geolocation API 中，涉及多个接口对象，为了使读者能够更清楚它们之间的关系，本节将详细介绍 Geolocation 接口及其附属接口。

## 19.4.1　NavigatorGeolocation 接口清单

NavigatorGeolocation 接口定义的是一个由浏览器的 navigator 对象实现的接口。

NavigatorGeolocation 接口清单如下。

```
[NoInterfaceObject]
interface NavigatorGeolocation {
    readonly attribute Geolocation geolocation;
};
Navigator implements NavigatorGeolocation;
```

NavigatorGeolocation 接口中有一个属于 Geolocation 对象的 geolocation 属性，由于 Navigator 实现了这个接口，因此可以使用 navigator.geolocation 来访问 Geolocation 对象及其相关的附属对象。

## 19.4.2　Geolocation 接口清单

Geolocation 接口是地理位置应用的核心接口，定义了获取地理位置的 3 个重要方法和 2 个回调处理函数。

Geolocation 接口清单如下。

```
[NoInterfaceObject]
interface Geolocation {
    void getCurrentPosition(in PositionCallback successCallback,
                            in optional PositionErrorCallback errorCallback,
                            in optional PositionOptions options);
    void watchPosition(in PositionCallback successCallback,
                       in optional PositionErrorCallback errorCallback,
                       in optional PositionOptions options);
    void clearWatch(in long watchId);
};
[Callback=FunctionOnly,NoInterfaceObject]
interface PositionCallback {
    void handleEvent(in Position position);
};
[Callback=FunctionOnly,NoInterfaceObject]
interface PositionErrorback {
    void handleEvent(in PositionError error);
};
```

从 Geolocation 接口清单可以看出，Geolocation 接口提供了 3 个方法，分别是：getCurrentPosition()、watchPosition() 和 clearWatch()。

而对于前两个方法中使用的回调函数 successCallback() 有一个 Position 对象的参数 position；回调函数 errorCallback() 有一个 PositionError 对象的参数 error。可选参数 options 则属于 PositionOptions 对象。

## 19.4.3 PositionOptions 接口清单 ⟩

PositionOptions 接口定义了获取地理位置时的可选参数。在 Geolocation 接口中获取地理位置信息时，包含一个可选参数 options，该参数从属于 PositionOptions 接口。

PositionOptions 接口清单如下。

```
[Callback,NoInterfaceObject]
interface PositionOptions {
    attribute boolean enableHighAccuracy;
    attribute long timeout;
    attribute loog maximumAge;
};
```

PositionOptions 接口中有 3 个属性，在前面 19.3.4 节介绍可选参数 options 时已经进行了介绍。

## 19.4.4 Position 接口清单 ⟩

Position 接口定义了地理位置信息的结果，主要包含一个坐标和一个获取该坐标的时间戳。

Position 接口清单如下。

```
[NoInterfaceObject]
interface Position {
    readonly attribute Coordinates coords;
    readonly attribute DOMTimeStamp timestamp;
};
```

1) cords

该属性从属于 Coordinates 对象，表示位置信息中的坐标信息。在坐标信息中，不仅包含纬度、经度、准确度，还包含海拔、海拔准确度、移动方向和移动速度等。

2) timestamp

该属性表示时间戳，即采集到地理位置信息的时间点。

## 19.4.5　Coordinates 接口清单

Coordinates 接口定义了地理位置坐标的详细信息，全方位描述了地理位置的各个特征。
Coordinates 接口清单如下。

```
[NoInterfaceObject]
interface Coordinates {
    readonly attribute double latitude;
    readonly attribute double logitued;
    readonly attribute double accuracy;
    readonly attribute double? altitude;
    readonly attribute double? altitudeAccuracy;
    readonly attribute double? heading;
    readonly attribute double? speed;
};
```

Coordinates 接口的 7 个属性分别描述了地理位置 7 个方向的信息：latitude( 纬度 )、longitude ( 经度 )、accuracy( 纬度和经度的精确度 )、altitude( 海拔高度 )、altitudeAccuracy( 海拔精确度 )、heading( 移动方向 ) 和 speed( 移动速度 )。

## 19.4.6　PositionError 接口清单

PositionError 接口定义了一个错误的信息结构。当获取地理位置发生错误时，错误处理函数会接收这样的错误信息，包含错误编码和详细的错误描述。

PositionError 接口清单如下。

```
[NoInterfaceObject]
interface PositionError {
    const unsigned short PERMISSION_DENIED = 1;
    const unsigned short POSITION_UNAVAILABLE = 2;
    const unsigned short TIMEOUT = 3;
    readonly attribute unsigned short code;
    readonly attribute DOMString message;
};
```

1) code

该属性表示错误代码。其中有 3 个错误代码被定义为常量：PERMISSION_DENIED 表示用户拒绝了地理位置请求；POSITION_UNAVAILABLE 表示获取地理位置时失败；TIMEOUT 表示获取地理位置超时。

2) message

该属性用于描述发生错误的详细信息。该属性主要用于开发人员的调试，通常不会把这些错误消息显示到用户界面中。

# 19.5　在地图上显示位置

前面已经介绍了如何使用 HTML5 中的 Geolocation 功能获取用户的地理位置信息，本节将使用 Geolocation API 实现一个常用的应用，就是把获取到的地理位置显示在地图上。而地图应用则来源于地图服务商，目前网络上可能使用的地图服务有很多，在本实例中将选择使用谷歌地图服务。

**实战** 在地图上显示位置

最终文件：最终文件 \ 第 19 章 \19-5.html　　视频：视频 \ 第 19 章 \19-5.mp4

**01** 执行"文件">"打开"命令，打开页面"源文件 \ 第 19 章 \19-5.html"，可以看到该页面的 HTML 代码，如图 19-10 所示。在浏览器中预览该页面，效果如图 19-11 所示。

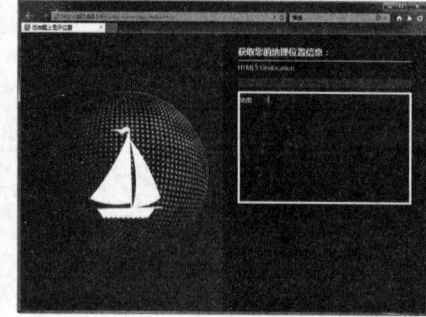

图 19-10　　　　　　　　　　　　　　　　　　　图 19-11

> **提示**
>
> 页面中 id 名称为 message 的元素用于显示获取用户地理位置信息错误的提示信息；id 名称为 resultText 的元素用于显示成功获取用户地理位置信息后显示用户地理位置信息内容；id 名称为 resultMap 的元素用于在地图中显示所获取的地理位置。

**02** 在页面头部的 <head> 与 </head> 标签之间添加链接谷歌地图服务脚本文件的代码。

```
<script type="text/javascript" src="http://maps.google.cn/maps/api/js?sensor=false">
</script>
```

**03** 在页面头部的 <head> 与 </head> 标签之间添加 JavaScript 脚本代码，使用单次地理位置请求。首先定义一个全局变量 goe，再定义一个获取 Geolocation 对象的函数 getGeolocation()，在页面加载完成的时候执行地理位置请求。

```javascript
<script type="text/javascript">
var geo; // 全局变量
// 获取 Geolocation 对象
function getGeolocation(){
    try{
        if(!!navigator.geolocation) return navigator.geolocation;
        else return undefined;
    }catch(e){
        return undefined;
    }
}
// onload
window.onload = function(){
    if((geo=getGeolocation())){
        document.getElementById("message").textContent = " 正在使用 HTML5 地理定位 ...";
        geo.getCurrentPosition(geo_success,geo_error,options);
    } else {
        document.getElementById("message").textContent = " 不支持 HTML5 地理定位！ ";
    }
}
</script>
```

**04** 继续编写 JavaScript 脚本代码，设置可选参数 options，设置 5 秒的超时限制和 6 分钟的位置更新频率。

```
var options = {
    enableHighAccuracy : false,
    timeout : 5000,
    maximumAge : 600000
};
```

05 继续编写 JavaScript 脚本代码，编写成功获取地理位置的回调函数 geo_success()。如果成功获取到用户的地理位置，则一方面显示用户得到的位置数据；另一方面调用谷歌地图服务，并在地图上标注刚刚获取的地理位置。

```
function geo_success(position){
    var temp;
    temp = "<p><b>纬度： </b>" + position.coords.latitude + "</p>";
    temp += "<p><b>经度： </b>" + position.coords.longitude + "</p>";
    temp += "<p><b>纬度和经度的精确度： </b>" + position.coords.accuracy + "</p>";
    temp += "<p><b>海拔高度： </b>" + position.coords.altitude + "</p>";
    temp += "<p><b>海拔精确度： </b>" + position.coords.altitudeAccuracy + "</p>";
    temp += "<p><b>移动方向： </b>" + position.coords.heading + "</p>";
    temp += "<p><b>移动速度： </b>" + position.coords.speed + "</p>";
    document.getElementById("resultText").innerHTML = temp;
    // 开始调用地图 API
     var latlng = new google.maps.LatLng(position.coords.latitude, position.coords.
longitude);
    var myOptions = {
        zoom: 15, center: latlng,
        mapTypeControl: false,
        navigationControlOptions: {
            style: google.maps.NavigationControlStyle.SMALL
        },
        mapTypeId: google.maps.MapTypeId.ROADMAP
    };
    var map = new google.maps.Map(document.getElementById("resultMap"), myOptions);
    var marker = new google.maps.Marker({ position: latlng, map: map, title:"我在这里
!" });
    }
```

提示

　　此处使用的是谷歌地图服务，如果使用的是百度地图服务，则在页面头部调用的地图服务脚本文件会有所不同，并且所编写的 JavaScript 脚本代码也会有所不同。无论使用谷歌地图服务还是使用百度地图服务，都可以在谷歌或百度的官方网站中查看相关的接口说明文档。

06 继续编写 JavaScript 脚本代码，编写获取用户地理位置信息错误的回调函数 geo_error()。当出现错误或用户拒绝时，会把相应的错误提示信息显示到页面中 id 名称为 message 的元素中。

```
function geo_error(error){
    switch(error.code){
        case error.PERMISSION_DENIED:
                document.getElementById("message").textContent = "用户阻止了该页面获取地理
位置。";
                break;
        case error.POSITION_UNAVAILABLE:
                document.getElementById("message").textContent = "浏览器没能获取到地理位置。";
                confirm("是否尝试再次请求？")?geo.getCurrentPosition(geo_success,geo_
```

```
error,options):"";
                break;
            case error.TIMEOUT:
                document.getElementById("message").textContent = " 获取地理位置超时。";
                    confirm(" 是否尝试再次请求？")?geo.getCurrentPosition(geo_success,geo_
error,options):"";
                break;
            default:
                document.getElementById("message").textContent = " 获取地理位置时，产生了一
个未知的错误。";
                break;
        }
    }
```

**07** 完成获取地理位置信息并在地图上显示位置的处理，完整的页面代码如下。

```
<!doctype html>
<html>
<head>
<meta charset="utf-8">
<title> 在地图上显示位置 </title>
<link href="style/20-5.css" rel="stylesheet" type="text/css">
<script type="text/javascript" src="http://maps.google.cn/maps/api/
js?sensor=false"></script>
<script type="text/javascript">
var geo; // 全局变量
// 获取 Geolocation 对象
function getGeolocation(){
    try{
        if(!!navigator.geolocation) return navigator.geolocation;
        else return undefined;
    }catch(e){
        return undefined;
    }
}
// onload
window.onload = function(){
    if((geo=getGeolocation())){
        document.getElementById("message").textContent = " 正在使用 HTML5 地理定位 ...";
        geo.getCurrentPosition(geo_success,geo_error,options);
    } else {
        document.getElementById("message").textContent = " 不支持 HTML5 地理定位！";
    }
}
var options = {
    enableHighAccuracy : false,
    timeout : 5000,
    maximumAge : 600000
};
function geo_success(position){
    var temp;
    temp = "<p><b> 纬度：</b>" + position.coords.latitude + "</p>";
    temp += "<p><b> 经度：</b>" + position.coords.longitude + "</p>";
    temp += "<p><b> 纬度和经度的精确度：</b>" + position.coords.accuracy + "</p>";
```

```
        temp += "<p><b> 海拔高度:  </b>" + position.coords.altitude + "</p>";
        temp += "<p><b> 海拔精确度:  </b>" + position.coords.altitudeAccuracy + "</p>";
        temp += "<p><b> 移动方向:  </b>" + position.coords.heading + "</p>";
        temp += "<p><b> 移动速度:  </b>" + position.coords.speed + "</p>";
        document.getElementById("resultText").innerHTML = temp;
        // 开始调用地图 API
        var latlng = new google.maps.LatLng(position.coords.latitude, position.coords.
longitude);
        var myOptions = {
            zoom: 15, center: latlng,
            mapTypeControl: false,
            navigationControlOptions: {
                style: google.maps.NavigationControlStyle.SMALL
            },
            mapTypeId: google.maps.MapTypeId.ROADMAP
        };
        var map = new google.maps.Map(document.getElementById("resultMap"), myOptions);
        var marker = new google.maps.Marker({ position: latlng, map: map, title:"我在这里
!" });
    }
    function geo_error(error){
        switch(error.code){
            case error.PERMISSION_DENIED:
                document.getElementById("message").textContent = " 用户阻止了该页面获取地理
位置。";
                break;
            case error.POSITION_UNAVAILABLE:
                document.getElementById("message").textContent = " 浏览器没能获取到地理位置。";
                confirm(" 是否尝试再次请求? ")?geo.getCurrentPosition(geo_success,geo_
error,options):"";
                break;
            case error.TIMEOUT:
                document.getElementById("message").textContent = " 获取地理位置超时。";
                confirm(" 是否尝试再次请求? ")?geo.getCurrentPosition(geo_success,geo_
error,options):"";
                break;
            default:
                document.getElementById("message").textContent = " 获取地理位置时，产生了一
个未知的错误。";
                break;
        }
    }
</script>
</head>
<body>
<div id="bg"><img src="images/20501.gif" width="500" height="500"  alt=""/></div>
<div id="logo"><img src="images/20502.png" width="174" height="213"  alt=""/></div>
<div id="right">
  <div id=" main" >
     <h1> 获取您的地理位置信息: </h1>
     <div id="message">HTML5 Geolocation</div>
     <div id="resultText"> </div>
     <div id="resultMap"> 地图 </div>
```

```
        </div>
    </div>
    </body>
    </html>
```

08 保存页面，在浏览器中预览页面，询问用户是否允许读取地理位置信息，如图 19-12 所示。如果用户允许读取地理位置信息，则会在页面中指定的位置输出所获取的地理位置信息，并且在地图中标注用户所在的位置，如图 19-13 所示。

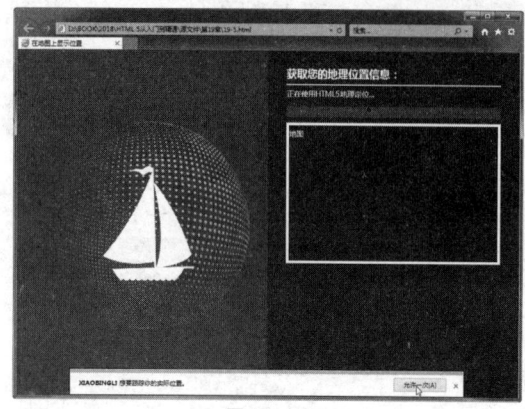

图 19-12

图 19-13

# 第 20 章 HTML5 网页综合实战 🔍

在前面的章节中已经详细地讲解了 HTML5 中的各个知识点，本章将通过两个网页案例的制作，向读者介绍综合运用 HTML5 中的各知识点制作网页的方法和技巧，并且结合 CSS 样式的使用，使制作出的 HTML5 网页更加精美。

**本章知识点：**
➢ 掌握 HTML5 各知识点的运用
➢ 掌握 HTML5 与 CSS 样式的应用
➢ 掌握 HTML5 文档结构标签的应用
➢ 掌握网站页面的制作方法

## 20.1 制作电子商务网站页面 🔍

电子商务网站页面是非常常见的一种网站类型，在电子商务类网站页面中以产品图片居多，文字内容较少，重要的是能够突出表现页面中的产品和产品信息。本节将完成一个电子商务网站页面的制作。

### 20.1.1 设计分析 ⟩

本实例制作一个电子商务网站页面，页面以轻柔、淡雅的黄色为主色调，导航条使用适合女性的神秘紫色来强调，对于不同内容使用不同的方法进行突出，例如，使用白色的背景来突出商品的表现效果。整个网站页面的结构清晰明了，布局简单大方。

### 20.1.2 布局结构分析 ⟩

该电子商务网站页面整体上采用上、中、下的结构布局，如图 20-1 所示。上部为页面的 header（页眉）区域，在该部分主要包含页面的 Logo 和导航菜单。中间部分又可以分为左右两个部分，左侧为页面的 aside（侧边栏）区域，主要包含网站公告及一些辅助信息内容。右侧分为多个 section（章节）区域，分别展示不同的商品。底部为页面的 footer（页脚）区域，在该部分包含页面的底部导航菜单和版底信息内容。

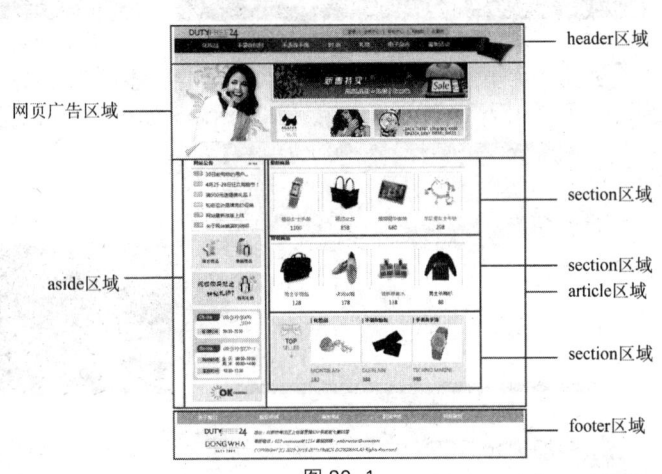

图 20-1

## 20.1.3 制作 HTML5 页面 ⊙

通过前面对该网站页面布局结合的分析，可以很清晰地分清页面的整体布局结构，接下来将依次对页面中各部分进行制作。

### 1. 制作页眉 header 和导航 nav 区域

**实 战** 制作页眉 header 和导航 nav 区域

最终文件：最终文件 \ 第 20 章 \20-1.html　　视频：视频 \ 第 20 章 \20-1-1.mp4

**01** 执行"文件">"新建"命令，新建一个 HTML5 页面，将该页面保存为"源文件 \ 第 20 章 \20-1.html"，如图 20-2 所示。新建外部 CSS 样式表文件，将该文件保存为"源文件 \ 第 20 章 \style\20-1.css"，如图 20-3 所示。

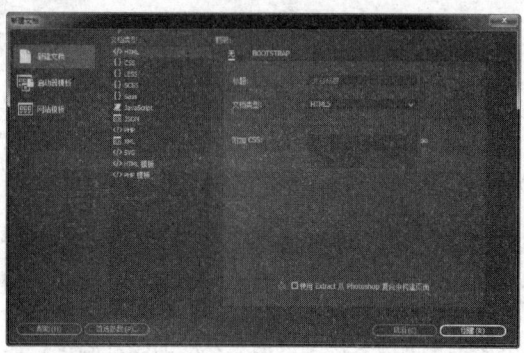

图 20-2 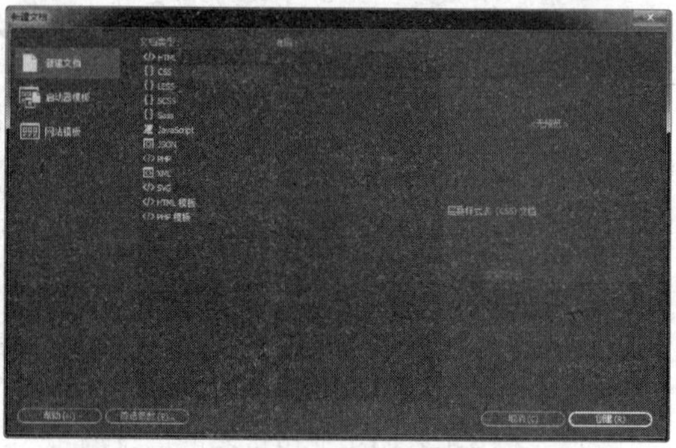　　　　　　　　　　　　图 20-3

**02** 在外部 CSS 样式表文件中创建通配符 CSS 样式和 body 标签 CSS 样式，如图 20-4 所示。返回网页设计代码中，为网页设置标题，并在 \<head> 与 \</head> 标签之间添加 \<link> 标签链接外部 CSS 样式表文件，如图 20-5 所示。

```
* {
    margin: 0px;
    padding: 0px;
}
body {
    font-family: 微软雅黑;
    font-size: 14px;
    color: #333;
    line-height: 25px;
    background-color: #FFFBF2;
    background-image: url(../images/20101.gif);
    background-repeat: repeat-x;
}
```

```
<!doctype html>
<html>
<head>
<meta charset="utf-8">
<title>电子商务网站页面</title>
<link href="style/20-1.css" rel="stylesheet" type="text/css">
</head>

<body>
</body>
</html>
```

图 20-4　　　　　　　　　　　　图 20-5

**03** 切换到设计视图中，可以看到页面的整体背景效果，如图 20-6 所示。返回网页的 HTML 代码中，在 \<body> 标签之间添加页眉 \<header> 标签，并在该部分编写相应的代码，如图 20-7 所示。

图 20-6

```
<body>
<header>
    <div id="logo">
        <img src="images/20102.gif" width="144" height="28" alt="">
    </div>
</header>

</body>
```

图 20-7

**04** 转换到外部 CSS 样式表文件中，创建名为 .header01 和名为 #logo 的 CSS 样式，如图 20-8 所示。返回网页的 HTML 代码中，在 \<header> 标签中添加 class 属性应用名为 header01 的类 CSS 样式，如图 20-9 所示。

05　切换到网页设计视图中，可以看到页面中页眉的效果，如图 20-10 所示。返回网页的 HTML 代码中，在页眉 <header> 与 </header> 标签之间添加导航 <nav> 标签并编写导航内容，如图 20-11 所示。

```
.header01 {
    width: 1003px;
    height: 124px;
}
#logo {
    width: 144px;
    height: 28px;
    margin-top: 13px;
    margin-left: 45px;
    float: left;
}
```

图 20-8

```
<body>
<header class="header01">
  <div id="logo">
        <img src="images/20102.gif" width="144" height="28" alt="">
  </div>
</header>

</body>
```

图 20-9

图 20-10

```
<body>
<header class="header01">
  <div id="logo">
        <img src="images/20102.gif" width="144" height="28" alt="">
  </div>
  <nav id="top-link">
登录<span>|</span>会员中心<span>|</span>帮助中心<span>|</span>购物车<span>|
  </span>收藏夹
  </nav>
</header>

</body>
```

图 20-11

```
#top-link {
    width: 317px;
    height: 28px;
    background-image: url(../images/20103.gif);
    background-repeat: no-repeat;
    float: left;
    margin-top: 13px;
    margin-left: 300px;
    font-size: 12px;
    color: #6C415C;
    line-height: 22px;
    text-align: center;
}
#top-link span {
    margin-left: 10px;
    margin-right: 10px;
}
```

图 20-12

06　转换到外部 CSS 样式表文件中，创建名为 #top-link 和名为 #top-link span 的 CSS 样式，如图 20-12 所示。切换到网页设计视图中，可以看到页面的顶部导航效果，如图 20-13 所示。

图 20-13

07　返回网页的 HTML 代码中，在页眉 <header> 与 </header> 标签之间编写主导航内容，如图 20-14 所示。转换到外部 CSS 样式表文件中，创建名为 #menu 和名为 #menu li 的 CSS 样式，如图 20-15 所示。

```
<header class="header01">
  <div id="logo">
        <img src="images/20102.gif" width="144" height="28" alt="">
  </div>
  <nav id="top-link">
登录<span>|</span>会员中心<span>|</span>帮助中心<span>|</span>购物
车<span>|</span>收藏夹
  </nav>
  <nav id="menu">
    <ul>
      <li>化妆品</li>
      <li>手袋&amp;包包</li>
      <li>手表&amp;手饰</li>
      <li>时 尚</li>
      <li>礼物</li>
      <li>电子杂志</li>
      <li>最新活动</li>
    </ul>
  </nav>
</header>
```

图 20-14

```
#menu {
    clear: left;
    width: 948px;
    height: 83px;
    background-image: url(../images/20104.gif);
    background-repeat: no-repeat;
    padding-left: 55px;
    color: #FFF;
}
#menu li {
    list-style-type: none;
    font-size: 16px;
    line-height: 38px;
    float: left;
    padding: 0px 27px;
}
```

图 20-15

08 完成页面的头部页眉和导航的制作，该部分的 HTML 代码如下。

```
<div id="logo"><img src="images/20102.gif" width="144" height="28"  alt=""/></div>
    <nav id="top-link"> 登录 <span>|</span> 会员中心 <span>|</span> 帮助中心 <span>|</span>
购物车 <span>|</span> 收藏夹 </nav>
    <nav id="menu">
        <ul>
        <li> 化妆品 </li>
        <li> 手袋 &amp; 包包 </li>
        <li> 手表 &amp; 首饰 </li>
<header class="header01">
        <li> 时　尚 </li>
        <li> 礼物 </li>
        <li> 电子杂志 </li>
        <li> 最新活动 </li>
        </ul>
    </nav>
</header>
```

09 保存页面和外部 CSS 样式表文件，在浏览器中预览该页面，可以看到页面头部的效果，如图 20-16 所示。

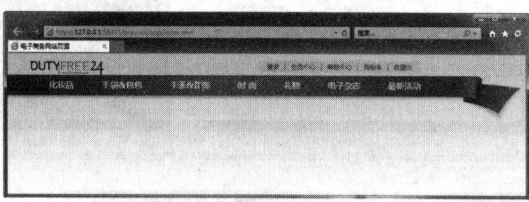

图 20-16

**2. 制作网页广告区域**

 **实战** 制作网页广告区域

最终文件：最终文件 \ 第 20 章 \20-1.html　　　视频：视频 \ 第 20 章 \20-1-2.mp4

01 在页面中页眉部分之后添加内容 <article> 标签，编写相应的代码，在网页中插入 Flash 动画，如图 20-17 所示。转换到外部 CSS 样式表文件中，创建名为 #main 和名为 #flash 的 CSS 样式，如图 20-18 所示。

图 20-17

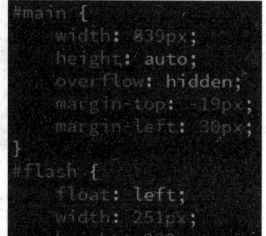

图 20-18

02 切换到网页设计视图中，可以看到在页面中插入的 Flash 动画的效果，如图 20-19 所示。返回网页的 HTML 代码中，继续在页面中编写相应的 HTML 代码，在页面中插入图像，如图 20-20 所示。

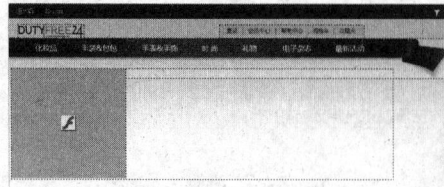

图 20-19

图 20-20

03 转换到外部 CSS 样式表文件中，创建名为 #banner 和名为 #banner1 的 CSS 样式，如图 20-21 所示。返回网页的 HTML 代码中，在 id 名为 banner1 的 Div 之后添加 id 名为 banner2 的

Div，并插入相应的图像，如图 20-22 所示。

```
#banner {
    float: left;
    width: 588px;
    height: 229px;
}
#banner1 {
    width: 579px;
    height: 110px;
    background-image: url(../images/20105.gif);
    background-repeat: no-repeat;
    margin-bottom: 10px;
    padding-top: 7px;
    padding-left: 9px;
}
```

图 20-21

```
<article id="main">
  <div id="flash">
    <embed src="images/pop.swf" width="251" height="227">
  </div>
  <div id="banner">
    <div id="banner1">
      <img src="images/20107.gif" width="570" height="100" alt="">
    <div id="banner2">
      <img src="images/20108.gif" width="265" height="78" alt="">
      <img src="images/20109.gif" width="265" height="78" alt="">
    </div>
  </div>
</article>
```

图 20-22

04 转换到外部 CSS 样式表文件中，创建名为 #banner2 和名为 #banner2 img 的 CSS 样式，如图 20-23 所示。切换到网页设计视图中，可以看到在页面中插入的广告图片的效果，如图 20-24 所示。

```
#banner2 {
    width: 565px;
    height: 91px;
    background-image: url(../images/20106.gif);
    background-repeat: no-repeat;
    padding-top: 11px;
    padding-left: 23px;
}
#banner2 img {
    margin-right: 12px;
}
```

图 20-23

图 20-24

05 返回网页的 HTML 代码中，在 id 名为 banner 的 Div 之后添加 id 名为 line 的 Div，如图 20-25 所示。转换到外部 CSS 样式表文件中，创建名为 #line 的 CSS 样式，如图 20-26 所示。

```
<article id="main">
  <div id="flash">
    <embed src="images/pop.swf" width="251" height="227">
  </div>
  <div id="banner">
    <div id="banner1">
      <img src="images/20107.gif" width="570" height="100" alt="">
    <div id="banner2">
      <img src="images/20108.gif" width="265" height="78" alt="">
      <img src="images/20109.gif" width="265" height="78" alt="">
    </div>
  </div>
  <div id="line"></div>
</article>
```

图 20-25

```
#line {
    width: 839px;
    height: 43px;
    background-image: url(../images/20110.gif);
    background-repeat: no-repeat;
    clear: left;
}
```

图 20-26

06 完成页面广告部分内容的制作，该部分的 HTML 代码如下。

```
<article id="main">
    <div id="flash">
      <embed src="images/pop.swf" width="251" height="227">
    </div>
    <div id="banner">
      <div id="banner1">
          <img src="images/20107.gif" width="570" height="100" alt="">
    </div>
        <div id="banner2">
            <img src="images/20108.gif" width="265" height="78" alt="">
            <img src="images/20109.gif" width="265" height="78" alt="">
    </div>
    </div>
    <div id="line"></div>
</article>
```

07 保存页面和外部 CSS 样式表文件，在浏览器中预览该页面，可以看到页面广告部分的效果，如图 20-27 所示。

图 20-27

### 3. 制作网页侧边栏区域

**实 战** 制作网页侧边栏区域

最终文件：最终文件 \ 第 20 章 \20-1.html　　视频：视频 \ 第 20 章 \20-1-3.mp4

01 在页面中 id 名为 line 的 Div 之后添加侧边栏 <aside> 标签，编写相应的代码，如图 20-28 所示。转换到外部 CSS 样式表文件中，创建名为 #left、#news-title 和名为 #news-title img 的 CSS 样式，如图 20-29 所示。

图 20-28

图 20-29

02 切换到网页设计视图中，可以看到该部分标题的效果，如图 20-30 所示。返回网页的 HTML 代码中，在 <header> 标签之后编写新闻列表代码，如图 20-31 所示。

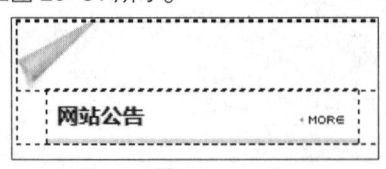

图 20-30

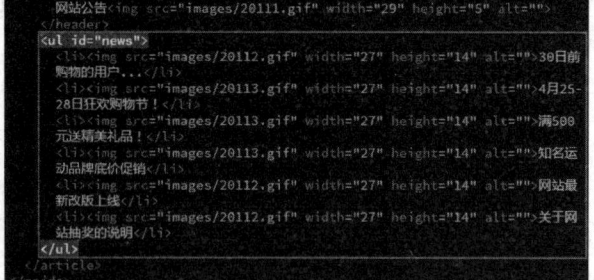

图 20-31

03 转换到外部 CSS 样式表文件中，创建名为 #news li 和名为 #news li img 的 CSS 样式，如图 20-32 所示。切换到网页设计视图中，可以看到该部分标题的效果，如图 20-33 所示。

04 返回网页的 HTML 代码中，在新闻列表的代码之后编写其他相应的代码，在网页中插入图像，如图 20-34 所示。转换到外部 CSS 样式表文件中，创建相应的 CSS 样式，对该部分内容的效果进行设置，如图 20-35 所示。

```
#news li {
    width: 100%;
    list-style-type: none;
    line-height: 28px;
    border-bottom: dashed 1px #E7E0CE;
}
#news li img {
    float: left;
    margin-top: 5px;
    margin-right: 8px;
    margin-left: 5px;
}
```

图 20-32

图 20-33

```
</ul>
</article>
<div id="event">
    <img src="images/20114.gif" width="200" height="95" alt="">
    <img src="images/20115.gif" width="200" height="93" alt="">
<div id="time">
    <img src="images/20116.gif" width="188" height="75" alt="">
    <img src="images/20117.gif" width="188" height="98" alt="">
</div>
    <img src="images/20118.gif" width="200" height="50" alt="">
</aside>
```

图 20-34

```
#event {                         #time {
    width: 100%;                     width: 100%;
    height: auto;                    height: auto;
    overflow: hidden;                overflow: hidden;
    margin-top: 10px;                background-color: #E7E2CF;
                                     margin-bottom: 10px;
}                                }
#event img {                     #time img {
    margin-bottom: 5px;              margin-top: 6px;
                                     margin-left: 6px;
}                                }
```

图 20-35

**05** 完成页面侧边栏区域内容的制作，该部分的 HTML 代码如下。

```
<aside id="left">
  <article>
    <header id="news-title">
      网站公告 <img src="images/20111.gif" width="29" height="5" alt="">
    </header>
    <ul id="news">
       <li><img src="images/20112.gif" width="27" height="14" alt="">30 日前购物的用户
...</li>
       <li><img src="images/20113.gif" width="27" height="14" alt="">4 月 25-28 日狂欢购
物节！</li>
       <li><img src="images/20113.gif" width="27" height="14" alt="">满 500 元送精美礼品！
</li>
       <li><img src="images/20113.gif" width="27" height="14" alt=""> 知名运动品牌底价促
销 </li>
       <li><img src="images/20112.gif" width="27" height="14" alt=""> 网站最新改版上线 </
li>
       <li><img src="images/20112.gif" width="27" height="14" alt=""> 关于网站抽奖的说明
</li>
    </ul>
  </article>
  <div id="event">
     <img src="images/20114.gif" width="200" height="95" alt="">
     <img src="images/20115.gif" width="200" height="93" alt="">
  </div>
  <div id="time">
     <img src="images/20116.gif" width="188" height="75" alt="">
     <img src="images/20117.gif" width="188" height="98" alt="">
  </div>
     <img src="images/20118.gif" width="200" height="50" alt="">
</aside>
```

**06** 保存页面和外部 CSS 样式表文件，在浏览器中预览该页面，可以看到页面侧边栏区域的效果，如图 20-36 所示。

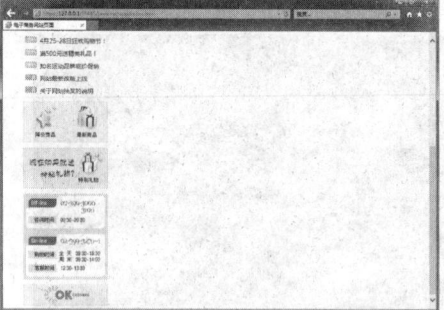

图 20-36

### 4. 制作网页主体内容区域

**实 战** 制作网页主体内容区域

最终文件：最终文件 \ 第 20 章 \20-1.html　　视频：视频 \ 第 20 章 \20-1-4.mp4

**01** 在页面侧边栏内容之后添加 id 名为 content 的 Div，在该 Div 中制作页面的主体内容，如图 20-37 所示。转换到外部 CSS 样式表文件中，创建名为 #content 的 CSS 样式，如图 20-38 所示。

```
<div id="time">
    <img src="images/20116.gif" width="188" height="75" alt="">
    <img src="images/20117.gif" width="188" height="98" alt="">
</div>
    <img src="images/20118.gif" width="200" height="50" alt="">
</aside>
<div id="content"></div>
</article>
```
图 20-37

```
#content {
    float: left;
    width: 570px;
    height: auto;
    overflow: hidden;
    margin-left: 30px;
}
```
图 20-38

**02** 在 id 名为 content 的 Div 中添加章节 <section> 标签，并编写相应的内容，如图 20-39 所示。转换到外部 CSS 样式表文件中，创建名为 .title01 的类 CSS 样式，如图 20-40 所示。

```
<div id="content">
<section>
<h1>最新商品</h1>
<div>
    <img src="images/20119.gif" width="128" height="108" alt=""><br>
    <span>精品女士手表</span><br>
    1100
</div>
</section>
</div>
```
图 20-39

```
.title01 {
    display: block;
    width: 100%;
    font-size: 14px;
    font-weight: bold;
    line-height: 30px;
    border-bottom: solid 3px #E7E0CE;
}
```
图 20-40

**03** 返回网页的 HTML 代码中，在 <h1> 标签中添加 class 属性应用刚创建的名为 title01 的类 CSS 样式，如图 20-41 所示。切换到网页设计视图中，可以看到标题的效果，如图 20-42 所示。

**04** 转换到外部 CSS 样式表文件中，创建名为 .pic01、.pic01 img 和名为 .font01 的 CSS 样式，如图 20-43 所示。返回网页的 HTML 代码中，在 <div> 标签中添加 class 属性应用名为 pic01 的类 CSS 样式，为相应的文字添加 <span> 标签并应用名为 font01 的类 CSS 样式，如图 20-44 所示。

```
<div id="content">
<section>
<h1 class="title01">最新商品</h1>
<div>
    <img src="images/20119.gif" width="128" height="108" alt=""><br>
    <span>精品女士手表</span><br>
    1100
</div>
</section>
</div>
```
图 20-41

图 20-42

```
.pic01 {
    float: left;
    width: 136px;
    height: auto;
    overflow: hidden;
    text-align: center;
    margin-top: 12px;
    margin-left: 5px;
}
.pic01 img {
    border: 1px solid #E8DFCE;
}
.font01 {
    color: #D45170;
}
```

图 20-43

05 切换到网页设计视图中，可以看到页面的效果，如图 20-45 所示。返回网页的 HTML 代码中，添加相同代码结构的页面内容，如图 20-46 所示。

```
<div id="content">
<section>
    <h1 class="title01">最新商品</h1>
    <div class="pic01">
        <img src="images/20119.gif" width="128" height="108" alt=""><br>
        <span class="font01">精品女士手表</span><br>
        1100
    </div>
</section>
</div>
```

图 20-44

图 20-45

```
<div id="content">
<section>
    <h1 class="title01">最新商品</h1>
    <div class="pic01">
        <img src="images/20119.gif" width="128" height="108" alt=""><br>
        <span class="font01">精品女士手表</span><br>
        1100
    </div>
    <div class="pic01">
        <img src="images/20120.gif" width="128" height="108" alt=""><br>
        <span class="font01">精品女包</span><br>
        858
    </div>
    <div class="pic01">
        <img src="images/20121.gif" width="128" height="108" alt=""><br>
        <span class="font01">眼部精华套装</span><br>
        680
    </div>
    <div class="pic01">
        <img src="images/20122.gif" width="128" height="108" alt=""><br>
        <span class="font01">幸运星女士手链</span><br>
        298
    </div>
</section>
</div>
```

图 20-46

06 切换到网页设计视图中，可以看到该部分内容的效果，如图 20-47 所示。

图 20-47

07 返回网页的 HTML 代码中，在章节 <section> 标签的结束标签之后使用相同的制作方法添加章节，并完成相似内容的制作，HTML 代码如图 20-48 所示，页面效果如图 20-49 所示。

08 返回网页的 HTML 代码中，在章节 <section> 标签的结束标签之后使用相同的制作方法添加章节，并编写相应的 HTML 代码，如图 20-50 所示。转换到外部 CSS 样式表文件中，创建名为 .section01 的类 CSS 样式，如图 20-51 所示。

09 返回网页的 HTML 代码中，在 <section> 标签中添加 class 属性应用名为 section01 的类 CSS 样式，如图 20-52 所示。返回网页设计视图中，可以看到该部分内容的效果，如图 20-53 所示。

```
</section>
<section>.
   <h1 class="title01">特价商品</h1>
   <div class="pic01">
      <img src="images/20123.gif" width="128" height="108" alt=""><br>
      <span class="font01">男士手提包</span><br>
      128
   </div>
   <div class="pic01">
      <img src="images/20124.gif" width="128" height="108" alt=""><br>
      <span class="font01">休闲女鞋</span><br>
      178
   </div>
   <div class="pic01">
      <img src="images/20125.gif" width="128" height="108" alt=""><br>
      <span class="font01">清新单香水</span><br>
      138
   </div>
   <div class="pic01">
      <img src="images/20126.gif" width="128" height="108" alt=""><br>
      男士长袖衫<br>
      88
   </div>
</section>
</div>
```

图 20-48

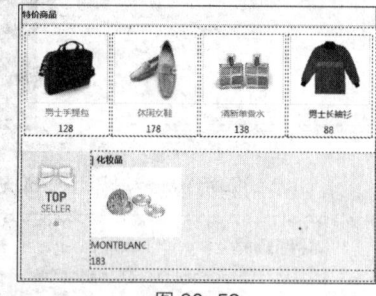

图 20-49

```
</section>
<section>
   <div>
      <b>| 化妆品</b><br>
      <img src="images/20128.gif" width="145" height="108" alt=""><br>
      <span>MONTBLANC</span><br>
      183
   </div>
</section>
</article>
```

图 20-50

```
.section01 {
   clear: left;
   width: 458px;
   height: 200px;
   background-image: url(../images/20127.gif);
   background-repeat: no-repeat;
   background-position: left 24px;
   padding-top: 24px;
   padding-left: 112px;
}
```

图 20-51

```
<section class="section01">
   <div>
      <b>| 化妆品</b><br>
      <img src="images/20128.gif" width="145" height="108" alt=""><br>
      <span>MONTBLANC</span><br>
      183
   </div>
</section>
```

图 20-52

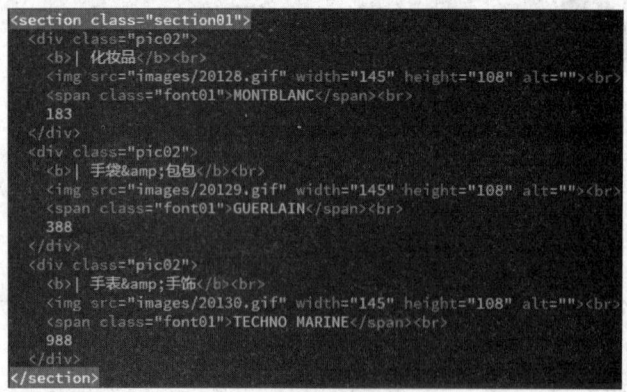

图 20-53

10 使用相同的制作方法，可以完成该部分内容的制作，HTML 代码如图 20-54 所示，页面效果如图 20-55 所示。

```
<section class="section01">
   <div class="pic02">
      <b>| 化妆品</b><br>
      <img src="images/20128.gif" width="145" height="108" alt=""><br>
      <span class="font01">MONTBLANC</span><br>
      183
   </div>
   <div class="pic02">
      <b>| 手袋&amp;包包</b><br>
      <img src="images/20129.gif" width="145" height="108" alt=""><br>
      <span class="font01">GUERLAIN</span><br>
      388
   </div>
   <div class="pic02">
      <b>| 手表&amp;手饰</b><br>
      <img src="images/20130.gif" width="145" height="108" alt=""><br>
      <span class="font01">TECHNO MARINE</span><br>
      988
   </div>
</section>
```

图 20-54

图 20-55

11 完成页面主体内容区域的制作，该部分的 HTML 代码如下。

```
<div id="content">
   <section>
      <h1 class="title01">最新商品</h1>
```

```html
<div class="pic01">
  <img src="images/20119.gif" width="128" height="108" alt=""><br>
  <span class="font01">精品女士手表 </span><br>
  1100
</div>
<div class="pic01">
  <img src="images/20120.gif" width="128" height="108" alt=""><br>
  <span class="font01">精品女包 </span><br>
  858
</div>
<div class="pic01">
  <img src="images/20121.gif" width="128" height="108" alt=""><br>
  <span class="font01">眼部精华套装 </span><br>
  680
</div>
<div class="pic01">
  <img src="images/20122.gif" width="128" height="108" alt=""><br>
  <span class="font01">幸运星女士手链 </span><br>
  298
</div>
</section>
<section>
  <h1 class="title01">特价商品 </h1>
  <div class="pic01">
    <img src="images/20123.gif" width="128" height="108" alt=""><br>
    <span class="font01">男士手提包 </span><br>
    128
  </div>
  <div class="pic01">
    <img src="images/20124.gif" width="128" height="108" alt=""><br>
    <span class="font01">休闲女鞋 </span><br>
    178
  </div>
  <div class="pic01">
    <img src="images/20125.gif" width="128" height="108" alt=""><br>
    <span class="font01">清新单香水 </span><br>
    138
  </div>
  <div class="pic01">
    <img src="images/20126.gif" width="128" height="108" alt=""><br>
    男士长袖衫 <br>
    88
  </div>
</section>
<section class="section01">
  <div class="pic02">
    <b>| 化妆品 </b><br>
    <img src="images/20128.gif" width="145" height="108" alt=""><br>
    <span class="font01">MONTBLANC</span><br>
    183
  </div>
```

```
<div class="pic02">
    <b>| 手袋 &amp; 包包 </b><br>
    <img src="images/20129.gif" width="145" height="108" alt=""><br>
    <span class="font01">GUERLAIN</span><br>
    388
</div>
<div class="pic02">
    <b>| 手表 &amp; 首饰 </b><br>
    <img src="images/20130.gif" width="145" height="108" alt=""><br>
    <span class="font01">TECHNO MARINE</span><br>
    988
</div>
</section>
</div>
```

12 保存页面和外部 CSS 样式表文件，在浏览器中预览该页面，可以看到页面主体内容区域的效果，如图 20-56 所示。

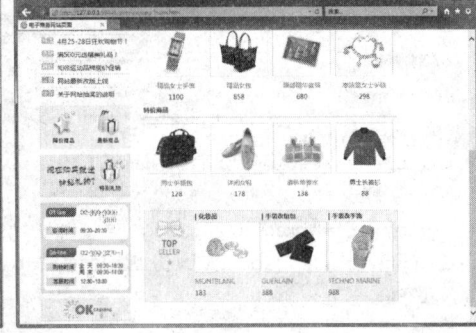

图 20-56

### 5. 制作网页版底 footer 区域

**实战 制作网页版底 footer 区域**

最终文件：最终文件 \ 第 20 章 \20-1.html    视频：视频 \ 第 20 章 \20-1-5.mp4

01 在 id 名称为 main 的 <article> 标签的结束标签之后添加页脚 <footer> 标签，并在该标签中添加 <nav> 标签，编写底部导航代码，如图 20-57 所示。转换到外部 CSS 样式表文件中，创建名为 .nav01 和名为 .nav01 li 的 CSS 样式，如图 20-58 所示。

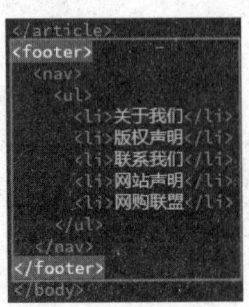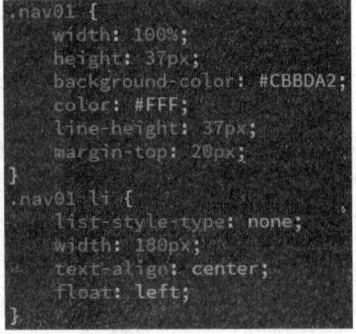

图 20-57                          图 20-58

02 返回网页的 HTML 代码中，在刚添加的底部导航 <nav> 标签中添加 class 属性应用名为 nav01 的类 CSS 样式，如图 20-59 所示。返回网页设计视图中，可以看到页面底部导航的效果，如

图 20-60 所示。

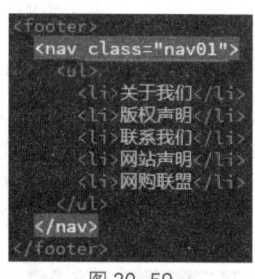

图 20-59　　　　　　　　　　　　　　　　图 20-60

**03** 返回网页的 HTML 代码中，在底部导航之后添加地址 <address> 标签，并编写相应的内容，如图 20-61 所示。转换到外部 CSS 样式表文件中，创建名为 .address01 和名为 .address01 img 的 CSS 样式，如图 20-62 所示。

**04** 返回网页的 HTML 代码中，在刚添加的底部导航 <address> 标签中添加 class 属性应用名为 address01 的类 CSS 样式，如图 20-63 所示。返回网页设计视图中，可以看到页面底部地址信息的效果，如图 20-64 所示。

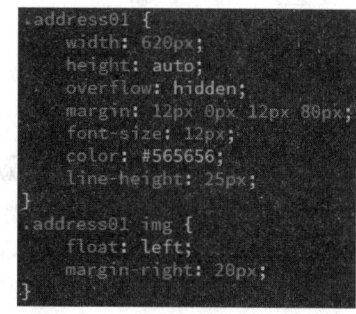

图 20-61　　　　　　　　　　　　　　　　图 20-62

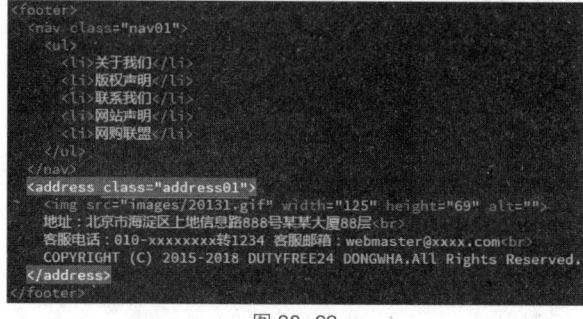

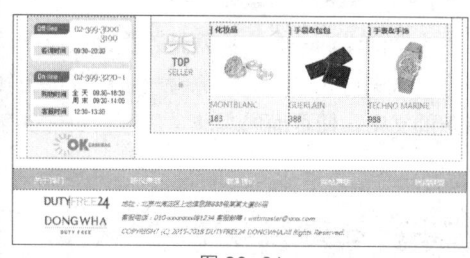

图 20-63　　　　　　　　　　　　　　　　图 20-64

**05** 完成页面底部 footer 区域内容的制作，该部分的 HTML 代码如下。

```html
<footer>
    <nav class="nav01">
        <ul>
            <li> 关于我们 </li>
            <li> 版权声明 </li>
            <li> 联系我们 </li>
            <li> 网站声明 </li>
            <li> 网购联盟 </li>
        </ul>
    </nav>
```

```
<address class="address01">
    <img src="images/20131.gif" width="125" height="69" alt="">
    地址: 北京市海淀区上地信息路 888 号某某大厦 88 层 <br>
    客服电话: 010-xxxxxxxx 转 1234 客服邮箱: webmaster@xxxx.com<br>
    COPYRIGHT (C) 2015-2018 DUTYFREE24 DONGWHA.All Rights Reserved.
    </address>
</footer>
```

06  保存页面和外部 CSS 样式表文件,在浏览器中预览该页面,可以看到页面底部页脚区域的效果,如图 20-65 所示。

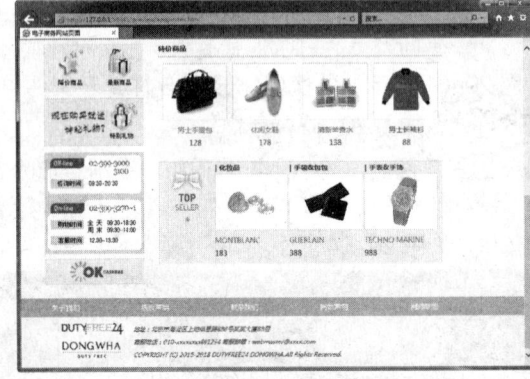

图 20-65

# 20.2 制作企业网站页面

企业网站是一种非常重要的网站类型,网站页面本身的设计水平反映了该企业的实力,因此需要好好考虑。企业网站页面中的内容并不会太多,如何通过图文结合的方式使浏览者能够更清晰地了解企业的精神和内涵是重点。

## 20.2.1 设计分析

本案例设计一个企业网站首页面,整个页面给人感觉清晰、大方,使用色块的方式对页面中的内容区域进行区分,使浏览者一眼就能够分辨出相应的内容,在主体内容部分使用白色的背景搭配黑色的文字,使页面内容非常清晰,页面头部与页脚使用相同的深灰色背景图像,起到首尾呼应的效果。

## 20.2.2 布局结构分析

该企业网站页面整体采用上、中、下的结构布局,结构层次非常清晰,如图 20-66 所示。上部为页面的 header( 页眉 ) 区域,在该部分主要包含页面的 Logo 和导航菜单。header 区域的下方放置企业的宣传推广焦点轮换图,使用 JavaScript 脚本实现多张图片的轮换效果,能够给浏览者很好的视觉效果。中间部分为页面的 article( 文章 ) 区域,在该部分将不同类别的内容分别使用 section( 章节 ) 元素进行包含,使页面的内容结构和层次非常清晰。底部为页面的 footer( 页脚 ) 区域,在该部分同样使用 section( 章节 ) 来区分各部分内容。

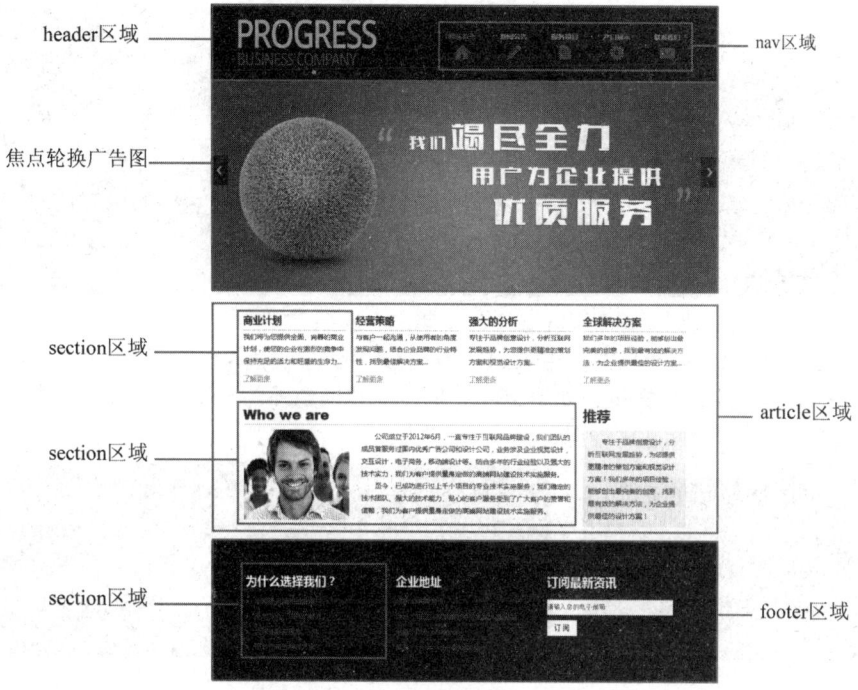

header区域 —— PROGRESS BUSINESS COMPANY —— nav区域

焦点轮换广告图 ——

section区域 ——

section区域 —— article区域

section区域 —— footer区域

图 20-66

## 20.2.3　制作 HTML5 页面

通过前面对该网站页面布局结合的分析，可以很清晰地分清页面的整体布局结构，接下来将依次对页面中各部分进行制作。

### 1.　制作页面头部 header 区域

**实战　制作页面头部 header 区域**

最终文件：最终文件 \ 第 20 章 \20-2.html　　　视频：视频 \ 第 20 章 \20-2-1.mp4

**01** 执行"文件"＞"新建"命令，新建一个 HTML5 页面，将该页面保存为"源文件 \ 第 20 章 \20-2.html"，如图 20-67 所示。新建外部 CSS 样式表文件，将该文件保存为"源文件 \ 第 20 章 \style\20-2.css"，如图 20-68 所示。

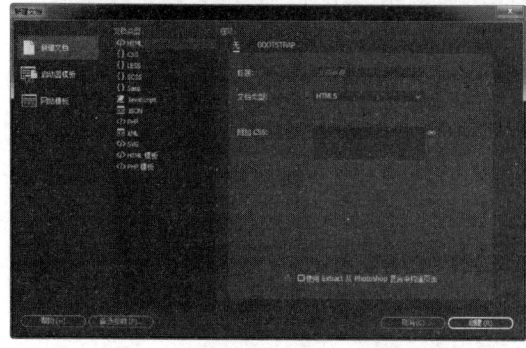

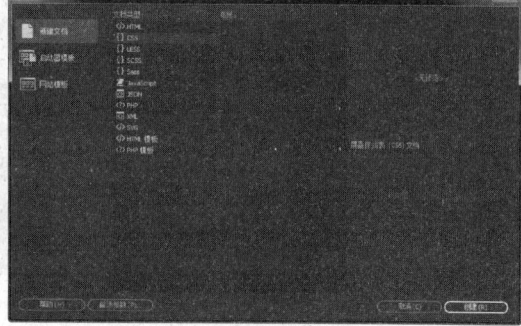

图 20-67　　　　　　　　　　　　　　　　　　　　　　图 20-68

**02** 在外部 CSS 样式表文件中创建通配符 CSS 样式和 body 标签 CSS 样式，如图 20-69 所示。返回网页设计代码中，为网页设置标题，并在 <head> 与 </head> 标签之间添加 <link> 标签链接外部 CSS 样式表文件，如图 20-70 所示。

```
 1  <!doctype html>
 2 ▼ <html>
 3 ▼ <head>
 4    <meta charset="utf-8">
 5    <title>企业网站页面</title>
 6    <link href="style/20-2.css" rel="stylesheet" type="text/css">
 7    </head>
 8
 9 ▼ <body>
10
11    </body>
12    </html>
13
```

```
* {
    margin: 0px;
    padding: 0px;
}
body {
    font-family: 微软雅黑;
    font-size: 14px;
    color: #333;
    line-height: 25px;
}
```

图 20-69　　　　　　　　　　　　　　　　　　　　　图 20-70

**03** 返回网页的 HTML 代码中，在 <body> 标签之间添加页眉 <header> 标签，并在该标签中应用名为 header01 的类 CSS 样式，如图 20-71 所示。转换到外部 CSS 样式表文件中，创建名为 .header01 的 CSS 样式，如图 20-72 所示。

```
<body>
<header class="header01">

</header>

</body>
```

```
.header01 {
    width: 100%;
    height: 125px;
    background-image: url(../images/20201.jpg);
    background-repeat: repeat-x;
    padding-top: 35px;
}
```

图 20-71　　　　　　　　　　　　　　　　　　　　　图 20-72

**04** 切换到网页设计视图中，可以看到页面头部的背景效果，如图 20-73 所示。返回网页的 HTML 代码中，在 <header> 与 </header> 标签之间添加 id 名为 top 的 Div，并编写相应的代码，如图 20-74 所示。

图 20-73

**05** 转换到外部 CSS 样式表文件中，创建名为 #top 和名为 #top h1 的 CSS 样式，如图 20-75 所示。返回网页设计视图中，可以看到页面头部的 Logo 效果，如图 20-76 所示。

```
<body>
<header class="header01">
<div id="top">
    <h1><img src="images/20202.png" width="288" height="94" alt=""></h1>
</div>
</header>

</body>
```

图 20-74

```
#top {
    width: 940px;
    height: auto;
    overflow: hidden;
    margin: 0px auto;
}
#top h1 {
    display: block;
    float: left;
    width: 288px;
    height: 94px;
}
```

图 20-75　　　　　　　　　　　　　　　　　　　　　图 20-76

**06** 返回网页的 HTML 代码中，在 <h1> 标签的结束标签之后添加 <nav> 标签，编写页面的导航菜单，如图 20-77 所示。转换到外部 CSS 样式表文件中，创建名为 .menu 的类 CSS 样式，如图 20-78 所示。

```
<header class="header01">
  <div id="top">
    <h1><img src="images/20202.png" width="288" height="94" alt=""></h1>
    <nav>
      <ul>
        <li id="nav01"><a href="#">网站首页</a></li>
        <li id="nav02"><a href="#">新闻公告</a></li>
        <li id="nav03"><a href="#">服务项目</a></li>
        <li id="nav04"><a href="#">产品展示</a></li>
        <li id="nav05"><a href="#">联系我们</a></li>
      </ul>
    </nav>
  </div>
</header>
```

图 20-77

```
.menu {
    float: left;
    width: 552px;
    height: auto;
    overflow: hidden;
    padding-top: 20px;
    margin-left: 100px;
}
```

图 20-78

**07** 返回网页的 HTML 代码中，在 <nav> 标签中添加 class 属性应用名为 menu 的 CSS 样式，如图 20-79 所示。转换到外部 CSS 样式表文件中，创建名为 .menu li、.menu li a 和名为 .menu li a:hover, .menu .active a 的 CSS 样式，如图 20-80 所示。

```
<header class="header01">
  <div id="top">
    <h1><img src="images/20202.png" width="288" height="94" alt=""></h1>
    <nav class="menu">
      <ul>
        <li id="nav01"><a href="#">网站首页</a></li>
        <li id="nav02"><a href="#">新闻公告</a></li>
        <li id="nav03"><a href="#">服务项目</a></li>
        <li id="nav04"><a href="#">产品展示</a></li>
        <li id="nav05"><a href="#">联系我们</a></li>
      </ul>
    </nav>
  </div>
</header>
```

图 20-79

```
.menu li {
    list-style-type: none;
    float: left;
    margin-left: 50px;
}
.menu li a {
    display: block;
    font-weight: bold;
    color: #BBBBBB;
    text-align: center;
    height: 60px;
    text-decoration: none;
}
.menu li a:hover,.menu .active a {
    color:#497e04
}
```

图 20-80

**08** 切换到网页设计视图中，可以看到页面头部的导航效果，如图 20-81 所示。转换到外部 CSS 样式表文件中，创建名为 #nav01 和名为 #nav01 a:hover,#nav01 .active a 的 CSS 样式，如图 20-82 所示。

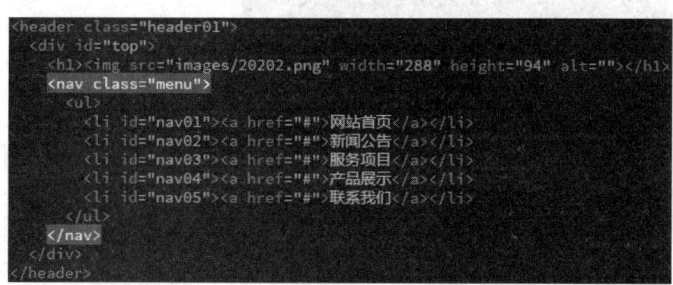

图 20-81

```
#nav01 {
    background-image: url(../images/menu_icon1.gif);
    background-repeat: no-repeat;
    background-position: center bottom;
}
#nav01 a:hover,#nav01 .active a {
    background-image: url(../images/menu_icon1_active.gif);
    background-repeat: no-repeat;
    background-position: center bottom;
}
```

图 20-82

**09** 切换到网页的设计视图中，可以看到第 1 个导航菜单项的效果，如图 20-83 所示。使用相同的制作方法，在外部 CSS 样式表文件中创建针对其他各菜单项的 CSS 样式，返回网页的 HTML 代码中，在第一个菜单项的 <li> 标签中添加 class 属性，应用名为 active 的类 CSS 样式，如图 20-84 所示。

图 20-83

```
<header class="header01">
  <div id="top">
    <h1><img src="images/20202.png" width="288" height="94" alt=""></h1>
    <nav class="menu">
      <ul>
        <li id="nav01" class="active"><a href="#">网站首页</a></li>
        <li id="nav02"><a href="#">新闻公告</a></li>
        <li id="nav03"><a href="#">服务项目</a></li>
        <li id="nav04"><a href="#">产品展示</a></li>
        <li id="nav05"><a href="#">联系我们</a></li>
      </ul>
    </nav>
  </div>
</header>
```

图 20-84

**10** 完成页面头部导航菜单内容的制作，该部分的 HTML 代码如下。

```
<header class="header01">
  <div id="top">
    <h1><img src="images/20202.png" width="288" height="94" alt=""></h1>
    <nav class="menu">
      <ul>
```

```
        <li id="nav01" class="active"><a href="#">网站首页</a></li>
        <li id="nav02"><a href="#">新闻公告</a></li>
        <li id="nav03"><a href="#">服务项目</a></li>
        <li id="nav04"><a href="#">产品展示</a></li>
        <li id="nav05"><a href="#">联系我们</a></li>
      </ul>
    </nav>
  </div>
</header>
```

**11** 保存页面和外部 CSS 样式表文件，在浏览器中预览该页面，可以看到页面头部导航菜单的效果，如图 20-85 所示。

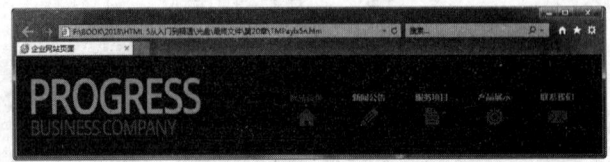

图 20-85

### 2. 制作页面焦点轮换广告图

**实 战** 制作网页焦点轮换广告图

最终文件：最终文件 \ 第 20 章 \20-2.html    视频：视频 \ 第 20 章 \20-2-2.mp4

**01** 在页面中 <header> 标签的结束标签之后添加 id 名称为 banner-bg 的 Div，如图 20-86 所示。转换到外部 CSS 样式表文件中，创建名为 #banner-bg 的 CSS 样式，如图 20-87 所示。

图 20-86

图 20-87

**02** 切换到网页设计视图中，可以看到页面的效果，如图 20-88 所示。返回网页的 HTML 代码中，在 id 名称为 banner-bg 的 Div 中添加 id 名称为 banner 的 Div，并添加项目列表代码，如图 20-89 所示。

图 20-88

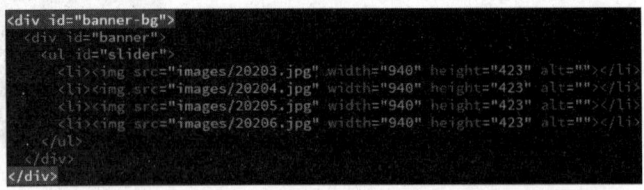

图 20-89

**03** 转换到外部 CSS 样式表文件中，创建名为 #banner 和名为 #banner li 的 CSS 样式，如图 20-90 所示。切换到网页设计视图中，可以看到页面的效果，如图 20-91 所示。

**04** 转换到外部 CSS 样式表文件中，创建名为 .centered-btns_nav 和名为 .centered-btns_nav.next 的 CSS 样式，如图 20-92 所示。返回网页的 HTML 代码中，在页面头部 <head> 与 </head> 标签之间添加链接外部 JavaScript 脚本文件的代码并编写相应的 JavaScript 脚本代码，如图 20-93 所示。

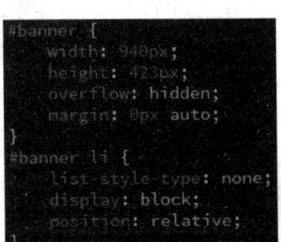

```
#banner {
    width: 940px;
    height: 423px;
    overflow: hidden;
    margin: 0px auto;
}
#banner li {
    list-style-type: none;
    display: block;
    position: relative;
}
```

图 20-90

图 20-91

```
.centered-btns_nav {
  position: absolute;
  top: 50%;
  left: 0;
  opacity: 0.5;
  text-indent: -9999px;
  overflow: hidden;
  text-decoration: none;
  height: 61px;
  width: 38px;
  background: url("../images/20207.gif") no-repeat left top;
}
.centered-btns_nav.next {
  left: auto;
  background-position: right top;
  right: 0;
}
```

图 20-92

```
<head>
<meta charset="utf-8">
<title>企业网站页面</title>
<link href="style/20-2.css" rel="stylesheet" type="text/css">
<script type="text/javascript" src="js/jquery-1.6.js"></script>
<script type="text/javascript" src="js/responsiveslides.js"></script>
<script>
    $(function () {
      $("#slider").responsiveSlides({
        auto: true,
        pager: false,
        nav: true,
        speed: 500,
        maxwidth: 960,
        namespace: "centered-btns"
      });
    });
</script>
</head>
```

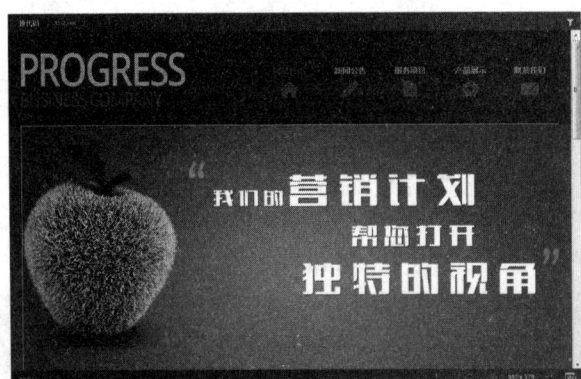

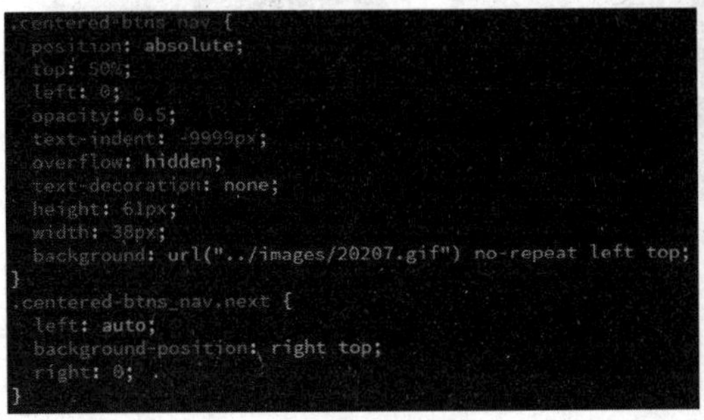

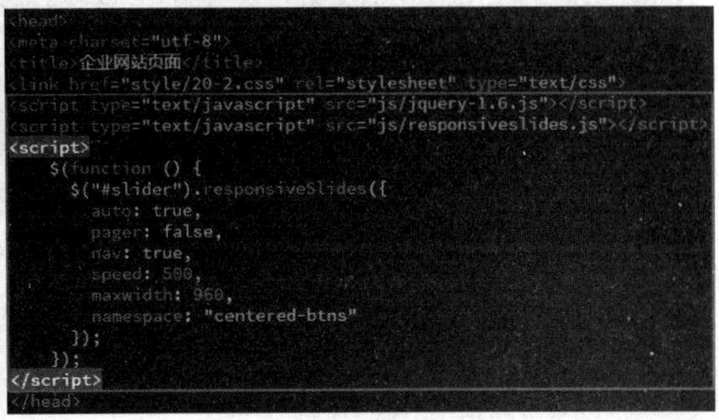

图 20-93

05 完成页面头部焦点轮换广告图的制作，该部分的 HTML 代码如下。

```
<div id="banner-bg">
  <div id="banner">
    <ul id="slider">
      <li><img src="images/20203.jpg" width="940" height="423" alt=""></li>
      <li><img src="images/20204.jpg" width="940" height="423" alt=""></li>
      <li><img src="images/20205.jpg" width="940" height="423" alt=""></li>
      <li><img src="images/20206.jpg" width="940" height="423" alt=""></li>
    </ul>
  </div>
</div>
```

06 保存页面和外部 CSS 样式表文件，在浏览器中预览该页面，可以看到页面头部焦点轮换广告图的效果，如图 20-94 所示。

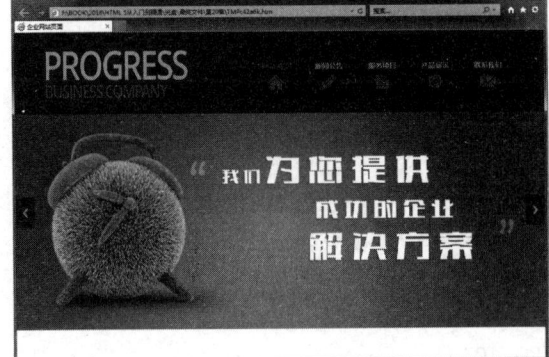

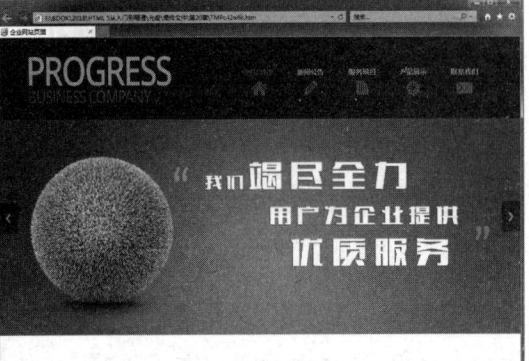

图 20-94

### 3. 制作页面主体内容区域

**实 战** 制作页面主体内容区域

最终文件：最终文件\第 20 章\20-2.html　　视频：视频\第 20 章\20-2-3.mp4

**01** 在 id 名称为 banner-bg 的 Div 之后添加 id 名称为 main 的 Div，并在该 Div 中添加文章 <article> 标签，如图 20-95 所示。转换到外部 CSS 样式表文件中，创建名为 #main 的 CSS 样式，如图 20-96 所示。

```html
<div id="banner-bg">
  <div id="banner">
    <ul id="slider">
      <li><img src="images/20203.jpg" width="940" height="423" alt=""></li>
      <li><img src="images/20204.jpg" width="940" height="423" alt=""></li>
      <li><img src="images/20205.jpg" width="940" height="423" alt=""></li>
      <li><img src="images/20206.jpg" width="940" height="423" alt=""></li>
    </ul>
  </div>
</div>
<div id="main">
  <article>

  </article>
</div>
```

图 20-95

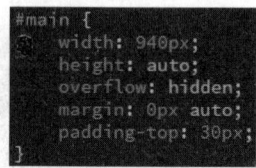

图 20-96

```css
#main {
  width: 940px;
  height: auto;
  overflow: hidden;
  margin: 0px auto;
  padding-top: 30px;
}
```

**02** 返回网页的 HTML 代码中，在名为 <article> 与 </article> 标签之间添加章节 <section> 标签，并编写相应的内容，如图 20-97 所示。转换到外部 CSS 样式表文件中，创建名为 .section01 的类 CSS 样式，如图 20-98 所示。

```html
<div id="main">
  <article>
    <section>
      <h1>商业计划</h1>
      <p>我们将为您提供全面、完善的商业计划，使您的企业在激烈的竞争中保持充足的活力和旺盛的生命力...</p>
      <p class="font01">了解更多</p>
    </section>
  </article>
</div>
```

图 20-97

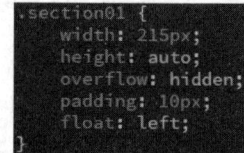

图 20-98

```css
.section01 {
  width: 215px;
  height: auto;
  overflow: hidden;
  padding: 10px;
  float: left;
}
```

**03** 转换到外部 CSS 样式表文件中，创建名为 .section01 h1 和名为 .font01 的 CSS 样式，如图 20-99 所示。返回网页的 HTML 代码中，为 <section> 标签应用名为 section01 的类 CSS 样式，切换到网页设计视图中，可以看到所制作的该部分章节内容的效果，如图 20-100 所示。

```css
.section01 h1 {
  display: block;
  width: 100%;
  font-size: 20px;
  line-height: 40px;
  border-bottom: dashed 1px #60B000;
}
.font01 {
  color: #60B000;
  text-decoration: underline;
  margin-top: 10px;
}
```

图 20-99

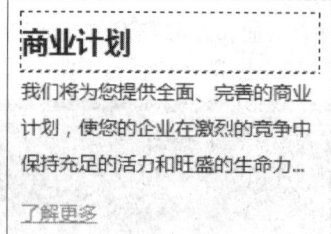

图 20-100

**04** 返回网页的 HTML 代码中，使用相同的制作方法，可以制作出其他章节内容的效果，HTML 代码如图 20-101 所示。切换到网页设计视图，可以看到页面的效果，如图 20-102 所示。

**05** 返回网页的 HTML 代码中，继续添加章节 <section> 标签，并且为其应用名为 section02 的类 CSS 样式，编写相应的代码，如图 20-103 所示。转换到外部 CSS 样式表文件中，创建名为 .section02 和名为 .section02 h1 的 CSS 样式，如图 20-104 所示。

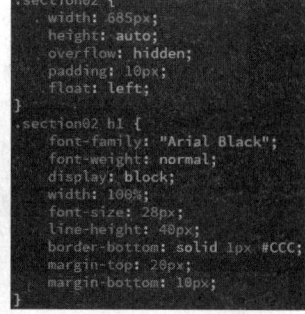

图 20-101　　　　　　　　　　　　　　　图 20-102

图 20-103　　　　　　　　　　　　　　　图 20-104

**06** 返回网页设计视图中，可以看到页面的效果，如图 20-105 所示。返回网页的 HTML 代码中，在 <section> 标签中编写相应的内容，如图 20-106 所示。

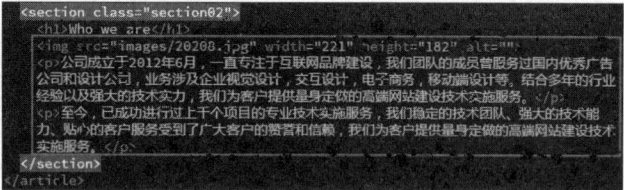

图 20-105　　　　　　　　　　　　　　　图 20-106

**07** 转换到外部 CSS 样式表文件中，创建名为 .section02 img 和名为 .section02 p 的 CSS 样式，如图 20-107 所示。切换到网页设计视图，可以看到页面的效果，如图 20-108 所示。

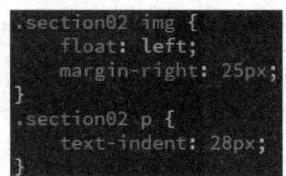

图 20-107　　　　　　　　　　　　　　　图 20-108

**08** 使用相同的制作方法，可以完成页面主体部分内容的制作，该部分的 HTML 代码如下。

```
<div id="main">
  <article>
    <section class="section01">
      <h1>商业计划 </h1>
        <p>我们将为您提供全面、完善的商业计划，使您的企业在激烈的竞争中保持充足的活力和旺盛的生命
力 ...</p>
        <p class="font01"> 了解更多 </p>
    </section>
    <section class="section01">
```

```
            <h1> 经营策略 </h1>
            <p class="font01"> 了解更多 </p>
         </section>
         <section class="section01">
            <h1> 经营策略 </h1>
            <p> 与客户一起沟通，从使用者的角度发现问题，结合企业品牌的行业特性，找到最佳解决方案 ...</p>
            <p class="font01"> 了解更多 </p>
         </section>
         <section class="section01">
            <h1> 强大的分析 </h1>
            <p> 专注于品牌创意设计，分析互联网发展趋势，为您提供更精准的策划方案和视觉设计方案 ...</p>
            <p class="font01"> 了解更多 </p>
         </section>
         <section class="section01">
            <h1> 全球解决方案 </h1>
            <p> 我们多年的项目经验，能够创出最完美的创意，找到最有效的解决方法，为企业提供最佳的设计方
案 ...</p>
            <p class="font01"> 了解更多 </p>
         </section>
         <section class="section02">
            <h1>Who we are</h1>
            <img src="images/20208.jpg" width="221" height="182" alt="">
            <p> 公司成立于 2012 年 6 月，一直专注于互联网品牌建设，我们团队的成员曾服务过国内优秀广告公
司和设计公司，业务涉及企业视觉设计、交互设计、电子商务、移动端设计等。结合多年的行业经验以及强大的技术
实力，我们为客户提供量身定做的高端网站建设技术实施服务。</p>
            <p> 至今，已成功进行过上千个项目的专业技术实施服务，我们稳定的技术团队、强大的技术能力、贴
心的客户服务受到了广大客户的赞誉和信赖，我们为客户提供量身定做的高端网站建设技术实施服务。</p>
         </section>
         <section class="section03">
            <h1> 推荐 </h1>
            <p> 专注于品牌创意设计，分析互联网发展趋势，为您提供更精准的策划方案和视觉设计方案！我们多
年的项目经验，能够创造出最完美的创意，找到最有效的解决方法，为企业提供最佳的设计方案！ </p>
         </section>
      </article>
   </div>
```

09 保存页面和外部 CSS 样式表文件，在浏览器中预览该页面，可以看到页面主体部分的效果，
如图 20-109 所示。

图 20-109

## 4. 制作页脚部分内容

**实战** 制作页脚部分内容

最终文件：最终文件 \ 第 20 章 \20-2.html　　视频：视频 \ 第 20 章 \20-2-4.mp4

348

**01** 在 id 名称为 main 的 Div 之后添加页脚 <footer> 标签，并在该标签中添加文章 <article> 标签，如图 20-110 所示。转换到外部 CSS 样式表文件中，创建名为 .footer01 和名为 .bottom 的类 CSS 样式，如图 20-111 所示。

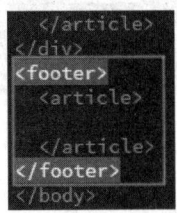

```
</article>
    </div>
<footer>
    <article>

    </article>
</footer>
</body>
```

图 20-110

```
.footer01 {
    width: 100%;
    height: auto;
    overflow: hidden;
    padding: 40px 0px;
    margin-top: 20px;
    background-image: url(../images/20201.jpg);
    background-repeat: repeat-x;
}
.bottom {
    width: 940px;
    height: auto;
    overflow: hidden;
    margin: 0px auto;
```

图 20-111

**02** 返回网页的 HTML 代码中，在 <footer> 标签中添加 class 属性应用名为 footer01 的类 CSS 样式，在 <article> 标签中添加 class 属性应用名为 bottom 的类 CSS 样式，如图 20-112 所示。切换到网页设计视图，可以看到页面页脚的效果，如图 20-113 所示。

```
<footer class="footer01">
<article class="bottom">

</article>
</footer>
```

图 20-112

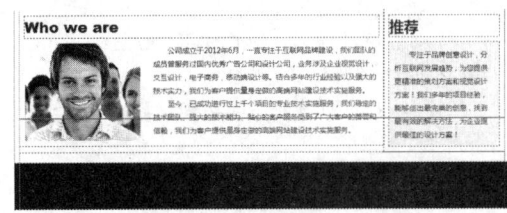

图 20-113

**03** 返回网页的 HTML 代码中，在名为 <article> 与 </article> 标签之间添加章节 <section> 标签，并编写相应的内容，如图 20-114 所示。转换到外部 CSS 样式表文件中，创建名为 .bottom-list 的类 CSS 样式，如图 20-115 所示。

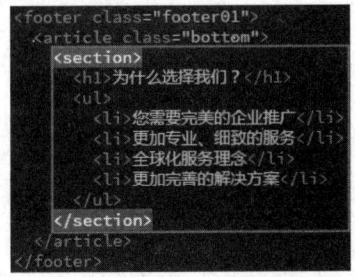

```
<footer class="footer01">
    <article class="bottom">
    <section>
        <h1>为什么选择我们？</h1>
        <ul>
            <li>您需要完美的企业推广</li>
            <li>更加专业、细致的服务</li>
            <li>全球化服务理念</li>
            <li>更加完善的解决方案</li>
        </ul>
    </section>
    </article>
</footer>
```

图 20-114

```
.bottom-list {
    width: 283px;
    height: auto;
    overflow: hidden;
    padding: 15px;
    float: left;
}
```

图 20-115

**04** 返回网页的 HTML 代码中，在 <section> 标签中添加 class 属性应用名为 bottom-list 的类 CSS 样式，如图 20-116 所示。转换到外部 CSS 样式表文件中，创建名为 .bottom-list h1 和名为 .bottom-list li 的 CSS 样式，如图 20-117 所示。

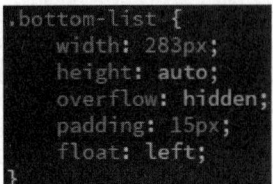

```
<footer class="footer01">
    <article class="bottom">
    <section class="bottom-list">
        <h1>为什么选择我们？</h1>
        <ul>
            <li>您需要完美的企业推广</li>
            <li>更加专业、细致的服务</li>
            <li>全球化服务理念</li>
            <li>更加完善的解决方案</li>
        </ul>
    </section>
    </article>
</footer>
```

图 20-116

```
.bottom-list h1 {
    font-size: 24px;
    color: #FFF;
    line-height: 50px;
    border-bottom: solid 1px #2F2F2F;
}
.bottom-list li {
    list-style-type: none;
    color: #696969;
    line-height: 30px;
    list-style-image: url(../images/20209.gif);
    list-style-position: inside;
    border-bottom: solid 1px #2F2F2F;
}
```

图 20-117

**05** 返回网页设计视图中，可以看到该部分内容的效果，如图 20-118 所示。使用相同的制作方法，可以完成其他相似内容的制作，效果如图 20-119 所示。

| 图 20-118 | 图 20-119 |

**06** 完成页脚部分内容的制作，该部分的 HTML 代码如下。

```html
<footer class="footer01">
  <article class="bottom">
    <section class="bottom-list">
      <h1>为什么选择我们？</h1>
      <ul>
        <li>您需要完美的企业推广</li>
        <li>更加专业、细致的服务</li>
        <li>全球化服务理念</li>
        <li>更加完善的解决方案</li>
      </ul>
    </section>
    <section class="bottom-list">
      <h1>企业地址</h1>
      <p>城市：中国·北京</p>
      <p>地址：海淀区某某路 100 号某某大厦 88 层</p>
      <p>电话：010-xxxxxxxx</p>
      <p>邮箱：webmaster@xxxx.com</p>
    </section>
    <section class="bottom-list">
      <h1>订阅最新资讯</h1>
      <form id="form1" name="form1" method="post">
        <input type="email" id="uemail" placeholder="请输入您的电子邮箱"><br>
        <input type="submit" id="submit" value="订 阅">
      </form>
    </section>
  </article>
</footer>
```

**07** 保存页面和外部 CSS 样式表文件，在浏览器中预览该页面，可以看到页面主体部分内容的效果，如图 20-120 所示。

图 20-120

# 第 21 章 HTML5 手机网页实战

移动设备的普及促进了移动互联网的迅速发展，手机等智能移动设备已经成为浏览网站页面的主要载体，而 HTML5 的推出也正是为了适应移动智能设备的迅速发展，并且智能移动设备对 HTML5 和 CSS3 等新特性都具有良好的支持，这些都为手机网页的发展提供了很大的便利性。本章将向读者介绍制作手机网页的方法和注意事项，并通过手机网页实例的制作，向读者讲解使用 HTML5 与 CSS3 相结合制作手机网页的方法和技巧。

**本章知识点：**

➤ 掌握制作手机网页需要注意的问题
➤ 掌握 Dreamweaver 中流体网格布局功能的使用方法
➤ 理解手机网页的制作思路
➤ 掌握手机网页的制作方法

## 21.1 如何制作响应式网站页面

随着用户访问网站页面终端的多样化，例如，智能手机、平板电脑、台式计算机或笔记本电脑等，我们需要考虑如何使设计制作的网站页面自动适应不同终端设备的浏览。响应式布局设计就是一个网站页面能够兼容多个终端，而不是为每个不同的终端制作一个特定的版本。网站页面又能去自动响应用户的设备环境。

### 21.1.1 什么是响应式设计

响应式设计是精心提供各种设备都能浏览网页的一种设计方法，它能够让网页在不同的设备中展现出不同的设计风格。由此可见，响应式设计不是流体布局，也不是网格布局，而是一种独特的网页设计方法。

响应式设计是一项不折不扣的"技术驱动"型设计模式。对于设计师来说，把握响应式设计中的交互模式、色彩运用是一件很有挑战性的事情，但是响应式设计本身是来源于移动互联网技术的兴起和新的 CSS3 技术，没有这些，一切好的想法都只是镜花水月。

下面来简单认识一下响应式设计，并了解其需要遵循的一些模式。如图 21-1 所示为一个典型的响应式设计案例，读者可以直观地感受一下。

在不同的设备中，页面的配色、内容和设计风格都保持了一致性，只是根据设备屏幕大小的不同采用了不同的排版布局方式，从而更适合不同设备的浏览

图 21-1

读者可能已经发现，响应式设计并不是同样内容的等比例缩小，也不像之前流行的 WAP 网站一样和 PC 端差异巨大。响应式设计在设计风格和色彩搭配上保持了很大的一致性，又根据移动设备的特点对页面布局进行了适当的调整。

## 21.1.2　响应式设计的相关术语

在响应式设计中，有一些专业术语，理解这些专业术语对帮助理解和学习响应式设计至关重要。

### 1. 流体网格

流体网格是一个简单的网格系统，这种网格设计参考了流体设计中的网格系统。将每个网格格子使用百分比单位来控制网格大小。这种网格系统最大的好处是让网格大小随时根据屏幕尺寸大小做出相应的比例缩放。

### 2. 弹性图片

弹性图片是指不给图片设置固定尺寸，而是根据流体网格进行缩放，用于适应各种网格的尺寸。而实现方法也非常简单，只需要一条代码即可。

```
img {max-width: 100%;}
```

不幸的是，这条代码在 IE 8 浏览器中存在严重的问题，图片会失踪。当然弹性图片在响应式设计中如何更好地实现，到目前为止，还存在争议，也还在不断地改善。

### 3. 媒体查询

媒体查询功能在 CSS3 中得到了强大的扩展，使用媒体查询功能可以让设计根据用户终端设备适配对应的 CSS 样式，这也是响应式设计中最为关键的核心。可以说，响应式设计离开了媒体查询功能就失去了它存在的意义。

简单地说，媒体查询功能可以根据设备的尺寸，查询出适配的 CSS 样式。响应式设计最关注的是：根据用户所使用设备的当前屏幕宽度，Web 页面将加载一个备用的 CSS 样式，实现特定的页面风格。

### 4. 屏幕分辨率

屏幕分辨率是指用户使用的设备浏览 Web 页面时的分辨率。例如，智能手机浏览器、平板电脑浏览器和 PC 端浏览器。响应式设计利用媒体查询功能针对浏览器使用的分辨率来适配对应的 CSS 样式，因此屏幕分辨率在响应式设计中是很重要的内容，因为只有知道 Web 页面要在哪种分辨率下显示哪种效果，才能调用对应的 CSS 样式。

### 5. 主要断点

主要断点，在 Web 开发中是一个新词，但它是响应式设计中很重要的一部分。简单地描述就是设备宽度的临界点。在媒体查询中，min-width 和 max-width 属性对应的属性值就是响应式设计中的断点值。简单来说，就是使用主要断点和次要断点，创建媒体查询的条件，而每个断点会调用相应的 CSS 样式代码。如图 21-2 所示为在一个 CSS 样式表文件中设置主要断点的示意。

在一个 CSS 样式表文件中设置主要断点，这个 CSS 样式表文件包括所有风格的 CSS 样式代码，也就是说，所有设备下显示的风格是通过这个 CSS 样式表文件下载的。当然，在实际中还可以使用另一种方法，也就是在不同的断点加载不同的 CSS 样式表文件，如图 21-3 所示。

提示

除了主要断点之外，为了满足更多效果，还可以在这个基础上添加次要断点。不过主要断点和次要断点增加之后，需要维护的 CSS 样式也相应增加，成本也相应增加。

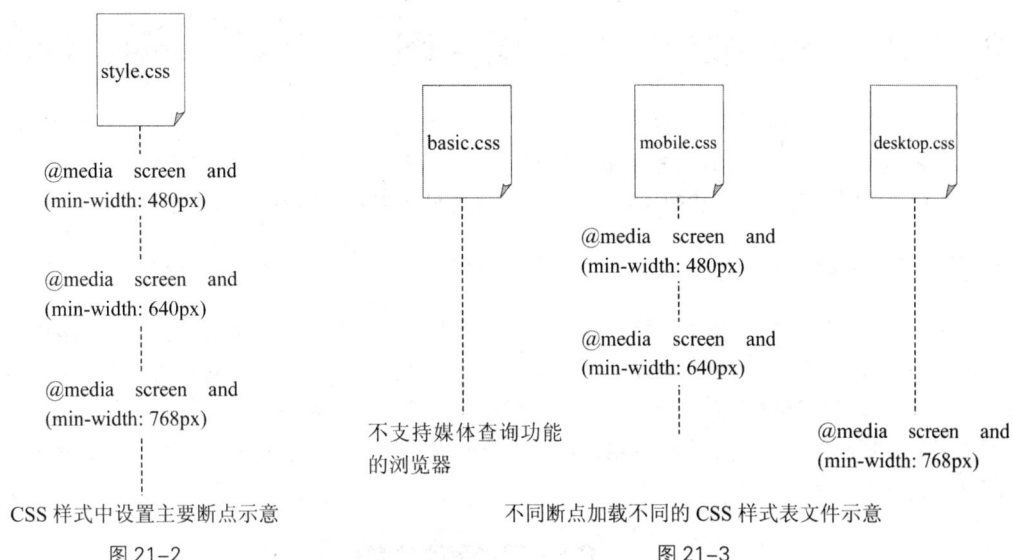

| CSS 样式中设置主要断点示意 | 不同断点加载不同的 CSS 样式表文件示意 |
| :---: | :---: |
| 图 21-2 | 图 21-3 |

## 21.1.3 　<meta> 标签设置

当采用响应式设计的页面在智能设备中进行测试时，会发现所有的媒体查询都不会生效，页面仍展示为普通的样式，即一个全局缩小后的页面。这是因为许多智能设备都使用了一个比实际屏幕尺寸大很多的虚拟可视区域，主要目的就是让页面在智能设备上阅读时不会因为实际可视区域而变形。

为了让智能设备能够根据媒体查询匹配相应的 CSS 样式，让页面在智能设备中正常显示，特意添加了一个特殊的 <meta> 标签，这个标签的主要作用就是让智能手机浏览网页时能够进行优化，并且可以自定义界面中可视区域的尺寸和缩放级别。

<meta> 标签的使用方法如下。

```
<meta name="viewport" content=" ">
```

在 <meta> 标签的 content 属性中可以设置相应的属性值为处理可视区域，content 属性值的说明如表 21-1 所示。

表 21-1　<meta> 标签的 content 属性值说明

| 属性值 | 描述 |
| :--- | :--- |
| width | 可视区域的宽度，共值可以是一个具体数字或关键词 device-width |
| height | 可视区域的高度，共值可以是一个具体数字或关键词 device-height |
| initial-scale | 页面首次被显示时可视区域的缩放级别，取值为 1.0 时将使页面按实际尺寸显示，无任何缩放 |
| minimun-scale | 可视区域的最小缩放级别，表示用户可以将页面缩小的程度，取值为 1.0 时将禁止用户缩小至实际尺寸以下 |
| maximun-scale | 可视区域的最大缩放级别，表示用户可以将页面放大的程度，取值为 1.0 时将禁止用户放大至实际尺寸以上 |
| user-scalable | 指定用户是否可以对页面进行缩放，设置为 yes 将允许缩放，no 为禁止缩放 |

在实际项目中，为了让响应式设计在智能设备中能正常显示，也就是浏览 Web 页面时能够适应屏幕的大小并显示在屏幕上，可以通过这个可视区域的 <meta> 标签进行设置，告诉它使用设备的宽度为视图的宽度，也就是说，禁止其默认的自适应页面效果，具体设置如下。

```
<meta name="viewport" content="width=device-width,initial-scale=1">
```

另外，由于响应式设计只有结合 CSS3 的媒体查询功能，才能尽显响应式布局的设计风格，这就要求浏览器必须支持 CSS3 的媒体查询功能。

## 21.2　制作响应式摄影图片网页

摄影图片网页的重点是通过摄影图片表现出视觉冲击力。本节将带领读者完成一个能够适用于手机、平板电脑和 PC 端设备（包括台式计算机和笔记本电脑）浏览的响应式摄影图片网站页面，并且在页面中添加了常见的交互式效果的实现，用户无论使用哪种移动设备都能够轻松地浏览该网页。

### 21.2.1　设计分析

本案例制作一个响应式摄影图片网站页面，在页面中使用大量高品质的摄影图片来吸引浏览者的目光，通过搭配半透明的黑色和浅灰色，将整个网页营造出一种时尚、富有活力的感觉。该网页需要适应手机和其他移动设备的浏览，所以在制作时比较特殊，通过简单的页面结构和布局，使整个网页无论在哪种设备中浏览都能够给人直观、清晰的视觉效果。该网页在不同设备中预览的效果如图 21-4 所示。

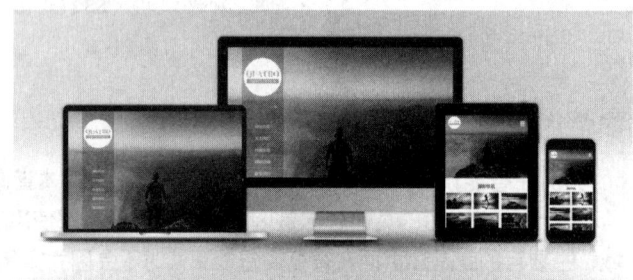

图 21-4

### 21.2.2　布局结构分析

该响应式摄影图片网页整体上采用上、中、下的结构布局，无论是在 PC 端还是在手机端浏览，其页面的布局结构是基本相同的，如图 21-5 所示。

PC 设备中的网页布局　　　　手机中的网页布局

图 21-5

在页面 header 区域中通过全屏的摄影大图作为背景，搭配垂直的半透明背景色区域，表现出页面的 Logo 和导航菜单。而在手机浏览的页面中，header 区域同样通过全屏的摄影大图作为背景，搭配水平的半透明区域，表现出页面的 Logo 和显示导航菜单的按钮。

在页面主体内容区域制作的是摄影作品的图片展示，在 PC 设备中一行显示 3 张作品图片，而在手机中一行显示两张作品图片。该部分采用百分比的方式，这样可以使图片随着屏幕尺寸的变化而等比例缩放。

在页面的 footer 区域中放置版底信息内容，在 PC 端和手机端的显示效果基本相同，唯一不同的是版底信息中的字体大小，使用手机浏览时，版底信息中的字体比其他设备中要稍小一些。

### 21.2.3　制作 HTML5 响应式网页

通过前面对该手机页面布局结合的分析，可以很清晰地分清页面的整体布局结构，接下来将依次对页面中各部分进行制作。

#### 1. 制作页面导航区域

**实 战　制作页面导航区域**

最终文件：最终文件 \ 第 21 章 \21-2.html　　　视频：视频 \ 第 21 章 \21-2-1.mp4

`01` 执行"文件" > "新建"命令，弹出"新建文档"对话框，新建一个空白的 HTML 页面，如图 21-6 所示，将其保存为"源文件 \ 第 21 章 \21-2.html"。新建外部 CSS 样式表文件，如图 21-7 所示，将其保存为"源文件 \ 第 21 章 \style\21-2.css"。

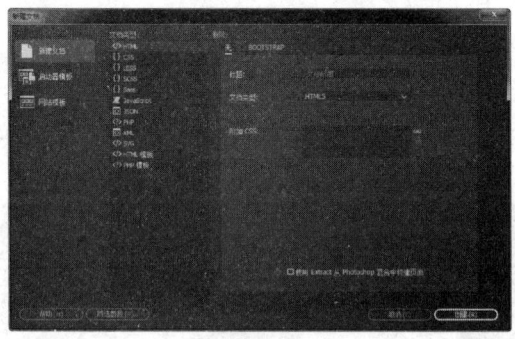

图 21-6　　　　　　　　　　　　　　　　图 21-7

`02` 转换到 HTML 页面中，在 <head> 与 </head> 标签之间添加 <link> 标签链接外部 CSS 样式表文件，继续添加 <meta> 标签设置，使用设备的宽度作为视图的宽度，如图 21-8 所示。

```
<!doctype html>
<html>
<head>
<meta charset="utf-8">
<meta name="viewport" content="width=device-width, initial-scale=1">
<title>响应式摄影图片网站</title>
<link href="style/21-2.css" rel="stylesheet" type="text/css">
</head>

<body>
</body>
</html>
```

图 21-8

`03` 首先制作该网页头部在传统 PC 桌面浏览器中显示的效果。返回网页的 HTML 代码中，在 <body> 标签之间编写网页头部导航的代码，如图 21-9 所示。转换到外部 CSS 样式表文件中，创建通配符和 body 标签 CSS 样式，对页面的整体基础属性进行设置，如图 21-10 所示。

```
<body>
<header>
<nav>
    <div id="logo"><img src="images/21202.png" alt="logo"></div>
    <ul>
        <li>网站首页</li>
        <li>关于我们</li>
        <li>时尚生活</li>
        <li>精彩活动</li>
        <li>联系我们</li>
    </ul>
</nav>
</header>
</body>
```

图 21-9

图 21-10

[04] 创建针对传统 PC 端浏览器的媒体查询 (Media Query) 样式，如图 21-11 所示。在针对传统 PC 端浏览器的媒体查询中创建名为 .header01 和名为 .nav01 的类 CSS 样式，如图 21-12 所示。

```
/*针对传统PC桌面浏览器*/
@media only screen and (min-width: 769px) {

}
```

图 21-11

```
/*针对PC桌面流览器*/
@media only screen and (min-width: 769px) {
.header01 {
    background-image: url(../images/21201.jpg);
    background-repeat: no-repeat;
    background-position: center;
    min-height: 800px;
    background-size: cover;
}
.nav01 {
    width: 18%;
    height: 750px;
    margin-left: 8%;
    background-color: rgba(0,0,0,0.2);
    padding-top: 50px;
}
}
```

图 21-12

提示

此处所创建的媒体查询代码 @media only screen and (min-width: 769px) {....} 是针对 PC 端屏幕大小的，判断屏幕最小宽度为 769 像素，只要屏幕的宽度大于 769 像素，则会调用大括号中所定义的 CSS 样式来表现网页元素。

[05] 返回网页的 HTML 代码中，在 <header> 标签中添加 class 属性应用名为 header01 的类 CSS 样式，在 <nav> 标签中添加 class 属性应用名为 nav01 的类 CSS 样式，如图 21-13 所示。切换到实时视图中，可以看到当前页面在 PC 端的页眉显示效果，如图 21-14 所示。

```
<body>
<header class="header01">
<nav class="nav01">
    <div id="logo"><img src="images/21202.png" alt="logo"></div>
    <ul>
        <li>网站首页</li>
        <li>关于我们</li>
        <li>时尚生活</li>
        <li>精彩活动</li>
        <li>联系我们</li>
    </ul>
</nav>
</header>
</body>
```

图 21-13

图 21-14

提示

目前所创建的 CSS 样式是创建在 @media only screen and (min-width: 769px) {....} 之间的，该部分只针对屏幕宽度大于 769 像素的设备起作用，所以如果当浏览该网页的设备屏幕宽度小于 769px 时，页面中的元素将没有任何的样式表现效果。

[06] 转换到外部 CSS 样式表文件中，同样在针对 PC 端的媒体查询部分创建名为 #logo 和 #logo img 的 CSS 样式，如图 21-15 所示。切换到网页设计视图中，在 PC 设备大小屏幕中可以看到网页 logo 的显示效果，如图 21-16 所示。

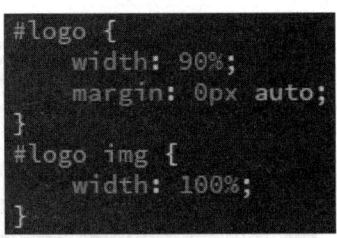

图 21-15　　　　　　　　　　　　　　　　　图 21-16

07　转换到外部 CSS 样式表文件中，在针对 PC 端的媒体查询部分创建名为 .menu01 和 .menu01 li 的 CSS 样式，如图 21-17 所示。返回网页的 HTML 代码中，在 <ul> 标签中添加 class 属性应用名为 menu01 的类 CSS 样式，如图 21-18 所示。

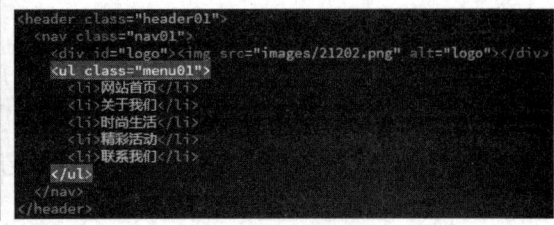

图 21-17　　　　　　　　　　　　　　　　　图 21-18

08　在 <ul> 结束标签之后添加 <div> 标签并插入相应的图像，如图 21-19 所示。转换到外部 CSS 样式表文件中，在针对 PC 端的样式部分创建名为 #menu-btn 的 CSS 样式，如图 21-20 所示。

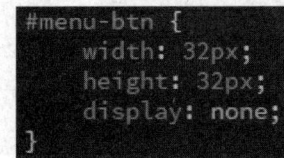

图 21-19　　　　　　　　　　　　　　　　　图 21-20

**提示**

此处所添加的 id 名称为 menu-btn 的 Div，并在该 Div 中插入相应的图像。该 Div 是在平板电脑和手机中浏览网页时才会显示的，在手机和平板电脑中浏览网页时，默认隐藏网页中的导航菜单项，显示出该 Div 中的内容。而在 PC 端浏览网页时，则显示网页导航菜单，隐藏该 Div，所以此处需要在该 Div 的 CSS 样式中添加 display:none 属性，将其在页面中隐藏。

09　在浏览器中预览页面，在 PC 设备大小屏幕中可以看到网页导航菜单的显示效果，id 名称为 menu-btn 的 Div 在 PC 设备大小屏幕中被隐藏了，效果如图 21-21 所示。接着制作该网页头部在平板电脑中显示的效果，页面的 HTML 代码都是相同的，不同的是 CSS 样式代码的设置。转换到外部 CSS 样式表文件中，创建针对平板电脑屏幕大小的媒体查询 (Media Query) 样式，如图 21-22 所示。

图 21-21　　　　　　　　　　　　　　　　　图 21-22

10    在针对平板电脑的媒体查询部分创建名为 .header01 和名为 .nav01 的类 CSS 样式，如图 21-23 所示。切换到实时视图中，单击针对平板电脑的媒体查询选项，可以看到页眉部分在平板电脑中的显示效果，如图 21-24 所示。

```
/*针对平板电脑屏幕大小*/
@media only screen and (min-width: 481px) and (max-width: 768px) {
    .header01 {
        background-image: url(../images/21201.jpg);
        background-repeat: no-repeat;
        background-position: center;
        min-height: 400px;
        background-size: cover;
    }

    .nav01 {
        position: relative;
        width: auto;
        height: 110px;
        background-color: rgba(0,0,0,0.2);
        padding: 10px 0px;
    }
}
```

图 21-23                                  图 21-24

**提示**

此处所创建的媒体查询 @media only screen and (min-width: 481px) and (max-width: 768px) {…} 部分是针对平板电脑屏幕大小的，判断设备的屏幕在 481~768 像素之间时，调用大括号中所定义的 CSS 样式来表现网页元素。此处所编写的 CSS 样式代码与前面针对 PC 设备所编写的 CSS 样式代码相似，但在个别属性的设置上有所不同，需要注意。

11    转换到外部 CSS 样式表文件中，在针对平板电脑的媒体查询部分创建名为 #logo 和 #logo img 的 CSS 样式，如图 21-25 所示。切换到实时视图中，在平板电脑大小屏幕中可以看到网页 logo 的显示效果，如图 21-26 所示。

```
#logo {
    width: 15%;
    position: relative;
    margin-left: 20px;
}
#logo img {
    width: 100%;
}
```

图 21-25                                  图 21-26

12    转换到外部 CSS 样式表文件中，在针对平板电脑的媒体查询部分创建名为 .menu01、.menu01 li 和 #menu-btn 的 CSS 样式，如图 21-27 所示。切换到实时视图中，在平板电脑中可以看到网页头部导航的显示效果，如图 21-28 所示。

```
.menu01 {
    display: none;
    position: absolute;
    width: 100%;
    text-align: center;
    background-color: rgba(0,0,0,0.5);
    margin-top: 15px;
    color: #FFF;
}
.menu01 li {
    list-style-type: none;
    font-size: 1.2em;
    line-height: 3em;
}
#menu-btn {
    width: 32px;
    height: 32px;
    position: absolute;
    right: 20px;
    top: 40px;
}
```

图 21-27                                  图 21-28

提示

通过在针对平板电脑屏幕大小的 @media only screen and (min-width: 481px) and (max-width: 768px) {…} 样式部分编写相应的 CSS 样式，从而设置在平板电脑中页面头部的表现效果。可以看到，调整了导航背景从纵向变为横向，调整了 Logo 的大小，将网页中的导航菜单隐藏，显示出用于显示交互导航菜单的按钮。

**13** 接着制作该网页头部在手机屏幕中显示的效果，页面的 HTML 代码都是相同的，不同的是 CSS 样式代码的设置。转换到外部 CSS 样式表文件中，创建针对平板电脑屏幕大小的媒体查询 (Media Query) 样式，如图 21-29 所示。在针对手机的媒体查询部分创建相应的 CSS 样式，如图 21-30 所示。

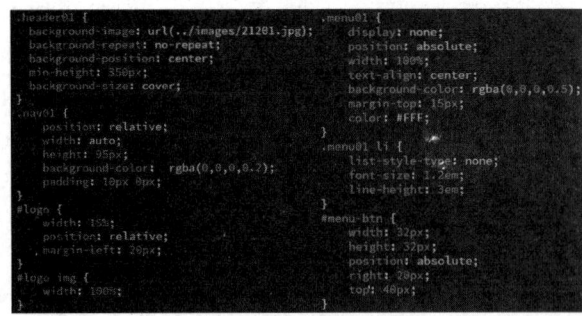

图 21-29　　　　　　　　　　　　　　　图 21-30

提示

该部分 CSS 样式代码与针对平板电脑的 CSS 样式代码设置比较相似，主要区别在于在名为 .header01 的类 CSS 样式中修改了 min-height 属性值，在名为 .nav01 的类 CSS 样式中修改了 height 属性值。

**14** 切换到实时视图中，单击针对平板电脑的媒体查询选项，可以看到页眉部分在平板电脑屏幕中的显示效果，如图 21-31 所示。返回网页的 HTML 代码中，在页面头部的 <head> 与 </head> 标签之间添加 <script> 标签链接 jQuery 库文件，并且在页眉 <header> 与 </header> 标签之间添加相应的 JavaScript 脚本代码，如图 21-32 所示。

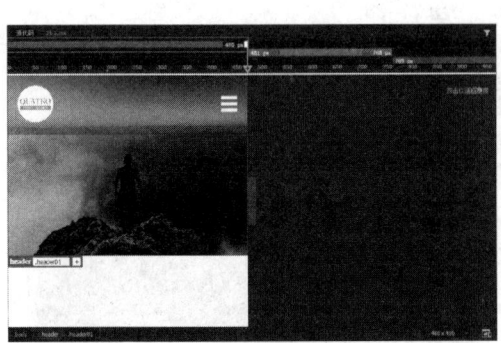

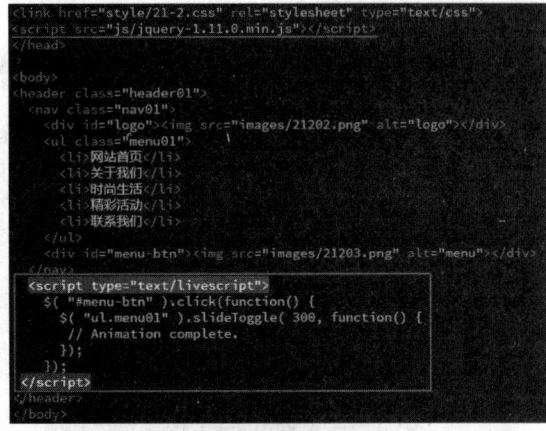

图 21-31　　　　　　　　　　　　　　　图 21-32

提示

此处所编写的 JavaScript 脚本代码用于实现当单击页面中 id 名称为 menu-btn 的元素时，页面中应用了名为 menu01 类 CSS 样式的 <ul> 元素将调用 jQuery 库文件中的 slideToggle() 函数，并向该函数传递相应的参数，从而实现单击页面中的菜单按钮，动态弹出网页的导航菜单效果。

**15** 完成页面的头部页眉和导航的制作，该部分的 HTML 代码如下。

```
<header class="header01">
  <nav class="nav01">
```

```
      <div id="logo"><img src="images/21202.png" alt="logo"></div>
      <ul class="menu01">
        <li> 网站首页 </li>
        <li> 关于我们 </li>
        <li> 时尚生活 </li>
        <li> 精彩活动 </li>
        <li> 联系我们 </li>
      </ul>
      <div id="menu-btn"><img src="images/21203.png" alt="menu"></div>
    </nav>
    <script type="text/livescript">
      $( "#menu-btn" ).click(function() {
        $( "ul.menu01" ).slideToggle( 300, function() {
         // Animation complete.
        });
      });
    </script>
  </header>
```

16 保存页面和外部 CSS 样式表文件，在手机中预览该网页，可以看到页面头部的效果，如图 21-33 所示。如果单击头部右上角的按钮图标，即可动态弹出导航菜单，如图 21-34 所示。

> **提示**
>
> 读者可以从互联网中下载手机模拟器，使用手机模拟器预览网页在手机中的显示效果。也可以直接使用普通的 IE 浏览器来预览网页效果，通过改变浏览器窗口的宽度，从而查看网页在不同屏幕宽度下显示的效果。

图 21-33

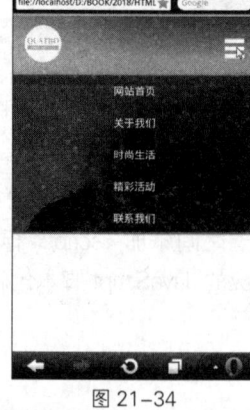
图 21-34

17 如果在平板电脑中预览该网页，可以看到页面头部的效果，如图 21-35 所示。如果在 PC 设备中预览该网页，可以看到页面头部的效果，如图 21-36 所示。

图 21-35

图 21-36

### 2. 制作页面主体内容区域

**实 战** 制作页面主体内容区域

最终文件：最终文件 \ 第 21 章 \21-2.html    视频：视频 \ 第 21 章 \21-2-2.mp4

01 在页面中 <header> 标签的结束标签之后添加 <div> 标签并编写相应的

代码，如图 21-37 所示。转换到外部 CSS 样式表文件中，在针对 PC 端的媒体查询部分创建名为 #main 和名为 #main h1 的 CSS 样式，如图 21-38 所示。

[02] 切换到实时视图中，在 PC 设备大小屏幕中可以看到该部分内容的显示效果，如图 21-39 所示。返回网页的 HTML 代码中，在 <h1> 标签的结束标签之后编写相应的 HTML 代码，如图 21-40 所示。

```
</header>
<div id="main">
    <h1>摄影作品</h1>
</div>
</body>
</html>
```
图 21-37

```css
#main {
    position: relative;
    margin-top: 20px;
    width: 100%;
    height: auto;
    overflow: hidden;
}
#main h1 {
    display: block;
    width: 100%;
    font-size: 2em;
    font-weight: bold;
    color: #D06E22;
    line-height: 2.5em;
    text-align: center;
}
```
图 21-38

图 21-39

```html
<div id="main">
    <h1>摄影作品</h1>
    <article>
        <img src="images/21208.jpg" alt="故宫一角">
        <section>
            <h2>故宫一角</h2>
            <p>在晚霞的映衬下显得更加辉煌！</p>
        </section>
    </article>
</div>
```
图 21-40

[03] 转换到外部 CSS 样式表文件中，在针对 PC 端的媒体查询部分创建名为 .art01 的 CSS 样式，如图 21-41 所示。返回网页的 HTML 代码中，在刚添加的 <article> 标签中添加 class 属性应用名为 art01 的类 CSS 样式，如图 21-42 所示。

```css
.art01 {
    position: relative;
    float: left;
    width: 30%;
    height: auto;
    overflow: hidden;
    margin: 1.65%;
}
```
图 21-41

```html
<div id="main">
    <h1>摄影作品</h1>
    <article class="art01">
        <img src="images/21208.jpg" alt="故宫一角">
        <section>
            <h2>故宫一角</h2>
            <p>在晚霞的映衬下显得更加辉煌！</p>
        </section>
    </article>
</div>
```
图 21-42

[04] 转换到外部 CSS 样式表文件中，在针对 PC 端的媒体查询部分创建名为 .art01 section 和 .art01 img 的 CSS 样式，如图 21-43 所示。继续在外部 CSS 样式表文件中操作，在针对 PC 端的媒体查询部分创建名为 .art01:hover section 和名为 .art01 section h2 的 CSS 样式，如图 21-44 所示。

```css
.art01 section {
    position: absolute;
    top: 0px;
    width: 100%;
    height: 100%;
    color: #FFF;
    text-align: center;
    background-color: rgba(0,0,0,0.4);
    margin-left:-100%;
    transition: margin-left;
    transition-timing-function: ease-in;
    transition-duration: 250ms;
}
.art01 img {
    max-width: 100%;
}
```
图 21-43

```css
.art01:hover section {
    cursor: pointer;
    margin-left: 0px;
}
.art01 section h2 {
    font-size: 1.5em;
    line-height: 2em;
    font-weight: bold;
    margin-top: 2em;
}
```
图 21-44

> **提示**
>
> 在名为 .art01 section 的 CSS 样式中，添加 CSS3 新增的 transition 相关属性设置，然后再创建名为 .art01:hover section 的 CSS 样式，从而实现当鼠标移至应用了 art01 类 CSS 样式的元素上方时，<section> 标签中的内容从左侧滑出的动态显示效果。

**05** 切换到实时视图中，在 PC 设备大小屏幕中可以看到该部分内容的显示效果，如图 21-45 所示。当鼠标移至图像上方时，可以看到通过 CSS 样式实现的动画效果，如图 21-46 所示。

图 21-45

图 21-46

**06** 返回网页的 HTML 代码中，使用相同的代码结构编写其他部分内容，如图 21-47 所示。保存页面和外部 CSS 样式表文件，在 PC 端浏览器中预览该页面，可以看到该部分内容的效果，如图 21-48 所示。

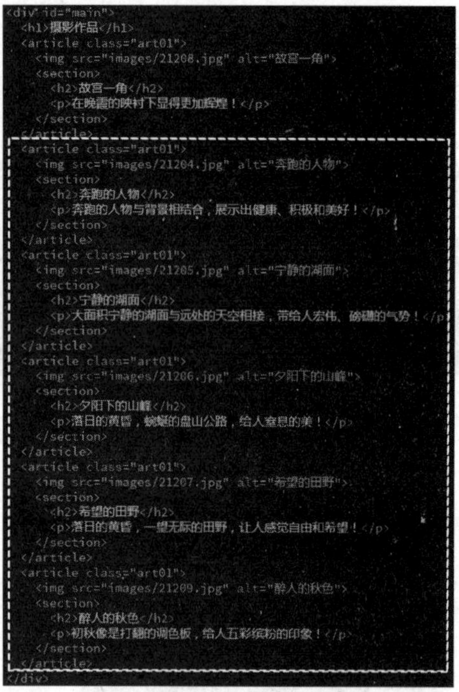

图 21-47

图 21-48

> **提示**
>
> 因为在 CSS 样式中对 <article> 标签设置了百分比宽度，所以 <article> 标签中的图像会随着浏览器宽度的变化而进行等比例缩放。

**07** 接着制作该网页主体内容在平板电脑中显示的效果。转换到外部 CSS 样式表文件中，在针对平板电脑的媒体查询部分创建相应的针对平板电脑显示效果的 CSS 样式设置代码，如图 21-49 所示。

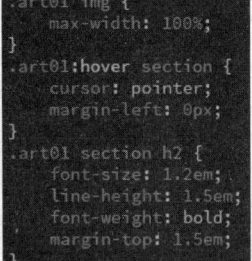

```
.art01 {
    position: relative;
    float: left;
    width: 30%;
    height: auto;
    overflow: hidden;
    margin: 1.65%;
}
#main {                         .art01 section {              .art01 img {
    position: relative;             position: absolute;           max-width: 100%;
    margin-top: 15px;               top: 0px;                 }
    width: 100%;                    width: 100%;
    height: auto;                   height: 100%;             .art01:hover section {
    overflow: hidden;              color: #FFF;                  cursor: pointer;
}                                   text-align: center;           margin-left: 0px;
#main h1 {                          background-color: rgba(0,0,0,0.4);   }
    display: block;                 margin-left: -100%;       .art01 section h2 {
    width: 100%;                    transition: margin-left;      font-size: 1.2em;
    font-size: 2em;                 transition-timing-function: ease-in;   line-height: 1.5em;
    font-weight: bold;              transition-duration: 250ms;   font-weight: bold;
    color: #D06E22;             }                                 margin-top: 1.5em;
    line-height: 2.5em;                                       }
    text-align: center;
}
```

图 21-49

08　切换到实时视图中，在平板电脑中可以看到网页主体内容的显示效果，如图 21-50 所示。保存页面和外部 CSS 样式表文件，在平板电脑中预览该页面，可以看到页面主体部分内容在平板电脑中的显示效果，如图 21-51 所示。

图 21-50

图 21-51

09　接着制作该网页主体内容在手机中显示的效果。转换到外部 CSS 样式表文件中，在针对手机屏幕的媒体查询部分创建相应的针对手机显示效果的 CSS 样式设置代码，如图 21-52 所示。

```
.art01 {
    position: relative;
    float: left;
    width: 45%;
    height: auto;
    overflow: hidden;
    margin: 2.5%;
}
#main {                         .art01 section {              .art01 img {
    position: relative;             position: absolute;           max-width: 100%;
    margin-top: 15px;               top: 0px;                 }
    width: 100%;                    width: 100%;
    height: auto;                   height: 100%;             .art01:hover section {
    overflow: hidden;              color: #FFF;                  cursor: pointer;
}                                   text-align: center;           margin-left: 0px;
#main h1 {                          background-color: rgba(0,0,0,0.4);   }
    display: block;                 margin-left: -100%;       .art01 section h2 {
    width: 100%;                    transition: margin-left;      font-size: 1.2em;
    font-size: 1.6em;               transition-timing-function: ease-in;   line-height: 1.5em;
    font-weight: bold;              transition-duration: 250ms;   font-weight: bold;
    color: #D06E22;             }                                 margin-top: 1em;
    line-height: 2.2em;                                       }
    text-align: center;
}
```

图 21-52

**提示**

　　由于手机屏幕较小，如果在手机浏览时同样一行放置 3 张图像，图像就会显示得比较小。所以在针对手机屏幕的 CSS 样式设置中，设置一行只放置两张图像，这样可以保证在手机浏览时图像的显示效果。主要是在 .art01 的类 CSS 样式中设置宽度为 45%，此处也是与其他两种设置 CSS 样式最大的不同。

10　切换到实时视图中，在手机屏幕中可以看到网页主体内容的显示效果，如图 21-53 所示。

保存页面和外部 CSS 样式表文件，在手机中预览该页面，可以看到页面主体部分内容在手机中的显示效果，如图 21-54 所示。

图 21-53

图 21-54

**11** 完成页面的主体内容部分的制作，该部分的 HTML 代码如下。

```html
<div id="main">
  <h1> 摄影作品 </h1>
  <article class="art01">
    <img src="images/21208.jpg" alt=" 故宫一角 ">
    <section>
      <h2> 故宫一角 </h2>
      <p> 在晚霞的映衬下显得更加辉煌！ </p>
    </section>
  </article>
  <article class="art01">
    <img src="images/21204.jpg" alt=" 奔跑的人物 ">
    <section>
      <h2> 奔跑的人物 </h2>
      <p> 奔跑的人物与背景相结合，展示出健康、积极和美好！ </p>
    </section>
  </article>
  <article class="art01">
    <img src="images/21205.jpg" alt=" 宁静的湖面 ">
    <section>
      <h2> 宁静的湖面 </h2>
      <p> 大面积宁静的湖面与远处的天空相接，带给人宏伟、磅礴的气势！ </p>
    </section>
  </article>
  <article class="art01">
    <img src="images/21206.jpg" alt=" 夕阳下的山峰 ">
    <section>
      <h2> 夕阳下的山峰 </h2>
      <p> 落日的黄昏，蜿蜒的盘山公路，给人窒息的美！ </p>
    </section>
  </article>
  <article class="art01">
    <img src="images/21207.jpg" alt=" 希望的田野 ">
    <section>
      <h2> 希望的田野 </h2>
      <p> 落日的黄昏，一望无际的田野，让人感觉自由和希望！ </p>
    </section>
```

```
<div id="main">
  <h1> 摄影作品 </h1>
  <article class="art01">
    <img src="images/21208.jpg" alt=" 故宫一角 ">
    <section>
      <h2> 故宫一角 </h2>
      <p> 在晚霞的映衬下显得更加辉煌！ </p>
    </section>
  </article>
  <article class="art01">
    <img src="images/21204.jpg" alt=" 奔跑的人物 ">
    <section>
      <h2> 奔跑的人物 </h2>
      <p> 奔跑的人物与背景相结合，展示出健康、积极和美好！ </p>
    </section>
  </article>
  <article class="art01">
    <img src="images/21205.jpg" alt=" 宁静的湖面 ">
    <section>
      <h2> 宁静的湖面 </h2>
      <p> 大面积宁静的湖面与远处的天空相接，带给人宏伟、磅礴的气势！ </p>
    </section>
  </article>
  <article class="art01">
    <img src="images/21206.jpg" alt=" 夕阳下的山峰 ">
    <section>
      <h2> 夕阳下的山峰 </h2>
      <p> 落日的黄昏，蜿蜒的盘山公路，给人窒息的美！ </p>
    </section>
  </article>
  <article class="art01">
    <img src="images/21207.jpg" alt=" 希望的田野 ">
    <section>
      <h2> 希望的田野 </h2>
      <p> 落日的黄昏，一望无际的田野，让人感觉自由和希望！ </p>
    </section>
    <section>
      <h2> 醉人的秋色 </h2>
      <p> 初秋像是打翻的调色板，给人五彩缤纷的印象！ </p>
    </section>
  </article>
</div>
```

### 3. 制作页面版底信息区域

**实 战** 制作页面版底信息区域

最终文件：最终文件 \ 第 21 章 \21-2.html　　视频：视频 \ 第 21 章 \21-2-3.mp4

**01** 在页面主体内容的 Div 结束标签之后添加 <footer> 标签，编写页面的
版底信息内容，如图 21-55 所示。转换到外部 CSS 样式表文件中，在针对 PC 端的媒体查询部分
创建名为 .footer01 和名为 .footer01 address 的 CSS 样式，如图 21-56 所示。

```
</article>
</div>
<footer>
时尚摄影沙龙<br>
地址：<address>北京市某某区某某路某某大厦88层</address>　电话：<address>010-
xxxxxxxx</address><br>
CopyRight 2018 by 时尚摄影沙龙. All Rights Reserved.
</footer>
</body>
```

图 21-55

```
.footer01 {
    position: relative;
    width: 100%;
    height: auto;
    padding: 15px 0px;
    background-color: #333;
    text-align: center;
    color: #FFF;
    line-height: 1.5em;
}

.footer01 address {
    display: inline;
}
```

图 21-56

02 返回网页的 HTML 代码中，在刚添加的 <footer> 标签中添加 class 属性应用名为 footer01 的类 CSS 样式，如图 21-57 所示。切换到实时视图中，在 PC 设备大小屏幕中可以看到版底信息部分的显示效果，如图 21-58 所示。

```
<footer class="footer01">
时尚摄影沙龙<br>
地址：<address>北京市某某区某某路某某大厦88层</address>　电话：<address>010-
xxxxxxxx</address><br>
CopyRight 2018 by 时尚摄影沙龙. All Rights Reserved.
</footer>
```

图 21-57

图 21-58

03 转换到外部 CSS 样式表文件中，在针对平板电脑的媒体查询部分创建相应的针对平板电脑显示效果的 CSS 样式设置代码，如图 21-59 所示。在针对手机的媒体查询部分创建相应的针对手机显示效果的 CSS 样式设置代码，如图 21-60 所示。

```
.footer01 {
    position: relative;
    width: 100%;
    height: auto;
    padding: 15px 0px;
    background-color: #333;
    text-align: center;
    color: #FFF;
    line-height: 1.5em;
}
.footer01 address {
    display: inline;
}
```

图 21-59

```
.footer01 {
    position: relative;
    width: 100%;
    height: auto;
    padding: 15px 0px;
    background-color: #333;
    text-align: center;
    color: #FFF;
    font-size: 0.85em;
    line-height: 1.5em;
}
.footer01 address {
    display: inline;
}
```

图 21-60

04 完成页面版底信息部分的制作，该部分的 HTML 代码如下。

```
<footer class="footer01">
时尚摄影沙龙 <br>
地址：<address> 北京市某某区某某路某某大厦 88 层 </address>　电话：<address>010-xxxxxxxx
</address><br>
CopyRight 2015 by 时尚摄影沙龙 . All Rights Reserved.
</footer>
```

05 保存页面和外部 CSS 样式表文件，在手机中预览该页面，可以看到页面在手机中的显示效果，如图 21-61 所示。

图 21-61

06　在平板电脑中预览该页面，可以看到页面在平板电脑中的显示效果，如图 21-62 所示。

图 21-62

07　在 PC 端浏览器中预览该页面，可以看到页面在 PC 端浏览器中的显示效果，如图 21-63 所示。

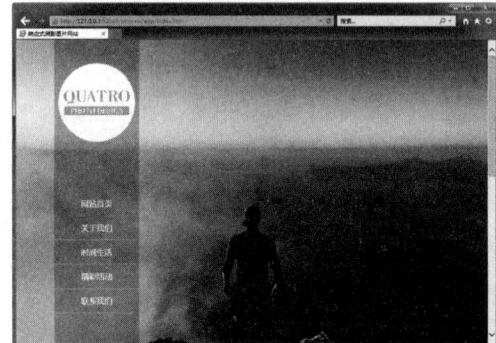

图 21-63